Hochleistungswärmeübertrager

Vorwort zur englischen Originalausgabe

Für den Entwurf von Wärmeübertragern waren allgemein verwendbare grundlegende Wärmeübertragungs- und Strömungsverlustwerte hinreichender Genauigkeit viele Jahre lang nur für die Strömung durch oder über Rohrbündel vorhanden. Der Bedarf an Wärmeübertragern kleiner Abmessung und geringer Masse für die verschiedensten Ausführungen kraftgetriebener Fahrzeuge, vom Auto bis zum Flugzeug, und für eine Vielzahl anderer Anwendungsgebiete, führte dann zur Entwicklung neuer Wärmeübertragungsoberflächen, die wesentlich kompakter waren. Außerdem besaßen viele dieser Oberflächen Eigenschaften, die denen von Rohren überlegen waren. Der Mangel an grundlegenden Entwurfswerten für die Wärmeübertragung und die Strömungsverluste sowie die geringe Kenntnis der thermodynamischen Zusammenhänge beschränkte ihre Anwendung jedoch lange Zeit auf Wärmeübertrager, die durch empirische Verfahren entwickelt werden konnten. Es zeigte sich schließlich, daß eine wirtschaftlich optimierte Wärmeübertragerkonstruktion, die Entwicklung neuer Oberflächen mit besseren Eigenschaften und die Entwicklung von Fertigungsverfahren für Hochleistungsoberflächen im Hochtemperaturbereich nur durchgeführt werden konnten, wenn die grundlegenden Kenngrößen der schon existierenden Oberflächen bekannt waren und verstanden wurden.

In Annapolis, Maryland, wurde in Erkenntnis dieser Tatsachen 1945 ein Versuchsprogramm eingeleitet, das 1947 mit Unterstützung von Instituten und Forschungsbüros der Schiffahrt, Luftfahrt und Atomenergie erweitert und in ähnlicher Form an die Stanford-Universität vergeben wurde. Eine Anzahl Firmen lieferte Versuchswärmeübertrager für diese Untersuchungen, und die Autoren danken für die Zusammenarbeit.

Die meisten Versuchswärmeübertrager waren für niedrige Temperaturbereiche ausgelegt und wurden durch Weich- oder Hartlötverfahren hergestellt. Primäres Ziel des Forschungsprogramms war die Erforschung der Wirkungen der Oberflächenformen auf die konvektive Wärmeübertragung und die Strömungsverlustleistung. Es bestand Hoffnung, daß die geometrischen Vorteile einen Anreiz für die Entwicklung von Fertigungsverfahren für Wärmeübertrager im Hochtemperaturbereich und für die Herstellung neuer Oberflächen mit besseren Eigenschaften bieten würden. Seit den ersten Veröffentlichungen der Ergebnisse dieses Versuchsprogramms sind beide Entwicklungsrichtungen tatsächlich aufgetreten.

Die American Society of Mechanical Engineers veröffentlichte 1951 die ersten Ergebnisse des Versuchsprogramms in einer Monographie unter dem Titel "Gas Turbine Plant Heat Exchangers — Basic Heat Transfer and Flow Friction Design Data" von W. M. KAYS, A. L. LONDON und D. W. JOHNSON. 1955 wurde "Compact Heat Exchangers" von W. M. KAYS und A. L. LONDON veröffentlicht; es enthielt zusätzlich eine beträchtliche Anzahl grundlegender Werte des Versuchsprogramms und außerdem Werte anderer Forscher. Der Veröffentlichung von "Compact Heat Exchangers" folgte die Fortsetzung des Versuchsprogramms, und neue Versuchswärmeübertrager wurden untersucht, wobei einige direkt als Ergebnis der früheren Arbeiten entwickelt worden waren. Diese 2. Auflage von "Compact Heat Exchangers" enthält alle neu erhaltenen grundlegenden Kennwerte und eine ausführliche Durchsicht und Ergänzung der Kapitel über analytische Lösungen für die Strömung in Rohren, eine Erweiterung des Kapitels über die Berechnung der Wärmeübertrager und ein neues Kapitel über das Übergangsverhalten von Wärmeübertragern; verschiedene andere Abschnitte wurden auf den neuesten Stand der Forschung gebracht. Der Abschnitt mit den grundlegenden Werten wurde um die Eigenschaften 25 neuer Oberflächen erweitert; dieser Abschnitt, der die Charakteristiken von mehr als 90 verschiedenen Oberflächen umfaßt, bleibt der wahre Kern dieses Buches.

Da die Nennung aller Namen zu umfangreich wäre, nehmen die Autoren die günstige Gelegenheit wahr, den ungefähr 60 Maschinenbaustudenten der Stanford-Universität, die in den verschiedenen Phasen des Versuchsprogramms mitarbeiteten, insgesamt für die Unterstützung während der letzten 15 Jahre zu danken. Ohne ihre Hilfe hätte dieses Buch niemals geschrieben werden können.

W. M. Kays

A. L. London

BERICHTIGUNG

S. 15, 7. Zeile von oben

lies:	statt:
$\dot{\mathbf{m}}$ kg/m² · s Massenstromdichte $(\dot{m}/A_F)$	m kg/m² · s . . .

S. 15, 9. Zeile von oben

lies:	statt:
m — Exponent in Gl. (4—2)	$\dot{\mathbf{m}}$ — . . .

S. 246, Abbildungsunterschrift 4. Zeile links,
Hydraulischer Durchmesser

lies:	statt:
$4\,r_h = 2{,}672 \cdot 10^{-3}$ m	$4\,r_h = 2{,}672 \cdot 10^{-2}$ m

S. 332, 4. Zeile von oben

lies:	statt:
$\Phi_G = 574{,}5 \cdot 0{,}771 \cdot 10^{-3} = 0{,}443$	$\Phi_G = 574{,}5 \cdot 0{,}71 \cdot 10^{-3}$...

S. 342, Tabelle, Gasseite, 3. Zeile von unten

lies:	statt:
$\mu = 0{,}03468 \cdot 10^{-3}$ N · s/m²*)	$\mu = 0{,}03468 \cdot$ N $\cdot 10^{-3}$...

761 556 3 (5915) W. M. Kays/A. L. London, Hochleistungswärmeübertrager

W. M. KAYS / A. L. LONDON

HOCHLEISTUNGS-WÄRMEÜBERTRAGER

In deutscher Sprache herausgegeben von
E. Flügel und A.-J. Luther

Für die deutsche Ausgabe ergänzt durch
K. Stieper

Mit 251 Abbildungen,
1 Ausschlagtafel und 37 Tabellen

AKADEMIE-VERLAG · BERLIN 1973

W. M. Kays / A. L. London
COMPACT HEAT EXCHANGERS

Übersetzung aus dem Englischen von
Dr.-Ing. E. Flügel, Berlin
Dipl.-Ing. A.-J. Luther, Berlin

Erschienen im Akademie-Verlag GmbH, 108 Berlin, Leipziger Straße 3 – 4

Lizenz-Nr. 202 · 100/454/73
Einband und Schutzumschlag: Rolf Kunze
Gesamtherstellung: VEB Druckerei „Thomas Müntzer“, 582 Bad Langensalza
Bestellnummer: 761 556 3 (5915) · ES 20 D 2, 18 B 4, 20 C 3
Printed in German Democratic Republic

Vorwort zur deutschen Ausgabe

Die Vielzahl der jährlich erscheinenden Abhandlungen auf dem Gebiet der Theorie der Wärmeübertragung zeigt die Bedeutung dieser Disziplin bei der Anwendung in der Technik, weist aber auch auf die Schwierigkeiten hin, denen die Forschungskollektive bei der Lösung von Wärmeübertragungsproblemen gegenüberstehen. Auch künftig werden die Probleme der Wärmeübertragung bei der Verbesserung und Vervollkommnung von Wärmeübertragerkonstruktionen im Vordergrund stehen.

Eines der technisch orientierten Werke, das die Verbesserung der Wärmeübertragung durch Beeinflussung der Strömung untersucht und Schlußfolgerungen für den Bau von Hochleistungswärmeübertragern zieht, ist das Buch "Compact Heat Exchangers" von W. M. Kays und A. L. London. Diese wegen der großen Zahl von Versuchsergebnissen einmalige Arbeitsunterlage hat den Herausgebern bei ihren täglichen Aufgaben in Forschung und Entwicklung bereits viele wertvolle Dienste geleistet. So lag der Gedanke nahe, das Buch einem größeren Kreis von Ingenieuren und Technikern zugänglich zu machen. Das erschien um so notwendiger, als bisher keine Ausgabe des Buches in metrischen Einheiten erschienen ist, auch eine sowjetische Ausgabe aus dem Jahre 1967 das anglo-amerikanische Maßsystem beibehielt und der engliche Titel in der DDR eine erstaunlich geringe Verbreitung erfahren hat.

Da der Hauptteil des Buches die Meßergebnisse von mehr als 90 verschiedenen, in ihren Abmessungen detailliert beschriebenen Oberflächenformen enthält lag ein Schwerpunkt der Übertragung in der Umrechnung der Maßeinheiten entsprechend der „Anordnung über die Tafel der gesetzlichen Einheiten" vom November 1968 und in der TGL-gerechten Darstellung der Oberflächen und Meßergebnisse. Gleichzeitig war die Übertragung der Formelzeichen des praxisbezogenen theoretischen Teils in die den Standards der DDR entsprechenden Bezeichnungsweisen notwendig, um den Lehrbuchcharakter dieses Abschnitts zu wahren und ihn unseren Lehrbüchern anzupassen. Im Kapitel 8 wurden die der angegebenen Literatur entnommenen schematischen Darstellungen der Versuchseinrichtungen zur besseren Anschauung eingefügt. Es erscheint uns besonders wichtig, auf die Möglichkeiten zur Optimierung von Wärmeübertragern hinzuweisen, die im Sinne der Verbesserung der Ökonomie liegen und den volkswirtschaftlichen Belangen Rechnung tragen.

Die in der DDR auf diesem Fachgebiet geleistete Arbeit sollte unserer Ansicht nach nicht unerwähnt bleiben. So wurde der deutschen Ausgabe ein von Herrn Prof. Dr.-Ing. habil. K. STIEPER, Sektion Schiffstechnik der Universität Rostock, gestalteter Anhang D beigefügt, der die Untersuchungsergebnisse der ehemaligen Forschungs- und Versuchsanstalt für Strömungsmaschinen Dresden, des Entwicklungsbaus Pirna und anderer Autoren zusammenfaßt und gleichzeitig den „Vergleich verschiedener Oberflächenformen von Wärmeübertragern" und die „Verallgemeinerung der Versuchsergebnisse von Wirbelzellen" enthält.

Wir dürfen an dieser Stelle Herrn Prof. STIEPER, der auch die Anregung zur Herausgabe des Buches in deutscher Sprache gab, für die Abfassung des Anhangs D und für seine fachlichen Hinweise bei der Erarbeitung des Textes unseren Dank aussprechen.
Weiterhin danken wir Frau G. JANEKE für die Umzeichnung der Diagramme und Abbildungen.

Dem Akademie-Verlag gilt unser Dank für die verständnisvolle, entgegenkommende Zusammenarbeit und für die korrekte und bewährte Form der Ausführung.

Wir hoffen, daß das Buch der Wärmeübertrager herstellenden Industrie Anregung und Unterstützung in der täglichen Arbeit sein wird, und sprechen dabei im besonderen die Kältetechnik an. Wenn das Ergebnis die Anwendung von Hochleistungswärmeübertragungsflächen und ihre Weiterentwicklung in unserer Industrie ist, hat das vorliegende Buch seinen Zweck erfüllt.

E. Flügel

A.-J. Luther

Anhänge

Bezeichnungen

Formelzeichen, Kennzahlen und Abkürzungen werden ohne Preisgabe der Darstellungsweise des englischen Originals in Anlehnung an die „Mitteilungen der physikalischen Gesellschaft in der DDR", Nr. 30 vom Oktober 1966, TGL 0—1302 (1. 4. 1963), TGL 0—1304 (1. 1. 1969), TGL 0—1341 (1. 10. 1963) und den Fachbereichstandard „Kältetechnik" TGL 180—3001 vom 1. 7. 1965 definiert. Bezogene Größen werden in kleinen Buchstaben geschrieben. Zeitbezogene Größen erhalten über dem Formelzeichen einen Punkt. Aus dem Text sind die Definitionen und ihre Anwendung klar zu ersehen; zur besseren Übersicht werden die Symbole nachfolgend alphabetisch geordnet, lateinisch vor griechisch, zusammengestellt.

Als Maßsystem wird das „Internationale Einheitensystem" (SI), das durch die „Anordnung über die Tafel der gesetzlichen Einheiten" vom 26. November 1968 (Gesetzblatt der DDR — Sonderdruck Nr. 605) rechtsverbindlich ist, verwendet.

A	m^2	Fläche allgemein
A_F	m^2	freier Strömungsquerschnitt
A_R	m^2	Rippenoberfläche
A_{fr}	m^2	Frontalfläche
$A_{\lambda l}$	m^2	Querschnitt bei Längsleitung
a	m	Plattendicke
a	m	kurze Seite eines rechteckigen Strömungskanals
b	m	Rippendicke
b	m	lange Seite eines rechteckigen Strömungskanals
C	J/K	Wärmekapazität des Stoffes im Übertrager ($\dot{C} \cdot z_u$)
C_{min}	J/K	$\dot{C} \cdot z_u$ für den minimalen Wärmekapazitätsstrom des Stoffes
C_{Wand}	J/K	Gesamtwärmekapazität der Wand (Übertragermasse multipliziert mit der spezifischen Wärmekapazität des Materials)
$\dot{C}$	J/s · K	Wärmekapazitätsstrom ($\dot{m} \cdot c_p$)
$\dot{C}_1$	J/s · K	Wärmekapazitätsstrom, warme Seite
$\dot{C}_2$	J/s · K	Wärmekapazitätsstrom, kalte Seite
$\dot{C}_{fl}$	J/s · K	Wärmekapazitätsstrom der koppelnden Flüssigkeit

$\dot{C}_{max}$	J/s · K	Maximum von $\dot{C}_1$ oder $\dot{C}_2$
$\dot{C}_{min}$	J/s · K	Minimum von $\dot{C}_1$ oder $\dot{C}_2$
$\dot{C}_r$	J/s · K	Wärmekapazitätsstrom des Rotors eines Regenerators (Rotormasse × spezifische Wärmekapazität × Drehzahl)
c	J/kg · K	spezifische Wärmekapazität
c_p	J/kg · K	spezifische Wärmekapazität bei konstantem Druck
c_v	J/kg · K	spezifische Wärmekapazität bei konstantem Volumen
c_f	—	Strömungsverlustbeiwert, definiert auf der Grundlage der mittleren Schubspannung, Gl. (1—6)
c_{fs}	—	scheinbarer Strömungsverlustbeiwert, Gl. (6—6)
c_{fx}	—	örtlicher Strömungsverlustbeiwert auf der Grundlage der örtlichen Schubspannung definiert
d_a	m	Außendurchmesser eines Rohres in einem Rohrbündel, Drahtdurchmesser in einem Speicher oder Stiftdurchmesser in einer Oberfläche mit stiftförmigen Rippen
d_i	m	Innendurchmesser eines Rohres
d_h	m	hydraulischer Durchmesser eines beliebigen Kanals
d_{st}	m	Stiftdurchmesser (Anhang D)
f	—	Funktion von ...
h	m	Rippenhöhe
h	J/kg	spezifische Enthalpie
K_c	—	Korrekturbeiwert der spezifischen Wärmekapazität für den Einfluß von Feuchtigkeit und Verbrennungsprodukten
K_d	—	Korrekturbeiwert der Dichte für den Einfluß von Feuchtigkeit und Verbrennungsprodukten
K_e	—	Korrekturbeiwert für die Strömungsexpansion am Übertrageraustritt, Gl. (5—2)
K_G	—	Korrekturbeiwert der Gleichung der mittleren logarithmischen Temperaturdifferenz
K_I	—	Korrekturbeiwert für die Impulsstromdichte, Gl. (6—7)
K_k	—	Korrekturbeiwert für die Strömungskontraktion am Übertragereintritt
K_x	—	Korrekturbeiwert zur Berechnung der Wärmestromgleichung beim Wärmeübertragerentwurf
K_z	—	Korrekturbeiwert zur Berechnung der Wärmestromgleichung beim Wärmeübertragerentwurf
$\dot{K}$	M/a	laufende, zeitbezogene Gesamtkosten
$\dot{K}_A$	M/a	durch die wärmeübertragende Oberfläche bedingte feste Kosten
$\dot{K}_{\dot{W}}$	M/a	durch die Strömungsverlustleistung $\dot{W}$ bedingte laufende, zeitbezogene Kosten
k	W/m² · K	Wärmedurchgangskoeffizient

l	m	Strömungslänge des Übertragers, auch Strömungslänge einer nicht unterbrochenen Rippe
l_0	m	konstante oder charakteristische Bezugsgröße
M	kg/kmol	molare Masse
m	kg	Masse
$\dot{m}$	kg/s	Massenstrom
m	kg/m² · s	Massenstromdichte ($\dot{m}/A_F$)
m	m^{-1}	Koeffizient des Rippenwirkungsgrades
$\dot{\mathsf{m}}$	—	Exponent in Gl. (4—2)
m_0	—	Anstieg der Arbeitslinie ($\dot{C}_2/\dot{C}_1$)
n	s^{-1}	Drehzahl
n	—	Anzahl der Durchgänge
n	—	Exponent in Gl. (4—1)
P	—	Porösität
p	N/m²	Druck
p_{ges}	N/m²	Gesamtdruck
$\dot{Q}$	W	Wärmestrom
q	J/kg	Wärmemenge pro Mengeneinheit
$\dot{q}$	W/m²	Wärmestromdichte
R	K/W	Übergangswiderstand
R	J/kmol·K	allgemeine Gaskonstante
R_1	K/W	Übergangswiderstand auf der warmen Seite des Übertragers
R_2	K/W	Übergangswiderstand auf der kalten Seite des Übertragers
r	—	radiale Koordinate
r_a	m	Außenradius eines Rohres oder einer Kreisrippe
r_i	m	Innenradius eines Rohres oder einer Kreisrippe
r_h	m	hydraulischer Radius
s	m	Plattenabstand
s	J/kg · K	spezifische Entropie
T	K	absolute Temperatur
T_{ges}	K	Temperatur des Gesamtzustandes
t	m	Querteilung (Anhang D)
t	°C	Temperatur allgemein
t_1	°C	Temperatur auf der warmen Seite
t_2	°C	Temperatur auf der kalten Seite
V	m³	Volumen
v	m³/kg	spezifisches Volumen
v_{ges}	m³/kg	spezifisches Volumen des Gesamtzustandes
$\dot{W}$	W	Strömungsverlustleistung
w	m/s	Geschwindigkeit
$\dot{w}$	W/m²	Strömungsverlustleistung pro Fläche
X	—	Kenngröße in Abb. 3—6

x	m	Strömungskoordinate in axialer Richtung
x	kg/kg	absolute Feuchtigkeit
x_a	—	Übergangsfunktion der Austrittstemperatur bei sprunghafter Änderung einer der Eintrittstemperaturen
x_{Wand}	—	Übergangsfunktion der Wandtemperatur am Austrittsquerschnitt bei sprunghafter Änderung der Eintrittstemperatur
Y	—	Kenngröße in Abb. 3—6
Z	—	Einflußbeiwert für die Wärmeübertragung in Rohren, Gl. (6—1) und Gl. (6—2)
z	s	Zeit allgemein
z_r	s	Rotorperiode für einen Regenerator
z_u	s	Verweilzeit (l/w)
z_{umax}	s	z_u für den $\dot{C}_{max}$-Stoff
z_{umin}	s	z_u für den $\dot{C}_{min}$-Stoff
Bi	—	Biotzahl ($\alpha\ l_0/\lambda_{Wand}$)
Nu	—	Nusseltzahl ($\alpha\ 4\ r_h/\lambda$)
Pr	—	Prandtlzahl ($\mu\ c_p/\lambda$)
Re	—	Reynoldszahl ($4\ r_h\ \dot{m}/\mu$)
Re_d	—	Reynoldszahl ($d_a\ \dot{m}/\mu$)
Re_l	—	Reynoldszahl, gebildet mit der Steglänge l der Wirbelzelle ($l\ \dot{m}/\mu$)
St	—	Stantonzahl ($\alpha/\dot{m}\ c_p$)
$\ddot{u}$	—	Wärmeübertragungsgröße
$\ddot{u}_j$	—	Wärmeübergangsgröße der Strömungsseite j, Gl. (D—2)
$\ddot{u}_\lambda$	—	Wärmeleitungsgröße, Gl. (D—1)
α	W/m² · K	Wärmeübergangskoeffizient
Δ	—	Differenz
δ	—	Differenz, Wandstärke
ε	—	Übertragerwirkungsgrad
ε_D	—	Übertragerwirkungsgrad eines Durchganges bei Übertragern mit mehreren Durchgängen
$\varkappa$	M/a . . .	spezifische Kosten, allgemein
$\varkappa_A$	M/a · m²	spezifische Kosten der wärmeübertragenden Oberfläche
$\varkappa_{\dot{W}}$	M/a · W	spezifische Kosten der Strömungsverlustleistung
η_O	—	Oberflächenwirkungsgrad
η_R	—	Rippenwirkungsgrad
λ	W/m · K	Wärmeleitfähigkeit, allgemein und des strömenden Mediums
λ_l	—	Längsleitungskenngröße, definiert durch Gl. (2—25)
λ_{Wand}	W/m · K	Wärmeleitfähigkeit der Wand

μ	$N \cdot s/m^2$	dynamische Zähigkeit
ϱ	kg/m^3	Dichte
τ_{Wand}	N/m^2	Wandschubspannung
$\boldsymbol{\Sigma}$	–	Summenzeichen
$\boldsymbol{T}$	–	Abkürzung in Tab. 3–2
$\boldsymbol{\Psi}$	–	Durch Gl. (2–15) oder Gl. (2–19) definierte Kenngröße
$\boldsymbol{\Psi}'$	–	Durch Gl. (2–16) definierte Kenngröße
b/a	–	Verhältnis der Rechteckseiten
H/C	–	Wasserstoff–Kohlenstoff-Verhältnis bei Brennstoffen
r_i/r_a	–	Verhältnis von Innen- zu Außenradius
x/l	–	Verhältnis der örtlichen Strömungslänge zur Gesamtströmungslänge
$\boldsymbol{A}$	–	Verhältnis der Gesamtübertragungsfläche einer Seite des Übertragers zum Gesamtvolumen
$\boldsymbol{B}$	–	Verhältnis der Gesamtübertragungsfläche einer Seite eines Plattenwärmeübertragers zum Gesamtvolumen zwischen den Platten dieser Seite
$\dot{\boldsymbol{\Gamma}}_r$	–	Verhältnis der Wärmekapazitätsströme ($\dot{C}_r/\dot{C}_{min}$) des Rotors
$\boldsymbol{\Gamma}_r$	–	($\dot{\boldsymbol{\Gamma}}_r \cdot z_r/z_{u\,min}$)
$\boldsymbol{\Gamma}_{Wand}$	–	C_{Wand}/C_{min}
$\boldsymbol{\Theta}$	–	normierte Zeitkenngröße für einen Übertrager ($z/z_{u\,min}$)
$\boldsymbol{\Theta}_r$	–	normierte Zeitkenngröße für einen Regenerator (z/z_r)
$\boldsymbol{\Theta}_u$	–	Verhältnis der Verweilzeiten ($z_{u\,min}/z_{u\,max}$)
$\boldsymbol{\Lambda}$	–	Brennstoff–Luft-Verhältnis
$\boldsymbol{P}$	–	Verhältnis der Übergangswiderstände
$\boldsymbol{\Sigma}_l$	–	Längsteilungsverhältnis in einem Rohrbündel
$\boldsymbol{\Sigma}_q$	–	Querteilungsverhältnis in einem Rohrbündel
$\boldsymbol{\Phi}$	–	Verhältnis des freien Strömungsquerschnittes zur Frontalfläche, A_F/A_{fr}

Indizes

A	auf die wärmeübertragende Oberfläche bezogen	d	Dichte
aa	Bedingung auf der äußeren Oberfläche eines kreisförmigen Kanals, wenn die äußere Oberfläche allein erwärmt wird	e	Expansion
		F	Querschnitt
		f	Strömungsverlust
		fest	fest
		fl	flüssig
a	außen	fr	frontal
B	Brennstoff	G	Gleichung
c	spezifische Wärmekapazität	G	Gas
D	Durchgang	ges	gesamt

h	hydraulisch
I	Impuls
ii	Bedingung an der inneren Oberfläche eines kreisförmigen Kanals, wenn die innere Oberfläche allein erwärmt wird
i	innen
j	Index für Bezugsvarianten
k	Kontraktion
L	Luftseite, Luft
l	Längsrichtung
lm	logarithmischer Mittelwert
m	Mittelwert
max	maximal
min	minimal
o	Oberfläche
p	Druck
q	Querrichtung
R	Rippe
r	rotierend
S	Speicher
s	scheinbar
st	Stift
u	Verweilzeit
v	Volumen
W	Wasser
Wand	Wand
$\dot{W}$	auf die Strömungsverlustleistung bezogen
x	örtlich
x	Feuchtigkeit
z	Wärmestromgleichung
α	Eintritt
β	Austritt
λ	Wärmeleitung
λl	Wärmeleitung in Längsrichtung
0	Bezugsvarianten oder modifizierte Größen
1	auf den wärmeren Stoff bezogen
2	auf den kälteren Stoff bezogen
∞	unendlich

1. Einleitung

Der Entwurf eines Wärmeübertragers schließt die Betrachtung der zwischen den Stoffen zu übertragenden Wärmeströme und der mechanischen Förderenergie ein, die aufgewendet werden muß, um die Strömungsverluste zu überwinden und die Stoffe durch den Wärmeübertrager hindurchströmen zu lassen. Für einen Wärmeübertrager, der mit Stoffen hoher Dichte arbeitet, ist die aufzuwendende Strömungsverlustleistung[1]) im Vergleich zum Wärmestrom im allgemeinen klein, so daß dieser Anteil selten von maßgebendem Einfluß ist. Für Stoffe geringer Dichte, wie Gase, muß jedoch oft soviel mechanische Energie zur Überwindung der Strömungsverluste aufgewendet werden, wie an Wärme übertragen wird. Dabei sollte man sich daran erinnern, daß in den meisten Wärmekraftanlagen die mechanische Energie vier- bis zehnmal soviel wert ist wie ihr Äquivalent in Wärme.

Es kann leicht gezeigt werden, daß für die meisten Strömungskanäle, die als Wärmeübertragungsflächen eines Übertragers benutzt werden, die Wärmestromdichte durch Erhöhung der Strömungsgeschwindigkeit des Stoffes gesteigert werden kann, wobei sich dieser Wert annähernd proportional mit der Geschwindigkeit ändert. Die aufzuwendende Strömungsverlustleistung erhöht sich mit der Strömungsgeschwindigkeit ebenfalls, aber in diesem Fall ändert sich die Leistung ungefähr mit der dritten, jedoch niemals geringer als mit der zweiten Potenz der Geschwindigkeit. Gerade dieses Verhalten gestattet dem Konstrukteur, Wärmestrom und Druckänderungen miteinander abzustimmen; es bestimmt aber auch viele der Kenngrößen der verschiedensten Klassen von Wärmeübertragern.

Wenn die aufzuwendende Strömungsverlustleistung in einem entsprechenden Anwendungsfall zu groß werden sollte, kann der Konstrukteur die Strömungsgeschwindigkeit durch Vergrößerung der Zahl der Strömungskanäle im Wärmeübertrager verringern. Dadurch wird auch die Wärmestromdichte herabgesetzt, aber den vorangegangenen Betrachtungen entsprechend, wird die Verringerung des Wärmestromes beträchtlich kleiner sein als die der Strömungsverlustleistung. Der Wärmestromabfall kann durch Vergrößerung der Übertragungsfläche (Ver-

[1]) Die Strömungsverlustleistung ist auf Reibungsvorgänge (Wandschubspannung) und Formwiderstände in der Strömung zurückzuführen, wobei im Modellfall nur Reibungsvorgänge auftreten. Im weiteren Text wird ausschließlich der Begriff Strömungsverlust angewendet. D. H.

längerung der Rohre) reduziert werden, wodurch zwar auch die Strömungsverlustleistung wieder ansteigt, jedoch nun im gleichen Verhältnis wie die Vergrößerung der Wärmeübertragungsfläche.

In Wärmeübertragern für Gase zwingt die notwendige Begrenzung der Strömungsverlustleistung den Konstrukteur im allgemeinen dazu, geringe Massendurchsätze vorzusehen; geringe Massendurchsätze ergeben zusammen mit der geringen Wärmeleitfähigkeit der Gase (gering im Vergleich zu der der Flüssigkeiten) aber niedrige Wärmestromdichten. Somit sind große Flächen ein typisches Merkmal von Wärmeübertragern für Gase. Diese Wärmeübertrager können bis zu zehnmal soviel Übertragungsfläche wie Kondensatoren, Verdampfer oder Wärmeübertrager für Flüssigkeiten erfordern, bei denen der Gesamtwärmestrom und die Förderenergie vergleichbar sind. So benötigt zum Beispiel der Rekuperator einer Gasturbinenanlage ein Vielfaches der Wärmeübertragungsfläche des kombinierten Kessels und Kondensators einer Dampfkraftanlage vergleichbarer Leistung.

Diese Überlegungen führten zur Entwicklung vieler Konstruktionen von Wärmeübertragungsflächen für die Anwendung in Gasströmungen, bei denen große Flächendichten notwendig sind. Hier werden solche Oberflächen als *Hochleistungswärmeübertragungsflächen* bezeichnet. Verschiedene typische Anordnungen von Hochleistungswärmeübertragungsflächen sind in Abb. 1—1 dargestellt.

Die einfachste und gebräuchlichste Flächenanordnung für einen Zweistoffwärmeübertrager ist vielleicht das in Abb. 1—1a gezeigte Rohrbündel. Diese Anordnung ist selbstverständlich lange sowohl für Stoffe großer als auch kleiner Dichte verwendet worden; die einzige Möglichkeit, die Flächendichte materialseitig zu steigern, ist hier jedoch die Verringerung des Rohrdurchmessers. Herstellungsschwierigkeiten und Kosten setzen den Ausführungsmöglichkeiten in dieser Richtung eine ziemlich feste Grenze, so daß große Wärmeübertrager mit Rohrdurchmessern von weniger als 6 mm selten sind.

Ein wirksamer Weg zur Steigerung der Flächendichte ist die Anwendung sekundärer Flächen oder Rippen auf der einen oder auf beiden Seiten der Fläche. Abb. 1—1b zeigt eine Rippenrohrfläche, bei der Kreisrippen auf den Rohraußenseiten angebracht wurden. Eine derartige Anordnung wird häufig bei Wärmeübertragern verwendet, bei denen die Wärmeübertragung von einem gasförmigen an einen flüssigen Stoff erfolgt und der optimale Entwurf ein Maximum an Fläche auf der Gasseite erfordert. Rippen *könnten* auch in Wärmeübertragern für Flüssigkeiten oder auf der Flüssigkeitsseite eines Gas–Flüssigkeit-Wärmeübertragers verwendet werden, aber hier entstehen andere Schwierigkeiten. Der kleine Wert der aufzuwendenden Strömungsverlustleistung für Stoffe großer Dichte ergibt bei jedem optimalen Entwurf (hoher konvektiver Wärmeübergang) zusammen mit der relativ hohen Wärmeleitfähigkeit von Flüssigkeiten hohe konvektiv übertragbare Wärmeströme. Wenn Rippen angewandt werden, müssen die großen Wärmeströme entlang der Rippen abgeleitet werden, und der Wärmeleitwiderstand kann alle oder die meisten der durch die zusätzlichen

Flächen erreichten Vorteile aufheben (siehe Diskussion des Rippenwirkungsgrades in Kap. 2).

Eine andere leicht verständliche Veränderung der Rippenrohranordnung wird in Abb. 1—1c gezeigt, die Rohre sind hier als flache Rohre dargestellt, sie könnten aber auch rund sein.

In Hochleistungswärmeübertragern für Gase ist eine große Flächendichte auf *beiden* Seiten wünschenswert; dieses angestrebte Ziel kann mit Rippen durch die Plattenrippenanordnungen entsprechend der Abb. 1—1d und Abb. 1—1e erreicht werden. Der Wärmeübertrager wird als Sandwich-Konstruktion aus Platten aufgebaut, die durch zwischengefügte Rippen verbunden sind. Die wärmeübertragenden Stoffe werden zwischen den Plattenpaaren wechselseitig hindurchgeführt und können im Gleich-, Gegen- oder im Kreuzstrom geleitet werden, wodurch ein zusätzlicher Grad an Flexibilität bei dieser Anordnung möglich ist.

Abb. 1—1e zeigt noch eine andere Variante; die Rippen sind in ständiger Wiederholung unterbrochen, so daß die grundlegenden Wärmeübertragungs- und Strömungsverlustkenngrößen verändert werden. Diese Veränderungen werden anschließend diskutiert.

In Regeneratoren wird die Energie durch Konvektion übertragen und in einem Speicher gespeichert, aus dem sie später an den anderen Stoff abgegeben wird. Abb. 1—1f zeigt einen solchen kompakten Speicher, der aus übereinandergelegten Stäben oder aus übereinandergestapelten Drahtgittern aufgebaut sein kann.

Ein interessantes und wichtiges Merkmal der in Abb. 1—1 erläuterten Hochleistungswärmeübertragungsflächen zeigt sich, wenn die Wärmestromdichte als Funktion der auf die Flächeneinheit bezogenen Strömungsverlustleistung aufgetragen wird. Ein derartiges Diagramm wird für drei verschiedene Oberflächen in Abb. 1—2 dargestellt. Die Wärmestromdichte pro Grad Temperaturdifferenz ist der Wärmeübergangskoeffizient α, der für eine bestimmte Anzahl von Stoffeigenschaften aus der Gleichung

$$\alpha = \frac{c_p \cdot \mu}{Pr^{2/3}} \frac{1}{4 r_h} (St \cdot Pr^{2/3}) \cdot Re \qquad (1-1)$$

berechnet wird. Die pro Flächeneinheit aufzuwendende Strömungsverlustleistung kann leicht als Funktion der Reynoldszahl, des Strömungsverlustbeiwertes und der vorgeschriebenen Stoffeigenschaften aus

$$\dot{w} = \frac{\mu^3}{2 \cdot \varrho_f^2} \left(\frac{1}{4 r_h}\right)^3 \cdot c_f \cdot Re^3 \qquad (1-2)$$

berechnet werden. Damit kann ein $\alpha,\dot{w}$-Diagramm aufgestellt werden, wenn die grundlegenden Wärmeübertragungs- und Strömungsverlustkenngrößen als Funktion der Reynoldszahl bekannt sind. Jede Flächenanordnung wird dann durch eine einzige Kurve in einem Diagramm, ähnlich Abb. 1—2 (für die Stoffeigenschaften von Luft bei 10^5 N/m² und 260 °C,) dargestellt.

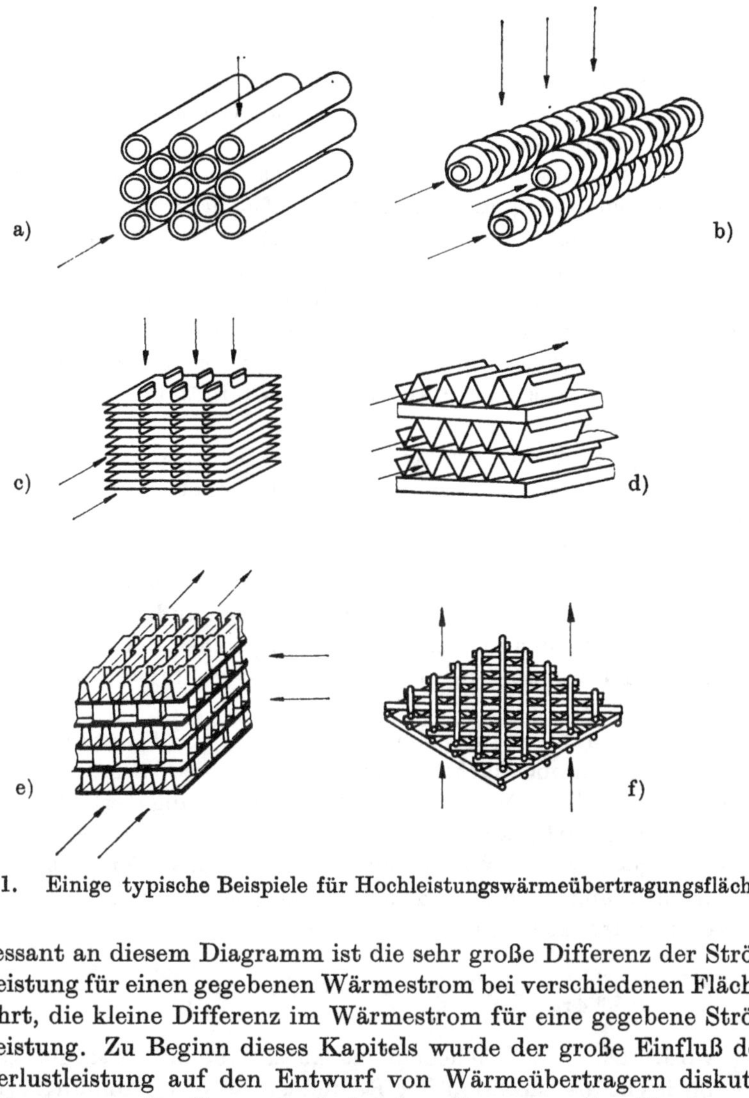

Abb. 1—1. Einige typische Beispiele für Hochleistungswärmeübertragungsflächen

Interessant an diesem Diagramm ist die sehr große Differenz der Strömungsverlustleistung für einen gegebenen Wärmestrom bei verschiedenen Flächen oder umgekehrt, die kleine Differenz im Wärmestrom für eine gegebene Strömungsverlustleistung. Zu Beginn dieses Kapitels wurde der große Einfluß der Strömungsverlustleistung auf den Entwurf von Wärmeübertragern diskutiert; in Wärmeübertragern für Gase erfordert daher die notwendige Verringerung der Strömungsverlustleistung die Verwendung großer Flächen. Das wiederum hat zur Entwicklung kompakterer Wärmeübertragungsflächen geführt, aber man erkennt aus Abb. 1—2, daß ein anderer Weg zur Verringerung der Strömungsverlustleistung in der Auswahl von Oberflächen besteht, die in einem $\alpha,\dot{w}$-Diagramm große Werte annehmen.

Es muß betont werden, daß die Oberflächenauswahl für entsprechende Anwendungsfälle keineswegs so einfach ist, da viele zusätzliche Betrachtungen einzuschließen sind. Bei gleichen Bedingungen werden drei Wärmeübertrager, die

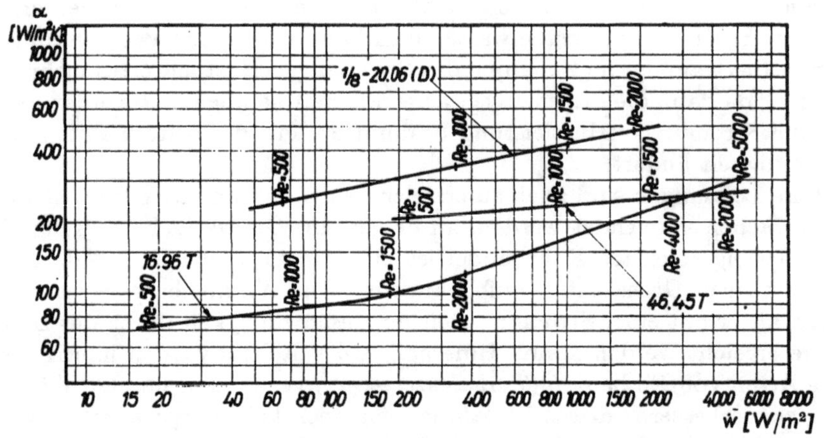

Abb. 1—2. **Vergleich der auf die Flächeneinheit bezogenen Wärmeübertragungs- und Strömungsverlustleistungskenngrößen dreier Hochleistungsoberflächen. Die Dimensionen sind W/m² · K für α und W/m² für ẇ. Die Beschreibung der Oberflächen ist im Kap. 9 enthalten**

für gleiche Wärmeübertragungsleistungen und Druckänderungen ausgelegt wurden und die drei in Abb. 1—2 dargestellten Flächen verwenden, ganz verschiedene Volumen und Massen haben und der kleinste und leichteste wird auf die mit **1/8—20.06 (D)** bezeichnete Oberfläche (obere Kurve) bezogen sein. Diese Konstruktion wird aber wahrscheinlich eine bedeutend größere Frontalfläche haben, obwohl das Volumen am kleinsten ist. Das kann für einen entsprechenden Anwendungsfall Vor- und Nachteile ergeben.

Eine Fläche, die im Vergleich zur Strömungsverlustleistung einen hohen Wärmestrom hat, soll als *Hochleistungsfläche* bezeichnet werden. Dabei bleibt zunächst die Frage offen, warum einige Wärmeübertragungsflächen diese Eigenschaft besitzen.

Dazu muß zuerst vermerkt werden, daß Kompaktheit an sich zu hoher Leistung führt. Eine kompakte Oberfläche hat kleine Strömungskanäle und der Wärmeübergangskoeffizient α ändert sich stets umgekehrt proportional mit dem hydraulischen Durchmesser des Kanals. Damit neigen kompakte Oberflächen allein durch ihre natürliche Beschaffenheit zu hohem Wärmeübergang; das führt im $\alpha,\dot{w}$-Diagramm trotz des aus Gl. (1—2) ersichtlichen Einflusses eines kleinen hydraulischen Durchmessers auf die Strömungsverlustleistung zu Hochleistungskennlinien.

Hochleistungseigenschaften sind neben der Änderung des hydraulischen Durchmessers aber auch durch eine Änderung der Oberflächenform zu erreichen, wodurch bei einer gegebenen Strömungsgeschwindigkeit ein höherer Wärmeübergang auftritt. Einer der gebräuchlichsten Wege zur Erhöhung des Wärmeüberganges ist die Unterbrechung der wärmeübertragenden Oberfläche, so daß sich keine zu dicken Grenzschichten aufbauen können. Abb. 1—1 zeigt eine solche unterbrochene Oberfläche; besonders gut eignen sich für ein derartiges

Verfahren berippte Oberflächen. Unterbrechungen der Oberfläche vergrößern zwar die Strömungsverlustbeiwerte, doch kann eine kleine Verbesserung in der Wärmeübertragung die Zunahme des Strömungsverlustbeiwertes mehr als ausgleichen, da dann die Strömungsgeschwindigkeit herabgesetzt werden kann und sich die Strömungsverlustleistung bekanntlich mit der dritten Potenz der Geschwindigkeit ändert.

Hohe Leistungen sind auch zu erzielen, wenn gekrümmte oder wellenförmige Kanalflächen verwendet werden, an denen eine Grenzschichtablösung eintritt. Ein querangeströmtes Rohrbündel ist eine Hochleistungsfläche, da an jedem Rohr eine neue Grenzschicht aufgebaut wird. Der Wärmeübergang ist wesentlich höher, als er mit einer Strömung gleicher Geschwindigkeit durch das Innere der Rohre erreicht werden kann. Innerhalb eines Rohres werden häufig verschiedene Arten von Einbauten (*Turbulenzerzeuger*) verwendet, um den Wärmeübergang zu verbessern; dieses Verfahren ist jedoch keineswegs so effektiv wie die direkte Unterbrechung der Grenzschicht an der wärmeübertragenden Oberfläche.

Kompakte Hochleistungswärmeübertragungsflächen können in einer Vielzahl geometrischer Formen hergestellt werden, wobei für viele Anwendungsfälle die Flächen komplexer Form die besten sind. Nur für geometrisch einfache Oberflächen erscheint eine geschlossene analytische Behandlung der grundlegenden Kenngrößen möglich; für alle anderen Flächen können die Grundkenngrößen nur durch Versuche und durch Verwendung von Modellgesetzen, mit denen der Anwendungsbereich der Ergebnisse erweitert wird, zuverlässig ermittelt werden.

Das vorrangige Ziel dieses Buches ist die Wiedergabe einer großen Zahl von Versuchsergebnissen, wobei nur ein einziges Darstellungsverfahren angewandt wird. Kapitel 10 enthält in Tabellen und in 92 Diagrammen die experimentellen Werte. Sie erfassen ein hinreichend weites Gebiet geometrischer Formen, so daß es letztlich möglich ist, die Werte vieler anderer Flächen wenigstens annähernd durch Interpolation zu bestimmen. Zur schnellen Information und für Vergleichszwecke wurden die untersuchten geometrischen Formen in den Abb. 9—1 bis Abb. 9—17 zusammenfassend dargestellt.

1.1. Wertequellen

Der größte Teil der hier angegebenen Versuchsergebnisse stammt aus zwei Forschungsprogrammen. Das erste wurde in Annapolis, Maryland, durchgeführt und durch das Forschungsinstitut der Schiffahrt unterstützt. Eine Beschreibung der Versuchsanlagen und der Auswertungsmethoden findet sich bei London und Ferguson [1]. Das zweite Programm wurde an der Stanford-Universität mit Unterstützung von Instituten und Forschungsbüros der Schiffahrt, Luftfahrt und Atomenergie durchgeführt. Der Versuchsaufbau wird von Kays und London [2] beschrieben. Die Versuchsanlagen waren sehr ähnlich, und

Überkreuzvergleiche mit denselben Versuchswärmeübertragern zeigten sehr gut übereinstimmende Ergebnisse.

Die detaillierten Versuchsergebnisse können aus einer Reihe von Versuchsberichten entnommen werden. Hier werden nur die zusammengefaßten Werte mitgeteilt.

Einige Ergebnisse anderer Forscher wurden ebenfalls eingearbeitet; die Quellen werden jeweils angegeben. Im allgemeinen haben es die Autoren vorgezogen, nur solche Werte aufzunehmen, die durch Verwendung annähernd gleicher Meßmethoden erhalten wurden, so daß eine übereinstimmende Behandlung möglich war. In einigen Fällen haben die Autoren die Werte anderer Verfasser zu diesem Zweck noch einmal überprüft.

Eine Reihe analytischer Lösungen, die für Hochleistungswärmeübertrager geeignet sind, wurden eingearbeitet; die Literaturstellen für diese Lösungen werden an entsprechender Stelle angegeben.

Alle hier wiedergegebenen Versuchsergebnisse wurden aus Versuchen mit Luft ($Pr = 0{,}7$) gewonnen, denn Hochleistungswärmeübertrager werden hauptsächlich für Gasströmungen angewendet. Die Verwendung der Werte für andere Prandtlzahlbereiche kann zu gewissen Abweichungen führen und hängt von der entsprechenden Oberflächenform und dem Einfluß der Prandtlzahl ab. Die analytischen Lösungen sind in dieser Hinsicht allgemeingültiger und überstreichen in einigen Fällen den gesamten Prandtlzahlbereich, der von den flüssigen Metallen über Gase und Wasser bis zu den zähen Flüssigkeiten reicht.

1.2. Darstellung der grundlegenden Versuchswerte

Eine Aufgabe dieser Veröffentlichung ist die einheitliche Darstellung der grundlegenden Wärmeübertragungs- und Strömungsverlustwerte aller betrachteten Flächen, um so die bei der großen Zahl willkürlich definierter Kenngrößen oft anzutreffende Verwirrung zu vermeiden. Die gleichen Kenngrößendefinitionen können bei sehr unterschiedlichen Oberflächenformen, wie sie bei der Strömung durch Rohre und quer zu Rohrbündeln vorhanden sind, verwendet werden; die daraus resultierende Vereinfachung für den Wärmeübertragerkonstrukteur ist offensichtlich. Für alle angegebenen Werte wird die im folgenden erläuterte Darstellungsweise angewendet.

Die Wärmeübertragungs- und Strömungsverlustwerte werden für jede Oberfläche in tabellarischer und graphischer Form durch

$$St \cdot Pr^{2/3} = f_1(Re) \tag{1—3}$$

$$c_f = f_2(Re) \tag{1—4}$$

dargestellt. Obwohl die Prandtlzahl in den Versuchen nicht verändert wurde, wird die 2/3-Potenz der Prandtlzahl über einen mittleren Bereich als Näherung verwendet und dürfte für alle Gase ausreichend sein. Viele der betrachteten Oberflächen sind Flächen mit unterbrochenen Rippen, bei denen sich auf dem

größten Teil der Fläche eine laminare Grenzschicht ausbildet. Für laminare Grenzschichten zeigen die analytischen Lösungen der Wärmeübertragung, daß die Prandtlzahl im Bereich 0,5···15 ungefähr mit der 2/3-Potenz eingeht. Bei turbulenter Strömung in Rohren lassen die vorhandenen analytischen Lösungen die Vermutung zu, daß im Gasgebiet die Prandtlzahl besser mit der 1/2-Potenz einzuführen wäre. Aus Gründen der zusammenhängenden theoretischen Behandlung wurde hier jedoch die 2/3-Potenz beibehalten; sie wird im Gasbereich der Prandtlzahlen (0,5···1) nur zu kleinen Fehlern führen. In langen Rohren tendiert der Einfluß der Prandtlzahl für laminare Strömungen mehr zu einer 1/1-Potenz, doch nähert sich bei den in Wärmeübertragern angewendeten Rohrlängen die 2/3-Potenz wiederum gut dem richtigen Wert. Die 2/3-Potenz ist damit ein vernünftiger Kompromiß und gestattet die Darstellung aller Kenngrößen einer Oberfläche in einem einfachen Diagramm, wobei der Bereich der Reynoldszahlen sowohl die laminare als auch die turbulente Strömung umfaßt.

Zu der obigen Darstellungsart gibt es einige wenige Ausnahmen: die im Kap. 6 angegebenen analytischen Lösungen verwenden als Wärmeübertragungskenngrößen anstelle der Stantonzahl *St* die Nusseltzahl *Nu*; in der Zusammenfassung der analytischen und experimentellen Ergebnisse im Kap. 7 wird das Verhältnis von Länge/Durchmesser eines Rohres l/d_i oder $l/4\,r_h$ in einigen Fällen als zusätzliche Kenngröße eingeführt und ein Temperaturverhältnis T_{Wand}/T_m benutzt. Die Gründe für die Verwendung dieses Temperaturverhältnisses werden im Kap. 4, in dem die Einflüsse der temperaturabhängigen Stoffeigenschaften behandelt werden, ausführlich diskutiert.

Die in den Stanton- und Reynoldszahlen enthaltene Massenstromdichte $\dot{\mathbf{m}}$ wird in allen Fällen auf der Grundlage des *minimalen* freien Strömungsquerschnittes A_F berechnet (ausgenommen Speicherflächen); dabei ist es ohne Bedeutung, wo dieses Minimum im Strömungskanal auftritt. Somit ist

$$\dot{\mathbf{m}} = \dot{m}/A_F\,.$$

Für Speicherflächen gilt

$$\dot{\mathbf{m}} = \dot{m}/P \cdot A_{fr}\,,$$

wobei die Porösität P und die Frontalfläche A_{fr} zu einem „wirksamen“ freien Strömungsquerschnitt $P\,A_{fr}$ zusammengefaßt werden, der dem A_F entspricht.

Die Reynoldszahl wird auf einen hydraulischen Durchmesser bezogen, der durch

$$\frac{d_h}{l} = \frac{4\,r_h}{l} = 4\,\frac{A_F}{A} \tag{1—5}$$

definiert ist, wobei l die Strömungslänge des Wärmeübertragers ist, A_F den Strömungsquerschnitt angibt und A die gesamte Wärmeübertragungsfläche bezeichnet. Für die Strömung quer zu Rohrbündeln ist l eine äquivalente Strömungslänge, die von der Vorderkante der ersten Rohrreihe bis zur Vorderkante

einer gedachten Rohrreihe gemessen wird, die der letzten Rohrreihe folgen würde.

Für ein beliebiges zylindrisches Rohr reduziert sich Gl. (1—5) auf die bekannte Definition des hydraulischen Durchmessers, das heißt, *viermal Querschnittsfläche dividiert durch benetzten Umfang.* Damit ist bei einem Rohr mit Kreisquerschnitt $4\,r_h$ einfach der Rohrdurchmesser. Trotz Verwendung dieser Kenngröße als geometrische Größe der Reynoldszahl können die grundlegenden Wärmeübertragungs- und Strömungsverlustwerte verschiedener Oberflächen aber nicht in gegenseitige Beziehung gesetzt werden. Wird eine derartige Wechselbeziehung dennoch gewünscht, so ist beim Vergleich der Wärmeübertragungsleistungen von querangeströmten Rohrbündeln mit unterschiedlichen Rohranordnungen besser der Außendurchmesser in die Reynoldszahl einzusetzen[1]). Die oben angegebene Definition des hydraulischen Durchmessers kann auf jede beliebige innere Wärmeübertragungsfläche eindeutig angewendet werden, wenn nicht der Versuch unternommen wird, die Versuchswerte einer Oberfläche auf eine geometrisch unähnliche Oberfläche zu übertragen. Außerdem ist das Verhältnis $A/A_F = l/r_h$ selbst eine beim Entwurf von Wärmeübertragern unmittelbar zu benutzende Kenngröße.

Der Strömungsverlustbeiwert wird auf der Grundlage einer äquivalenten Wandschubspannung in Strömungsrichtung definiert. Ob diese äquivalente Wandschubspannung einen Wandreibungswiderstand oder primär einen Formwiderstand darstellt, wie im Falle der Rohrbündel, ist ohne Bedeutung. Für die meisten der untersuchten Oberflächen ersetzt die Wandschubspannung des Modellfalles den Reibungs- und Formwiderstand des Realfalles; *diese Einflüsse werden beim Entwurf von Wärmeübertragern nicht getrennt.* Diese Definition des Strömungsverlustbeiwertes erlaubt eine allgemeine Behandlung aller Oberflächenarten. Somit ist

$$\tau_{\text{Wand}} = \frac{c_f \cdot \dot{m}^2}{2 \cdot \varrho} \quad \text{oder} \quad c_f = \frac{\varrho \cdot \tau_{\text{Wand}} \cdot 2}{\dot{m}^2}. \tag{1—6}$$

Für Strömungen durch runde Rohre hat die Größe c_f in Gl. (1—6) die gleiche Bedeutung wie die Fanningzahl und sie ist auch mit dem üblichen Strömungsverlustbeiwert für Strömungen entlang ebener Platten identisch. Neben dem Strömungsverlust müssen noch weitere Einflüsse berücksichtigt werden, um die Druckänderung in einem Wärmeübertrager zu bestimmen; eine vollständige Bezugsgleichung, die den Strömungsverlustbeiwert einschließt, wird in Kap. 2 angegeben. Diese Definition des Strömungsverlustbeiwertes und die integrierte Form der im Kap. 2 mitgeteilten Bezugsgleichung sind gleich gut auf Strömungen durch Rohre und quer zu Rohrbündeln beliebiger Art anzuwenden.

Die Stoffeigenschaften aller experimentell bestimmten Wärmeübertragungs- und Strömungsverlustwerte wurden bei einer mittleren Stofftemperatur berechnet. Die Einflüsse der temperaturabhängigen Stoffeigenschaften werden im Kap. 4 diskutiert.

[1]) Man vergleiche hierzu mit Anhang D. 2. D. H.

1.3. Inhaltsübersicht

Kapitel 2 enthält eine Zusammenfassung der zur Berechnung des Wärmeübertragungs- und Druckänderungsverhaltens eines Wärmeübertragers notwendigen Verfahren. Für die verschiedensten Stromführungen in Wärmeübertragern werden die Lösungen, die den Übertragerwirkungsgrad ε in Abhängigkeit von der Wärmeübertragungsgröße $\ddot{u}$ darstellen, in tabellarischer und graphischer Form angegeben. Gleichungen für die Berechnung der Druckänderung im Wärmeübertrager werden ebenfalls mitgeteilt.

Das Übergangsverhalten von Wärmeübertragern wird im Kap. 3 betrachtet. Eingeschlossen sind hier Diagramme, mit denen die thermischen Verzögerungen verschiedener gebräuchlicher Wärmeübertrager und der Kanalführungen oder Rohrleitungen berechnet werden können.

Die Einflüsse der temperaturabhängigen Stoffeigenschaften auf Wärmeübertragung und Strömungsverlust in Wärmeübertragern für Gase werden, einschließlich der Empfehlungen für die dadurch vorzunehmenden Korrekturen während des Entwurfes, im Kap. 4 diskutiert.

Kapitel 5 enthält Diagramme der Korrekturbeiwerte für die Strömungskontraktion am Übertragereintritt und für die Strömungsexpansion am Übertrageraustritt für verschiedene Oberflächenformen. Diese Beiwerte werden benutzt, um die aus der Grenzschichtablösung herrührenden Druckänderungen am Übertragereintritt und -austritt zu berechnen.

Analytische Lösungen für Wärmeübertragung und Strömungsverlust in glatten Rohren werden im Kap. 6 zusammengefaßt. Sie enthalten eine annähernd vollständige Behandlung der laminaren und turbulenten Strömung im runden Rohr. Umfangreiche Wärmeübertragungs- und Strömungsverlustwerte für Ringräume und Verfahren zur Behandlung asymmetrischer Erwärmungen zweier Flächen eines Ringraumes werden angegeben. Rechteckige und dreieckige Kanäle werden ebenfalls, jedoch weniger umfassend, besprochen. Im Gegensatz zu den experimentellen Werten, die den Hauptteil dieses Buches bilden, sind die im Kap. 6 aufgezeigten analytischen Lösungen nicht auf den Prandtlzahlbereich der Gase beschränkt und können somit für Flüssigkeiten, einschließlich flüssiger Metalle, verwendet werden.

Für bestimmte Wärmeübertragungsflächen einfacher Strömungsform wurden sowohl genügend experimentelle als auch analytische Werte gefunden, so daß eine verallgemeinerte Behandlung gegeben ist. Wertezusammenstellungen für Gasströmungen durch runde Rohre und rechteckige Kanäle verschiedener Seitenverhältnisse, für Strömungen quer zu Rohrbündeln mit versetzten Rohren und für Strömungen durch Speicher mit geschichteten Siebflächen werden im Kap. 7 mitgeteilt. Diese Werte sind für den Entwurf von Wärmeübertragern eher zu empfehlen als die experimentellen Werte des Kap. 10, wenn sie auf den gegebenen Fall anwendbar sind; ausgenommen sind jene Fälle, bei denen die für den Entwurf ausgewählte Oberfläche mit einer der in Kap. 10 untersuchten Oberflächen identisch ist.

Im Kapitel 8 wird eine kurze Beschreibung der Versuchsanlage und der Meßverfahren gegeben, mit denen die Werte des Kap. 10 ermittelt wurden.

Kapitel 9 faßt alle notwendigen geometrischen Werte der im Kap. 10 untersuchten Oberflächen zusammen. Diese Werte sind tabelliert; Skizzen aller Versuchsflächen schließen sich an.

Kapitel 10 enthält den Hauptteil des Buches. In 92 Diagrammen werden die grundlegenden Versuchswerte für Wärmeübertragung und Strömungsverluste einer großen Anzahl kompakter Hochleistungsflächen dargestellt.

Anhang A bietet eine Sammlung von Stoffeigenschaften, die bei der Anwendung von Hochleistungswärmeübertragungsflächen nützlich sein können.

Anhang B enthält einige erläuternde Beispiele zur Berechnung von Wärmeübertragern, wobei die Benutzung der Entwurfswerte gezeigt wird.

Anhang C bringt im Detail die Ableitung einiger der in Kap. 2 dargestellten $\varepsilon,\ddot{u}$-Beziehungen.

Anhang D wurde von den deutschen Herausgebern der vorliegenden Ausgabe beigefügt und enthält den Vergleich verschiedener Oberflächenformen von Wärmeübertragern und weitere Unterlagen über Versuchsergebnisse anderer Autoren.

1.4. Literatur

[1] London, A. L.; Ferguson, C. K.: Test Results of High Performance Heat Exchangers Surfaces Used in Aircraft Intercoolers and Their Significance for Gas Turbine Regenerator Design. *Trans. ASME* 71 (1949), S. 17.

[2] Kays, W. M.; London, A. L.: Heat Transfer and Flow Friction Characteristics of Some Compact Heat Exchangers Surfaces – Part I: Test System and Procedure. *Trans. ASME* 72 (1950), S. 1075–1085.

2. Wärmeübertragung und Strömungsverlust beim Entwurf von Wärmeübertragern

In diesem Kapitel werden die zur Wärmeübertragerberechnung notwendigen Grundlagen der Wärmeübertragung und des Strömungsverlustes kurz zusammengefaßt. Der Entwurfsingenieur benutzt diese Grundlagen in Verbindung mit den in den Kap. 6, 7 und 10 angegebenen grundlegenden Entwurfswerten, um den Wärmeübertrager für eine bestimmte Wärmeübertragerleistung und eine bestimmte Druckänderung auszulegen. Sie stellen ihm auch die Gleichungen zur Verfügung, die zur Optimierung des Entwurfs anzuwenden sind; dabei ist es freigestellt, welche Kriterien für diesen Zweck ausgewählt werden.

Einzelheiten über die Ableitung der Endgleichungen werden hier weggelassen; sie sind für einige Fälle im Anhang C aufgeführt, um damit die allgemeine Lösungsmethode zu erläutern. Literaturstellen werden, soweit vorhanden, für die im Anhang C nicht erfaßten Fälle angegeben. Besonderes Gewicht wird jedoch auf die verwendeten Grundprinzipien, begrifflichen Vorstellungen und technischen Bedeutungen der Endgleichungen gelegt. Die Gleichungen werden in Form von Diagrammen und Tabellen dargestellt, wie es für die Konstruktion zweckmäßig ist; sie werden aber auch in algebraischer Form angegeben, wenn dazu die Möglichkeit besteht.

Anhang B enthält erläuternde Anwendungsbeispiele zu diesem Kapitel; es wird die Leistung von Wärmeübertragern für Gasturbinenanlagen berechnet. Grundsätzlich wird im ganzen Kapitel häufig auf die Anwendung von Regeneratoren und Zwischenkühlern in Gasturbinenanlagen Bezug genommen, da sie ausgezeichnete Beispiele für Wärmeübertrager sind, die eine verfeinerte Entwurfsmethode erfordern. Es muß jedoch betont werden, daß die hier dargelegten Verfahren und Gesetzmäßigkeiten generell für den Entwurf aller Arten unbeheizter Wärmeübertrager anwendbar sind.

Dieses Kapitel enthält eine Betrachtung zur Berechnung der drei folgenden Arten von Übertragersystemen:

1. Der konventionelle Typ mit direkter Übertragung, in dem die beiden wärmeübertragenden Stoffströme durch die Wärmeübertragungsfläche getrennt sind.

2. Der flüssigkeitsgekoppelte Typ mit indirekter Übertragung, der aus zwei Einheiten mit direkter Übertragung besteht, die durch ein umgepumptes Wärmeübertragungsmedium gekoppelt sind. Die Übertragungsflüssigkeit

zirkuliert zwischen dem Übertrager des warmen Stoffes, in dem Wärme aufgenommen wird, und dem Übertrager des kalten Stoffes, in dem diese Wärme zur Erwärmung des kalten Stoffes benutzt wird. Das herkömmliche System Motorblock — luftbeaufschlagter Kühler im Auto ist ein bekanntes Beispiel eines flüssigkeitsgekoppelten Übertragers mit indirekter Übertragung; in diesem Fall wird Wärme indirekt von den Verbrennungsprodukten an einen kühlenden Luftstrom übertragen.

3. Der Typ mit periodisch wechselnder Strömung (Regenerator), wie der übliche Ljungström-Luftvorwärmer, der aus einer rotierenden Speicherwärmeübertragungsfläche besteht, so daß ein Element periodisch von der warmen zur kalten Strömung und wieder zurück gelangt. Wenn der warme Stoffstrom durch diese Speicherfläche strömt, wird er gekühlt, und die Speicherfläche wird erwärmt; auf der kalten Seite wird der kalte Stoffstrom erwärmt und die Speicherfläche abgekühlt.

Nach der Beschreibung der Grundlagen der Wärmeübertragung wird die Vorausbestimmung der Druckänderungen der Strömung betrachtet. Das Kapitel wird dann mit der Angabe einiger praktischer geometrischer Beziehungen abgeschlossen, die Oberflächen- und Gesamtabmessungen beinhalten.

2.1. Auslegungsmethodik

Die Methodik, mit der eine optimale Wärmeübertragerkonstruktion erreicht werden kann, ist nicht nur wegen der enthaltenen Rechenoperationen, sondern vor allem wegen der vielen notwendigerweise einzuführenden qualitativen Entscheidungen sehr verwickelt. Eine schematische Darstellung der Auslegungsmethodik wird in Abb. 2—1 gezeigt, die nach einer Zeichnung von Mason [1] entworfen wurde.

Die *Eingabewerte* des *Verfahrens* enthalten, zusammen mit der Problemstellung oder den Spezifikationen, die für den Entwurf notwendigen Kenngrößen der Wärmeübertragungsflächen und der Strömungsverluste sowie Angaben über physikalische Eigenschaften. Die letzten beiden Eingabewerte werden in den Kap. 4···10 und im Anhang A betrachtet. Die Problemstellung kann die Berücksichtigung verschiedener Übertrager, wie zum Beispiel Regeneratoren und Direktübertrager, fordern. Es können mehrere Oberflächenformen auszuwählen sein. Eine gewisse Wahl in den physikalischen Eigenschaften kann gestattet sein: zum Beispiel Wahl des Speichermaterials, das in einem Regenerator anzuwenden ist.

Das *Entwurfsverfahren* ist Gegenstand dieses Kapitels. Es kann in einem Rechenprogramm erfaßt werden. Die *Datenausgabe* besteht dann in einer großen Zahl *wahlweiser Lösungen*. Einige dieser Lösungen können die Abschätzung eines Konkurrenzangebotes sein; andere können einen Kundenvorschlag darstellen. Diese wahlweisen Lösungen und die Optimierungskriterien dienen anschließend als Eingabewerte des *Optimierungsverfahrens*.

Das Optimierungsverfahren ist in hohem Maße qualitativ; Lötofengröße, Versandbedingungen, Lieferzeiten, Firmenpolitik, Abschätzung der Konkurrenzstärke sind Beispiele für qualitative Optimierungskriterien. Im Gegensatz dazu können Kostenfaktoren entwickelt werden, um die relativen Kosten von Druckänderung, Masse, Wärmeübertragungsleistung und Verlusten (im Falle des Regenerators) quantitativ zu wichten. In einem recht aufsehenerregenden Beispiel ist bei derartigen Kostenfaktoren abgeschätzt worden, daß eine Einsparung von 0,5 kg Masse im kommerziellen Flugzeugbau 1000 $ wert ist.

Der Endausgabewert ist eine *optimale Lösung*, möglicherweise sind es mehrere solcher Lösungen, die dem Kunden vorzulegen sind. Wahlweise kann der Endausgabewert auch zur Formulierung einer neu einzugebenden Problemstellung für eine Parameteruntersuchung benutzt werden, die wahrscheinlich eher zu einem optimalen Gesamtsystem führt als ein optimaler Wärmeübertrager, der auf recht willkürlichen Ausgangsbedingungen beruht.

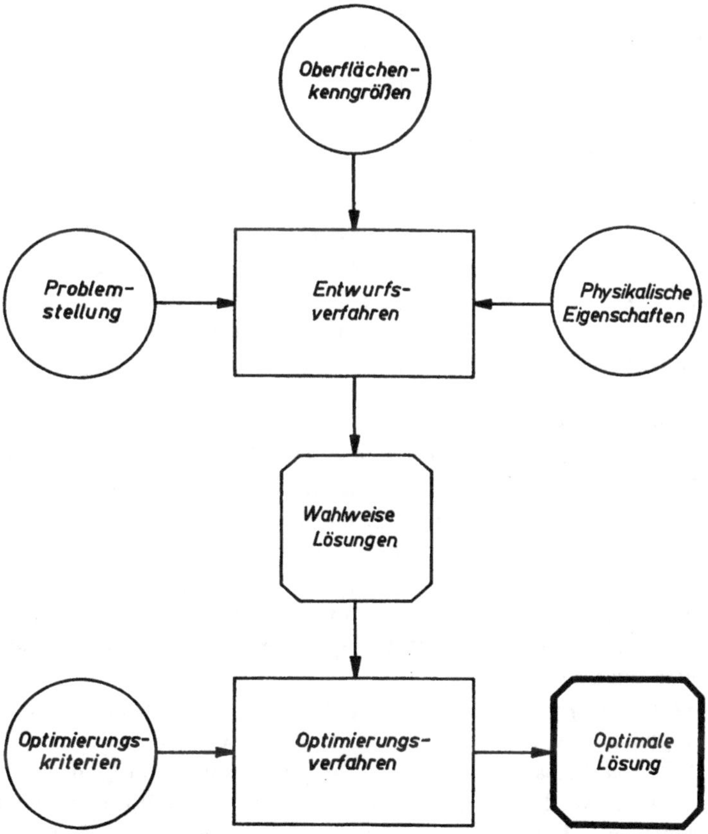

Abb. 2—1. **Auslegungsmethodik des Wärmeübertragerentwurfs**

Verständlicherweise kann eine umfassende Auslegungsmethodik beliebiger Allgemeinheit nicht in einer Monographie dieser Art dargelegt werden. Hier wird versucht, die quantitativen Eingabewerte der Oberflächeneigenschaften und ein Muster der Bestimmung typischer physikalischer Eigenschaften, zusammen mit der systematischen Entwicklung der Grundlagen, zu geben.

2.2. Wärmeübertragung in Direktübertragern

2.2.1. Übertragerkenngrößen

Für den üblichen Wärmeübertrager mit zwei Stoffströmen sind die auf die Wärmeübertragerleistung bezogenen Kenngrößen:

k	—	Wärmedurchgangskoeffizient in $W/m^2 \cdot K$
A	—	Gesamtfläche, auf die k bezogen wird in m^2
$t_{1\alpha}$	—	Temperatur des warmen Stoffes am Eintritt in °C
$t_{1\beta}$	—	Temperatur des warmen Stoffes am Austritt in °C
$t_{2\alpha}$	—	Temperatur des kalten Stoffes am Eintritt in °C
$t_{2\beta}$	—	Temperatur des kalten Stoffes am Austritt in °C
$\dot{C}_1 = (\dot{m} \cdot c_p)_1$	—	Wärmekapazitätsstrom des warmen Stoffes[1]) in J/sK
$\dot{C}_2 = (\dot{m} \cdot c_p)_2$	—	Wärmekapazitätsstrom des kalten Stoffes[1]) in J/sK
Stromführung	—	Gegenstrom, Gleichstrom, Kreuzstrom, Gleich-Gegenstrom oder Kombination dieser Grundanordnungen.

Die Beziehung dieser Größen zueinander bildet die Grundlage für den wärmetechnischen Teil des Übertragerentwurfes.

Die Bedeutung der genannten Größen ist mit Ausnahme des Wärmedurchgangskoeffizienten k augenscheinlich. Der Wärmedurchgangskoeffizient entstammt einer *Wärmestromgleichung*, die die konvektiven Vorgänge und die Leitungsvorgänge, die für die Wärmeübertragung vom warmen zum kalten Stoff maßgebend sind, in einer einfachen Gleichung vereinigt; diese Gleichung ist dem OHMschen Gesetz für den stationären elektrischen Stromkreis analog.

$$\frac{\mathrm{d}\dot{Q}}{\mathrm{d}A} = k\,(t_1 - t_2)\,. \qquad (2-1)$$

Dabei ist $\mathrm{d}\dot{Q}/\mathrm{d}A$ die Wärmestromdichte in W/m^2 in einem Abschnitt des Übertragers, in dem die Temperaturdifferenz $(t_1 - t_2)$ ist. Aus dieser Beziehung erkennt man, daß k ein Wärmedurchgangskoeffizient ist, der auf den Temperaturunterschied $(t_1 - t_2)$ und auf die Übertragungsfläche bezogen ist. Der reziproke Wert von k ist ein spezifischer Durchgangswiderstand, den man mit folgenden, nacheinander auftretenden Anteilen behaftet annehmen kann:

[1]) Für Gasströme bezeichnet c_p die spezifische Wärmekapazität bei konstantem Druck im Unterschied zu c_v, das die spezifische Wärmekapazität bei konstantem Volumen angibt. Für Flüssigkeiten (und Festkörper) ist eine derartige Unterscheidung nicht üblich.

1. Ein Wärmeübergangsanteil der warmen Seite, der den Leitungsanteil einer vergrößerten Fläche oder einer Rippenfläche dieser Seite einschließt.
2. Ein Wandleitungsanteil.
3. Ein Wärmeübergangsanteil der kalten Seite, einschließlich des Leitungsanteils der erweiterten Flächen auf dieser Seite.
4. Verschmutzungsfaktoren, die die während des Betriebes einsetzenden Ablagerungen berücksichtigen.

Die Gleichung, die diese Überlegung wiedergibt, aber zur Vereinfachung die Verschmutzungsfaktoren vernachlässigt, ist:

$$\frac{1}{k_1} = \frac{1}{\eta_{01} \cdot \alpha_1} + \frac{a}{(A_{\text{Wand}}/A_1) \cdot \lambda} + \frac{1}{(A_2/A_1) \cdot \eta_{02} \cdot \alpha_2} \tag{2—2}$$

oder

$$\frac{1}{k_2} = \frac{1}{\eta_{02} \cdot \alpha_2} + \frac{a}{(A_{\text{Wand}}/A_2) \cdot \lambda} + \frac{1}{(A_1/A_2) \cdot \eta_{01} \cdot \alpha_1},$$

wobei k_1 auf die Fläche der warmen Seite (einschließlich vergrößerter oder berippter Flächen) und k_2 auf die Fläche der kalten Seite bezogen ist. A_{Wand} ist die mittlere Wandfläche; η_{01} und η_{02} bezeichnen den Oberflächenwirkungsgrad[1]) der gesamten Fläche A_1 bzw. A_2. Aus Gl. (2—2) geht hervor, daß

$$k_1 \cdot A_1 = k_2 \cdot A_2 .$$

Die Wärmeübergangskoeffizienten α_1 und α_2 sind komplexe Funktionen der Oberflächenform, der Stoffeigenschaften und der Strömungsbedingungen. Einige geometrisch einfache Fälle ausgenommen, muß der Ingenieur auf Modellversuche zurückgreifen, um die Koeffizienten festzulegen. Sie werden in den Kap. 6, 7 und 10 in graphischer Form dargestellt, wobei dimensionslose Kenngrößen verwendet werden. Im Kap. 4 wird eine Betrachtung über den Einfluß der temperaturabhängigen Stoffeigenschaften auf den Wärmeübergangskoeffizienten gegeben.

Wenn auf beiden Seiten keine vergrößerten Oberflächen verwendet werden, sind sowohl η_{01} als auch η_{02} gleich eins, so daß

$$A_{\text{Wand}} \approx \frac{A_1 + A_2}{2}$$

wird und Gl. (2—2) entsprechend vereinfacht werden kann. Wenn jedoch eine vergrößerte Oberfläche benutzt wird, verringern die Temperaturgradienten entlang der in den Stoffstrom ragenden Rippen die Wirksamkeit der Fläche, und η_0 ist folglich kleiner als eins; η_0 ist ein Mittelwert der voll wirksamen Grundfläche und der auf weniger als 100 Prozent verminderten Wirkung η_R der Rip-

[1]) Die Zusammenfassung des Ausdruckes $\left[1 - \frac{A_R}{A}(1 - \eta_R)\right]$ in einen gesonderten Begriff ist im deutschen Schrifttum im allgemeinen nicht üblich. Wir benutzen daher die Bezeichnung Oberflächenwirkungsgrad für den im Original mit „temperature effectiveness“ definierten Ausdruck. D. H.

penfläche. Somit ist

$$\eta_0 = 1 - \frac{A_R}{A}(1 - \eta_R) . \tag{2—3}$$

GARDINER [2] gibt für eine Anzahl von Rippenformen Beziehungen für den Rippenwirkungsgrad η_R an. Für viele der hier betrachteten Wärmeübertragungsflächen kann die Beziehung für die gerade Längsrippe mit einem Querschnitt konstanter Wärmeleitung als gute Näherung verwendet werden.

$$\eta_R = \frac{\tanh(m \cdot h)}{m \cdot h}, \tag{2—4}$$

wobei

$$m = \sqrt{\frac{2\alpha}{\lambda \cdot b}} \quad \text{für dünne Scheiben} \tag{2—5}$$

$$m = \sqrt{\frac{4\alpha}{\lambda \cdot b}} \quad \text{für runde Nadeln.}$$

Wenn die Rippe von einer Wand zur anderen reicht, ist die effektive Rippenhöhe h die Hälfte des Wandabstandes. Dieser Zusammenhang wird in Abb. 2—11 in einem Diagramm aufgezeigt. Ebenso wird η_R für eine achsensymmetrische Kreisrippe, wie sie ganz allgemein auf Rohraußenseiten verwendet wird, dargestellt. Die Lösung für die Kreisrippe ist als Kurvenschar aufgetragen, die in den Grenzfall des Verhaltens einer geraden Längsrippe [Gl. (2—4)] übergeht.

In den normalen Gas–Gas- oder Gas–Flüssigkeit-Wärmeübertragern kann der Anteil des Wandwiderstandes in Gl. (2—2) gegenüber den Übergangswiderständen zwischen Wand und strömendem Stoff vernachlässigt werden. In einem Gas–Flüssigkeit-Übertrager, wie dem wassergekühlten Zwischenkühler, ist dabei der Anteil des luftseitigen Übergangswiderstandes wiederum gewöhnlich viel größer als der der Wasserseite, das heißt, er beeinflußt allein die Wärmeübertragung. Bei einem Gas–Gas-Übertrager hingegen können die beiden Übergangswiderstände von vergleichbarer Größe sein.

Die *Wärmestromgleichung* (2—1) muß mit einer *Energiebilanz* kombiniert werden, die die Enthalpieverringerung des warmen Stromes mit der Enthalpievergrößerung des kalten Stromes gleichsetzt, um die zu Beginn dieser Diskussion aufgeführten Wärmeübertragerkenngrößen miteinander zu verbinden. Diese Kenngrößen sind zu zahlreich, um uns ohne weiteres die graphische Beschreibung ihres Zusammenhangs zu ermöglichen. Sie können jedoch zu einer kleineren Zahl dimensionsloser Kenngrößen zusammengefaßt werden, die eine derartige Darstellung gestatten. Die dimensionslosen Zuordnungen, die rechnerisch sehr bequem sind und auch die anschaulichste physikalische Bedeutung haben, werden nun genannt und definiert.

Übertragerwirkungsgrad

$$\varepsilon = \frac{\dot{Q}}{\dot{Q}_{max}} = \frac{\dot{C}_1 (t_{1\alpha} - t_{1\beta})}{\dot{C}_{min} (t_{1\alpha} - t_{2\alpha})} = \frac{\dot{C}_2 (t_{2\beta} - t_{2\alpha})}{\dot{C}_{min} (t_{1\alpha} - t_{2\alpha})}, \tag{2—6}$$

wobei $\dot{C}_{min}$ die kleinere der beiden Größen $\dot{C}_1$ und $\dot{C}_2$ ist.

Wärmeübertragungsgröße[1])

$$\ddot{u} = \frac{A \cdot k_\mathrm{m}}{\dot{C}_\mathrm{min}} = \frac{1}{\dot{C}_\mathrm{min}} \int_0^A k \,\mathrm{d}A\,, \tag{2-7}$$

wobei A die gleiche Übertragungsfläche ist, die bei der Definition von k benutzt wurde. Beim Entwurf kann k allgemein als konstant angenommen werden.

Verhältnis der Wärmekapazitätsströme

$$\frac{\dot{C}_\mathrm{min}}{\dot{C}_\mathrm{max}}\,, \tag{2-8}$$

wobei $\dot{C}_\mathrm{min}$ und $\dot{C}_\mathrm{max}$ der kleinere bzw. größere der beiden Werte $\dot{C}_1$ und $\dot{C}_2$ sind. Im allgemeinen ist es möglich,

$$\varepsilon = f\left(\ddot{u}\,;\ \frac{\dot{C}_\mathrm{min}}{\dot{C}_\mathrm{max}}\,;\ \text{Stromführung}\right) \tag{2-9}$$

zu schreiben, wie es die Diagramme der Abb. 2—12 bis Abb. 2—27 zeigen.

Die dimensionslosen Kenngrößen sind nicht nur für eine gedrängte graphische Darstellung der Übertragerleistung wertvoll, sondern sie besitzen auch eine leicht faßliche physikalische Bedeutung. Der Übertragerwirkungsgrad ε vergleicht den tatsächlichen Wärmestrom

$$\dot{Q} = \dot{C}_1\,(t_{1\alpha} - t_{1\beta}) = \dot{C}_2\,(t_{2\beta} - t_{2\alpha})$$

mit dem thermodynamisch begrenzten, also maximal möglichen Wärmestrom, wie er nur in einem Gegenstromwärmeübertrager unendlicher Übertragungsfläche verwirklicht werden könnte, nämlich

$$\dot{Q}_\mathrm{max} = \dot{C}_2\,(t_{1\alpha} - t_{2\alpha})\,,$$

wenn $\dot{C}_2 < \dot{C}_1$, oder

$$\dot{Q}_\mathrm{max} = \dot{C}_1\,(t_{1\alpha} - t_{2\alpha})\,,$$

wenn $\dot{C}_1 < \dot{C}_2$. Damit besitzt ε die Bedeutung des Wirkungsgrades des Wärmeübertragers aus thermodynamischer Sicht.

Es ist besonders zu erwähnen, daß bei gegebenen Werten $t_{1\alpha}$, $t_{2\alpha}$, $\dot{C}_1$ und $\dot{C}_2$ die Größe von ε vollständig die Wärmeübertragungsleistung definiert. Wenn $\dot{C}_1 = \dot{C}_\mathrm{min}$ ist, wird

$$\varepsilon = \frac{t_{1\alpha} - t_{1\beta}}{t_{1\alpha} - t_{2\alpha}}$$

[1]) Auch für den Begriff der „number of heat transfer units" gibt es im deutschen Schrifttum keinen vergleichbaren Ausdruck. Es wird deshalb eine sinngemäße Angleichung gewählt. D. H.

und stellt einen „Temperaturwirkungsgrad“ für das Abkühlen des warmen Stoffes dar. Wenn aber $\dot{C}_2 = \dot{C}_{\min}$ ist, wird

$$\varepsilon = \frac{t_{2\beta} - t_{2\alpha}}{t_{1\alpha} - t_{2\alpha}}$$

und ist somit der „Temperaturwirkungsgrad“ für das Erwärmen des kalten Stoffes. Jedoch ist die allgemeine Definition des Wirkungsgrades, Gl. (2—6), *nicht* ein „Temperaturwirkungsgrad“, sondern eher ein „Übertragerwirkungsgrad“, und man vermeidet Zweideutigkeiten, wenn an dieser Definition strikt festgehalten wird.

Die Größe $\ddot{u}$ ist eine dimensionslose „Wärmeübertragungsgröße“ des Übertragers. Die Auswertung der Abb. 2—12, zum Beispiel, zeigt den asymptotischen Charakter der $\varepsilon,\ddot{u}$-Beziehung für ein gegebenes Verhältnis der Wärmekapazitätsströme. Wenn $\ddot{u}$ klein ist, ist der Übertragerwirkungsgrad klein, wenn $\ddot{u}$ groß ist, nähert sich der Wirkungsgrad ε asymptotisch dem durch Stromführung und thermodynamischen Erwägungen auferlegten Grenzwert. Da sowohl die Übertragungsfläche A als auch der Wärmedurchgangskoeffizient k in der Gl. (2—7) im Zähler stehen, sind mit einem großen $\ddot{u}$ (und damit hohem Übertragerwirkungsgrad) Kosten in Form von Kapitalaufwand, Raum und Masse für die Übertragungsfläche A oder in Form eines steigenden Strömungsverlustes, der bei kleineren Übergangswiderständen ein größeres k ermöglicht, verbunden.

Aus Gl. (2—2) kann für den Fall des vernachlässigbaren Leitungswiderstandes der Wand eine interessante und nützliche Beziehung zwischen $\ddot{u}$ und der Stantonzahl St für jeden der beiden Stoffströme entwickelt werden:

$$\frac{1}{\ddot{u}} = \frac{1}{\eta_{01}\left(\frac{l}{r_h}\right)_1 \left(\frac{\dot{C}_1}{\dot{C}_{\min}}\right) St_1} + \frac{1}{\eta_{02}\left(\frac{l}{r_h}\right)_2 \left(\frac{\dot{C}_2}{\dot{C}_{\min}}\right) St_2}, \qquad (2-10)$$

wobei $\dot{C}_{\min}$ der kleinere der beiden Wärmekapazitätsströme $\dot{C}_1$ und $\dot{C}_2$ ist.

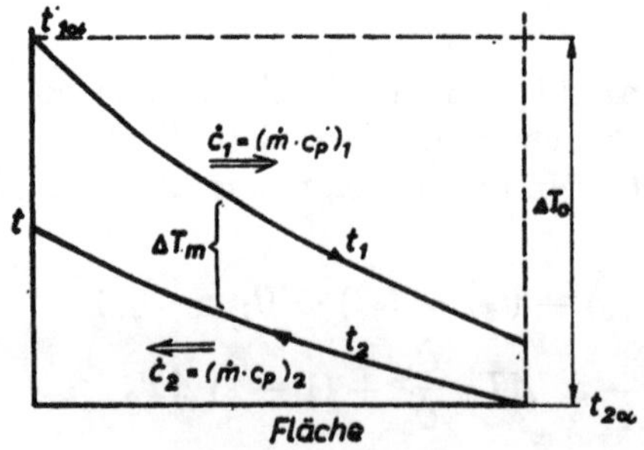

Abb. 2—2. Verlauf der Stofftemperaturen in einem Gegenstromwärmeübertrager

Die dritte dimensionslose Kenngröße, das Verhältnis der Wärmekapazitätsströme $\dot{C}_{min}/\dot{C}_{max}$, ist einfach das Verhältnis der Produkte aus Massenstrom $\dot{m}$ und spezifischer Wärmekapazität c_p der beiden Stoffströme. Dieses Produkt $(\dot{m} \cdot c_p)$ kann als Wärmekapazitätsstrom der Strömung, das heißt, als Wärmestrom, bezogen auf ein Grad Temperaturänderung, betrachtet werden.

Die in Gl. (2—9) enthaltene Abhängigkeit ist eine Grundbeziehung in der Darstellung der Übertragungsleistung der Wärmeübertrager. Betrachten wir zur Beweisführung die Darstellung des Temperaturverlaufes des Stoffstromes in einem Gegenstromwärmeübertrager mit $\dot{C}_1 < \dot{C}_2$ $(\dot{C}_1 = \dot{C}_{min};\ \dot{C}_2 = \dot{C}_{max})$ in Abb. 2—2. Die Wärmestromgleichung (2—1) lautet in integrierter Form:

$$\dot{Q} = k \cdot A \cdot \Delta T_m\,, \qquad (2-1a)$$

wobei ΔT_m eine passend angeglichene mittlere Temperaturdifferenz $(t_1 - t_2)$ ist. Für $\dot{Q}$ können zwei zusätzliche Gleichungen aufgestellt werden, die auf Energiebilanzbetrachtungen beruhen:

$$\dot{Q} = \dot{C}_1\,(t_{1\alpha} - t_{1\beta})\,, \qquad (2-11)$$

$$\dot{Q} = \dot{C}_2\,(t_{2\beta} - t_{2\alpha})\,. \qquad (2-12)$$

Wie schon vorher bemerkt, wird der maximal mögliche Wärmestrom durch die Durchflußleistungen und Eintrittstemperaturen der Stoffströme begrenzt zu

$$\dot{Q}_{max} = \dot{C}_{min}\,(t_{1\alpha} - t_{2\alpha}) = \dot{C}_1 \cdot \Delta T_0 \qquad (2-13)$$

mit

$$\Delta T_0 = t_{1\alpha} - t_{2\alpha}\,,$$

wie aus Abb. 2—2 ersichtlich. Die Division der Gleichungen (2—1a), (2—11) und (2—12) durch $\dot{Q}_{max}$ ergibt für den Wirkungsgrad

$$\varepsilon = \frac{k \cdot A}{\dot{C}_1} \frac{\Delta T_m}{\Delta T_0}\,, \qquad (2-1b)$$

$$\varepsilon = \frac{t_{1\alpha} - t_{1\beta}}{\Delta T_0}\,, \qquad (2-11a)$$

$$\varepsilon = \frac{t_{2\beta} - t_{2\alpha}}{\Delta T_0} \frac{\dot{C}_2}{\dot{C}_1}\,. \qquad (2-12a)$$

Die mittlere Temperaturdifferenz ΔT_m ist ein Mittelwert der Größen $(t_{1\alpha} - t_{2\beta})$ und $(t_{1\beta} - t_{2\alpha})$. Ferner sollte beachtet werden, daß die Stromführung das Mittelungsverfahren beeinflußt. Nunmehr folgt aus den Gl. (2—11a) und Gl. (2—12a)

$$\begin{aligned} t_{1\alpha} - t_{2\beta} &= (t_{1\alpha} - t_{1\beta}) - (t_{2\beta} - t_{2\alpha}) + (t_{1\beta} - t_{2\alpha}) \\ &= \varepsilon \cdot \Delta T_0 - \varepsilon \cdot \Delta T_0 \frac{\dot{C}_1}{\dot{C}_2} + (1 - \varepsilon)\,\Delta T_0 \\ &= \left(1 - \varepsilon \cdot \frac{\dot{C}_1}{\dot{C}_2}\right) \cdot \Delta T_0\,. \end{aligned}$$

Ähnlich ergibt sich

$$t_{1\beta} - t_{2\alpha} = (1 - \varepsilon)\,\Delta T_0\,.$$

Damit ist ersichtlich, daß

$$\frac{\Delta T_m}{\Delta T_0} = f\left(\varepsilon; \frac{\dot{C}_1}{\dot{C}_2}\right)$$

und bei Kombination mit Gl. (2—1b)

$$\varepsilon = f\left(ü; \frac{\dot{C}_1}{\dot{C}_2}\right).$$

Durch Aufheben der in Abb. 2—2 vorgeschriebenen Beschränkungen von $\dot{C}_1 < \dot{C}_2$ und Gegenstromanordnung wird hier die Gültigkeit der Gl. (2—9) angedeutet.

2.2.2. ε, ü-Beziehungen

2.2.2.1. Gegenstrom (Abb. 2—12)

Die Ableitung der Gleichungen findet sich im Anhang C. Der algebraische Ansatz ist

$$\varepsilon = \frac{1 - e^{-ü\left(1 - \frac{\dot{C}_{min}}{\dot{C}_{max}}\right)}}{1 - \left(\frac{\dot{C}_{min}}{\dot{C}_{max}}\right) \cdot e^{-ü\left(1 - \frac{\dot{C}_{min}}{\dot{C}_{max}}\right)}}, \qquad (2-13)$$

wobei

$$ü = \frac{k \cdot A}{\dot{C}_{min}}$$

immer auf den *minimalen* Wärmekapazitätsstrom bezogen ist. Berechnete Ergebnisse für die Aufstellung der Abb. 2—12 sind in Tab. 2—1 zusammengestellt. Es ist zu beachten, daß sich für alle Verhältnisse des Wärmekapazitätsstromes der Übertragerwirkungsgrad für große Werte von $ü$ dem Wert eins nähert. Das ist selbstverständlich eine direkte Folge der Definition von ε [siehe Gl. (2—6) und den entsprechenden Text]. Für ein gegebenes $ü$ wird der Wirkungsgrad um so größer, je kleiner das Verhältnis der Wärmekapazitätsströme ist. Zwei Grenzfälle der Gl. (2—13) sind für den Entwurf von Gasturbinenwärmeübertragern von besonderem Interesse, nämlich $\dot{C}_{min}/\dot{C}_{max} = 0$ und $\dot{C}_{min}/\dot{C}_{max} = 1$. Der erste Fall nähert sich dem wassergekühlten Zwischenkühler, bei dem $\dot{C}_W \gg \dot{C}_L$ ist, und der zweite Fall beschreibt einen Rekuperator,

bei dem $\dot{C}_G \approx \dot{C}_L$ gilt. Für diese Bedingungen vereinfacht sich Gl. (2—13) zu

$$\varepsilon = 1 - e^{-ü} \tag{2—13a}$$

für

$$\frac{\dot{C}_{min}}{\dot{C}_{max}} = 0$$

und zu

$$\varepsilon = \frac{ü}{1 + ü} \tag{2—13b}$$

für

$$\frac{\dot{C}_{min}}{\dot{C}_{max}} = 1\,.$$

Es ist zu beachten, daß für einen Verdampfer oder Kondensator $\dot{C}_{min}/\dot{C}_{max} = 0$ ist, weil die spezifische Wärmekapazität und damit der Wärmekapazitätsstrom durch Definition unendlich sind, wenn ein Stoffstrom durch den Übertrager hindurch eine konstante Temperatur behält.[1])

2.2.2.2. Gleichstrom (Abb. 2—13)

Die Gleichung für diese Beziehung ist

$$\varepsilon = \frac{1 - e^{-ü\left(1 + \frac{\dot{C}_{min}}{\dot{C}_{max}}\right)}}{1 + \frac{\dot{C}_{min}}{\dot{C}_{max}}}\,. \tag{2—14}$$

Rechenwerte für die Darstellung der Abb. 2—13 sind in der Tab. 2—2 zusammengefaßt. Anders als beim Gegenstrom ist die Wirkungsgradasymptote, ausgenommen $\dot{C}_{min}/\dot{C}_{max} = 0$, kleiner als eins. Für $\dot{C}_{min}/\dot{C}_{max} = 1$ beträgt der maximal mögliche Wirkungsgrad bei Gleichstrom nur 50% des Gegenstromwertes. Für $\dot{C}_{min}/\dot{C}_{max} = 0$ vereinfacht sich Gl. (2—14) zu

$$\varepsilon = 1 - e^{-ü} \tag{2—14a}$$

und ist mit der Gl. (2—13a) für Gegenstrom identisch. Es ist damit offensichtlich, daß ein Gegenstromzwischenkühler ($\dot{C}_W \gg \dot{C}_L$), -verdampfer oder -kondensator gegenüber einer Gleichstromeinheit keine Vorteile hat, sofern die Leistung

[1]) Es gilt

$$c_p = \left(\frac{\partial h}{\partial T}\right)_p$$

so daß im Sättigungsgebiet, das bei Kondensation oder Verdampfung im Übertrager maßgebend ist, $c_p = \infty$ wird, weil sich bei $p = \text{const.}$ die Enthalpie erhöht, ohne daß die Temperatur des Naßdampfes ansteigt. Wenn der Stoff mit dem $\dot{C}_{min}$ entweder kondensierender Dampf oder siedende Flüssigkeit ist, wird damit $\dot{C}_1/\dot{C}_2 = 0$. D. H.

betrachtet wird. Für $\dot{C}_{\min}/\dot{C}_{\max} = 1$ reduziert sich Gl. (2—14) jedoch zu

$$\varepsilon = \frac{1 - e^{-2\ddot{u}}}{2}, \tag{2—14b}$$

und es ist aus Abb. 2—15, in die sowohl die Gl. (2—13b) als auch Gl. (2—14b) eingezeichnet sind, zu ersehen, daß der Gleichstromrekuperator einer Gasturbinenanlage ($\dot{C}_G \approx \dot{C}_L$) für $\ddot{u} > 0{,}7$ ($\varepsilon > 40\%$) eine wesentlich kleinere Leistung hat.

2.2.2.3. Kreuzstrom, beide Stoffe unvermischt (Abb. 2—14)

Bei dieser Art von Kreuzstromwärmeübertragern soll jeder Stoffstrom in eine große Anzahl getrennter Stromfäden aufgeteilt sein, um ohne gegenseitiges Vermischen der einzelnen Stromfäden durch den Wärmeübertrager zu strömen. Der Wirkungsgrad wird auf die mittlere Temperatur der gut verwirbelt austretenden Stoffe bezogen. Die analytische Lösung für diese Anordnung kann nicht in geschlossener Form angegeben werden.

Tab. 2—3 und Abb. 2—14 beruhen auf einer Reihenentwicklung von Mason [3]. Wie für alle vorangegangenen Stromführungen gilt auch hier für $\dot{C}_{\min}/\dot{C}_{\max} = 0$

$$\varepsilon = 1 - e^{-\ddot{u}}.$$

Man beachte, daß sich alle Kurven in Abb. 2—14 asymptotisch $\varepsilon = 1$ nähern, wie es schon beim Gegenstrom der Fall war. Jedoch ist der Wirkungsgrad bei allen $\dot{C}_{\min}/\dot{C}_{\max} > 0$ für ein gegebenes $\ddot{u}$ kleiner als für den Gegenstrom, wobei die größte Differenz bei $\dot{C}_{\min}/\dot{C}_{\max} = 1$ erscheint (siehe Abb. 2—25).

2.2.2.4. Kreuzstrom, ein Stoff vermischt, der andere unvermischt (Abb. 2—15)

Die Ableitung ist im Anhang C nachzulesen. Die Stromführung wird schematisch in Abb. 2—15 beschrieben; ein Stoff soll hier durch getrennte Rohre fließen, so daß die gegenseitige Vermischung des Stromes gleich null ist, während der andere Stoff vollkommen in sich vermischt ist. Die ε, $\ddot{u}$-Gleichungen sind dann:

Für

$$\dot{C}_{\max} = \dot{C}_{\text{unvermischt}}\,; \quad \dot{C}_{\min} = \dot{C}_{\text{vermischt}}$$

$$\varepsilon = 1 - e^{-\frac{\Psi \cdot \dot{C}_{\max}}{\dot{C}_{\min}}}, \tag{2—15}$$

wobei

$$\Psi = 1 - e^{-\ddot{u}\left(\frac{\dot{C}_{\min}}{\dot{C}_{\max}}\right)}.$$

Für

$$\dot{C}_{max} = \dot{C}_{vermischt}\,; \quad \dot{C}_{min} = \dot{C}_{unvermischt}$$

$$\varepsilon = \frac{\dot{C}_{max}}{\dot{C}_{min}}\left(1 - e^{-\frac{\Psi' \cdot \dot{C}_{min}}{\dot{C}_{max}}}\right), \qquad (2-16)$$

wobei

$$\Psi' = 1 - e^{-\ddot{u}}.$$

Hier ist, wie auch vorher schon,

$$\ddot{u} = \frac{k \cdot A}{\dot{C}_{min}}.$$

Rechenergebnisse aus diesen Gleichungen werden in der Tab. 2—4 zusammengefaßt. Für den Grenzfall $\dot{C}_{min}/\dot{C}_{max} = 0$ vereinfachen sich sowohl Gl. (2—15) als auch Gl. (2—16) zu

$$\varepsilon = 1 - e^{-\ddot{u}}.$$

Es ist die gleiche Beziehung wie für Gegenstrom und Gleichstrom; damit wird wiederum betont, daß die Stromführung unwesentlich ist, wenn der eine Wärmekapazitätsstrom sehr viel größer als der andere ist. Bei freier Wahl ist es außerdem besser, bevorzugt den Stoff mit dem kleineren Wärmekapazitätsstrom und nicht den mit dem größeren Strom zu mischen, wie man aus Abb. 2—15 ablesen kann.

2.2.2.5. Kreuzstrom, beide Stoffe vermischt (Abb. 2—16)

Bei dieser ungewöhnlichen Stromführung ist jede Stofftemperatur eine Funktion nur einer Raumkoordinate. Erreicht werden kann eine derartige Stromführung nur durch Führen beider Stoffe zwischen Leitblechen. Ein Grund für das Interesse an dieser Anordnung liegt darin, daß hier ein Fall vorliegt, bei dem man mit steigendem $\ddot{u}$ eine *Abnahme* des Wirkungsgrades erhält.

Die Lösung kann in geschlossener algebraischer Form dargestellt werden:

$$\varepsilon = \frac{\ddot{u}}{\dfrac{\ddot{u}}{1 - e^{-\ddot{u}}} + \dfrac{\left(\dfrac{\dot{C}_{min}}{\dot{C}_{max}}\right) \cdot \ddot{u}}{1 - e^{-\ddot{u}\left(\frac{\dot{C}_{min}}{\dot{C}_{max}}\right)}} - 1}. \qquad (2-17)$$

Rechenergebnisse dieser Gleichung sind in Tab. 2—5 zusammengestellt.

2.2.2.6. Gegenstromanordnungen mit mehreren Durchgängen, beide Stoffe zwischen den Durchgängen vermischt

Die Ableitung wird im Anhang C angegeben. Für Gegenstromanordnungen mit mehreren Durchgängen können Lösungen in relativ einfacher algebraischer

Form angegeben werden, wenn man voraussetzt, daß die Stoffe zwischen den einzelnen Durchgängen ,,vermischt" werden und daß der Gesamtwert der Wärmeübertragungsgröße $\ddot{u}$ gleichmäßig auf die Durchgänge verteilt ist:

$$\varepsilon = \frac{\left(\dfrac{1 - \dfrac{\varepsilon_D \cdot \dot{C}_{min}}{\dot{C}_{max}}}{1 - \varepsilon_D}\right)^n - 1}{\left(\dfrac{1 - \dfrac{\varepsilon_D \cdot \dot{C}_{min}}{\dot{C}_{max}}}{1 - \varepsilon_D}\right)^n - \dfrac{\dot{C}_{min}}{\dot{C}_{max}}}, \qquad (2-18)$$

wobei n die Zahl der identischen Durchgänge in der Gegenstromanordnung ist und ε_D, der Wirkungsgrad jedes Durchganges, eine Funktion von $\ddot{u}/n$ und der grundlegenden Stromführung des Durchganges ist. Die einzelnen Durchgänge können *jede beliebige* Grundstromführung haben.

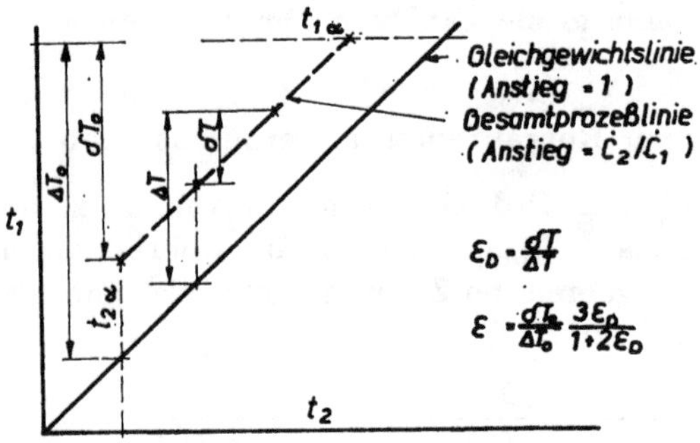

Abb. 2–3. Darstellung der Arbeits- und Gleichgewichtslinie für $\dot{C}_2/\dot{C}_1 = 1$; $n = 3$ und $\varepsilon_D = 0{,}30$

Für den speziellen Fall $\dot{C}_{min}/\dot{C}_{max} = 1$ wird

$$\varepsilon = \frac{n \cdot \varepsilon_D}{1 + (n - 1) \cdot \varepsilon_D}. \qquad (2-18a)$$

Die zur Entwicklung der Gl. (2–18) verwendete Methode wird im Anhang C erläutert. Sie kann als eine Synthese beschrieben werden, bei der der Gesamtwirkungsgrad des zusammengesetzten Systems zu den anteilmäßigen Wirkungsgraden jedes Durchganges ins Verhältnis gesetzt wird. Eine Darstellung im Gleichgewichtsdiagramm, ähnlich der in der Analyse von Stoffübertragungssystemen häufig benutzten, kann sehr effektiv sein, um die algebraischen Zusammenhänge in Form einfacher geometrischer Beziehungen zu zeigen. Das wird in Abb. 2–3 für $\dot{C}_{min}/\dot{C}_{max} = 1$; $\varepsilon_D = 0{,}30$ und $n = 3$ dargestellt, wobei sich aus Gl. (2–18a) $\varepsilon = 0{,}562$ ergibt.

2.2.2.7. Gegenstromwärmeübertrager mit mehreren „unvermischten" Kreuzstromdurchgängen

Abb. 2—17 wurde nach Gl. (2—18a) angefertigt, wobei „unvermischte" Kreuzstromdurchgänge angenommen wurden, für die ε_D in Abb. 2—14 angegeben wird. Da Gl. (2—18a) angewandt wurde, wird vorausgesetzt, daß zwischen den Durchgängen eine vollständige Vermischung eintritt. Im Gegensatz dazu beruht die Abb. 2—18, die nach den von STEVENS u. a. [4] mitgeteilten Werten entworfen wurde, auf einem zwischen den Durchgängen gemischten und einem unvermischten Stoff. Abb. 2—19 beruht auf der gleichen Literaturstelle [4] und zeigt die Leistung einer Gegenstromanordnung mit Kreuzstromdurchgängen, bei der weder in noch zwischen den Durchgängen ein Vermischen eintritt. Die Differenz zwischen diesen drei Kurvenscharen ist nicht groß, so daß die Bedingung des Vermischens zwischen den Durchgängen, wie sie für Gl. (2—18) benutzt wurde, nicht besonders einschränkend ist.

Die Abb. 2—17, Abb. 2—18 und Abb. 2—19 zeigen, daß eine enge Annäherung an das Gegenstromverhalten durch Einführen von Mehrfachdurchgängen verwirklicht werden kann, eine große Zahl von Durchgängen aber oft nicht gerechtfertigt ist.

2.2.2.8. Gleich-Gegenstrom, Rohraußenstrom vermischt (Abb. 2—20)

Diese grundlegende Stromführung wird schematisch in Abb. 2—20 beschrieben. Es ist eine der gebräuchlichsten Anordnungen für Rohrbündelwärmeübertragerkonstruktionen. Der algebraische Zusammenhang ist nach WRIGHT [5] und BOWMAN, MUELLER und NAGEL [6]

$$\varepsilon = \frac{2}{\left(1 + \frac{\dot{C}_{\min}}{\dot{C}_{\max}}\right) + \sqrt{1 + \left(\frac{\dot{C}_{\min}}{\dot{C}_{\max}}\right)^2} \cdot \frac{(1 + e^{-\Psi})}{(1 - e^{-\Psi})}}, \tag{2—19}$$

wobei in diesem Falle

$$\Psi = \ddot{u} \sqrt{1 + \left(\frac{\dot{C}_{\min}}{\dot{C}_{\max}}\right)^2}.$$

Wie für alle vorangegangenen Stromführungen, kann diese Gleichung für den Fall $\dot{C}_{\min}/\dot{C}_{\max} = 0$ zur Gl. (2—13a) vereinfacht werden. Rechenergebnisse für die Darstellung der Abb. 2—20 sind in Tab. 2—6 aufgeführt. Es ist aus dieser Tabelle und aus Abb. 2—20 zu ersehen, daß für $\dot{C}_{\min}/\dot{C}_{\max} > 0$ der Wirkungsgrad für eine unendliche Fläche ($\ddot{u} = \infty$) immer kleiner als eins ist.

Die Gl. (2—19) wurde für einen Rohrmanteldurchgang und zwei Rohrdurchgänge entwickelt. Vier, sechs, acht oder mehr Rohrdurchgänge ergeben Resultate, die numerisch so nahe an der Rohranordnung mit zwei Durchgängen liegen, daß durch die Darstellung dieser umfangreichen Ausdrücke nichts zu gewinnen ist.

2.2.2.9. Gegenstromwärmeübertrager mit mehreren Gleich-Gegenstromdurchgängen

Die Abb. 2—21, Abb. 2—22 und Abb. 2—23 zeigen die Wirkung mehrerer Durchgänge bei der Grundanordnung des Gleich-Gegenstromes. Es sind einige der gebräuchlichsten Anordnungen, bei denen die Rohrbündelwärmeübertragerkonstruktion angewendet wird. Die Ergebnisse sind völlig auf Gl. (2—18) bezogen und verwenden den Wirkungsgrad jedes Durchganges ε_D, wie er aus Gl. (2—19) berechnet werden kann.

2.2.2.10. Wärmeübertrager mit geteilter Strömung (Abb. 2—24)

Diese recht ungewöhnliche Stromführung wird schematisch in Abb. 2—24 beschrieben. Die ε, $\ddot{u}$-Beziehungen wurden aus der Arbeit von Iqbal und Stachiewiez [7] entnommen. Die Lösung wird in dieser Abhandlung in geschlossener Form dargestellt. Sie ist algebraisch jedoch zu umfangreich, um sie hier wiederzugeben. Die Tabellenwerte in den Tab. 2—7a und Tab. 2—7b wurden aus den Werten des Rechenprogramms von Iqbal und Stachiewiez gewonnen.

Ähnlich wie bei der Kreuzstromanordnung mit zwei vermischten Stoffen in Abb. 2—16 ist es möglich, eine Abnahme des Wirkungsgrades mit ansteigendem $\ddot{u}$ festzustellen. Es besteht eine kleine Differenz in der Leistung zwischen den Verhältnissen $\dot{C}_{\mathrm{Mantel}} = \dot{C}_{\min}$ und $\dot{C}_{\mathrm{Rohr}} = \dot{C}_{\min}$. Die Differenz ist für $\ddot{u} < 5$ vernachlässigbar, sie wird jedoch in den größeren $\ddot{u}$-Bereichen, in denen ein Anstieg von $\ddot{u}$ einen geringeren Wirkungsgrad ergibt, wichtiger.

2.2.2.11. Der Einfluß der Stromführung

Wie gezeigt wurde, haben alle Stromführungen für $\dot{C}_{\min}/\dot{C}_{\max} = 0$ die gleiche ε, $\ddot{u}$-Beziehung, und der Wirkungsgrad ist für alle anderen Werte von $\dot{C}_{\min}/\dot{C}_{\max}$ bei Gegenstrom am größten. Die Differenz in der Leistung ist für den Fall $\dot{C}_{\min}/\dot{C}_{\max} = 1$ am größten. Um diese Differenz zu verdeutlichen, wurden die Abb. 2—25 und Abb. 2—26 angefertigt. Das Studium dieser Diagramme gibt eine Vorstellung von dem relativen Flächenbedarf für Wärmeübertrager mit verschiedenen Stromführungen und führt in Verbindung mit der Abb. 2—17 gleichzeitig zu der Schlußfolgerung, daß für Wirkungsgrade in der Größe von 80% bei Direktübertragern und bei $\dot{C}_{\min}/\dot{C}_{\max} = 1$ reiner Gegenstrom oder Mehrfachgegenstrom angewendet werden muß.

2.2.2.12. Der Einfluß von $\dot{C}_{\min}/\dot{C}_{\max} < 1$ auf einen Rekuperator (Abb. 2—27)

Die meisten Gasturbinenrekuperatoren arbeiten wegen des Einflusses der Verbrennungsprodukte auf die spezifische Wärmekapazität und auf den Massenstrom des Gases im Bereich $\dot{C}_{\min}/\dot{C}_{\max} = 0{,}90 \cdots 0{,}97$. Für Auslegungszwecke

ist es bequemer, die einfacheren ε, $\ddot{u}$-Beziehungen für $\dot{C}_{\min}/\dot{C}_{\max} = 1$ zu benutzen und eine näherungsweise Abschätzung der Abweichung dieser Größe von eins vorzunehmen; Abb. 2—27 wurde für diesen Zweck entworfen. Sofern Kreuz-Gegenstromanordnungen (mit unvermischten Durchgängen) zwischen den Extremen Gegenstrom und Kreuzstrom mit einfachem Durchgang liegen, kann man interpolieren.

2.2.3. Vergleich der Wärmestromgleichung mit der ε, $\ddot{u}$-Lösung

Die beim Entwurf von Wärmeübertragern normalerweise verwendete Beziehung ist eine Gleichung mit mittlerem logarithmischen Ansatz der Form

$$\dot{Q} = k \cdot A \cdot K_G \cdot \Delta T_m ,$$

wobei $\dot{Q}$ der Gesamtwärmestrom in W für den Übertrager und ΔT_m die mittlere logarithmische Temperaturdifferenz der beiden Stoffe für den Fall des wahren Gegenstromes ist. Wenn der Übertrager eine Gegenstromeinheit ist, wird der dimensionslose Faktor K_G gleich eins. Für alle anderen Stromführungen ist K_G kleiner als eins. Diese Größe wurde für eine Auswahl von Stromführungen berechnet und von Bowman, Mueller und Nagel [6] in graphischer Form mitgeteilt. Abb. 2—4 zeigt die benutzten Kenngrößen. Zweck der folgenden Abhandlung ist es erstens, die umkehrbare Eindeutigkeit zwischen der Wärmestromgleichung und der ε, $\ddot{u}$-Lösung zu demonstrieren, und zweitens einige Argumente zugunsten der letzteren Methode darzulegen.

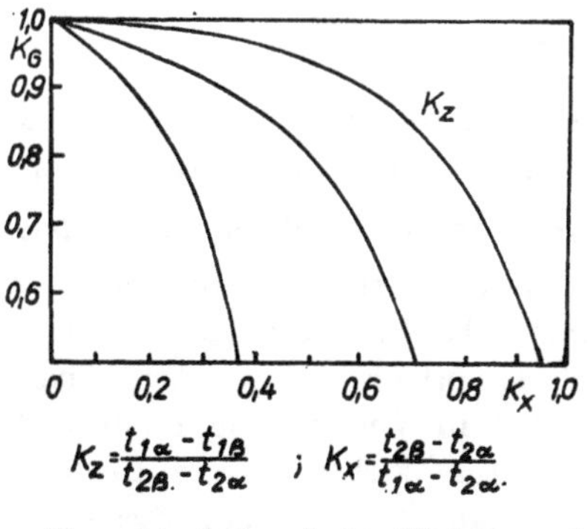

Abb. 2—4. Korrekturbeiwert der Gleichung der mittleren logarithmischen Temperaturdifferenz (ohne Maßstab)

Wir nehmen an, daß zwei Übertrager betrachtet werden: ein Bezugsübertrager mit wahrem Gegenstrom und der in Frage kommende Übertrager. Jeder soll mit gleichem k-Wert, gleichen Eintrittstemperaturen und gleichen Durchsatzmengen betrieben werden und die Fläche des Bezugsübertragers sei so angepaßt, daß sie den gleichen Wärmestrom $\dot{Q}$ hat. Dann wird das ΔT_m für beide

Übertrager das gleiche sein, und es ist

$$K_G = \frac{A_{\text{Gegenstrom}}}{A} \leqq 1$$

oder

$$K_G = \frac{\ddot{u}\ (\text{Gegenstrom, für gleiches } \varepsilon)}{\ddot{u}\ (\text{tatsächlich})}.$$

Die Untersuchung von K_x und K_z führt zu

$$K_x = \varepsilon \quad \text{für} \quad \dot{C}_2 = \dot{C}_{\min}$$

oder

$$K_x = \varepsilon \left(\frac{\dot{C}_1}{\dot{C}_2}\right) \quad \text{für} \quad \dot{C}_1 = \dot{C}_{\min}$$

und

$$K_z = \frac{\dot{C}_2}{\dot{C}_1} = \text{entweder } \frac{\dot{C}_{\min}}{\dot{C}_{\max}} \qquad \text{oder } \frac{1}{\dfrac{\dot{C}_{\min}}{\dot{C}_{\max}}}.$$

Es ist dann ersichtlich, daß zwischen den beiden Parameterscharen eine umkehrbare Eindeutigkeit besteht.

Die Argumente zugunsten der ε, $\ddot{u}$-Lösung sind:

1. Der Wirkungsgrad ist eine einfach definierte Leistungskenngröße und hat die gleiche *thermodynamische* Bedeutung wie eine Gütezahl; er kann daher allein als eine abhängige Variable stehen.

2. Die Wärmestromgleichung vereinfacht irreführend die Vorstellung von den Beziehungen, die in der Theorie der Wärmeübertrager enthalten sind, da stillschweigend die Folgerung inbegriffen ist, daß nur eine Wärmestromgleichung erforderlich ist. Tatsächlich sind sowohl die Stromgleichung als auch die Energiebilanzprinzipien enthalten; die letzteren sind jedoch im K_G-Faktor verborgen.

3. Die ε, $\ddot{u}$-Lösung vereinfacht den in der Vorausbestimmung der Leistung zusammengesetzter Stromführungen enthaltenen Rechenaufwand.

4. Die zwingenderen Argumente beziehen sich jedoch auf die Anwendungserleichterungen bei der Entwurfsarbeit. Um das zu verdeutlichen, betraten wir die zwei folgenden typischen Probleme:

a) Gegeben k, $\dot{C}_2$, $\dot{C}_1$ und die Endtemperaturen; zu bestimmen ist die erforderliche Fläche A.

b) Gegeben A, k, $\dot{C}_2$, $\dot{C}_1$ und $t_{1\alpha}$ und $t_{2\alpha}$; zu bestimmen sind die Austrittstemperaturen.

Für das erste Problem geben beide Lösungen eine unkomplizierte Auswertung. Die ε, $\ddot{u}$-Lösung vermeidet jedoch die in der Berechnung von ΔT_m enthaltene

Einförmigkeit. Ein detaillierter Vergleich der Schritte für das erste Problem ergibt:

ε, $\ddot{u}$-Lösung

1. Berechne ε aus den gegebenen Endtemperaturen. Berechne auch $\dot{C}_{\min}/\dot{C}_{\max}$.
2. Verwende die ε, $\ddot{u}$-Kurve der entsprechenden Stromführung und $\dot{C}_{\min}/\dot{C}_{\max}$, um $\ddot{u}$ zu berechnen.
3. Berechne A aus

$$A = \ddot{u} \cdot \frac{\dot{C}_{\min}}{k}.$$

ΔT_m-Lösung

1. Berechne K_x und K_z aus den gegebenen Endtemperaturen.
2. Verwende die $K_G(K_x; K_z)$-Kurve für die entsprechende Stromführung, um K_G zu bekommen.
3. Berechne ΔT_m aus den Endtemperaturen.
4. Berechne A aus

$$A = \frac{\dot{Q}}{k \cdot K_G \cdot \Delta T_m},$$

wobei $\dot{Q}$ aus den Endtemperaturen und dem entsprechenden Wärmekapazitätsstrom zu berechnen ist.

Für das zweite Problem besitzt die ε, $\ddot{u}$-Lösung noch größere Vorteile. Die Schritte sind:

ε, $\ddot{u}$-Lösung

1. Berechne $\ddot{u}$ aus den gegebenen Werten. Berechne auch $\dot{C}_{\min}/\dot{C}_{\max}$.
2. Benutze die ε, $\ddot{u}$-Kurve für die entsprechende Stromführung und $\dot{C}_{\min}/\dot{C}_{\max}$, um ε zu bestimmen.
3. Berechne $\dot{Q}$ aus

$$\dot{Q} = \dot{C}_{\min} \cdot (t_{1\alpha} - t_{2\alpha}) \cdot \varepsilon$$

und die Endtemperaturen aus

$$(t_{2\beta} - t_{2\alpha}) \cdot \dot{C}_2 = \dot{Q}$$

$$(t_{1\alpha} - t_{1\beta}) \cdot \dot{C}_1 = \dot{Q}.$$

ΔT_m-Lösung

1. Berechne K_z aus $K_z = \dot{C}_2/\dot{C}_1$.
2. Nimm die Endtemperatur so an, daß $K_{x\,1.\,\text{Näherung}}$ berechnet werden kann.
3. Ermittle $K_{G\,1.\,\text{Näherung}}$ aus dem Diagramm.
4. Berechne $\Delta T_{m\,1.\,\text{Näherung}}$.
5. Bestimme $\dot{Q}_{1.\,\text{Näherung}}$ aus der Wärmestromgleichung.
6. Berechne die Endtemperatur, um sie mit den Annahmen des 2. Schrittes zu vergleichen.
7. Wiederhole das Verfahren, bis zufriedenstellende Übereinstimmung erhalten wird.

Wie ersichtlich, ist die ε, $\ddot{u}$-Lösung einfach, wohingegen die ΔT_m-Lösung Iterationsverfahren enthält.

2.3. Wärmeübertragung in flüssigkeitsgekoppelten Übertragern mit indirekter Übertragung

Das System des flüssigkeitsgekoppelten Übertragers mit indirekter Übertragung wird in Abb. 2—5 dargestellt. Es besteht aus zwei Direktübertragern, die durch die Zirkulation eines Wärmeübertragungsmediums, zum Beispiel Wasser oder ein flüssiges Metall, gekoppelt sind.

Die prinzipiellen Vorteile sind:

1. Es ergibt sich eine günstigere Wärmeübertragerform, da die vom warmen Stoff beaufschlagte Fläche nicht direkt mit der vom kalten Strom beaufschlagten Fläche verbunden ist; ist das Verhältnis der Wärmestromdichten größer als 6:1, wie es in der Anwendung in Gasturbinenrekuperatoren auftritt, so ergeben sich besonders günstige Verhältnisse.
2. Sind die warmen und kalten Stoffe Gase, erlaubt die Flüssigkeitskopplung wegen der einfacheren Abdichtmöglichkeiten im allgemeinen eine bessere und kompaktere Maschinenanordnung.

Die Nachteile sind:

1. Erhöhter Flächenbedarf des Übertragers in der Größenordnung von 10 bis 20% für Gasturbinenrekuperatoren.
2. Zusätzliche konstruktive Erweiterungen durch den koppelnden Flüssigkeitskreislauf
3. Mangel an einem allgemein befriedigendem Wärmeübertragungsmedium.

2.3.1. ε, $\ddot{u}$-Beziehungen

Die Theorie des flüssigkeitsgekoppelten Übertragers mit indirekter Übertragung wurde von London und Kays [9] entwickelt. Sie beruht auf einer kombinierten Lösung, die eine Gleichgewichtsdarstellung anwendet und für die Übertrager-

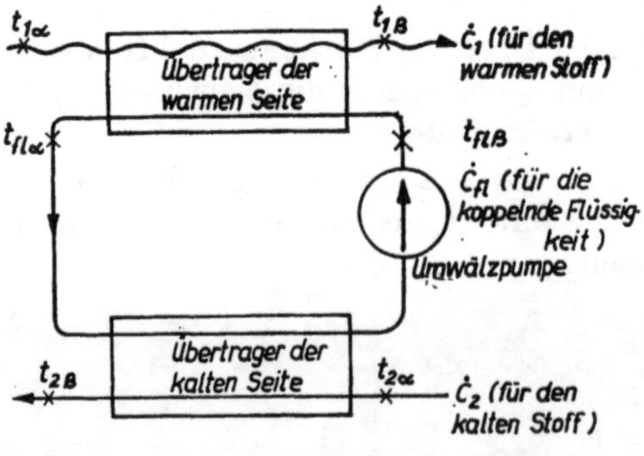

Abb. 2—5. Flüssigkeitsgekoppelter Wärmeübertrager mit indirekter Übertragung

einheit der kalten Seite (t_{fl}, t_2)-Koordinaten, für die Einheit der warmen Seite (t_1, t_{fl})-Koordinaten und für die Gesamtleistung (t_1, t_2)-Koordinaten verwendet, die alle in der gleichen Ebene liegen. Die Ergebnisse sind:

Für $\dot{C}_{fl} > \dot{C}_2 > \dot{C}_1$:

$$\varepsilon = \frac{1}{\frac{1}{\varepsilon_1} + \frac{\dot{C}_1/\dot{C}_2}{\varepsilon_2} - \frac{\dot{C}_1}{\dot{C}_{fl}}}. \qquad (2-20a)$$

Für $\dot{C}_{fl} > \dot{C}_1 > \dot{C}_2$:

$$\varepsilon = \frac{1}{\frac{1}{\varepsilon_2} + \frac{\dot{C}_2/\dot{C}_1}{\varepsilon_1} - \frac{\dot{C}_2}{\dot{C}_{fl}}}. \qquad (2-20b)$$

Für $\dot{C}_2 > \dot{C}_1 > \dot{C}_{fl}$:

$$\varepsilon = \frac{1}{\frac{\dot{C}_1}{\dot{C}_{fl}}\left(\frac{1}{\varepsilon_2} + \frac{1}{\varepsilon_1} - 1\right)}. \qquad (2-20c)$$

Für $\dot{C}_1 > \dot{C}_2 > \dot{C}_{fl}$:

$$\varepsilon = \frac{1}{\frac{\dot{C}_2}{\dot{C}_{fl}}\left(\frac{1}{\varepsilon_2} + \frac{1}{\varepsilon_1} - 1\right)}. \qquad (2-20d)$$

Für $\dot{C}_2 > \dot{C}_{fl} > \dot{C}_1$:

$$\varepsilon = \frac{1}{\frac{1}{\varepsilon_1} + \frac{\dot{C}_1}{\dot{C}_{fl}}\left(\frac{1}{\varepsilon_2} - 1\right)}. \qquad (2-20e)$$

Für $\dot{C}_1 > \dot{C}_{fl} > \dot{C}_2$:

$$\varepsilon = \frac{1}{\frac{1}{\varepsilon_2} + \frac{\dot{C}_2}{\dot{C}_{fl}}\left(\frac{1}{\varepsilon_1} - 1\right)}. \qquad (2-20f)$$

In diesen Beziehungen ist ε der Übertragerwirkungsgrad für den Übergang vom warmen zum kalten Stoff, und ε_2 und ε_1 sind die Teilwirkungsgrade der Direktübertrager der kalten und warmen Seite.

Für den speziellen Fall $\dot{C}_1 = \dot{C}_2 = \dot{C}$, wie er angenähert bei der Anwendung in Gasturbinenrekuperatoren auftritt, reduzieren sich die vorstehenden sechs Gleichungen auf zwei Gleichungen:

Für $\dot{C}_1 = \dot{C}_2 = \dot{C} > \dot{C}_{fl}$:

$$\varepsilon = \frac{\dot{C}_{fl}/\dot{C}}{\frac{1}{\varepsilon_2} + \frac{1}{\varepsilon_1} - 1}. \qquad (2-21a)$$

Für $\dot{C}_1 = \dot{C}_2 = \dot{C} < \dot{C}_{fl}$:

$$\varepsilon = \frac{1}{\frac{1}{\varepsilon_2} + \frac{1}{\varepsilon_1} - \frac{\dot{C}}{\dot{C}_{fl}}}. \quad (2-21\,b)$$

Wenn man weiterhin den Wärmekapazitätsstrom der koppelnden Flüssigkeit zu $\dot{C}_{fl} = \dot{C}_2 = \dot{C}_1 = \dot{C}$ einführt, wird die Endgleichung

$$\varepsilon = \frac{1}{\frac{1}{\varepsilon_2} + \frac{1}{\varepsilon_1} - 1}. \quad (2-22)$$

Es ist wichtig, festzuhalten, daß in den Gl. (2—20a) bis Gl. (2—22) der Gesamtübertragerwirkungsgrad und die Teilwirkungsgrade durch die Temperaturänderung des Stoffes mit dem kleinsten Wärmekapazitätsstrom definiert werden, wie es in diesem Kapitel durchgehend gehandhabt wird. Damit wird zum Beispiel bei $\dot{C}_{fl} > \dot{C}_1 > \dot{C}_2$

$$\varepsilon = \frac{\dot{C}_2 (t_{2\beta} - t_{2\alpha})}{\dot{C}_2 (t_{1\alpha} - t_{2\alpha})},$$

$$\varepsilon_1 = \frac{\dot{C}_1 (t_{1\alpha} - t_{1\beta})}{\dot{C}_1 (t_{1\alpha} - t_{fl\beta})},$$

$$\varepsilon_2 = \frac{\dot{C}_2 (t_{2\beta} - t_{2\alpha})}{\dot{C}_2 (t_{fl\alpha} - t_{2\alpha})}.$$

2.3.2. Optimale Betriebsbedingungen

Die vorstehenden Beziehungen können verwendet werden, um Entwurfswerte für die Optimierung der Durchflußmenge der koppelnden Flüssigkeit und der Verteilung der Wärmeübertragerflächen zwischen den Einheiten der warmen und kalten Seite zu erhalten [9]. Für den Fall $\dot{C}_1 = \dot{C}_2 = \dot{C}$ ergeben sich folgende Kriterien:

1. Der Wärmekapazitätsstrom $\dot{C}_{fl}$ der koppelnden Flüssigkeit sollte innerhalb des recht engen Bereiches $0{,}95 < \dot{C}_{fl}/\dot{C} < 1{,}20$ liegen, wobei 1,00 das Optimum ist.
2. Die Verteilung der Wärmeübertragerflächen sollte innerhalb des relativ weiten Bereiches

   $$\frac{0{,}75}{k_2/k_1} < \frac{A_2}{A_1} < \frac{2{,}0}{k_2/k_1}$$

   gehalten werden. Wenn die Fläche der kalten Seite billiger als die Fläche der warmen Seite ist, lohnt es sich, den Entwurfswert zur rechten Seite hin zu

verschieben. Der Entwurfswert kann ohne bedeutenden Leistungsverlust aber auch zur linken Seite verschoben werden, wenn die Maschinenanordnung so gestaltet ist, daß die Reduzierung des Volumens der kalten Seite wünschenswert wird.

2.4. Wärmeübertragung in Regeneratoren

Bei den Regeneratoren ist zwischen den umlaufenden und den mit Umschaltventilen versehenen Übertragern zu unterscheiden, wie sie in Abb. 2—6 gezeigt werden.

Im Umlauftyp sorgt die Drehung des porösen Speichers für eine regelmäßige periodische Durchströmung der festen Masse durch die Ströme der warmen und kalten Seite. Somit wird der Speicher wechselweise erwärmt und gekühlt, und die Wärme wird auf diese Weise indirekt vom warmen zum kalten Stoff über-

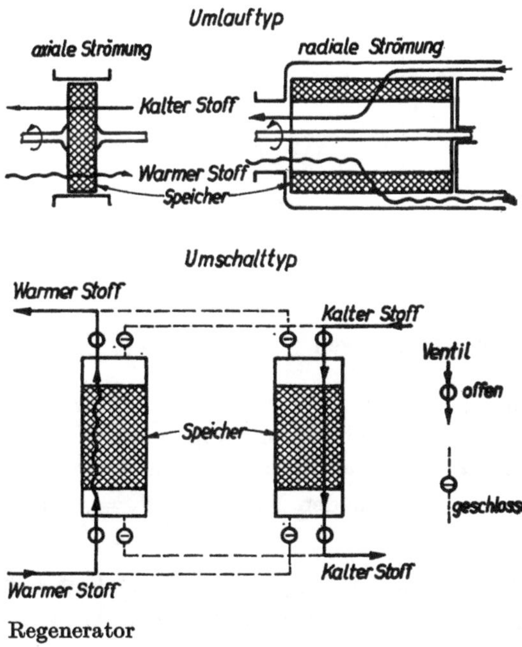

Abb. 2—6. Regenerator

tragen. Die Verwandtschaft des Regenerators mit dem vorher betrachteten Typ des flüssigkeitsgekoppelten Übertragers mit indirekter Übertragung ist augenscheinlich.

Der mit Ventilen versehene Regenerator hat zwei identische Speicher, die wechselweise durch periodisches Umschalten der Schnellschaltventile entweder als Warmstrom- oder als Kaltstromspeicher arbeiten. In diesem Übertragertyp ist die Masse der beiden Speicher, geteilt durch die Öffnungsdauer der Ventile,

mit der Masse des einzelnen Speichers im Umlauftyp, multipliziert mit der Umlaufgeschwindigkeit, identisch. Das Berechnungsverfahren des Wärmeübertragers wird auf beide Arten gleich angewendet, sofern diese Verbindung der Speichermassenströme gegeben ist.

Es gibt drei Hauptvorteile der Regeneratoren gegenüber den Direktübertragern:

1. Es kann eine kompaktere Wärmeübertragungsoberfläche verwendet werden. Ein Speicher mit einem Sieb mit 1000 Maschen/Meter hat zum Beispiel eine Flächendichte von ca. 1000 m^2/m^3.
2. Die Wärmeübertragungsoberfläche ist, auf die Übertragungsfläche bezogen, im allgemeinen wesentlich billiger.
3. Wegen der periodischen Stromumschaltungen gibt es keine ständigen Totwassergebiete, die Oberfläche neigt daher zur Selbstreinigung. Die selbstreinigenden Eigenschaften werden sehr gut durch die LJUNGSTRÖM-Luftvorwärmer demonstriert, die in Kraftwerken, die schlechteste Kohlesorten verfeuern, verwendet werden.

Die hauptsächlichsten Nachteile sind:

1. Es besteht durch Undichtheiten und der Stoffmitnahme im Speicher eine gewisse Vermischung zwischen dem kalten und dem warmen Stoff.
2. Das Dichtungsproblem ist für den Umlauftyp eine schwierige Aufgabe, wenn die Stoffe unterschiedliche Drücke haben, wie etwa beim Gasturbinenregenerator.

2.4.1. ε, $\ddot{u}$-Beziehungen

Die Theorie für diesen Übertragertyp wird von COPPAGE und LONDON [10] zusammengefaßt. Man muß dabei wegen mathematischer Schwierigkeiten auf die Lösung mittels elektronischer Rechenanlagen zurückgreifen. LAMBERTSON [11] und BAHNKE und HOWARD [12] geben die umfassendsten Ergebnisse an. Die Abb. 2–28 bis Abb. 2–35 und die Tab. 2–8 bis Tab. 2–13 wurden nach diesen Quellen zusammengestellt.

Die in diesen Darstellungen verwendeten dimensionslosen Kenngrößen entsprechen den vorher benutzten mit folgenden Zusätzen und Änderungen:

$$\varepsilon = \mathrm{f}\left(\ddot{u}_0; \frac{\dot{C}_{\min}}{\dot{C}_{\max}}; \frac{\dot{C}_{\mathrm{r}}}{\dot{C}_{\min}}\right). \tag{2–23}$$

Hierbei ist durch Definition die modifizierte Wärmeübertragungsgröße

$$\ddot{u}_0 = \frac{1}{\dot{C}_{\min}}\left[\frac{1}{\left(\frac{1}{\alpha\cdot A}\right)_2 + \left(\frac{1}{\alpha\cdot A}\right)_1}\right].$$

Der Wärmekapazitätsstrom des Speichers ist der Massenstrom der Speichermasse multipliziert mit der spezifischen Wärmekapazität des festen Stoffes. Für den Umlauftyp gilt dann

$$\dot{C}_r = n \cdot m_S \cdot c_{fest} \,.$$

Für den Umschalttyp mit Ventilen wird die Masse der beiden identischen Speicher zusammen mit den Ventilschaltungen pro Stunde (wobei eine Periode das Intervall „Ventil auf — zu — auf“ umfaßt) eingesetzt. Es ist zu beachten, daß die modifizierte Wärmeübertragungsgröße $\ddot{u}_0$ der Größe für den Direktübertragertyp entspricht, bei dem für den Fall vernachlässigbarer Durchgangswiderstände und vergrößerter Oberflächen ($\eta_0 = 1$) die Gl. (2—2) reduziert wird zu

$$\frac{1}{k \cdot A} = \left[\left(\frac{1}{\alpha \cdot A}\right)_2 + \left(\frac{1}{\alpha \cdot A}\right)_1\right].$$

Die in den ε, $\ddot{u}_0$-Diagrammen (Abb. 2—28 bis Abb. 2—35) und Tabellen (Tab. 2—8 bis Tab. 2—13) erfaßten Bereiche sind:

Für $\dot{C}_{min}/\dot{C}_{max}$: 1,00; 0,95; 0,90; 0,80; 0,70; 0,50.

Für $\dot{C}_r/\dot{C}_{min}$: 1 $\cdots$ ∞

Für $\ddot{u}_0$: 0 $\cdots$ 100 für einige Tabellen,
0 $\cdots$ 10 für die meisten Diagramme.

Die größeren $\ddot{u}_0$-Bereiche sind bei der Verwendung von Wärmeübertragern in der Kryotechnik von Interesse. Es ist wegen der asymptotischen Näherung des Wirkungsgrades gegen eins in dem normalen ε, $\ddot{u}_0$-Diagramm (Abb. 2—28 bis Abb. 2—33) besser, $(1 - \varepsilon)$ gegen $\ddot{u}_0$ in doppeltlogarithmischen Koordinaten aufzutragen, wie es in Abb. 2—34 für $\dot{C}_{min}/\dot{C}_{max} = 1$ und in Abb. 2—35 für $\dot{C}_{min}/\dot{C}_{max} = 0{,}95$ durchgeführt wurde.

Zusätzlich zu den in Gl. (2—23) genannten dimensionslosen Kenngrößen geht das Verhältnis der Wärmeübergänge

$$(\alpha \cdot A)^* = \frac{(\alpha \cdot A) \text{ auf der } \dot{C}_{min}\text{-Seite}}{(\alpha \cdot A) \text{ auf der } \dot{C}_{max}\text{-Seite}}$$

in die Analyse ein. Die ε, $\ddot{u}_0$-Kurven in den Abb. 2—28 bis Abb. 2—33 beruhen alle auf $(\alpha \cdot A)^* = 1$. Berechnungen mit elektronischen Rechenanlagen [11], [12] zeigen, daß der Einfluß dieser Kenngröße für den in den Abb. 2—28 bis Abb. 2—32 gezeigten Bereich von $(\alpha \cdot A)^*$ völlig vernachlässigbar ist. Der größte Fehler beträgt 2% beim Übertragerwirkungsgrad und tritt in der Kurve $\dot{C}_{min}/\dot{C}_{max} = 0{,}50$ (Abb. 2—32) bei $\dot{C}_r/\dot{C}_{min} = 1{,}0$ auf. Dieser Fehler wird für $\dot{C}_r/\dot{C}_{min} = 1{,}5$ nur halb so groß. Für die Kurve $\dot{C}_{min}/\dot{C}_{max} = 1{,}0$ (Abb. 2—28) ist der maximale Fehler, wiederum bei $\dot{C}_r/\dot{C}_{min} = 1{,}0$ nur in der Größenordnung von 0,2% von ε.

2.4.2. Der Einfluß der Speicherdrehzahl

Eine einfache empirische Formel für den Einfluß von $\dot{C}_r/\dot{C}_{min}$ bei $\varepsilon \leqq 90\%$ ist

$$\varepsilon \approx \varepsilon_{\substack{\text{Gegenstrom}\\ \text{Direktübertrager}}} \left[1 - \frac{1}{9 \cdot \left(\dfrac{\dot{C}_r}{\dot{C}_{min}}\right)^{1,93}}\right]. \tag{2—24}$$

Die Klammer der rechten Seite berücksichtigt die Speicherdrehzahl. Der Wirkungsgrad des Gegenstrom-Direktübertragers ist allein eine Funktion von $\ddot{u}_0$ und $\dot{C}_{min}/\dot{C}_{max}$ und kann entweder aus Gl. (2—13) oder aus Abb. 2—12 bestimmt werden. Für höhere Wirkungsgrade ($\varepsilon > 90\%$) wird anstelle der Gl. (2—24) eine Wirkungsgradkurve $(1 - \varepsilon) = f(\ddot{u}_0)$ (Abb. 2—34 und Abb. 2—35) empfohlen.

Diese Betrachtung ist nicht nur wegen des direkten Einflusses von $\dot{C}_r$ oder ε, wie es Gl. (2—24) zeigt, bedeutungsvoll, sondern auch wegen eines *Mitnahmeverlustes*, der mit dem Hohlraum der Speichermasse verbunden ist. Der Regenerator sollte bei niedrigen Drehzahlen arbeiten, um minimale Mitnahmeverluste zu haben; es ergibt sich dann allerdings ein kleineres ε. Ein anderer Vorteil der niedrigen Drehzahl ist die Verringerung des Dichtmaterialverschleißes, wenn Gummidichtungen verwendet werden.

Wenn ein vorläufiger Speicherentwurf fertiggestellt ist, kann Gl. (2—24) benutzt werden, um die Beeinflussung des Betriebszustandes durch außerhalb des Entwurfspunktes liegende Drehzahlen zu untersuchen. Abb. 2—7 zeigt eine derartige Extrapolation. Es ist offensichtlich, daß die Entwurfsdrehzahl viel zu hoch war und daß eine Drehzahlverminderung von 0,54 s^{-1} (einem $\dot{C}_r/\ddot{C}_2$ = 10,8 entsprechend) auf 0,25 s^{-1} durchgeführt werden kann.

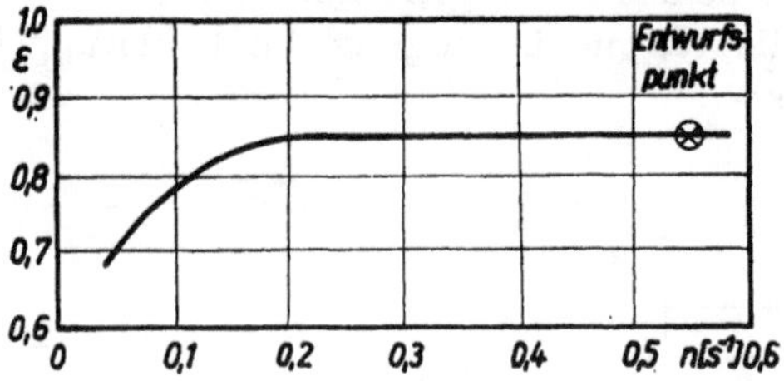

Abb. 2—7. Einfluß der Rotordrehzahl auf die Leistung des Regenerators

Die Speicherdrehzahl hat einen wesentlichen Einfluß auf die periodischen Schwankungen der Speichertemperatur. Davon berichtet MONDT [13]. Es kann durch elementare Betrachtungen gezeigt werden, daß die mittlere Doppelamplitude des Speichers gegeben ist durch

$$\delta T_m = \frac{\varepsilon}{\dfrac{\dot{C}_r}{\dot{C}_{min}}} (t_{1\alpha} - t_{2\alpha}).$$

2.4.3. Umlaufende Dichtungen und Absperrventile

Eine sehr wichtige Seite der Konstruktion des mechanischen Teils des Regenerators sind die Maßnahmen zur Reduzierung der Leckverluste. Das Problem liegt außerhalb des Bereiches dieser Monographie. HRYNISZAK [14] diskutiert Konstruktionsfragen im Hinblick auf umlaufende Dichtungen, und HARPER [15] erfaßt Gesichtspunkte der Strömungsmechanik von Spaltdichtungen.

2.5. Der Einfluß der Längsleitung

Die vorhandenen Übertragertheorien beruhen alle auf der Idealisierung, daß es weder in der festen Wand noch im strömenden Stoff eine Längsleitung (in Strömungsrichtung) gibt. Flüssigkeiten haben im allgemeinen eine geringe Wärmeleitfähigkeit (flüssige Metalle ausgenommen), aber die Leitfähigkeit der Wand kann recht groß sein. Deshalb werden in der folgenden Abhandlung nur die Wirkungen der Wandleitung betrachtet werden. Der Einfluß der Längsleitung verringert den Übertragerwirkungsgrad für eine gegebene Wärmeübertragungsgröße, wobei diese Verringerung in Übertragern mit kurzen Strömungslängen, wie sie für große Wirkungsgrade ($\varepsilon > 90$ %) entworfen werden, recht beträchtlich sein kann.

Die folgende, stark vereinfachte Analyse gestattet eine grobe Abschätzung des Einflusses der Längsleitung. Betrachtet werden dazu die Temperaturverhältnisse, wie sie in Abb. 2—8 für einen Direktübertrager mit $\dot{C}_{\min}/\dot{C}_{\max} = 1$ aufgezeichnet wurden: Die für den warmen Stoff dargestellte Temperaturdifferenz δT hat die gleiche Größenordnung wie die des kalten Stoffes und auch die der Wand. Der Wandtemperaturgradient ist dann $\delta T/l$, wobei l die Strömungslänge ist. Wenn die Fläche des Wandquerschnittes für die Längsleitung mit $A_{\lambda l}$ angesetzt wird, ist die Wärmeübertragung durch Leitung in Längsrichtung in der Größenordnung

$$\dot{Q}_{\lambda l} \approx \lambda \cdot A_{\lambda l} \frac{\delta T}{l} .$$

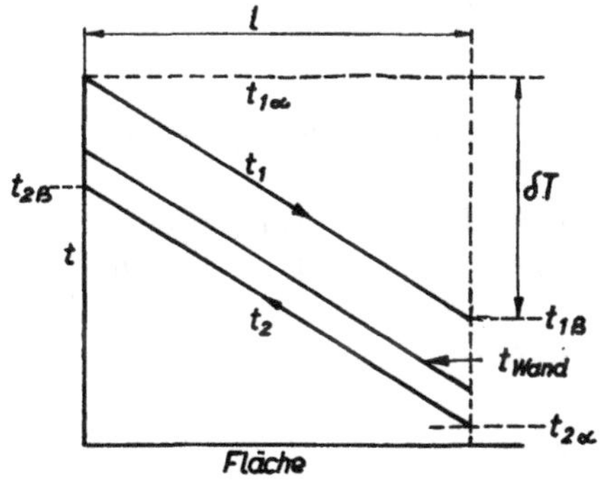

Abb. 2—8. Temperaturverteilung in einem Gegenstromwärmeübertrager mit $\dot{C}_2 = \dot{C}_1$

Im Gegensatz dazu wird die durch Konvektion übertragene Wärmemenge durch die Energiebilanzbetrachtung gegeben zu

$$\dot{Q} = \dot{C}_2 \cdot \delta T = \dot{C}_1 \cdot \delta T \, ,$$

und es ist

$$\frac{\dot{Q}_{\lambda l}}{\dot{Q}} = \frac{\left(\frac{\lambda}{l}\right) \cdot A_{\lambda l}}{\dot{C}} .$$

Wenn $\dot{Q}_{\lambda l}$ nun den tatsächlich übergehenden Wärmestrom $\dot{Q}$ verringert, ist $\dot{Q}_{\lambda l}/\dot{Q}$ in der Größenordnung von $\delta\varepsilon/\varepsilon$, wobei $\delta\varepsilon$ die Abnahme des Wirkungsgrades ist, so daß dann

$$\frac{\delta\varepsilon}{\varepsilon} \approx \frac{\left(\frac{\lambda}{l}\right) \cdot A_{\lambda l}}{\dot{C}_{\min}} = \lambda_l \qquad (2-25)$$

folgt, wobei λ_l die dimensionslose Längsleitungskenngröße ist. Mit diesem einfach ermittelten Ergebnis ist nur eine grobe Abschätzung der tatsächlichen Wirkung der Längsleitung möglich. Bei einer vollständigen Analyse sind die Lösungen aber so umfangreich, daß sie die Berechnung auf elektronischen Rechenanlagen erfordern. Glücklicherweise sind die umfassenden Ergebnisse von Bahnke und Howard [12] vorhanden; die Abb. 2–36 und Abb. 2–37 wurden nach dieser Literaturstelle aufbereitet. In diesen Diagrammen wird der Verlustgrad $(1 - \varepsilon)$ als Funktion von $ü$ (oder $ü_0$) und λ_l für die beiden Werte 1,0 und 0,95 von $\dot{C}_{\min}/\dot{C}_{\max}$ dargestellt, die bei der Anwendung in Gasturbinenrekuperatoren von primärem Interesse sind. Obwohl sich die Orginalarbeit [12] nur mit dem Regenerator befaßt, haben die Direktübertrager für $\dot{C}_r/\dot{C}_{\min} = \infty$ identisches Verhalten. Es kann weiterhin gezeigt werden, daß ein $\dot{C}_r/\dot{C}_{\min} > 5$ bei periodischer Strömung ausreicht, um sich dem $\dot{C}_r/\dot{C}_{\min} = \infty$ oder dem Direktübertrager sehr weit zu nähern. Dieses Ergebnis wird durch die Diagramme der Abb. 2–28 bis Abb. 2–33 angedeutet, die zwischen $\dot{C}_r/\dot{C}_{\min} = 5$ und ∞ sehr kleine Differenzen haben. Man beachte, daß in den Abb. 2–34 und Abb. 2–35 der Verlustgrad $(1 - \varepsilon)$, besonders für $\varepsilon > 90\%$, eine besser als der Wirkungsgrad selbst verwendbare abhängige Kenngröße ist. Die logarithmischen Koordinaten betonen die Bedeutung der Längsleitungswirkung. Aus den Abb. 2–36 und Abb. 2–37 ist zum Beispiel leicht zu sehen, daß sich bei einem gewählten Wert von $\varepsilon = 98{,}5\%$ folgende Werte einstellen:

$\dot{C}_{\min}/\dot{C}_{\max}$	$ü$		Prozentualer Anstieg von $ü$
	Für $\lambda_l = 0$	Für $\lambda_l = 0{,}01$	
1,00	66	190	189
0,95	29,5	40	36

Somit kann der recht eindrucksvolle prozentuale Anstieg von $\ddot{u}$ leicht aus dem Diagramm entnommen werden.

Dieses Beispiel hebt auch den starken Einfluß von $\dot{C}_{\min}/\dot{C}_{\max}$ bei Wärmeübertragern mit großem ε hervor. Hier ergibt ein Anstieg von nur 5% im Verhältnis der Wärmekapazitätsströme, also von 0,95 auf 1,00, einen Anstieg von 120% bzw. 375% in der erforderlichen $\ddot{u}$-Größe für $\lambda_l = 0$ bzw. $\lambda_l = 0{,}01$.

2.6. Druckänderung

Beim Entwurf von Flüssigkeitswärmeübertragern ist die genaue Kenntnis der Strömungsverlustkenngrößen der Wärmeübertragungsflächen wegen des geringen Leistungsbedarfes für das Fördern der Flüssigkeiten mit ihren hohen Dichten relativ unwichtig. Für Gase jedoch ist die Strömungsverlustleistung pro Massenstromdichte wegen der geringeren Dichte der Gase bedeutend größer. Dadurch erlangen hier die Strömungsverlusteigenschaften der Oberflächen für den Konstrukteur die gleiche Bedeutung wie die Wärmeübertragungseigenschaften. Die einzuführende Kenngröße ist der Strömungsverlustbeiwert c_f der Strömung, der in den Kap. 6, 7 und 10 als Funktion der Strömungsformen und der Reynoldszahl angegeben wird.

2.6.1. Die Druckänderungsgleichung

Abb. 2—9 zeigt das zu betrachtende Strömungssystem. Bei der Anwendung auf Gaswärmeübertrager sind die Druckänderungen von dem Querschnitt α zu α' und von β zu β' im Vergleich zum Gesamtdruck sehr klein; somit gilt $v_{\alpha'} \approx v_\alpha$ und $v_\beta \approx v_{\beta'}$.

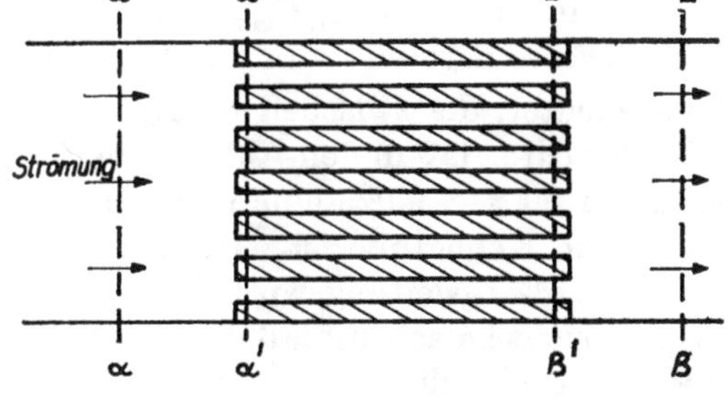

Abb. 2—9. Modell des Wärmeübertragers für die Druckänderungsanalyse. $\dot{m}$ ist auf den minimalen freien Strömungsquerschnitt bezogen

Durch Definition der Korrekturbeiwerte für die Strömungskontraktion am Übertragereintritt K_k und für die Strömungsexpansion am Übertrageraustritt K_e [Gl. (5—1) und Gl. (5—2)] und durch Integration über die Impulsgleichung ergibt sich dann die Beziehung für die Berechnung der Druckänderung in der

Strömung für die meisten Wärmeübertrager zu

$$\frac{\Delta p}{p_\alpha} = \frac{\dot{m}^2 \cdot v_\alpha}{2 \cdot p_\alpha} \Big[\underbrace{(K_k + 1 - \Phi^2)}_{\text{Eintrittseffekt}} + \underbrace{2\left(\frac{v_\beta}{v_\alpha} - 1\right)}_{\text{Strömungsbeschleunigung}}$$

$$+ \underbrace{c_f \frac{A}{A_F} \frac{v_m}{v_\alpha}}_{\text{Strömungsverlust}} - \underbrace{(1 - \Phi^2 - K_e) \frac{v_\beta}{v_\alpha}}_{\text{Austrittseffekt}} \Big]. \qquad (2-26\text{a})$$

Für Strömungen senkrecht zu Rohrbündeln oder durch Speicheroberflächen, wie sie in Regeneratoren angewendet werden, gehen die Einflüsse der Eintritts- und Austrittsdruckänderungen in den Strömungsverlustbeiwert ein und die Gleichung wird mit $(K_k; K_e) = 0$

$$\frac{\Delta p}{p_\alpha} = \frac{\dot{m}^2 \cdot v_\alpha}{2 \cdot p_\alpha} \Big[\underbrace{(1 + \Phi^2)\left(\frac{v_\beta}{v_\alpha} - 1\right)}_{\text{Strömungsbeschleunigung}} + \underbrace{c_f \cdot \frac{A}{A_F} \cdot \frac{v_m}{v_\alpha}}_{\text{Strömungsverlust}} \Big]. \qquad (2-26\text{b})$$

Für die Speicheroberflächen wird Φ durch die Porösität P ersetzt.

Bei Anordnungen mit mehreren Durchgängen müssen die Änderungen in den Umlenkdeckeln getrennt betrachtet werden; ebenso ist auch mit den Änderungen in Einlaß- und Auslaßsammelstücken und den damit verbundenen Rohrleitungen zu verfahren.

Es lohnt sich zu beachten, daß entsprechend Gl. (1—5) durch die Definition des hydraulischen Radius die Beziehung

$$\frac{A}{A_F} = \frac{l}{r_h}$$

gilt und weiterhin

$$\frac{\dot{m}^2 \cdot v_\alpha}{2 \cdot p_\alpha} = \frac{w_\alpha^2 \cdot \varrho_\alpha}{2 \cdot p_\alpha}$$

ist, wobei

$$w_\alpha = \frac{\dot{m}}{\varrho_\alpha}$$

die am Übertragereintritt vorhandene Strömungsgeschwindigkeit ist, die auf den minimalen freien Strömungsquerschnitt, der $\dot{m}$ bestimmt, bezogen wird.

Das richtige mittlere spezifische Volumen, das in den Gl. (2—26a) und Gl. (2—26b) zu verwenden ist, beträgt

$$v_m = \frac{1}{A} \int_0^A v \, dA \,. \qquad (2-27)$$

Betrachten wir nun die in den Abb. 2—8 und Abb. 2—10 dargestellten Temperaturzustände der Strömung. Für $\dot{C}_{min}/\dot{C}_{max} = 1$ (Abb. 2—8) ändern sich bei einer wahren Gegenstromanordnung die Temperaturen der Strömung linear

mit der Fläche; in guter Näherung gilt das Gleiche mit Ausnahme des Gleichstromes auch für jede andere Stromführung. Folglich wird

$$\frac{v_m}{v_\alpha} \approx \frac{p_\alpha}{p_m} \cdot \frac{T_m}{T_\alpha}$$

oder

$$v_m \approx \frac{v_\alpha + v_\beta}{2}, \qquad (2-27a)$$

wobei T_m und p_m arithmetische Mittelwerte der Ein- und Austrittswerte sind. Wenn die Wandtemperatur im wesentlichen konstant ist (Abb. 2—10), wie

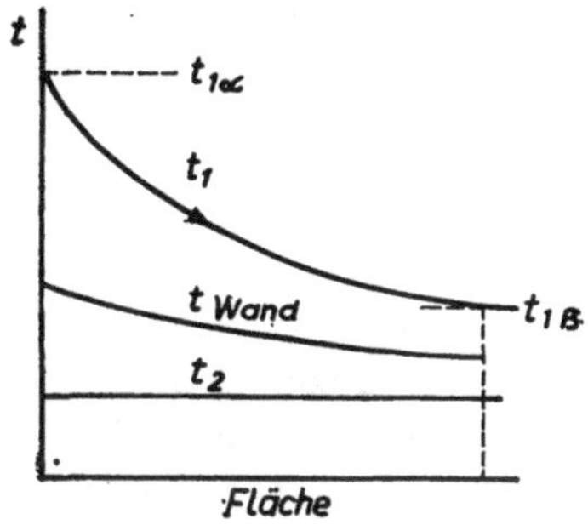

Abb. 2—10. Temperaturverteilung in einem Wärmeübertrager mit beliebiger Stromführung bei $\dot{C}_2 \gg \dot{C}_1$

im wassergekühlten Zwischenkühler, im Kondensator oder im Verdampfer, verändert sich Gl. (2—27) in guter Näherung zu

$$\frac{v_m}{v_\alpha} \approx \frac{p_\alpha}{p_m} \cdot \frac{T_{lm}}{T_\alpha}, \qquad (2-27b)$$

wobei p_m das arithmetische Mittel der Endwerte ist und T_{lm} auf die mittlere logarithmische Temperaturdifferenz ΔT_{lm} zwischen dem Stoff mit der veränderlichen Temperatur und dem Stoff mit der konstanten Temperatur bezogen ist durch

$$T_{lm} = T_{const} \pm \Delta T_m \,. \qquad (2-28)$$

Für die in der Abb. 2—10 gezeigten Bedingungen wird hier das Plus-Zeichen verwendet, und es gilt

$$\Delta T_m = \frac{(t_{1\alpha} - t_2) - (t_{1\beta} - t_2)}{\ln \dfrac{t_{1\alpha} - t_2}{t_{1\beta} - t_2}} = \frac{t_{1\alpha} - t_{1\beta}}{\ddot{u}}\,. \qquad (2-29)$$

Ein ähnlicher Ausdruck mit t_2 anstelle von t_1 ist zu verwenden, wenn t_1 im wesentlichen konstant ist und sich t_2 ändert ($\dot{C}_1 \gg \dot{C}_2$), wobei in Gl. (2—28) das Minus-Zeichen zu verwenden ist.

Die Massenstromdichte $\dot{m}$ in Gl. (2—26a) ist auf den *minimalen freien Strömungsquerschnitt* bezogen und stimmt mit der Definition des hier benutzten Strömungsverlustbeiwertes überein.

Die Eintritts- und Austrittseffekte in Gl. (2—26a) haben in der üblichen Übertragerkonstruktion normalerweise nur einen geringen Anteil an der Gesamtdruckänderung, da die Strömungsverluste im Übertrager infolge eines recht großen A/A_F die Größe von Δp bestimmen. Folglich ist eine große Genauigkeit bei der Bestimmung von K_k und K_e nicht erforderlich. Kap. 5 (Abb. 5—2 bis Abb. 5—5) enthält diese Korrekturbeiwerte als Funktion der Strömungsform und der Reynoldszahl.

Der in Gl. (2—26a) benutzte Strömungsverlustbeiwert c_f wird sowohl durch die Änderung der Dichte ϱ und der dynamischen Zähigkeit μ über den Strömungsquerschnitt als auch durch Änderungen in Strömungsrichtung beeinflußt. Kapitel 4 befaßt sich mit diesem Problem und gibt das in den Druckänderungsgleichungen zu benutzende richtige c_f an.

2.6.2. Die Geschwindigkeitsgleichung

Die Gl. (2—26a) und Gl. (2—26b) zeigen Wege zur Berechnung der Druckänderung bei gegebener Geschwindigkeit und Übertragerform; es gibt in diesen Beziehungen jedoch keine direkte Verbindung der Druckänderung mit der Wärmeübertragungsleistung. Das übliche Entwurfsproblem erfordert aber die Bestimmung sowohl der Druckänderung als auch der Wärmeübertragungsleistung, und man möchte daher die Geschwindigkeit in erster Näherung berechnen, um die vorläufige Übertragergröße zu erhalten. Eine für diesen Zweck verwendbare Näherungsgleichung ist

$$\frac{w_\alpha^2 \cdot \varrho_\alpha}{p_\alpha \cdot 2} \approx \left(\frac{\frac{\Delta p}{p}}{\ddot{u}} \right)_{\text{eine Seite}} \cdot \frac{\varrho_m}{\varrho_\alpha} \cdot \frac{St}{c_f} \cdot \eta_0 \,. \qquad (2-30)$$

Der Entwurfsingenieur ist vermutlich in der Lage, die zulässige Druckänderung $(\Delta p/p)$ jeder Seite und das benötigte $\ddot{u}_{\text{eine Seite}}$, das durch

$$\ddot{u}_{\text{eine Seite}} = \left(\eta_0 \cdot \frac{l}{r_h} \cdot St \right)_{\text{eine Seite}}$$

definiert ist und mit der Gesamtwärmeübertragungsgröße durch die Gl. (2—10) in Beziehung steht, abzuschätzen. Der erforderliche Wert kann durch Rückrechnung vom gegebenen ε zum notwendigen $\ddot{u}_{ges}$ geschätzt werden, indem eine Verteilung der Übergangswiderstände der warmen und kalten Seite abgeschätzt oder vorgegeben wird und dann mit Gl. (2—10) das $\ddot{u}$ jeder Seite entsprechend angeglichen wird. Das Verhältnis St/c_f enthält die Oberflächeneigenschaften für einen gegebenen Stoff. Die Abb. 2—38 gibt eine Darstellung dieser Kenngröße als Funktion der Reynoldszahl für verschiedene unterschiedliche Ober-

flächenformen[1]). Die zu diesem Zeitpunkt zu bemerkenden wichtigen Punkte sind:

1. In zwei Bereichen von *Re* sind die Änderungen von St/c_f relativ klein.
2. St/c_f umfaßt bei ausgeprägt unterschiedlichen Oberflächen nur einen Bereich von etwa 1:6.
3. Die Oberflächenform hat nur geringe Bedeutung und geht primär mit der Reynoldszahl ein.

Somit kann man leicht die Größe von St/c_f abschätzen, um sie in Gl. (2—30) zum Zwecke der Berechnung der Strömungsgeschwindigkeit zu verwenden. Aus der ersten Näherung der Strömungsgeschwindigkeit kann das *Re* für eine bessere zweite Näherung von St/c_f zur iterativen Ermittlung von w_α berechnet werden.

Da sich die Geschwindigkeit mit der 1/2-Potenz von St/c_f ändert, bedeutet ein Bereich von 1:6 zwischen den Extremwerten von St/c_f, daß es durch die Auswahl der Oberflächenarten allein nur einen 2,5-fachen Bereich von Geschwindigkeiten (auf den freien Strömungsquerschnitt bezogen) geben kann. Durch die Verwendung verschieden geformter Oberflächen eines bestimmten Typs ist also nur eine sehr kleine Änderung von w_α möglich. Ein Diagramm wie Abb. 2—38 gestattet damit schon die Auswahl von Oberflächenformen, die kleine Frontalflächen ergeben.

Gl. (2—30) wurde aus Gl. (2—26) durch Vernachlässigung der Korrekturbeiwerte und der Strömungsbeschleunigung entwickelt. Dadurch wird das aus Gl. (2—30) berechnete w_α immer etwas zu große Werte annehmen.

2.7. Beziehungen für Oberflächen- und Übertragerformen

Bei der Anwendung der grundlegenden Kenngrößen der Wärmeübertragung und der Strömungsverluste auf Entwurfsprobleme werden bestimmte geometrische Beziehungen benötigt. Einige Beziehungen werden hier mitgeteilt; sie wurden für die Berechnungen als besonders nützlich empfunden.

Die Dimensionen der verschiedenen Oberflächen in den Tab. 9—1 bis Tab. 9—5 sind mit denen der folgenden Gleichungen identisch. Sie sind Bestandteil der Grundkenngrößen der zur Diskussion stehenden Oberflächen. Sie umfassen:

s — Plattenabstand (nur für Rippenoberflächen an Platten) in m

r_h — hydraulischer Radius des Strömungskanals $A_F\, l/A$ in m

B — Verhältnis der Gesamtübertragungsfläche einer Seite eines Plattenwärmeübertragers zum Gesamtvolumen zwischen den Platten dieser Seite (nur für Rippenoberflächen an Platten) in m²/m³

A — Verhältnis der Gesamtübertragungsfläche einer Seite des Übertragers zum *Gesamtvolumen* des Übertragers (nur für Speicher mit Drahtgittern, unberippte und berippte Rohrflächen) in m²/m³

[1]) Abb. 2—38 benutzt eine Ordinate $(St Pr^{2/3})/c_f$. Um auf St/c_f umzurechnen, wie es für Gl. (2—30) erforderlich ist, multipliziere man bei gasförmigen Stoffen ($Pr \approx 0{,}7$) den Wert mit 1,27.

P — Porösität, Hohlraumvolumen zum Gesamtvolumen (nur für Speicherflächen).

Für die Rippenoberflächen an Platten muß die Plattendicke a in m zusätzlich bestimmt werden.

Die folgenden geometrischen Kenngrößen werden für *jede der beiden Seiten* des Wärmeübertragers benötigt:

A — Gesamtübertragungsfläche einer Seite des Übertragers in m²
A_F — freier Strömungsquerschnitt einer Seite in m²
A_{fr} — Frontalfläche einer Seite in m²
l — Strömungslänge einer Seite des Übertragers in m
V — Gesamtvolumen des Übertragers in m³
$\boldsymbol{A}$ — Verhältnis der Gesamtübertragungsfläche einer Seite des Übertragers zum Gesamtvolumen des Übertragers (bereits Bestandteil der vorgegebenen Grundkenngrößen für unberippte und berippte Rohrflächen) in m²/m³
$\boldsymbol{\Phi}$ — Verhältnis des freien Strömungsquerschnittes zur Frontalfläche einer Seite des Übertragers.

Die nachstehenden Gleichungen geben die Beziehungen zwischen den Oberflächen- und Übertragerkenngrößen für eine Seite des Übertragers an. Der Index 1 bezieht sich auf eine beliebige Seite 1 des Übertragers und der Index 2 auf die andere Seite; Kenngrößen ohne Index gelten für beide Seiten gemeinsam. Die gleichen Beziehungen können auf die Seite 2 mit Wechsel der Indizes 1 für 2 und 2 für 1 angewandt werden.

$$r_h = l\left(\frac{A_F}{A}\right) \tag{2—31a}$$

$$\boldsymbol{\Phi}_1 = \left(\frac{A_F}{A_{fr}}\right)_1 = \left(\frac{A \cdot r_h}{l \cdot A_{fr}}\right)_1 \doteq \frac{(A \cdot r_h)_1}{V} = (\boldsymbol{A} \cdot r_h)_1 \text{ (außer Speicherflächen)} \tag{2—31b}$$

$$\boldsymbol{\Phi}_1 = \frac{s_1 \cdot \boldsymbol{B}_1 \cdot r_{h1}}{s_1 + s_2 + 2a} \text{(nur für Rippenoberflächen an Platten)} \tag{2—31c}$$

$$\boldsymbol{A}_1 = \frac{A_1}{V} = \left(\frac{A}{l \cdot A_{fr}}\right)_1 = \left(\frac{\boldsymbol{\Phi}}{r_h}\right)_1 \text{ (außer Speicherflächen)} \tag{2—31d}$$

$$\boldsymbol{A}_1 = \frac{s_1 \cdot \boldsymbol{B}_1}{s_1 + s_2 + 2a} \text{ (nur für Rippenoberflächen an Platten)} \tag{2—31e}$$

$$A_{F1} = (\boldsymbol{\Phi} \cdot A_{fr})_1 = \left(\frac{A \cdot r_h}{l}\right)_1 = \left(\frac{A \cdot \boldsymbol{\Phi}}{l \cdot \boldsymbol{A}}\right)_1 \text{ (außer Speicherflächen)} \tag{2—31f}$$

$$\left(\frac{r_h}{l}\right)_1 = \left(\frac{A_F}{A}\right)_1 = \left(\frac{\boldsymbol{\Phi}}{l \cdot \boldsymbol{A}}\right)_1 \text{ (außer Speicherflächen)} \tag{2—31g}$$

$$P = \frac{A_F}{A_{fr}} = \boldsymbol{A} \cdot r_h \text{ (nur Speicherflächen)} \tag{2—31h}$$

$$A = \frac{P}{r_h} \text{ (nur Speicherflächen)} \tag{2—31 i}$$

$$A_F = P \cdot A_{fr} = \boldsymbol{A} \cdot r_h \cdot A_{fr} = A \cdot \frac{r_h}{l} \text{ (nur Speicherflächen)} \tag{2—31 j}$$

$$A = \frac{\boldsymbol{A}}{P} \cdot l \cdot A_F \text{ (nur Speicherflächen)} \tag{2—31 k}$$

$$A = \boldsymbol{A} \cdot l \cdot A_{fr} \tag{2—31 l}$$

Die folgenden Beziehungen[1]) sind nur für Speicherflächen anwendbar, die aus Drahtgittern mit gleichem Maschenabstand in beiden Richtungen bestehen:

$$P = 1 - \frac{\pi}{4 \cdot \Sigma_q} \tag{2—31 m}$$

$$\Phi = \frac{(\Sigma_q - 1)^2}{\Sigma_q^2} \tag{2—31 n}$$

$$\boldsymbol{A} \cdot d_a = \frac{\pi}{\Sigma_q} \tag{2—31 o}$$

$$\frac{r_h}{d_a} = \frac{\Sigma_q}{\pi} - \frac{1}{4} = \frac{1}{4} \frac{Re}{Re_d} \tag{2—31 p}$$

2.8. Literatur

[1] Mason, J. L.: A Design System for Compact Heat Exchangers, lectures presented at University of California, Los Angeles, Sept. 5—15, 1961.

[2] Gardiner, K. A.: Efficiency of Extended Surfaces. *Trans. ASME* **76** (1954), S. 621—631.

[3] Mason, J. L.: Heat Transfer in Cross-flow. *Proc. Appl. Mechanics*, zweiter U.S. Nat. Congress, (1954), S. 801.

[4] Stevens, R. A.; Fernandez, J.; Woolf, J. R.: Mean-temperature Difference in One, Two, and Three-pass Crossflow Heat Exchangers. *Trans. ASME* **79** (1957), S. 287—297.

[5] Wright, C. C.: Parallel-counter-flow Shell-tube Exchangers. Unveröffentl. Stanford University mechanical engineering report.

[6] Bowman, R. A.; Mueller, D. C.; Nagel, W. M.: Mean Temperature Differences in Heat Exchangers Design. *Trans. ASME* **62** (1940), S. 283.

[7] Iqbal, M.; Stachiewiez, J. W.: Thermal Effectiveness of a Split-flow Exchanger. *ASME Paper* 62-HT-29.

[8] McAdams, W. H.: Heat Transmission. 3. Aufl., McGraw-Hill Book Company, New York, 1954, S. 194—195.

[9] London, A. L.; Kays, W. M.: The Liquid-coupled Indirect-transfer Regenerator for Gas-turbine Plants *Trans. ASME* **73** (1951), S. 529.

[10] Coppage, J. E.; London, A. L.: The Periodic-flow Regenerator — A Summary of Design Theory. *Trans. ASME* **75** (1953), S. 779.

[1]) Für Speicherflächen werden $\boldsymbol{A}$, r_h und P auf eine vollständige Schichtung angewendet, das heißt, zwischen den Drahtgitterschichten ist kein Abstand vorhanden.

[11] LAMBERTSON, T. J.: Performance Factors of a Periodic-flow Heat Exchanger. *Trans. ASME* 80 (1958), S. 586.
[12] BAHNKE, G. D.; HOWARD, C. P.: The Effect of Longitudinal Heat Conduction on Periodic-flow Heat Exchanger Performance. *Trans. ASME* 86 (1964), S. 105.
[13] MONDT, J. R.: Vehicular Gas Turbine Periodic-flow Heat Exchanger Solid and Fluid Temperature Distributions. *Trans. ASME* 86 (1964), S. 121.
[14] HRYNISZAK, W.: Heat Exchangers. Academic Press, Inc., New York, 1958.
[15] HARPER, D. B.: Seal Leakage in the Rotary Regenerator and Its Effect on Rotary Regenerator Design for Gas Turbines. *Trans. ASME* 79 (1957), S. 233.

Tab. 2—1. Gegenstromwärmeübertrager

Übertragerswirkungsgrad (ε) als Funktion des Verhältnisses der Wärmekapazitätsströme ($\dot{C}_{min}/\dot{C}_{max}$) und der Wärmeübertragungsgröße ($\ddot{u}$).

$\ddot{u}$	ε für die angegebenen $\dot{C}_{min}/\dot{C}_{max}$							
	0,00	0,25	0,50	0,70	0,75	0,80	0,90	1,00
0,00	0,000	0,000	0,000	0,000	0,000	0,000	0,000	0,000
0,25	0,221	0,216	0,210	0,206	0,205	0,204	0,202	0,200
0,50	0,393	0,378	0,362	0,350	0,348	0,345	0,339	0,333
0,75	0,528	0,502	0,477	0,457	0,452	0,447	0,438	0,429
1,00	0,632	0,598	0,565	0,538	0,532	0,525	0,513	0,500
1,25	0,713	0,675	0,635	0,603	0,595	0,587	0,571	0,556
1,50	0,777	0,735	0,691	0,655	0,645	0,636	0,618	0,600
1,75	0,826	0,784	0,737	0,697	0,687	0,677	0,657	0,636
2,00	0,865	0,823	0,775	0,733	0,722	0,711	0,689	0,667
2,50	0,918	0,880	0,833	0,788	0,777	0,764	0,740	0,714
3,00	0,950	0,919	0,875	0,829	0,817	0,804	0,778	0,750
3,50	0,970	0,945	0,905	0,861	0,848	0,835	0,807	0,778
4,00	0,982	0,962	0,928	0,886	0,873	0,860	0,831	0,800
4,50	0,989	0,974	0,944	0,905	0,893	0,880	0,850	0,818
5,00	0,993	0,982	0,957	0,921	0,909	0,896	0,866	0,833
5,50	0,996	0,998	0,968	0,933	0,922	0,909	0,880	0,846
6,00			0,975	0,944		0,921	0,892	0,857
6,50			0,980	0,953		0,930	0,902	0,867
7,00			0,985	0,960		0,939	0,910	0,875
7,50			0,988	0,966		0,946	0,918	0,882
8,00			0,991	0,971		0,952	0,925	0,889
8,50			0,993	0,975		0,957	0,931	0,895
9,00			0,994	0,979		0,962	0,936	0,900
9,50			0,996	0,982		0,966	0,941	0,905
10,00			0,997	0,985		0,970	0,945	0,909
∞	1,000	1,000	1,000	1,000	1,000	1,000	1,000	1,000

Tab. 2—2. Gleichstromwärmeübertrager
Übertragerwirkungsgrad (ε) als Funktion des Verhältnisses der Wärmekapazitätsströme ($\dot{C}_{min}/\dot{C}_{max}$) und der Wärmeübertragungsgröße ($\ddot{u}$).

$\ddot{u}$	ε für die angegebenen $\dot{C}_{min}/\dot{C}_{max}$				
	0,00	0,25	0,50	0,75	1,00
0,00	0,000	0,000	0,000	0,000	0,000
0,25	0,221	0,215	0,208	0,202	0,197
0,50	0,393	0,372	0,352	0,333	0,316
0,75	0,528	0,487	0,450	0,418	0,388
1,00	0,632	0,571	0,518	0,472	0,432
1,25	0,713	0,632	0,564	0,507	0,459
1,50	0,777	0,677	0,596	0,530	0,475
1,75	0,826	0,710	0,618	0,544	0,485
2,00	0,865	0,734	0,633	0,554	0,491
2,50	0,918	0,765	0,651	0,564	0,497
3,00	0,950	0,781	0,659	0,568	0,498
3,50	0,970	0,790	0,663	0,570	0,499
4,00	0,982	0,795	0,665	0,571	0,500
4,50	0,989	0,797	0,666	0,571	0,500
5,00	0,993	0,799	0,666	0,571	0,500
∞	1,000	0,800	0,667	0,571	0,500

Tab. 2—3. Kreuzstromwärmeübertrager mit unvermischten Stoffen
Übertragerwirkungsgrad (ε) beim Kreuzstrom (beide Stoffe unvermischt) als Funktion des Verhältnisses der Wärmekapazitätsströme ($\dot{C}_{min}/\dot{C}_{max}$) und der Wärmeübertragungsgröße ($\ddot{u}$).

$\ddot{u}$	ε für die angegebenen $\dot{C}_{min}/\dot{C}_{max}$				
	0,00	0,25	0,50	0,75	1,00
0,00	0,000	0,000	0,000	0,000	0,000
0,25	0,221	0,215	0,209	0,204	0,199
0,50	0,393	0,375	0,358	0,341	0,326
0,75	0,528	0,495	0,466	0,439	0,413
1,00	0,632	0,588	0,547	0,510	0,476
1,25	0,714	0,660	0,610	0,565	0,523
1,50	0,777	0,716	0,660	0,608	0,560
1,75	0,826	0,761	0,700	0,642	0,590
2,00	0,865	0,797	0,732	0,671	0,614
2,50	0,918	0,851	0,783	0,716	0,652
3,00	0,950	0,888	0,819	0,749	0,681
3,50	0,970	0,915	0,848	0,776	0,704
4,00	0,982	0,934	0,869	0,797	0,722
4,50	0,989	0,948	0,887	0,814	0,737
5,00	0,993	0,959	0,901	0,829	0,751
6,00	0,997	0,974	0,924	0,853	0,772
7,00	0,999	0,983	0,940	0,871	0,789
∞	1,000	1,000	1,000	1,000	1,000

Tab. 2—4. Kreuzstromwärmeübertrager mit einem vermischten Stoff

Übertragerwirkungsgrad (ε) beim Kreuzstrom (ein Stoff vermischt, der andere unvermischt) als Funktion des Verhältnisses der Wärmekapazitätsströme ($\dot{C}_{min}/\dot{C}_{max}$) und der Wärmeübertragungsgröße ($ü$).

$ü$	ε für die angegebenen $\dot{C}_{vermischt}/\dot{C}_{unvermischt}$							
	0,00	0,25	4,00	0,50	2,00	0,75	1,333	1,000
0,00	0,000	0,000	0,000	0,000	0,000	0,000	0,000	0,000
0,25	0,221	0,215	0,213	0,209	0,209	0,204	0,204	0,198
0,50	0,393	0,375	0,375	0,358	0,357	0,341	0,341	0,325
0,75	0,528	0,495	0,494	0,465	0,463	0,463	0,435	0,410
1,00	0,632	0,587	0,585	0,545	0,542	0,505	0,503	0,469
1,25	0,713	0,658	0,654	0,605	0,600	0,556	0,552	0,510
1,50	0,777	0,714	0,706	0,652	0,644	0,594	0,589	0,540
1,75	0,826	0,758	0,747	0,689	0,677	0,623	0,616	0,562
2,00	0,865	0,793	0,778	0,715	0,702	0,645	0,636	0,579
2,50	0,918	0,844	0,820	0,760	0,736	0,677	0,663	0,601
3,00	0,950	0,879	0,846	0,789	0,756	0,697	0,679	0,613
3,50	0,970	0,903	0,861	0,808	0,768	0,710	0,689	0,621
4,00	0,982	0,920	0,870	0,823	0,776	0,718	0,695	0,625
4,50	0,989	0,933	0,876	0,834	0,780	0,724	0,698	0,628
5,00	0,993	0,942	0,880	0,841	0,783	0,728	0,700	0,630
∞	1,000	0,982	0,885	0,865	0,787	0,736	0,703	0,632

Tab. 2—5. Kreuzstromwärmeübertrager mit vermischten Stoffen

Übertragerwirkungsgrad (ε) beim Kreuzstrom (beide Stoffe vermischt) als Funktion des Verhältnisses der Wärmekapazitätsströme ($\dot{C}_{min}/\dot{C}_{max}$) und der Wärmeübertragungsgröße ($ü$).

$ü$	ε für die angegebenen $\dot{C}_{min}/\dot{C}_{max}$					
	0,00	0,20	0,40	0,60	0,80	1,00
0,00	0,000	0,000	0,000	0,000	0,000	0,000
0,20	0,181	0,178	0,175	0,172	0,169	0,166
0,60	0,451	0,431	0,412	0,395	0,378	0,362
1,00	0,632	0,593	0,557	0,523	0,491	0,462
1,40	0,753	0,698	0,647	0,599	0,555	0,515
1,80	0,835	0,767	0,703	0,645	0,591	0,543
2,00	0,865	0,792	0,723	0,660	0,603	0,552
2,20	0,889	0,812	0,739	0,672	0,611	0,557
2,60	0,926	0,841	0,761	0,687	0,621	0,563
3,00	0,950	0,860	0,774	0,695	0,625	0,565
3,50	0,970	0,875	0,783	0,700	0,626	0,563
4,00	0,982	0,884	0,787	0,700	0,624	0,559
4,50	0,989	0,888	0,789	0,698	0,621	0,555
5,00	0,993	0,890	0,788	0,695	0,617	0,551

Tab. 2—6. Gleich-Gegenstrom-Wärmeübertrager mit im Rohrmantel vermischtem Stoff

Übertragerwirkungsgrad (ε) beim Gleich-Gegenstrom (ein Stoff vermischt) als Funktion des Verhältnisses der Wärmekapazitätsströme ($\dot{C}_{min}/\dot{C}_{max}$) und der Wärmeübertragungsgröße ($\ddot{u}$).

$\ddot{u}$	ε für die angegebenen $\dot{C}_{min}/\dot{C}_{max}$				
	0,00	0,25	0,50	0,75	1,00
0,00	0,000	0,000	0,000	0,000	0,000
0,25	0,221	0,215	0,209	0,204	0,198
0,50	0,393	0,375	0,357	0,340	0,424
0,75	0,528	0,494	0,463	0,434	0,407
1,00	0,632	0,584	0,540	0,500	0,463
1,25	0,714	0,652	0,597	0,546	0,500
1,50	0,777	0,705	0,639	0,579	0,526
1,75	0,826	0,744	0,670	0,603	0,544
2,00	0,865	0,775	0,693	0,620	0,557
2,50	0,918	0,816	0,724	0,642	0,572
3,00	0,950	0,841	0,741	0,654	0,579
3,50	0,970	0,855	0,751	0,660	0,582
4,00	0,982	0,864	0,757	0,663	0,584
4,50	0,989	0,869	0,760	0,665	0,585
5,00	0,993	0,872	0,762	0,666	0,585
∞	1,000	0,877	0,764	0,667	0,586

Tab. 2—7a. Wärmeübertrager mit geteilter Strömung, $\dot{C}_{Rohr} = \dot{C}_{min}$

Übertragerwirkungsgrad (ε) bei geteilter Strömung (Rohrmantelstoff vermischt) als Funktion des Verhältnisses der Wärmekapazitätsströme ($\dot{C}_{min}/\dot{C}_{max}$) und der Wärmeübertragungsgröße ($\ddot{u}$) für $\dot{C}_{Rohr} = \dot{C}_{min}$.

$\ddot{u}$	ε für die angegebenen $\dot{C}_{min}/\dot{C}_{max}$					
	0,0	0,2	0,4	0,6	0,8	1,0
0,0	0,000	0,000	0,000	0,000	0,000	0,000
0,5	0,393	0,378	0,364	0,350	0,337	0,324
1,0	0,632	0,593	0,557	0,523	0,491	0,462
1,5	0,777	0,718	0,663	0,613	0,566	0,524
2,0	0,865	0,791	0,722	0,660	0,603	0,552
2,5	0,918	0,833	0,755	0,683	0,619	0,562
3,0	0,950	0,857	0,771	0,693	0,624	0,564
3,5	0,970	0,870	0,778	0,695	0,623	0,561
4,0	0,982	0,876	0,779	0,693	0,619	0,556
4,5	0,989	0,878	0,777	0,689	0,614	0,551
5,0	0,993	0,877	0,773	0,683	0,607	0,545
5,5	9,996	0,875	0,768	0,676	0,601	0,538
6,0	0,998	0,872	0,762	0,670	0,594	0,532
6,5	0,999	0,868	0,756	0,663	0,588	0,526
7,0	0,999	0,864	0,750	0,656	0,581	0,520
7,5	0,999	0,860	0,744	0,650	0,575	0,515
8,0	1,000	0,856	0,738	0,644	0,569	0,510
8,5	1,000	0,852	0,732	0,638	0,564	0,505
9,0	1,000	0,849	0,727	0,632	0,559	0,500
9,5	1,000	0,846	0,722	0,627	0,554	0,496
10,0	1,000	0,843	0,718	0,622	0,549	0,492

Tab. 2—7 b. Wärmeübertrager mit geteilter Strömung, $\dot{C}_{Rohrmantel} = \dot{C}_{min}$

Übertragerwirkungsgrad (ε) bei geteilter Strömung (Rohrmantelstoff vermischt) als Funktion des Verhältnisses der Wärmekapazitätsströme ($\dot{C}_{min}/\dot{C}_{max}$) und der Wärmeübertragungsgröße ($\ddot{u}$) für $\dot{C}_{Rohrmantel} = \dot{C}_{min}$.

$\ddot{u}$	ε für die angegebenen $\dot{C}_{min}/\dot{C}_{max}$					
	0,0	0,2	0,4	0,6	0,8	1,0
0,0	0,000	0,000	0,000	0,000	0,000	0,000
0,5	0,393	0,378	0,364	0,350	0,337	0,324
1,0	0,632	0,593	0,557	0,523	0,492	0,462
1,5	0,777	0,718	0,664	0,613	0,567	0,524
2,0	0,865	0,792	0,723	0,661	0,603	0,552
2,5	0,918	0,835	0,757	0,685	0,620	0,562
3,0	0,950	0,861	0,775	0,697	0,626	0,564
3,5	0,970	0,876	0,785	0,701	0,627	0,561
4,0	0,982	0,884	0,789	0,702	0,624	0,556
4,5	0,989	0,889	0,791	0,700	0,620	0,551
5,0	0,993	0,892	0,790	0,697	0,615	0,544
5,5	0,996	0,893	0,789	0,693	0,609	0,538
6,0	0,998	0,893	0,787	0,689	0,604	0,532
6,5	0,999	0,893	0,785	0,685	0,599	0,526
7,0	0,999	0,892	0,782	0,680	0,593	0,520
7,5	0,999	0,892	0,780	0,676	0,588	0,515
8,0	1,000	0,891	0,777	0,672	0,583	0,510
8,5	1,000	0,890	0,774	0,668	0,578	0,505
9,0	1,000	0,889	0,771	0,664	0,573	0,500
9,5	1,000	0,888	0,769	0,660	0,569	0,496
10,0	1,000	0,887	0,766	0,656	0,564	0,492

Tab. 2—8. Regenerator, $\dot{C}_{min}/\dot{C}_{max} = 1,0$

Übertragerwirkungsgrad (ε) als Funktion des Verhältnisses der Wärmekapazitätsströme des Speichers ($\dot{C}_r/\dot{C}_{min}$) und der modifizierten Wärmeübertragungsgröße ($\ddot{u}_0$).

$\ddot{u}_0$	ε für die angegebenen $\dot{C}_r/\dot{C}_{min}$							
	1,0	1,25	1,5	2,0	3,0	5,0	10,0	∞
0,0	0,000	0,000	0,000	0,000	0,000	0,000	0,000	0,000
0,5	0,322	0,326	0,328	0,330	0,332	0,333	0,333	0,333
1,0	0,467	0,478	0,485	0,491	0,496	0,499	0,500	0,500
1,5	0,548	0,566	0,576	0,586	0,594	0,598	0,599	0,600
2,0	0,601	0,623	0,636	0,649	0,659	0,664	0,666	0,667
2,5	0,639	0,665	0,679	0,694	0,705	0,711	0,713	0,714
3,0	0,667	0,696	0,712	0,728	0,740	0,746	0,749	0,750
3,5	0,690	0,721	0,738	0,755	0,767	0,774	0,777	0,778
4,0	0,709	0,741	0,759	0,776	0,789	0,796	0,799	0,800
4,5	0,724	0,758	0,776	0,794	0,807	0,814	0,817	0,818
5,0	0,738	0,772	0,791	0,809	0,822	0,829	0,832	0,833
5,5	0,749	0,785	0,833	0,821	0,834	0,842	0,845	0,846
6,0	0,759	0,796	0,814	0,832	0,845	0,853	0,856	0,857
6,5	0,768	0,805	0,824	0,842	0,855	0,862	0,865	0,867
7,0	0,776	0,814	0,833	0,850	0,863	0,870	0,874	0,875
7,5	0,784	0,822	0,840	0,858	0,871	0,878	0,881	0,882
8,0	0,790	0,829	0,847	0,865	0,877	0,884	0,888	0,889
8,5	0,796	0,835	0,854	0,871	0,883	0,890	0,894	0,895
9,0	0,802	0,841	0,859	0,876	0,888	0,895	0,899	0,900
9,5	0,807	0,846	0,864	0,881	0,893	0,900	0,904	0,905
10,0	0,811	0,851	0,869	0,886	0,898	0,904	0,908	0,909
20,0	0,865	0,906	0,922	0,935	0,943	0,948	0,951	0,952
50,0	0,914	0,951	0,962	0,970	0,975	0,978	0,980	0,980
90,0	0,935	0,969	0,977	0,982	0,986	0,987	0,988	0,989
100,0	0,939		0,979	0,984		0,989	0,989	0,990
500,0	0,974		0,995	0,996		0,998	0,998	0,998

Tab. 2—9. Regenerator, $\dot{C}_{min}/\dot{C}_{max} = 0{,}95$

Übertragerwirkungsgrad (ε) als Funktion des Verhältnisses der Wärmekapazitätsströme des Speichers ($\dot{C}_r/\dot{C}_{min}$) und der modifizierten Wärmeübertragungsgröße ($\ddot{u}_0$).

$\ddot{u}_0$	ε für die angegebenen $\dot{C}_r/\dot{C}_{min}$							
	1,0	1,25	1,5	2,0	3,0	5,0	10,0	∞
0,0	0,000	0,000	0,000	0,000	0,000	0,000	0,000	0,000
0,5	0,325	0,329	0,331	0,333	0,335	0,336	0,336	0,336
1,0	0,471	0,483	0,490	0,497	0,502	0,505	0,506	0,506
1,5	0,554	0,573	0,584	0,594	0,602	0,607	0,608	0,609
2,0	0,608	0,632	0,645	0,659	0,669	0,675	0,677	0,678
2,5	0,647	0,674	0,690	0,706	0,717	0,723	0,726	0,727
3,0	0,676	0,707	0,723	0,741	0,753	0,760	0,763	0,764
3,5	0,699	0,732	0,750	0,768	0,781	0,789	0,792	0,793
4,0	0,718	0,753	0,772	0,790	0,804	0,811	0,815	0,816
4,5	0,734	0,770	0,790	0,809	0,822	0,830	0,833	0,835
5,0	0,748	0,785	0,805	0,824	0,838	0,846	0,849	0,850
5,5	0,759	0,798	0,818	0,837	0,851	0,859	0,862	0,864
6,0	0,770	0,809	0,829	0,848	0,862	0,870	0,874	0,875
6,5	0,779	0,819	0,839	0,858	0,872	0,880	0,884	0,885
7,0	0,787	0,828	0,848	0,867	0,881	0,889	0,892	0,893
7,5	0,794	0,836	0,856	0,875	0,889	0,896	0,900	0,901
8,0	0,801	0,843	0,863	0,882	0,895	0,903	0,906	0,908
8,5	0,807	0,850	0,870	0,888	0,901	0,909	0,912	0,914
9,0	0,813	0,855	0,876	0,894	0,907	0,914	0,918	0,919
9,5	0,818	0,861	0,881	0,899	0,912	0,919	0,923	0,924
10,0	0,823	0,866	0,886	0,904	0,917	0,924	0,927	0,928
20,0	0,877		0,940	0,954		0,968	0,971	0,972
50,0	0,926	0,969	0,978	0,987	0,992	0,994	0,995	0,996
90,0	0,947	0,985	0,993	0,996	0,998	0,999	0,999	0,999
100,0	0,950		0,994	0,997		0,999	1,000	1,000

Tab. 2—10. Regenerator, $\dot{C}_{min}/\dot{C}_{max} = 0{,}90$

Übertragerwirkungsgrad (ε) als Funktion des Verhältnisses der Wärmekapazitätsströme des Speichers ($\dot{C}_r/\dot{C}_{min}$) und der modifizierten Wärmeübertragungsgröße ($\ddot{u}_0$).

$\ddot{u}_0$	ε für die angegebenen $\dot{C}_r/\dot{C}_{min}$							
	1,0	1,25	1,5	2,0	3,0	5,0	10,0	∞
0,0	0,000	0,000	0,000	0,000	0,000	0,000	0,000	0,000
0,5	0,327	0,331	0,334	0,336	0,338	0,338	0,339	0,339
1,0	0,476	0,489	0,496	0,503	0,508	0,511	0,512	0,513
1,5	0,560	0,580	0,591	0,603	0,611	0,616	0,617	0,618
2,0	0,616	0,641	0,655	0,669	0,680	0,686	0,688	0,689
2,5	0,655	0,684	0,700	0,717	0,729	0,736	0,739	0,740
3,0	0,685	0,717	0,735	0,753	0,766	0,774	0,777	0,778
3,5	0,708	0,743	0,762	0,781	0,795	0,803	0,806	0,807
4,0	0,727	0,764	0,784	0,804	0,819	0,826	0,830	0,831
4,5	0,744	0,782	0,803	0,823	0,838	0,846	0,849	0,850
5,0	0,757	0,797	0,818	0,839	0,853	0,862	0,865	0,866
5,5	0,769	0,810	0,831	0,852	0,867	0,875	0,879	0,880
6,0	0,780	0,822	0,843	0,864	0,878	0,887	0,890	0,892
6,5	0,789	0,832	0,853	0,874	0,888	0,896	0,900	0,902
7,0	0,797	0,841	0,862	0,883	0,897	0,905	0,909	0,910
7,5	0,804	0,849	0,871	0,891	0,905	0,913	0,917	0,918
8,0	0,811	0,856	0,879	0,898	0,912	0,920	0,923	0,925
8,5	0,817	0,863	0,884	0,904	0,918	0,926	0,929	0,931
9,0	0,823	0,869	0,891	0,910	0,923	0,931	0,935	0,936
9,5	0,828	0,874	0,896	0,915	0,928	0,936	0,939	0,941
10,0	0,833	0,880	0,901	0,920	0,933	0,940	0,944	0,945
20,0	0,887		0,954	0,968		0,981	0,984	0,985
40,0	0,925		0,984	0,992		0,997	0,998	0,998
100,0	0,956		0,999	0,999		1,000	1,000	1,000

Tab. 2—11. Regenerator, $\dot{C}_{min}/\dot{C}_{max} = 0{,}80$

Übertragerwirkungsgrad (ε) als Funktion des Verhältnisses der Wärmekapazitätsströme des Speichers ($\dot{C}_r/\dot{C}_{min}$) und der modifizierten Wärmeübertragungsgröße ($\ddot{u}_0$).

$\ddot{u}_0$	ε für die angegebenen $\dot{C}_r/\dot{C}_{min}$							
	1,0	1,25	1,5	2,0	3,0	5,0	10,0	∞
0,0	0,000	0,000	0,000	0,000	0,000	0,000	0,000	0,000
0,5	0,332	0,337	0,339	0,341	0,343	0,344	0,345	0,345
1,0	0,486	0,500	0,507	0,515	0,521	0,524	0,525	0,525
1,5	0,573	0,595	0,607	0,619	0,629	0,634	0,636	0,636
2,0	0,630	0,657	0,673	0,689	0,701	0,707	0,710	0,711
2,5	0,670	0,702	0,721	0,739	0,753	0,760	0,763	0,764
3,0	0,701	0,737	0,757	0,777	0,792	0,800	0,803	0,804
3,5	0,725	0,763	0,785	0,806	0,822	0,830	0,834	0,835
4,0	0,744	0,785	0,808	0,830	0,846	0,855	0,858	0,860
4,5	0,760	0,804	0,827	0,849	0,866	0,874	0,878	0,880
5,0	0,774	0,819	0,843	0,866	0,882	0,891	0,894	0,896
5,5	0,786	0,832	0,856	0,879	0,895	0,904	0,908	0,909
6,0	0,797	0,844	0,868	0,891	0,907	0,915	0,919	0,921
6,5	0,806	0,854	0,879	0,901	0,917	0,925	0,929	0,930
7,0	0,814	0,863	0,888	0,910	0,925	0,933	0,937	0,939
7,5	0,821	0,871	0,896	0,918	0,933	0,941	0,944	0,946
8,0	0,828	0,879	0,903	0,925	0,939	0,947	0,951	0,952
8,5	0,834	0,886	0,910	0,931	0,945	0,952	0,956	0,957
9,0	0,839	0,892	0,916	0,936	0,950	0,957	0,961	0,962
9,5	0,845	0,897	0,921	0,941	0,955	0,961	0,965	0,966
10,0	0,849	0,902	0,926	0,946	0,959	0,965	0,968	0,970

Tab. 2—12. Regenerator, $\dot{C}_{min}/\dot{C}_{max} = 0{,}70$

Übertragerwirkungsgrad (ε) als Funktion des Verhältnisses der Wärmekapazitätsströme des Speichers ($\dot{C}_r/\dot{C}_{min}$) und der modifizierten Wärmeübertragungsgröße ($\ddot{u}_0$).

$\ddot{u}_0$	ε für die angegebenen $\dot{C}_r/\dot{C}_{min}$							
	1,0	1,25	1,5	2,0	3,0	5,0	10,0	∞
0,0	0,000	0,000	0,000	0,000	0,000	0,000	0,000	0,000
0,5	0,337	0,342	0,344	0,347	0,349	0,350	0,350	0,350
1,0	0,496	0,510	0,519	0,527	0,533	0,537	0,538	0,538
1,5	0,586	0,609	0,622	0,636	0,646	0,652	0,654	0,655
2,0	0,644	0,674	0,691	0,709	0,722	0,729	0,732	0,733
2,5	0,685	0,720	0,740	0,761	0,776	0,784	0,787	0,788
3,0	0,716	0,755	0,777	0,800	0,816	0,825	0,828	0,829
3,5	0,740	0,782	0,806	0,830	0,847	0,856	0,860	0,861
4,0	0,759	0,804	0,829	0,854	0,871	0,880	0,884	0,886
4,5	0,775	0,823	0,848	0,873	0,890	0,900	0,904	0,905
5,0	0,789	0,838	0,864	0,889	0,906	0,915	0,919	0,921
5,5	0,800	0,851	0,878	0,903	0,919	0,928	0,932	0,933
6,0	0,810	0,863	0,890	0,914	0,930	0,939	0,943	0,944
6,5	0,819	0,873	0,900	0,924	0,939	0,948	0,951	0,953
7,0	0,827	0,882	0,909	0,932	0,947	0,955	0,959	0,960
7,5	0,834	0,890	0,916	0,939	0,954	0,961	0,965	0,966
8,0	0,840	0,897	0,923	0,946	0,960	0,967	0,970	0,971
8,5	0,846	0,903	0,929	0,951	0,965	0,971	0,974	0,975
9,0	0,851	0,909	0,935	0,956	0,969	0,975	0,978	0,979
9,5	0,856	0,914	0,940	0,960	0,972	0,978	0,981	0,982
10,0	0,860	0,919	0,944	0,964	0,976	0,981	0,984	0,985

Tab. 2—13. Regenerator, $\dot{C}_{min}/\dot{C}_{max} = 0{,}50$

Übertragerwirkungsgrad (ε) als Funktion des Verhältnisses der Wärmekapazitätsströme des Speichers ($\dot{C}_r/\dot{C}_{min}$) und der modifizierten Wärmeübertragungsgröße ($\ddot{u}_0$).

$\ddot{u}_0$	ε für die angegebenen $\dot{C}_r/\dot{C}_{min}$							
	1,0	1,25	1,5	2,0	3,0	5,0	10,0	∞
0,0	0,000	0,000	0,000	0,000	0,000	0,000	0,000	0,000
0,5	0,348	0,353	0,356	0,359	0,361	0,362	0,362	0,362
1,0	0,516	0,532	0,542	0,552	0,559	0,563	0,564	0,565
1,5	0,610	0,637	0,652	0,669	0,681	0,687	0,690	0,691
2,0	0,669	0,704	0,725	0,746	0,762	0,770	0,773	0,775
2,5	0,710	0,752	0,776	0,800	0,818	0,828	0,832	0,833
3,0	0,740	0,787	0,813	0,840	0,859	0,869	0,873	0,874
3,5	0,763	0,814	0,842	0,870	0,889	0,899	0,903	0,905
4,0	0,782	0,835	0,865	0,893	0,912	0,922	0,926	0,927
4,5	0,797	0,853	0,883	0,911	0,930	0,939	0,943	0,944
5,0	0,809	0,867	0,898	0,926	0,944	0,952	0,956	0,957
5,5	0,819	0,879	0.910	0,937	0,954	0,963	0,966	0,967
6,0	0,828	0,890	0,920	0,947	0,963	0,970	0,973	0,975
6,5	0,836	0,898	0,929	0,955	0,970	0,977	0,979	0,980
7,0	0,843	0,906	0,937	0,961	0,975	0,981	0,984	0,985
7,5	0,849	0,913	0,943	0,967	0,980	0,985	0,987	0,988
8,0	0,855	0,919	0,949	0,972	0,983	0,988	0,990	0,991
8,5	0,860	0,924	0,954	0,976	0,986	0,991	0,992	0,993
9,0	0,864	0,929	0,958	0,979	0,989	0,992	0,994	0,994
9,5	0,868	0,934	0,962	0,982	0,991	0,994	0,995	0,996
10,0	0,872	0,937	0,965	0,984	0,992	0,995	0,996	0,997

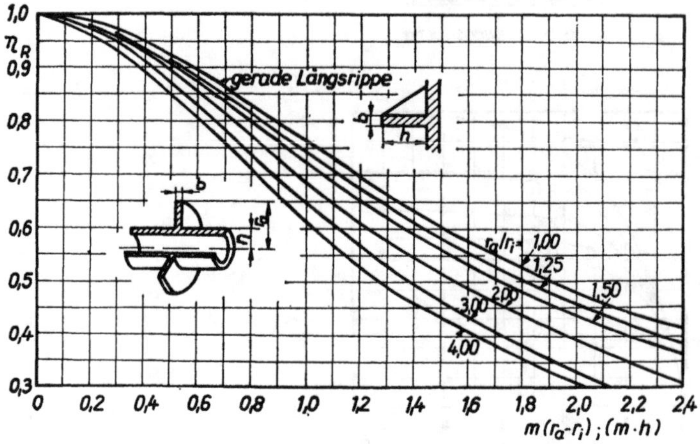

Abb. 2-11. Rippenwirkungsgrad bei geraden und runden Rippen

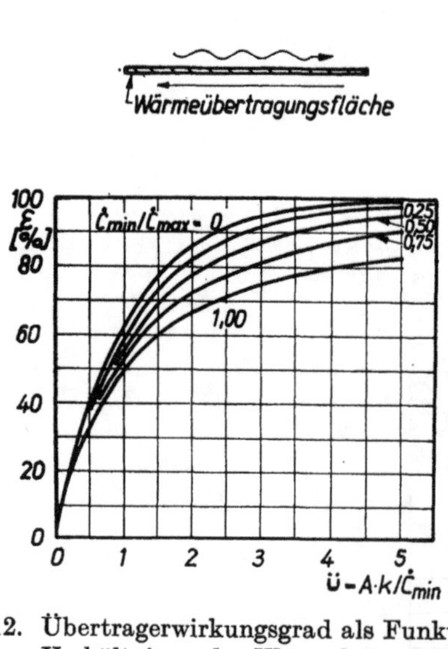

Abb. 2-12. Übertragerwirkungsgrad als Funktion der Wärmeübertragungsgröße und des Verhältnisses der Wärmekapazitätsströme; Gegenstromwärmeübertrager

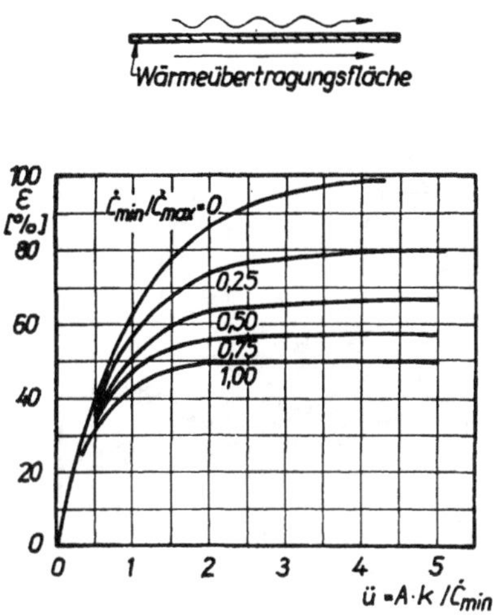

Abb. 2—13. Übertragerwirkungsgrad als Funktion der Wärmeübertragungsgröße und des Verhältnisses der Wärmekapazitätsströme; Gleichstromwärmeübertrager

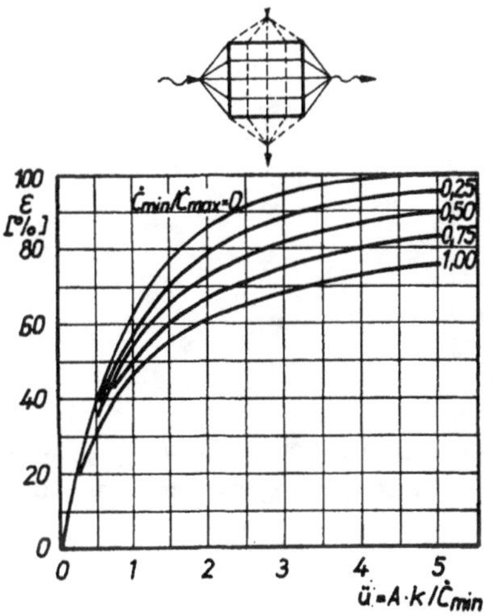

Abb. 2—14. Übertragerwirkungsgrad als Funktion der Wärmeübertragungsgröße und des Verhältnisses der Wärmekapazitätsströme; Kreuzstromwärmeübertrager mit unvermischten Stoffen

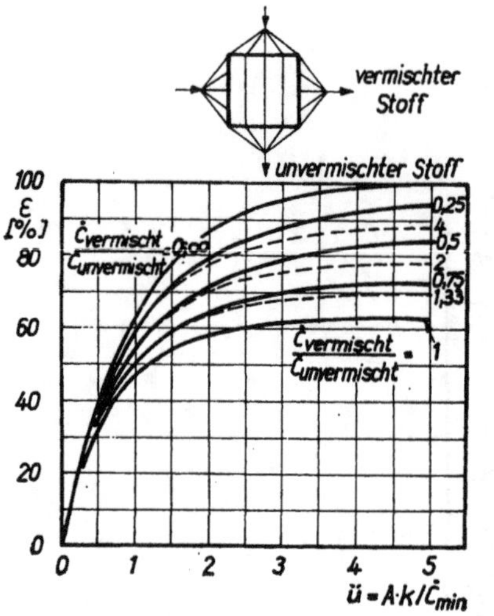

Abb. 2 – 15. Übertragerwirkungsgrad als Funktion der Wärmeübertragungsgröße und des Verhältnisses der Wärmekapazitätsströme; Kreuzstromwärmeübertrager mit einem vermischten Stoff

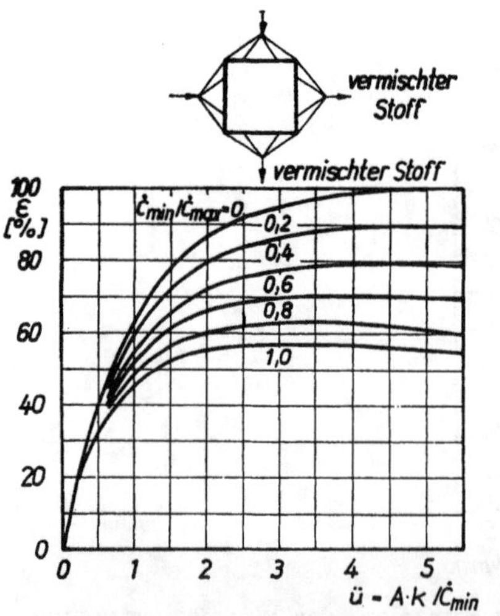

Abb. 2 – 16. Übertragerwirkungsgrad als Funktion der Wärmeübertragungsgröße und des Verhältnisses der Wärmekapazitätsströme; Kreuzstromwärmeübertrager mit vermischten Stoffen

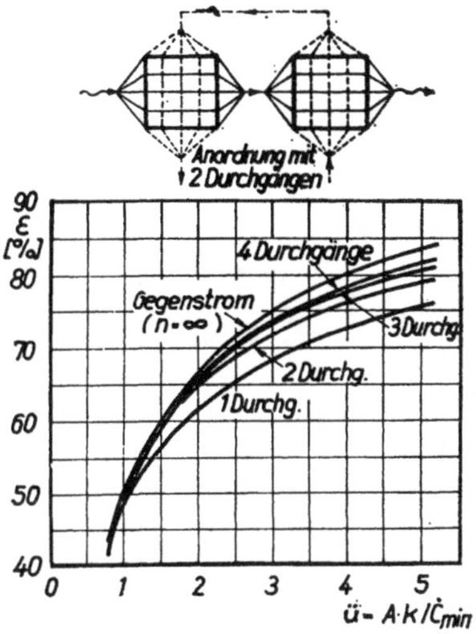

Abb. 2–17. Übertragerwirkungsgrad als Funktion der Wärmeübertragungsgröße und der Anzahl der Durchgänge; Kreuz-Gegenstromwärmeübertrager mit mehreren Durchgängen, $\dot{C}_{min} / \dot{C}_{max} = 1$; unvermischte Strömung in den Durchgängen, beide Stoffe zwischen den Durchgängen vermischt.

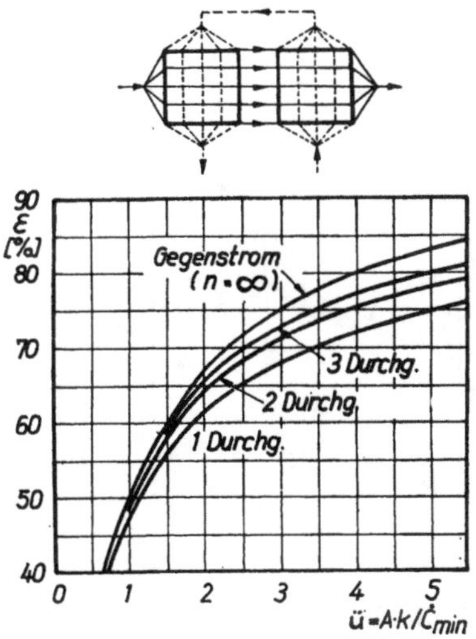

Abb. 2–18. Übertragerwirkungsgrad als Funktion der Warmeübertragungsgröße und der Anzahl der Durchgänge; Kreuz-Gegenstrom-Wärmeübertrager mit mehreren Durchgängen, $\dot{C}_{min}/\dot{C}_{max} = 1$; unvermischte Strömung in den Durchgängen, ein Stoff zwischen den Durchgängen unvermischt

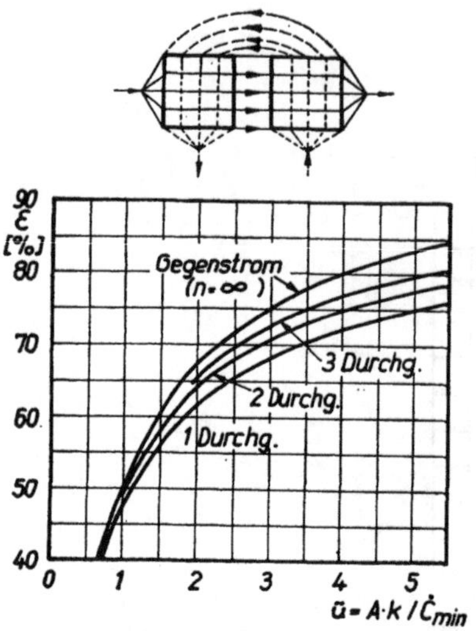

Abb. 2–19. Übertragerwirkungsgrad als Funktion der Wärmeübertragungsgröße und der Anzahl der Durchgänge; Kreuz-Gegenstrom-Wärmeübertrager mit mehreren Durchgängen, $\dot{C}_{min}/\dot{C}_{max} = 1$; unvermischte Strömung in den Durchgängen, beide Stoffe zwischen den Durchgängen unvermischt

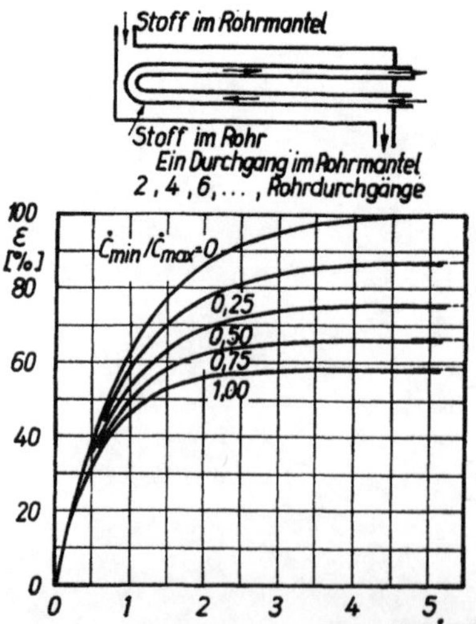

Abb. 2–20. Übertragerwirkungsgrad als Funktion der Wärmeübertragungsgröße und des Verhältnisses der Wärmekapazitätsströme; 1–2 Gleich-Gegenstrom-Wärmeübertrager

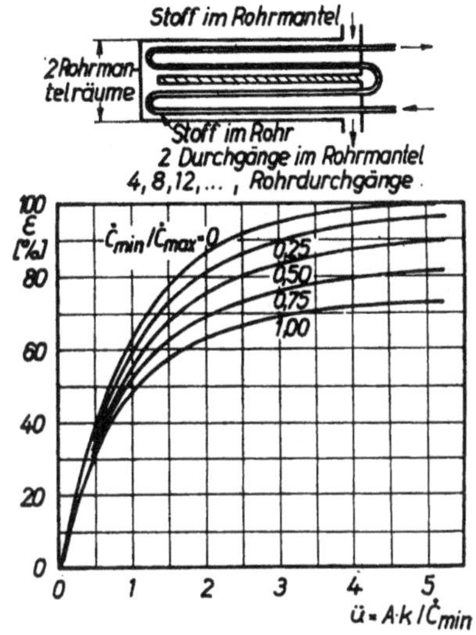

Abb. 2–21. Übertragerwirkungsgrad als Funktion der Wärmeübertragungsgröße und des Verhältnisses der Wärmekapazitätsströme; 2–4 Gegenstromwärmeübertrager mit mehreren Durchgängen

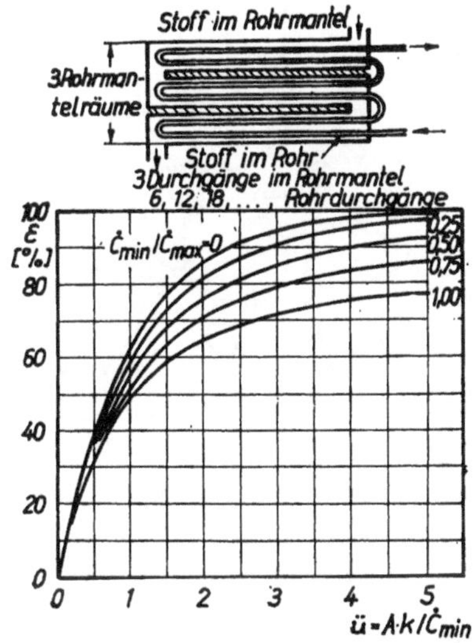

Abb. 2–22. Übertragerwirkungsgrad als Funktion der Wärmeübertragungsgröße und des Verhältnisses der Wärmekapazitätsströme; 3–6 Gegenstromwärmeübertrager mit mehreren Durchgängen

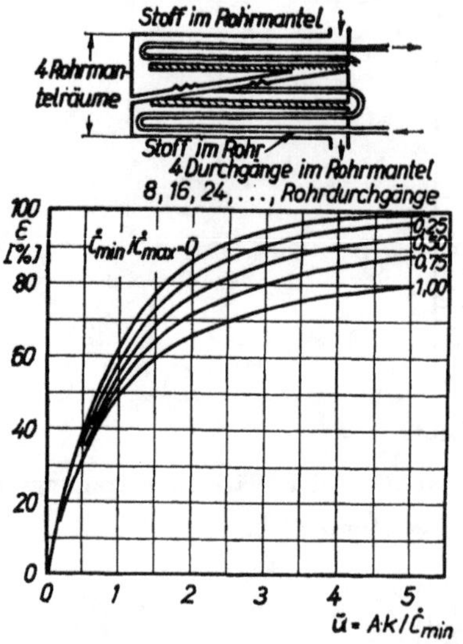

Abb. 2–23. Übertragerwirkungsgrad als Funktion der Wärmeübertragungsgröße und des Verhältnisses der Wärmekapazitätsströme; 4–8 Gegenstromwärmeübertrager mit mehreren Durchgängen

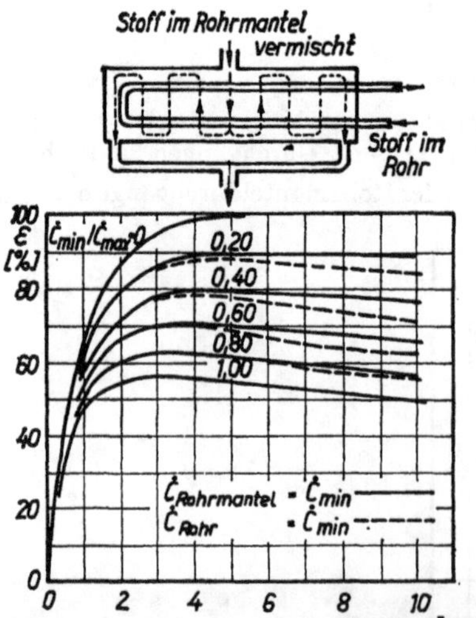

Abb. 2–24. Übertragerwirkungsgrad als Funktion der Wärmeübertragungsgröße und des Verhältnisses der Wärmekapazitätsströme; Übertrager mit geteilter Strömung, Stoff im Rohrmantel vermischt

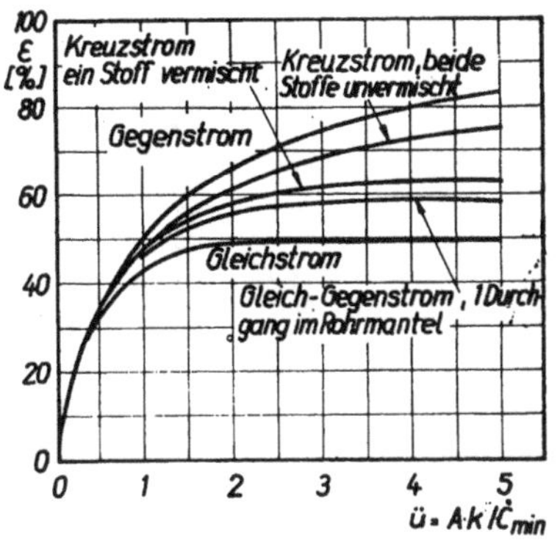

Abb. 2–25. Übertragerwirkungsgrad als Funktion der Wärmeübertragungsgröße; Einfluß der Stromführung bei $\dot{C}_{min}/\dot{C}_{max} = 1$

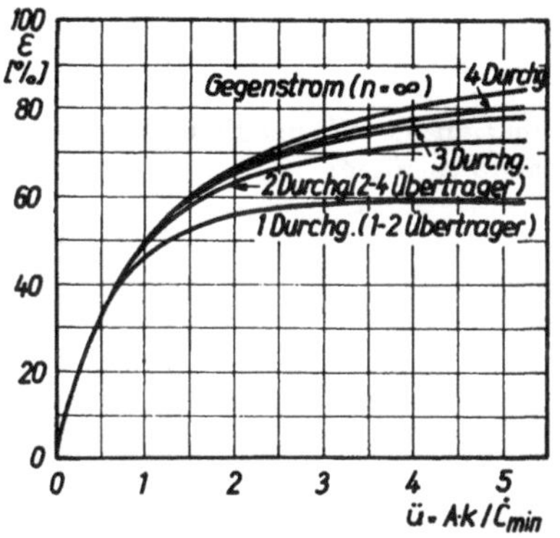

Abb. 2–26. Übertragerwirkungsgrad als Funktion der Wärmeübertragungsgröße; Gegenstromwärmeübertrager mit mehreren Durchgängen (Gleich-Gegenstrom-Durchgänge); Einfluß der Anzahl der Rohrmanteldurchgänge bei $\dot{C}_{min}/\dot{C}_{max} = 1$

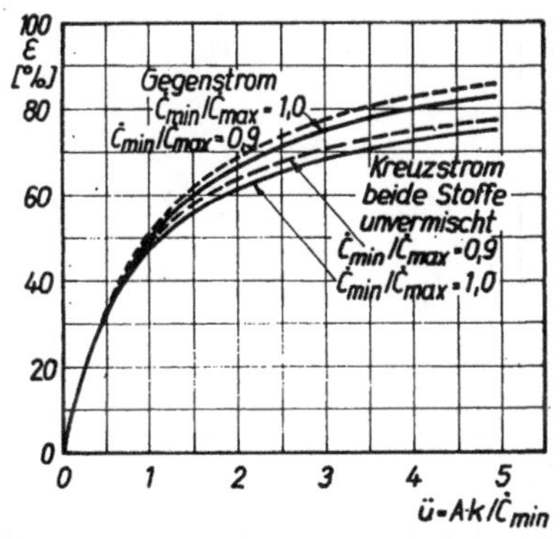

Abb. 2–27. Übertragerwirkungsgrad als Funktion der Wärmeübertragungsgröße; Einfluß von $\dot{C}_{min}/\dot{C}_{max}$

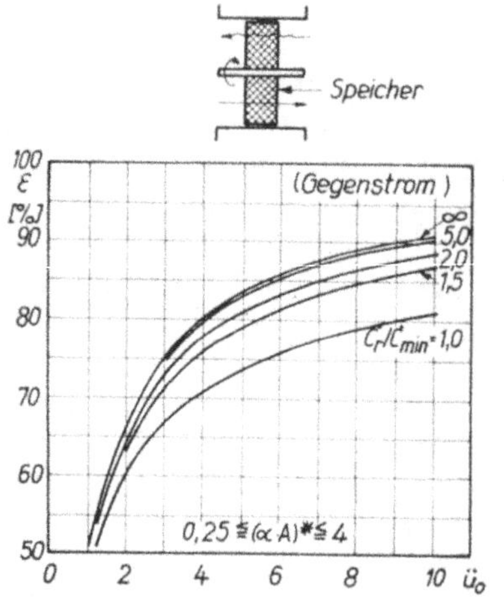

Abb. 2–28. **Übertragerwirkungsgrad als Funktion der Wärmeübertragungsgröße und des Verhältnisses der Wärmekapazitätsströme des Speichers; Regeneratorleistung bei $\dot{C}_{min}/\dot{C}_{max} = 1$**

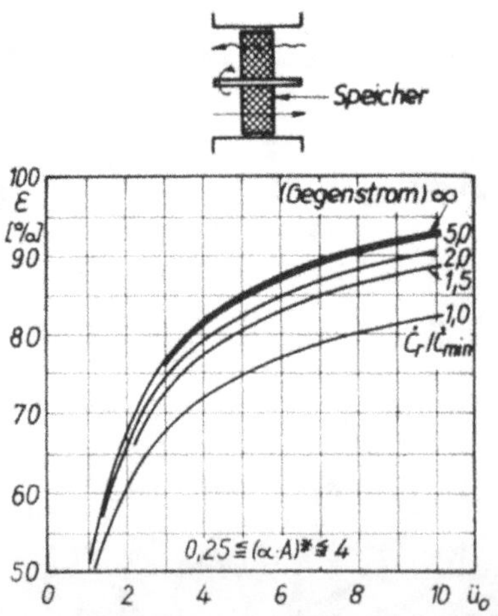

Abb. 2–29. **Übertragerwirkungsgrad als Funktion der Wärmeübertragungsgröße und des Verhältnisses der Wärmekapazitätsströme des Speichers; Regeneratorleistung bei $\dot{C}_{min}/\dot{C}_{max} = 0,95$**

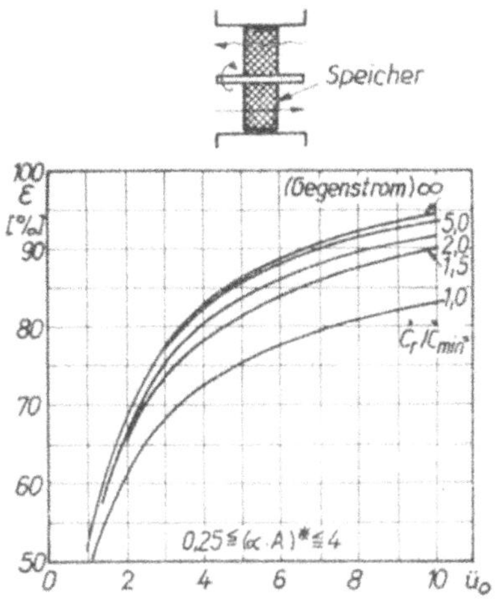

Abb. 2–30. Übertragerwirkungsgrad als Funktion der Wärmeübertragungsgröße und des Verhältnisses der Wärmekapazitätsströme des Speichers; Regeneratorleistung bei $\dot{C}_{min}/\dot{C}_{max} = 0{,}90$

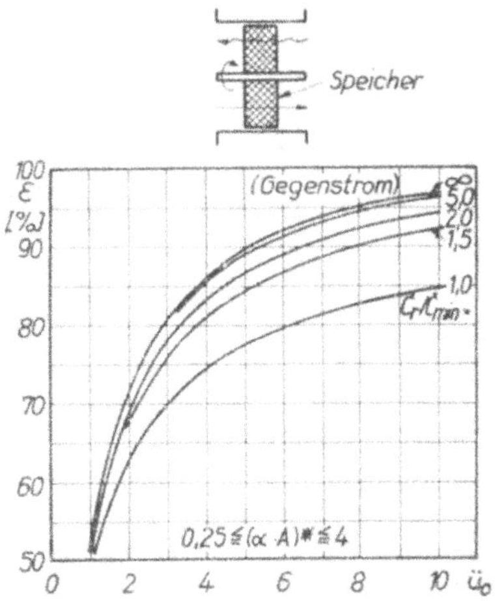

Abb. 2–31. Übertragerwirkungsgrad als Funktion der Wärmeübertragungsgröße und des Verhältnisses der Wärmekapazitätsströme des Speichers; Regeneratorleistung bei $\dot{C}_{min}/\dot{C}_{max} = 0{,}80$

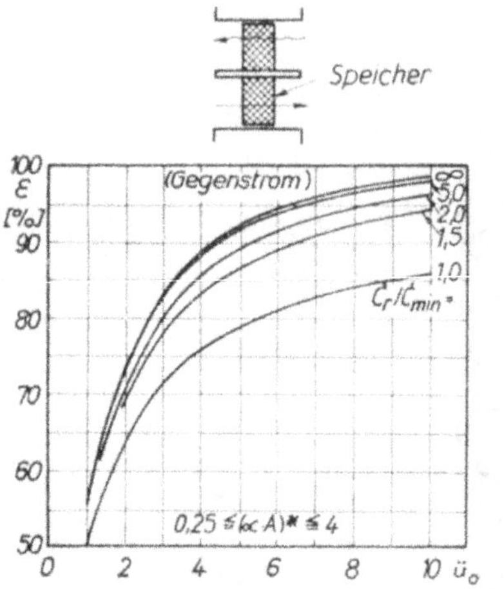

Abb. 2–32. Übertragerwirkungsgrad als Funktion der Wärmeübertragungsgröße und des Verhältnisses der Wärmekapazitätsströme des Speichers; Regeneratorleistung bei $\dot{C}_{min}/\dot{C}_{max} = 0{,}70$

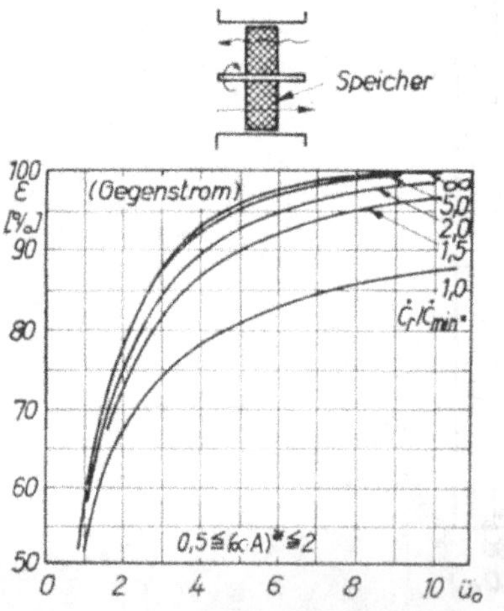

Abb. 2–33. Übertragerwirkungsgrad als Funktion der Wärmeübertragungsgröße und des Verhältnisses der Wärmekapazitätsströme des Speichers; Regeneratorleistung bei $\dot{C}_{min}/\dot{C}_{max} = 0{,}50$

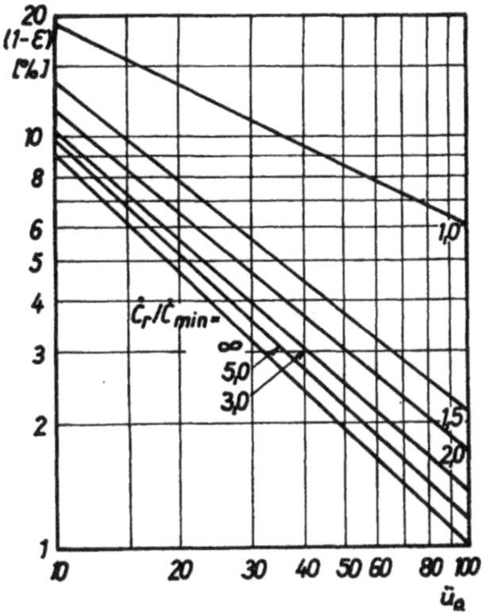

Abb. 2—34. Verlustgrad als Funktion der Wärmeübertragungsgröße und des Verhältnisses der Wärmekapazitätsströme des Speichers; Regeneratorleistung bei $\dot{C}_{min}/\dot{C}_{max} = 1,0$

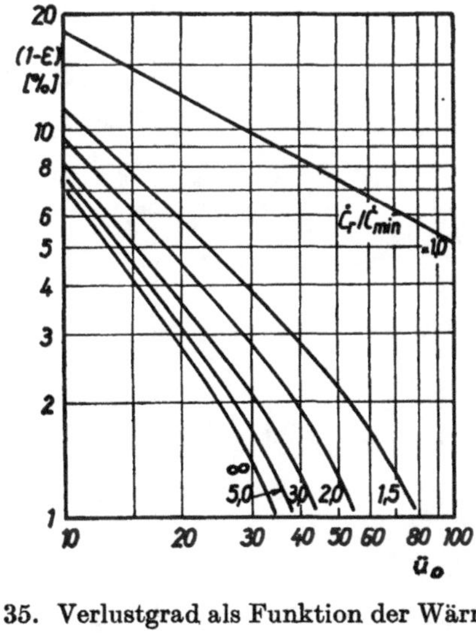

Abb. 2—35. Verlustgrad als Funktion der Wärmeübertragungsgröße und des Verhältnisses der Wärmekapazitätsströme des Speichers; Regeneratorleistung bei $\dot{C}_{min}/\dot{C}_{max} = 0,95$

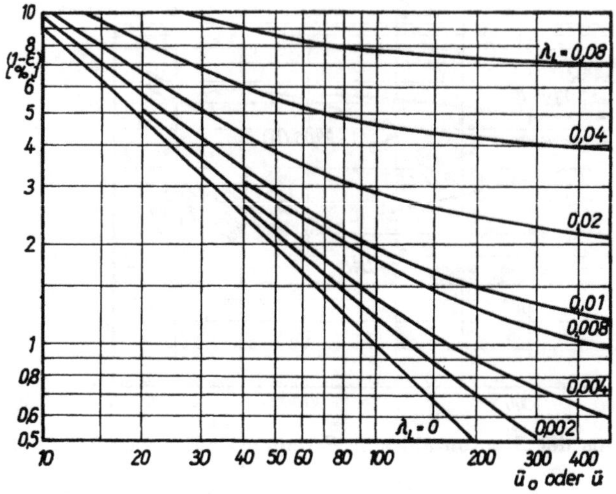

Abb. 2–36. Einfluß der Längsleitung auf die Leistung von Regeneratoren und Direktübertragern; $\dot{C}_{min}/\dot{C}_{max} = 1$; $\dot{C}_r/\dot{C}_{min} > 5$

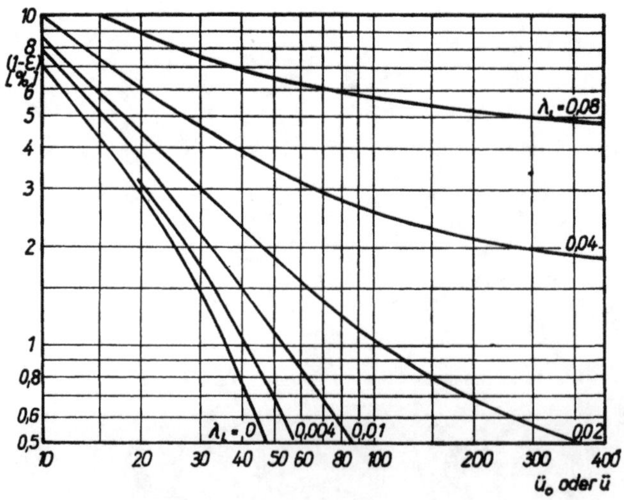

Abb. 2–37. Einfluß der Längsleitung auf die Leistung von Regeneratoren und Direktübertragern; $\dot{C}_{min}/\dot{C}_{max} = 0{,}95$; $\dot{C}_r/\dot{C}_{min} > 5$

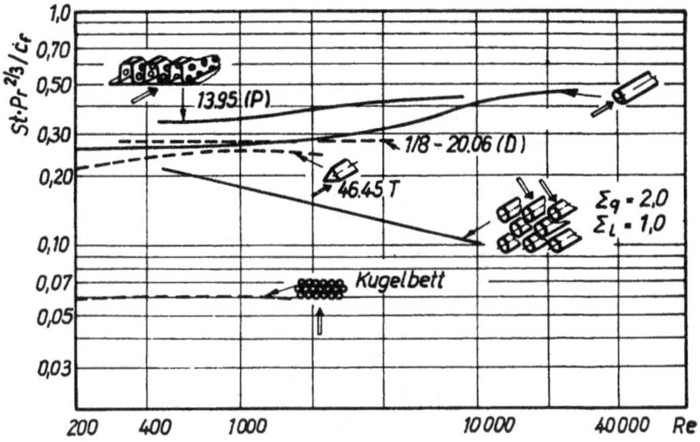

Abb. 2—38. Verhältnis der Stantonzahl zum Strömungsverlustbeiwert für mehrere Beispiele

3. Das dynamische Verhalten der Wärmeübertrager

Die Änderung der Austrittstemperatur eines Stoffes verläuft bei Änderung einer der Eintrittstemperaturen in einem Wärmeübertrager verzögert. Die Verzögerung wird sowohl durch die Wärmekapazitäten der Stoffe und der festen Wand als auch durch die Übergangswiderstände beeinflußt. Das dynamische Verhalten der Wärmeübertrager ist für den Konstrukteur des Brennstoffregelsystems von Gasturbinenanlagen von besonderem Interesse, da die Wellenleistung durch die vom Übertrager eingeleitete Verzögerung beeinflußt wird. Der Regelungstechniker benötigt die Übergangsfunktion des Wärmeübertragers sowohl in verfahrenstechnischen Anlagen und Klimaanlagen als auch in Kraftwerksanlagen.

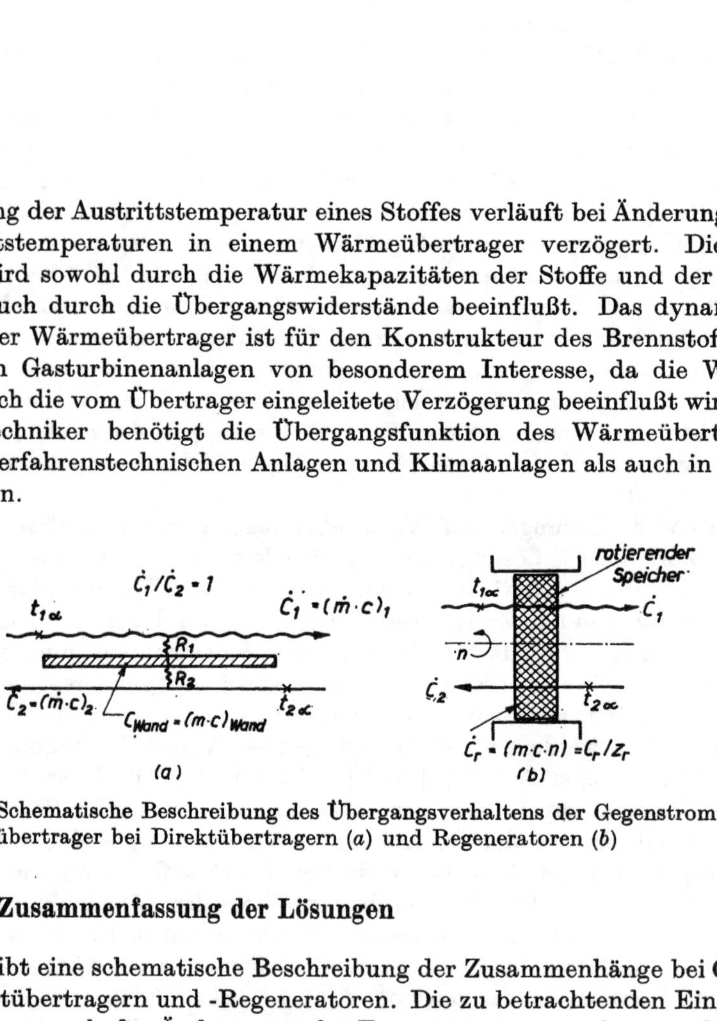

Abb. 3—1. Schematische Beschreibung des Übergangsverhaltens der Gegenstromwärmeübertrager bei Direktübertragern (*a*) und Regeneratoren (*b*)

3.1. Zusammenfassung der Lösungen

Abb. 3—1 gibt eine schematische Beschreibung der Zusammenhänge bei Gegenstrom-Direktübertragern und -Regeneratoren. Die zu betrachtenden Eingangsgrößen sind sprunghafte Änderungen der Temperaturen $t_{1\alpha}$ oder $t_{2\alpha}$; die Ausgangsgrößen sind dann die Änderungen in $t_{2\beta}$ und $t_{1\beta}$. Die *Wärmekapazitätsströme* $\dot{C}_2$, $\dot{C}_1$ und $\dot{C}_r$ der Stoffströme und des Speichers werden zusammen mit den *Wärmekapazitäten* C_{Wand} und C_r dargestellt.

Lösungen für das Übergangsverhalten werden für 18 Probleme in Abhandlungen von Cima und London [1], London, Biancardi und Mitchell [2], London, Sampsell und McGowan [3] und Rizika [4] mitgeteilt. Die 18 Probleme sind schematisch in den 5 Diagrammen der Abb. 3—2 dargestellt. Einige

dieser Skizzen beschreiben mehrere Probleme; so paßt Abb. 3—2a zum Beispiel für zwei Direktübertragerprobleme und auch für zwei Regeneratorprobleme. Eine detaillierte Darstellung jedes Problems wird in Tab. 3—1, Zusammenfassung der Lösungen, gegeben.

Jedes der Probleme ist in der vorletzten Spalte durch den Vermerk „(Probl. art)" auf die entsprechende Skizze und durch den Vermerk „[Graph. Ergebn.]" auf die graphischen Ergebnisse bezogen. Die zweite und dritte Spalte enthalten die konstanten und die teilweise begrenzten Kenngrößen, die in gewissem Grad das Problem charakterisieren. Die unbegrenzten Kenngrößen werden in der vierten Spalte aufgeführt. Es sind die unabhängigen Koordinaten der Diagramme, die die Übergangsfunktion als abhängige Veränderliche darstellen. Einige dieser Diagramme wurden rein analytisch erhalten, nämlich 7 bis 10, 17 und 18 (Tab. 3—1); die anderen wurden entweder mittels elektronischer Rechenanlagen durch Differenzenrechnung aus den Differentialgleichungen (Lösungen 3 und 4) oder aus Versuchen mit einer elektro-mechanischen Analogieanlage (Lösungen 1, 2, 5, 6, 11 bis 16) abgeleitet. Verfahren der Dimensionsanalyse wurden zur Aufstellung dimensionsloser Kenngrößengruppen verwendet, die zur Verknüpfung der Ergebnisse für eine vernünftig verdichtete graphische Darstellung benutzt wurden.

Während 17 Lösungen auf Wärmeübertrager mit zwei Stoffen anzuwenden sind, gehört die 18. Lösung zu einem Problem, das entweder als ein isoliertes Rohr, durch das der Stoff strömt, oder als ein poröser Zylinder oder Speicher mit einer Strömung in axialer Richtung beschrieben werden kann. Die Übergangsfunktion des isolierten Rohres kann für den Konstrukteur von unmittelbarem Interesse sein. Das Übergangsverhalten des porösen Zylinders ist in der Wärmeübertragungsforschung von entscheidender Bedeutung, da oft Übergangsverfahren benutzt werden, um die grundlegenden Wärmeübertragungskenngrößen kompakter Speicherflächen [5] und [6] festzulegen. Die Übergangsfunktionen werden für die Temperaturen der festen und der strömenden Stoffe angegeben, der maximale Anstieg der Übergangsfunktion wird dargestellt. Die Ergebnisse sind graphisch in den Abb. 3—14 bis Abb. 3—17 aufgezeichnet und genauer in den Tab. 3—2 und Tab. 3—3 enthalten. Viele der Wärmeübertragungskenngrößen der Sieb- und Kugelbettspeicher, von denen in Kap. 7 berichtet wird, wurden durch Ermittlung des maximalen Anstiegs nach Abb. 3—17 und Tab. 3—3 und Verwendung des von Locke [5] entwickelten Übergangsverfahrens bestimmt. Die tabellarischen Werte der Lösung 18 wurden aus Rechenprogrammen verschiedener Quellen [5], [7] und [8] zusammengestellt.

3.2. Die dimensionslosen Kenngrößen

Eine Grundbedingung bei der Benutzung der Tab. 3—1 und der dazugehörigen Diagramme ist das Verständnis der benutzten dimensionslosen Kenngrößen. Da die bestimmenden Differentialgleichungen und Randbedingungen vorhanden sind [2], kann man einen entsprechenden Satz dimensionsloser Kenngrößen durch

rein formale Methoden erhalten. Es können praktisch viele solcher Größenscharen formuliert werden, von denen jede in die anderen umwandelbar ist.

Die für diese Darstellung ausgewählten, speziellen Kenngrößen haben folgende Vorteile:

1. Sie sind leicht verständlich und benennbar.
2. Viele dieser Kenngrößen wurden schon im Kap. 2 verwendet, um die Wärmeübertragungsleistung im stationären Zustand anzugeben.
3. Die unabhängigen Kenngrößen sind leicht veränderlich; das heißt, eine dieser Größen kann für Untersuchungen mit Analog- und Digitalrechnerprogrammen variiert werden, während die anderen konstant gehalten werden.

3.2.1. Direktübertrager

Die Schar dimensionsloser Kenngrößen ist:

$$x_{a1};\, x_{a2};\, x_a = \mathrm{f}\left(\ddot{u}\,;\,\frac{\dot{C}_{\min}}{\dot{C}_{\max}}\,;\, x/l;\, \boldsymbol{P};\, \boldsymbol{\Gamma}_{\mathrm{Wand}}\,;\, \boldsymbol{\Theta}_u;\, \boldsymbol{\Theta}\right). \tag{3—1}$$

(1) x_{a1}, x_{a2} und x_a sind die *Übergangsfunktionen* der Austrittstemperaturen bei sprunghafter Änderung einer der Eintrittstemperaturen (siehe Abb. 3—2a bis Abb. 3—2d).

(2) $\ddot{u} = k \cdot A/\dot{C}_{\min} = 1/[(R_2 + R_1) \cdot \dot{C}_{\min}]$ ist die Wärme*übertragungsgröße* des Übertragers, wie sie in Kap. 2 benutzt wurde. Es ist ein dimensionsloser Ausdruck.

(3) $\dot{C}_{\min}/\dot{C}_{\max}$ ist das *Verhältnis der Wärmekapazitätsströme* der beiden Stoffe wie es in Kap. 2 verwendet wurde. Wenn $\dot{C}_2 < \dot{C}_1$ ist, wird das Verhältnis der Wärmekapazitätsströme $\dot{C}_2/\dot{C}_1$; andernfalls ist es $\dot{C}_1/\dot{C}_2$.

(4) x/l bezeichnet die *Position* im Übertrager. Bei dieser Betrachtungsweise entsprechen $x/l = 0$ oder $x/l = 1$ den entsprechenden Querschnitten am Eintritt und Austritt des Wärmeübertragers.

(5) $\boldsymbol{P} = (R$ auf der $\dot{C}_{\min}$-Seite$)/(R$ auf der $\dot{C}_{\max}$-Seite) ist das *Verhältnis der Übergangswiderstände* (siehe Abb. 3—1).

(6) $\boldsymbol{\Gamma}_{\mathrm{Wand}} = C_{\mathrm{Wand}}/\dot{C}_{\min}$ ist die *Kenngröße der Wandkapazität.*

(7) $\boldsymbol{\Theta}_u = (z_u$ für den $\dot{C}_{\min}$-Stoff$/z_u$ für den $\dot{C}_{\max}$-Stoff) ist das *Verhältnis der Verweilzeiten* der beiden Stoffe im Übertrager.

(8) $\boldsymbol{\Theta} = (z/z_u$ für den $\dot{C}_{\min}$-Stoff) ist die *Kenngröße der normierten Zeit.*

Bei der Bildung von x_a wird die von der Anfangstemperatur ausgehende Temperaturänderung auf die Grenzänderung bei der Zeit unendlich bezogen. Damit ist x_a im Anfangszustand gleich null und strebt mit wachsender Zeit gegen eins. x_{a1} bezeichnet die Übergangsfunktion jenes Stoffes, dem beim Eintritt in den Übertrager die Sprungfunktion aufgegeben wurde; x_{a2} bezeichnet die Übergangsfunktion des anderen Stoffes beim Verlassen des Übertragers (siehe Abb. 3—2a). Wenn nur die Übergangsfunktion eines der beiden Stoffe von Interesse ist, werden die Indizes weggelassen (zum Beispiel Abb. 3—2b bis Abb. 3—2d).

Tab. 3—1. Zusammenfassung der Lösungen

Lösung	Unabhängige Kenngrößen: fest	Unabhängige Kenngrößen: teilweise begrenzt	Unabhängige Kenngrößen: unbegrenzt	Abbildungen (Probl.art) [Graph. Ergebn.]	Literatur
1	$\frac{\dot{C}_{min}}{\dot{C}_{max}} = 1$ $x/l = 1$	$\Gamma_{Wand} > 100$	Θ; $\ddot{u}$; Θ_u; P	(Direktübertrager x_{a2} Abb. 3—2a) [Abb. 3—3]	1, 2, 3
2	$\frac{\dot{C}_{min}}{\dot{C}_{max}} = 1$ $x/l = 0$	$\Gamma_{Wand} > 100$ $\frac{1}{4} \leqq P \leqq 4$	Θ; $\ddot{u}$; Θ_u	(Direktübertrager x_{a1} Abb. 3—2a) [Abb. 3—3]	3
3	$\frac{\dot{C}_{min}}{\dot{C}_{max}} = 1$ $x/l = 1$	$\Gamma_r > 100$	Θ_r; $\ddot{u}_0$; Θ_u; P	(Regenerator x_{a2} Abb. 3—2a) [Abb. 3—4, Abb. 3—5]	3
4	$\frac{\dot{C}_{min}}{\dot{C}_{max}} = 1$ $x/l = 0$	$\Gamma_r > 100$ $\frac{1}{4} \leqq P \leqq 4$ $2 \leqq \dot{\Gamma}_r \leqq 20$	Θ_r; $\ddot{u}_0$; Θ_u	(Regenerator x_{a1} Abb. 3—2a) [Abb. 3—4]	3
5	$\frac{\dot{C}_{min}}{\dot{C}_{max}} = 1$ $P = 1$ $\Theta_u = 1$ $x/l = 1$		Θ; $\ddot{u}$; Γ_{Wand}	(Direktübertrager x_{a2} Abb. 3—2a) [Abb. 3—3]	1
6	$\frac{\dot{C}_{min}}{\dot{C}_{max}} = 1$ $\Gamma_{Wand} = 0$ $\Theta_u = 1$ $x/l = 1$		Θ; $\ddot{u}$	(Direktübertrager x_{a2} Abb. 3—2a) [Abb. 3—3]	1
7	$\frac{\dot{C}_{min}}{\dot{C}_{max}} = 1$ $x/l = 0$	$\Theta \leqq 1$	$\ddot{u}$; Γ_{Wand}; P	(Direktübertrager Abb. 3—2b) [Abb. 3—6]	2, 4
8	$\frac{\dot{C}_{min}}{\dot{C}_{max}} = 0$ $P = \infty$ $x/l = 0$		Θ; $\ddot{u}$; Γ_{Wand}	(Direktübertrager Abb. 3—2b) [Abb. 3—7]	2
9	$\frac{\dot{C}_{min}}{\dot{C}_{max}} = 0$ $\Gamma_{Wand} = 0$ $x/l = 0$		Θ; $\ddot{u}$; P	(Direktübertrager Abb. 3—2b) [Abb. 3—7]	2

Tab. 3 – 1 (Fortsetzung):

Lösung	Unabhängige Kenngrößen			Abbildungen (Probl.art) [Graph. Ergebn.]	Literatur
	fest	teilweise begrenzt	unbegrenzt		
10	$\frac{\dot{C}_{min}}{\dot{C}_{max}} = 0$ $P = 0$ $x/l = 0$		Θ; $\ddot{u}$; Γ_{Wand}	(Direktübertrager Abb. 3 – 2b) [Abb. 3 – 7]	2
11	$\frac{\dot{C}_{min}}{\dot{C}_{max}} = 0$ $x/l = 0$	$\Gamma_{Wand} > 5$	Θ; $\ddot{u}$	(Direktübertrager Abb. 3 – 2b) [Abb. 3 – 8]	2
12	$\frac{\dot{C}_{min}}{\dot{C}_{max}} = 0$ $P = 1$ $\ddot{u} = 3$ $x/l = 0$		Θ; Γ_{Wand}	(Direktübertrager Abb. 3 – 2b) [Abb. 3 – 9]	2
13	$\frac{\dot{C}_{min}}{\dot{C}_{max}} = 0$ $\Gamma_{Wand} = 20$ $\ddot{u} = 3$ $x/l = 0$		Θ; P	(Direktübertrager Abb. 3 – 2b) [Abb. 3 – 10]	2
14	$\frac{\dot{C}_{min}}{\dot{C}_{max}} = 0$ $P = 1$ $x/l = 0$	$\Gamma_{Wand} \geqq 20$	Θ; $\ddot{u}$	(Direktübertrager Abb. 3 – 2c) [Abb. 3 – 11]	2
15	$\frac{\dot{C}_{min}}{\dot{C}_{max}} = 0$ $P = 1$ $\ddot{u} = 1$ $x/l = 0$		Θ; Γ_{Wand}	(Direktübertrager Abb. 3 – 2c) [Abb. 3 – 12]	2
16	$\frac{\dot{C}_{min}}{\dot{C}_{max}} = 0$ $\ddot{u} = 1$ $x/l = 0$	$\Gamma_{Wand} \geqq 20$	Θ; P	(Direktübertrager Abb. 3 – 2c) [Abb. 3 – 13]	2
17	$\frac{\dot{C}_{min}}{\dot{C}_{max}} = 0$ $P = \infty$ $x/l = 1$		Θ; $\ddot{u}$; Γ_{Wand}	(Direktübertrager Abb. 3 – 2d) [Abb. 3 – 14 bis Abb. 3 – 16]	2
18	$x/l = 1$		Θ; $\ddot{u}$; Γ_{Wand}	(Isoliertes Rohr Abb. 3 – 2e) [Abb. 3 – 14 bis Abb. 3 – 17]	2, 5

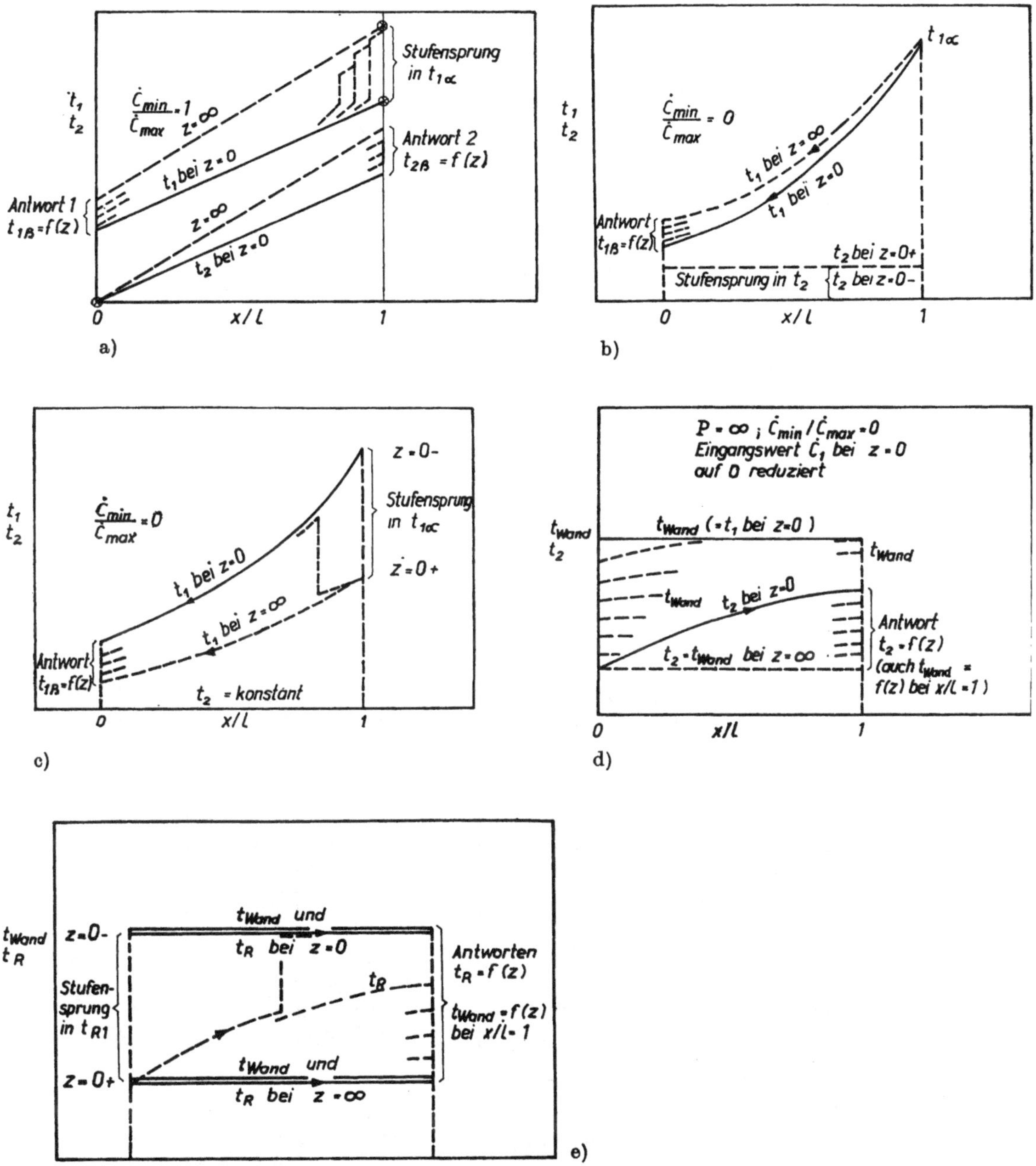

Abb. 3–2. Beschreibung der betrachteten Probleme mit den Begriffen der Eingabewerte und der Antworten. (*a*) Rekuperatoren, Direktübertrager und Regeneratoren; (*b*), (*c*), (*d*) Zwischenkühler und Vorkühler; (*e*) das isolierte Rohr

$\ddot{u}$; $\dot{C}_{min}/\dot{C}_{max}$; x/l und $\boldsymbol{P}$ erscheinen in der vollständigen Lösung für den stationären Zustand. Während x/l und $\boldsymbol{P}$ in den Lösungen des Kap. 2 explizit nicht erscheinen, würden $x/l = 0$ oder $x/l = 1$ und $\boldsymbol{P}$ implizit eingehen, wenn die Oberflächentemperatur des Wärmeübertragers benötigt wird.

Für die vorliegenden Lösungen wird $\dot{C}_{min}/\dot{C}_{max}$ entweder gleich eins (Lösungen 1, 2, 5 und 6 der Tab. 3—1) oder gleich null (Lösungen 7 bis 17 der Tab. 3—1) angesetzt. Damit reduziert sich Gl. (3—1) mit $x/l = 0$ oder 1 zu

$$x_{a1};\, x_{a2};\, x_a = \mathrm{f}\,(\ddot{u};\, \boldsymbol{P};\, \boldsymbol{\Gamma}_{\mathrm{Wand}};\, \boldsymbol{\Theta}_u;\, \boldsymbol{\Theta})\,. \qquad (3\text{—}2)$$

Eine weitere Reduzierung in der Zahl der unabhängigen Kenngrößen wird entweder durch Festlegen konstanter Größen (zum Beispiel $\boldsymbol{\Gamma}_{\mathrm{Wand}} = 0$; $\boldsymbol{\Theta}_u = 1$ wie in Lösung 6 der Tab. 3—1) oder durch teilweise Begrenzung der Bereiche (zum Beipsiel $\boldsymbol{\Gamma}_{\mathrm{Wand}} > 100$; $1/4 \leqq \boldsymbol{P} \leqq 4$ wie in Lösung 2 der Tab. 3—1) erreicht.

3.2.2. Regeneratoren

Die Schar dimensionsloser Kenngrößen ist der gerade beschriebenen Schar der Direktübertrager in vielen Punkten gleich:

$$x_{a1};\, x_{a2} = \mathrm{f}\left(\ddot{u}_0;\, \frac{\dot{C}_{min}}{\dot{C}_{max}};\, x/l;\, \boldsymbol{P};\, \dot{\boldsymbol{\Gamma}}_r;\, \boldsymbol{\Theta}_u;\, \frac{z_r}{z_{u\,min}};\, \boldsymbol{\Theta}_r\right). \qquad (3\text{—}3)$$

(1) x_{a1}, x_{a2} sind die *Übergangsfunktionen* der Temperaturen bei sprunghafter Änderung der Eintrittstemperatur (siehe Abb. 3—2a). Die augenblickliche Temperatur ist dabei der Mittelwert über den Strömungsquerschnitt in dem entsprechenden Moment.

(2) $\ddot{u}_0 = 1/[(R_2 + R_1) \cdot \dot{C}_{min}]$ ist die modifizierte *Wärmeübertragungsgröße* für den Übertrager (wie im Kap. 2); es ist ein dimensionsloser Ausdruck der Übertragergröße.

(3) $\dot{C}_{min}/\dot{C}_{max}$ ist das *Verhältnis der Wärmekapazitätsströme* der beiden Stoffe, wie im Kap. 2. Wenn $\dot{C}_2 < \dot{C}_1$ ist, gilt $\dot{C}_{min}/\dot{C}_{max} = \dot{C}_2/\dot{C}_1$.

(4) x/l bezeichnet die *Position* im Übertrager. Die Werte $x/l = 0$ und $x/l = 1$ sind von primärem Interesse, da sie den Austrittsquerschnitten (siehe Abb. 3—2a) entsprechen.

(5) $\boldsymbol{P}$ ist R_2/R_1, wenn die Sprungfunktion auf $t_{1\alpha}$ aufgegeben wird, oder R_1/R_2, wenn die sprunghafte Änderung bei $t_{2\alpha}$ erfolgt. $\boldsymbol{P}$ ist das *Verhältnis der Übergangswiderstände.*

(6) $\dot{\boldsymbol{\Gamma}}_r = \dot{C}_r/\dot{C}_{min}$ ist das *Verhältnis der Wärmekapazitätsströme* des Umlaufregenerators (wie im Kap. 2) oder das Verhältnis der Wärmekapazität s-ströme der umschaltbaren Speicher in einem Umschaltregenerator (zur Beschreibung der Regeneratorarten siehe Abb. 2—6).

(7) $\boldsymbol{\Theta}_u = (z_u$ für den $\dot{C}_{min}$-Stoff$)/(z_u$ für den $\dot{C}_{max}$-Stoff) ist das *Verhältnis der Verweilzeiten* für die beiden Stoffe.

(8) $z_r/z_{u\,min}$ ist die dimensionslose *Drehspeicherperiode.*
(9) $\boldsymbol{\Theta}_r = z/z_r$ bezeichnet die *Kenngröße der normierten Zeit.*

$x_{a\,1}$ und $x_{a\,2}$ sind, wie schon beim Direktübertrager, bezogene Werte der Übergangsfunktion am Übertrageraustritt, die am Anfang den Wert null haben und für große Zeiten gegen eins gehen. $x_{a\,1}$ bezeichnet die Übergangsfunktion jenes den Übertrager verlassenden Stoffes, dem beim Eintritt in den Übertrager die Sprungfunktion aufgegeben wurde; $x_{a\,2}$ bezeichnet die Übergangsfunktion des anderen Stoffes. (In Abb. 3—2a ist ein Beispiel dargestellt, bei dem die Sprungfunktion dem warmen Stoff aufgegeben wurde. Die Definitionen sind jedoch allgemein genug, um sie auch auf den Fall anwenden zu können, bei dem die Sprungfunktion dem kalten Stoff aufgegeben wird.)

Man beachte, daß die Übergangsfunktion x_a und die unabhängigen Kenngrößen $\ddot{u}_0$, $\dot{C}_{min}/\dot{C}_{max}$, x/l, $\boldsymbol{P}$ und $\boldsymbol{\Theta}_u$ ihr Gegenstück in Gl. (3—1) für den Direktübertrager haben. Der Gegenwert zu $\boldsymbol{\Gamma}_{Wand}$ in Gl. (3—1) wird aus Gl. (3—3) durch Kombination angepaßt zu

$$\dot{\boldsymbol{\Gamma}}_r \cdot \frac{z_r}{z_{u\,min}} = \frac{C_r}{\dot{C}_{min}} = \boldsymbol{\Gamma}_r \,.$$

Die Kenngröße der normierten Zeit $\boldsymbol{\Theta}$ der Gl. (3—1) und das $\boldsymbol{\Theta}_r$ der Gl. (3—3) werden in Beziehung gesetzt durch

$$\boldsymbol{\Theta}_r = \frac{z}{z_r} = \frac{z/z_{u\,min}}{z_r/z_{u\,min}} = \frac{\boldsymbol{\Theta}}{z_r/z_{u\,min}} \,.$$

Alle unabhängigen Kenngrößen der Gl. (3—3), mit Ausnahme der normierten Zeit $\boldsymbol{\Theta}_r$, würden auch in einer vollständigen Lösung für den Regenerator im stationären Zustand erscheinen. Die stationären Lösungen des Kap. 2 schließen $x/l = 1$ oder $x/l = 0$ implizit ein und könnten $\boldsymbol{P}$ einschließen, wenn die Lösungen vollständig genug wären, um die Speichertemperaturen zu berechnen. Speichertemperaturverläufe werden von Mondt [9] betrachtet.

Bei den Lösungen 3 und 4 der Tab. 3—1 für Regeneratoren werden $\dot{C}_{min}/\dot{C}_{max} = 1$ und $x/l = 0$ oder 1 als feste Werte angesetzt. Weiterhin sind $\boldsymbol{\Theta}_u$ und $z_r/z_{u\,min}$ für

$$\boldsymbol{\Gamma}_r = \left(\frac{\dot{\boldsymbol{\Gamma}}_r \cdot z_r}{z_{u\,min}}\right) > 100$$

unbedeutend, wodurch eine teilweise Vereinfachung der Lösungen möglich wird. Somit wird Gl. (3—3) reduziert zu

$$x_{a1}; x_{a2} = \mathrm{f}\,(\ddot{u}_0; \boldsymbol{P}; \dot{\boldsymbol{\Gamma}}_r; \boldsymbol{\Theta}_r) \,. \tag{3—4}$$

3.2.3. Isolierte Rohre

Für die Lösungen 17 und 18 der Tab. 3—1 ergibt sich die Schar der dimensionslosen Kenngrößen zu

$$x_a; x_{Wand} = \mathrm{f}\,(\ddot{u}; \boldsymbol{\Gamma}_{Wand}; \boldsymbol{\Theta}) \,. \tag{3—5}$$

(1) x_a und x_{Wand} sind die *Übergangsfunktionen* der Stoff- und Wandtemperaturen an den Austrittsquerschnitten.

(2) $ü = \alpha \cdot A/\dot{C}$ ist die *Wärmeübertragungsgröße.*

(3) $\Gamma_{Wand} = C_{Wand}/C = C_{Wand}/\dot{C} \cdot z_u$ ist die Kenngröße der *Wandkapazität.*

(4) $\Theta = z/z_u$ ist die Kenngröße der *normierten Zeit.*

Wie schon bei den Zweistoffwärmeübertragern der Direktübertrager- und Regeneratorarten sind auch hier x_a und x_{Wand} die normierten Werte der Übergangsfunktionen, die einen Anfangswert von null haben und für große Zeiten gegen eins gehen.

Die Lösungen gelten sowohl für einen porösen, zylindrischen Speicher, der durch einen axialen Strom erwärmt oder gekühlt wird, als auch für ein isoliertes Rohr. Das $ü$ kann für das isolierte Rohr kleiner als eins werden (Abb. 3—14), es kann für den porösen Speicher aber recht groß werden (Abb. 3—15 und Abb. 3—16).

Abb. 3—17 enthält den maximalen Anstieg der x_a-Kurven der Abb. 3—16.

3.3. Das Übergangsverhalten bei Änderung der Durchflußmenge

Bisher wurde das Übergangsverhalten der Austrittstemperatur eines Stoffes infolge einer sprunghaften Änderung einer der Eintrittstemperaturen betrachtet. Die Lösung 17 der Tab. 3—1 bildet jedoch eine Ausnahme. Es wird hierbei angenommen, daß $\dot{C}_{max}(\gg \dot{C}_{min})$ plötzlich auf null reduziert wird; dann werden die Austrittstemperatur des $\dot{C}_{min}$-Stoffes (bei $x/l = 1$) und die Wandtemperatur (bei $x/l = 1$) das gleiche Verhalten zeigen wie bei einem isolierten Rohr oder einem porösen Speicher (Abb. 3—14 bis Abb. 3—16). Es ist ein extremes Beispiel für eine Durchflußmengenänderung, und die Verzögerung wird für einen 90%-Wert der Übergangsfunktion in der Größenordnung von

$$z_{90} = (2 \cdot \Gamma_{Wand} + 1) \cdot z_u$$

liegen (aus Abb. 3—16 für $ü = 3$). Dieser Wert ist für einen Übertrager mit $\dot{C}_{min}/\dot{C}_{max} = 1$ einem Stufensprung in $ü$ gleich, wenn beide Durchflußmengen gleichzeitig verändert werden. $ü$ steigt mit abnehmendem Durchfluß an. Unter diesen Bedingungen ändern sich die Wandtemperaturen nicht sehr, und die Verzögerung der Stoffaustrittstemperaturen ist klein [1] und in der Größenordnung von

$$z_{90} \approx z_u.$$

Im allgemeinen ist die Verzögerung infolge der Durchflußmengenänderung bedeutend kleiner als die Verzögerung infolge der Stoffeintrittstemperaturänderungen.

Tab. 3.—2 Lösungen für das isolierte Rohr oder den porösen Speicher

T*)	Übergangsfunktion der Wandtemperatur x_{Wand}									
	$\ddot{u} \cdot x/l$									
	0,2	0,4	0,6	0,8	1,0	1,2	1,4	1,6	1,8	2,0
0	0	0	0	0	0	0	0	0	0	0
0,5	0,337	0,289	0,247	0,211	0,181	0,154	0,132	0,112	0,096	0,062
1,0	0,562	0,499	0,442	0,391	0,346	0,305	0,269	0,237	0,208	0,183
1,5	0,712	0,650	0,592	0,538	0,488	0,441	0,399	0,359	0,323	0,290
2,0	0,811	0,757	0,705	0,654	0,606	0,559	0,515	0,473	0,433	0,397
2,5	0,876	0,833	0,789	0,744	0,700	0,657	0,615	0,574	0,534	0,496
3,0	0,919	0,885	0,850	0,813	0,775	0,737	0,698	0,660	0,622	0,585
3,5	0,947	0,922	0,894	0,864	0,833	0,800	0,766	0,732	0,698	0,663
4,0	0,966	0,947	0,926	0,902	0,877	0,850	0,821	0,791	0,761	0,730
4,5	0,978	0,964	0,948	0,930	0,910	0,888	0,864	0,839	0,813	0,786
5,0	0,986	0,976	0,964	0,950	0,934	0,917	0,898	0,877	0,855	0,831

Tab. 3—2 (Fortsetzung 1):

T*)	Übergangsfunktion der Wandtemperatur x_{Wand}									
	$\ddot{u} \cdot x/l$									
	1	2	3	4	5	6	7	8	9	10
0	0	0	0	0	0	0	0	0	0	0
1	0,346	0,183	0,094	0,047	0,023	0,011	0,005	0,003	0,001	0,001
2	0,606	0,397	0,247	0,148	0,086	0,049	0,027	0,015	0,008	0,004
3	0,775	0,585	0,417	0,283	0,185	0,118	0,072	0,043	0,026	0,015
4	0,877	0,730	0,573	0,428	0,307	0,213	0,142	0,093	0,059	0,037
5	0,934	0,831	0,702	0,565	0,436	0,325	0,234	0,163	0,112	0,074
6	0,966	0,898	0,800	0,682	0,559	0,442	0,338	0,251	0,181	0,128
7	0,983	0,940	0,870	0,776	0,667	0,555	0,447	0,349	0,266	0,197
8	0,991	0,966	0,918	0,847	0,757	0,656	0,551	0,450	0,358	0,278
9	0,996	0,981	0,949	0,898	0,827	0,741	0,646	0,548	0,453	0,366
10	0,998	0,989	0,969	0,934	0,880	0,811	0,728	0,638	0,545	0,455
11				0,958	0,919	0,865	0,796	0,717	0,631	0,543
12				0,974	0,946	0,905	0,851	0,784	0,708	0,625
13				0,984	0,965	0,935	0,893	0,838	0,773	0,699
14				0,990	0,978	0,956	0,925	0,881	0,827	0,763
15				0,994	0,986	0,971	0,948	0,915	0,871	0,817
16				0,997	0,991	0,981	0,965	0,940	0,905	0,861
17				0,998	0,995	0,988	0,976	0,958	0,932	0,896
18				0,999	0,997	0,992	0,984	0,971	0,951	0,924
19				0,999	0,998	0,995	0,990	0,980	0,966	0,945

Übergangsfunktion der Austrittstemperatur x_a

T*)	$\ddot{u} \cdot x/l$									
	0,2	0,4	0,6	0,8	1,0	1,2	1,4	1,6	1,8	2,0
0	0,819	0,670	0,549	0,449	0,368	0,301	0,247	0,202	0,165	0,135
0,5	0,885	0,781	0,688	0,604	0,530	0,464	0,406	0,354	0,309	0,369
1,0	0,927	0,855	0,785	0,718	0,654	0,594	0,539	0,487	0,439	0,394
1,5	0,953	0,904	0,852	0,800	0,748	0,696	0,646	0,597	0,551	0,506
2,0	0,970	0,936	0,899	0,859	0,817	0,775	0,731	0,688	0,645	0,604
2,5	0,981	0,958	0,931	0,901	0,869	0,834	0,798	0,761	0,723	0,685
3,0	0,988	0,972	0,953	0,931	0,906	0,879	0,849	0,818	0,786	0,753
3,5	0,992	0,982	0,968	0,952	0,933	0,912	0,889	0,863	0,836	0,808
4,0	0,995	0,988	0,979	0,967	0,953	0,936	0,918	0,889	0,876	0,852
4,5	0,997	0,992	0,986	0,977	0,967	0,954	0,940	0,924	0,906	0,887
5,0	0,998	0,995	0,990	0,984	0,977	0,967	0,956	0,944	0,930	0,914

*) $T = (\Theta - x/l)\,(\ddot{u}/\Gamma_{\text{Wand}})$; $x/l = 1$ am Austrittsquerschnitt.

Übergangsfunktion der Austrittstemperatur x_a

T*)	$\ddot{u} \cdot x/l$									
	1	2	3	4	5	6	7	8	9	10
0	0,368	0,135	0,050	0,018	0,007	0,002	0,001	0,000	0,000	0,000
1	0,654	0,394	0,225	0,123	0,066	0,034	0,017	0,009	0,004	0,002
2	0,817	0,604	0,415	0,270	0,169	0,102	0,060	0,034	0,019	0,011
3	0,906	0,753	0,583	0,427	0,298	0,201	0,131	0,082	0,051	0,031
4	0,953	0,852	0,717	0,572	0,435	0,319	0,225	0,153	0,103	0,066
5	0,977	0,914	0,815	0,693	0,564	0,441	0,333	0,243	0,174	0,120
6	0,989	0,951	0,883	0,788	0,676	0,558	0,446	0,344	0,260	0,190
7	0,995	0,973	0,928	0,857	0,766	0,662	0,554	0,449	0,355	0,273
8	0,997	0,985	0,957	0,907	0,837	0,749	0,652	0,550	0,453	0,363
9	0,999	0,992	0,974	0,941	0,888	0,819	0,735	0,643	0,548	0,455
10	0,999	0,996	0,985	0,963	0,926	0,872	0,804	0,723	0,635	0,546
11				0,977	0,951	0,912	0,858	0,790	0,713	0,629
12				0,986	0,969	0,940	0,899	0,844	0,778	0,704
13				0,992	0,980	0,960	0,930	0,887	0,833	0,768
14				0,995	0,988	0,974	0,952	0,919	0,876	0,822
15				0,997	0,993	0,983	0,968	0,943	0,910	0,866
16				0,998	0,996	0,989	0,979	0,961	0,935	0,901
17				0,999	0,997	0,993	0,986	0,973	0,954	0,927
18					0,998	0,996	0,991	0,982	0,968	0,948
19					0,999	0,998	0,994	0,988	0,978	0,963

*) siehe obere Fußnote

Tab. 3–2 (Fortsetzung 2):

Übergangsfunktion der Wandtemperatur x_{Wand}

T*)	$\ddot{u} \cdot x/l$									
	12	14	16	18	20	22	24	26	28	30
0	0	0	0	0	0	0	0	0	0	0
2	0,001	0,000	0,000							
4	0,014	0,005	0,002	0,000	0,000	0,000				
6	0,060	0,026	0,011	0,004	0,002	0,001	0,000			
8	0,155	0,081	0,039	0,018	0,006	0,003	0,001	0,000	0,000	
10	0,297	0,178	0,099	0,052	0,026	0,012	0,005	0,002	0,001	0,000
12	0,459	0,312	0,196	0,116	0,065	0,034	0,017	0,008	0,004	0,002
14	0,616	0,462	0,324	0,212	0,131	0,077	0,043	0,023	0,012	0,006
16	0,746	0,608	0,464	0,334	0,226	0,145	0,088	0,051	0,028	0,015
18	0,844	0,733	0,602	0,465	0,341	0,237	0,157	0,099	0,059	0,034
20	0,909	0,828	0,721	0,597	0,467	0,350	0,248	0,169	0,109	0,067
22	0,950	0,896	0,815	0,709	0,591	0,469	0,355	0,257	0,178	0,118
24	0,974	0,940	0,883	0,803	0,700	0,587	0,473	0,362	0,265	0,187
26	0,987	0,967	0,930	0,872	0,792	0,694	0,583	0,472	0,367	0,273
28	0,994	0,983	0,960	0,921	0,862	0,782	0,687	0,582	0,473	0,372
30	0,997	0,991	0,978	0,953	0,912	0,852	0,774	0,681	0,579	0,474
32	0,999	0,996	0,988	0,973	0,946	0,903	0,843	0,766	0,675	0,577
34		0,998	0,994	0,985	0,968	0,939	0,895	0,834	0,758	0,670
36		0,999	0,997	0,992	0,982	0,963	0,932	0,887	0,827	0,752
38			0,999	0,996	0,990	0,978	0,958	0,926	0,880	0,819
40			0,999	0,998	0,995	0,988	0,975	0,953	0,919	0,873
42				0,999	0,997	0,993	0,985	0,971	0,948	0,913

*) siehe Fußnote S. 101

3.4. Das Übergangsverhalten bei beliebiger oder periodischer Änderung der Eingabewerte

Die bestimmenden Differentialgleichungen für Direktübertrager und Regeneratoren sind innerhalb der üblichen Idealisierung linear [2]. Folglich kann eine Erweiterung der x_a-Ergebnisse auf andere Änderungen als Stufensprünge leicht durch ein als DUHAMEL-Verfahren bekanntes Standardverfahren durchgeführt werden; das Verfahren wird in [2] erläutert. Der Regelungstechniker ist am Frequenzgang, an der Amplitude und dem Phasenwinkel der Übergangsfunktion am Austrittsquerschnitt infolge einer periodischen, sinusförmigen Änderung fester Frequenz am Eintritt interessiert. Als Frequenzfunktion kann diese Information aus den hier beschriebenen Übergangsfunktionen durch verschiedene Standardverfahren [10] erhalten werden.

Übergangsfunktion der Austrittstemperatur x_a

T^*)	$\ddot{u} \cdot x/l$									
	12	14	16	18	20	22	24	26	28	30
0	0,000	0,000								
2	0,003	0,001	0,000	0,000						
4	0,026	0,010	0,003	0,001	0,000	0,000				
6	0,095	0,044	0,019	0,008	0,003	0,001	0,000	0,000		
8	0,216	0,118	0,060	0,029	0,013	0,006	0,002	0,001	0,000	0,000
10	0,375	0,237	0,139	0,076	0,039	0,019	0,009	0,004	0,002	0,001
12	0,541	0,384	0,254	0,156	0,091	0,050	0,026	0,013	0,006	0,003
14	0,689	0,538	0,392	0,268	0,172	0,104	0,060	0,033	0,017	0,009
16	0,804	0,677	0,535	0,398	0,279	0,185	0,117	0,070	0,040	0,022
18	0,884	0,788	0,667	0,535	0,403	0,289	0,197	0,128	0,079	0,047
20	0,935	0,869	0,774	0,659	0,533	0,408	0,298	0,208	0,138	0,088
22	0,966	0,923	0,855	0,762	0,651	0,531	0,412	0,306	0,218	0,148
24	0,983	0,957	0,912	0,843	0,752	0,645	0,531	0,415	0,313	0,226
26	0,992	0,977	0,949	0,901	0,832	0,743	0,639	0,529	0,418	0,319
28	0,996	0,988	0,972	0,941	0,891	0,822	0,735	0,635	0,529	0,420
30	0,998	0,994	0,985	0,966	0,932	0,882	0,813	0,727	0,630	0,527
32	0,999	0,997	0,992	0,981	0,960	0,925	0,873	0,804	0,721	0,626
34		0,999	0,996	0,990	0,977	0,954	0,917	0,865	0,796	0,714
36		0,999	0,998	0,995	0,987	0,973	0,948	0,910	0,857	0,789
38			0,999	0,997	0,993	0,984	0,968	0,942	0,903	0,849
40				0,999	0,996	0,991	0,981	0,964	0,936	0,896
42				0,999	0,998	0,995	0,989	0,978	0,959	0,931

3.5. Erläuterndes Beispiel

In Tab. 3—4 wird ein Direktübertrager mit $\varepsilon = 75\%$ mit einer Regeneratoreinheit mit $\varepsilon = 91\%$ verglichen. Für die praktische Anwendung in Gasturbinenanlagen sind diese Wirkungsgrade typisch.

Es ist zu beachten, daß die x_{a1}-Übergangsfunktion für Hochleistungswärmeübertrager von geringerer Bedeutung ist als die x_{a2}-Funktion, da die mit dem x_{a1} verbundene Temperaturänderung proportional zum *Verlustgrad* $(1 - \varepsilon)$ des stationären Zustandes verläuft und in der Größe viel kleiner ist als die mit dem x_{a2} verbundene Temperaturänderung, die proportional zum *Wirkungsgrad* ε des stationären Zustandes ist.

3.6. Literatur

[1] Cima, R. M.; London, A. L.: The Transient Response of a Two-fluid Counterflow Heat Exchanger — The Gas Turbine Regenerator.
Trans. ASME 80 (1958), S. 1169.

Tab. 3—3. Lösungen für das isolierte Rohr oder den porösen Speicher

$ü$	maximaler Anstieg	Zeit bei maximalem Anstieg	$ü$	maximaler Anstieg	Zeit bei maximalem Anstieg
1,0	0,368	0,000	7,5	0,816	0,792
1,25	0,448	0,000	8,0	0,840	0,806
1,5	0,502	0,000	8,5	0,863	0,817
1,75	0,532	0,000	9,0	0,885	0,828
2,0	0,541	0,000	9,5	0,907	0,837
2,5	0,553	0,271	10,0	0,929	0,846
3,0	0,577	0,424	15,0	1,121	0,898
3,5	0,604	0,521	20,0	1,284	0,924
4,0	0,632	0,590	25,0	1,432	0,940
4,5	0,660	0,640	30,0	1,564	0,950
5,0	0,688	0,680	40,0	1,797	0,963
5,5	0,715	0,711	50,0	2,009	0,970
6,0	0,741	0,737	60,0	2,196	0,974
6,5	0,767	0,758	70,0	2,371	0,977
7,0	0,792	0,776	80,0	2,533	0,981
			90,0	2,683	0,984

$$ü = \frac{\alpha \cdot A}{C} = St \cdot \frac{l}{r_h}$$

$$\text{maximaler Anstieg} = \left[\frac{dx_a}{d\left(\dfrac{\Theta - 1}{\Gamma_{Wand}}\right)}\right]_{max}$$

$$\text{Zeit bei max. Anstieg} = \left[\frac{\Theta - 1}{\Gamma_{Wand}}\right]_{max.\ Anst.} \approx \left[\frac{\Theta}{\Gamma_{Wand}}\right]_{max.\ Anst.} \quad \text{für } \Theta \gg 1$$

[2] London, A. L.; Biancardi, F. R.; Mitchell, J. W.: The Transient Response of Gas Turbine Plant Heat Exchangers – Regenerators, Intercoolers, Precoolers, and Ducting *Trans. ASME* **81** (1959), S. 433.

[3] London, A. L.; Sampsell, D. F.; McGowan, J. G.: The Transient Response of Gas Turbine Plant Heat Exchangers – Additional Solutions for Regenerators of the Periodic-flow and Direct-transfer Types. *Trans. ASME* **86** (1964), S. 127.

[4] Rizika, J. W.: Thermal Lags in Flowing Incompressible Fluid Systems Containing Heat Capacitors. *Trans. ASME* **78** (1956), S. 1407.

[5] Locke, G. L.: Heat Transfer and Flow Friction Characteristics of Porous Solids. *Stanford University Technical Report* **10**, prepared under contract N6-onr-251 Task Order 6 for the Office of Naval Research, June 1, 1950.

[6] Coppage, J. E.; London, A. L.: Heat Transfer and Flow Friction Characteristics of Porous Media. *Chem. Eng. Prog.* **52** (1956), Nr. 2.

Tab. 3—4. Erläuternde Beispiele für Wärmeübertrager von Gasturbinenanlagen

	Direkt-übertrager	Regenerator
Typische Entwurfsbedingungen:		
1. Übertragerwirkungsgrad im stationären Zustand, ε [%]	75	90,9
2. Wärmeübertragungsgröße $ü$, $ü_0$	3,0	10,0
3. Verhältnis der Wärmekapazitätsströme des Rotors $\dot{\Gamma}_r$	–	10,0
4. Verhältnis der Wandkapazitäten Γ_{Wand}; Γ_r	1500	1000
5. Verhältnis der Übergangswiderstände P (kalte zu warme Seiten)	2/3	2
6. Rotorperiode z_r [s]	–	2
7. Verweilzeit für $\dot{C}_2$, z_{u2} [s]	0,1	0,02
Berechnung der Verzögerungszeit:		
1. Θ/Γ_{Wand} für $x_{a2} = 0{,}90$ aus Abb. 3–3	1,2	
2. Θ_r/Γ_r für $x_{a2} = 0{,}90$ aus Abb. 3–4		0,92
3. $\frac{\Theta}{\Gamma_{Wand}} - 0{,}40\left[\frac{P-1}{P+1}\right]$ aus Abb. 3–3 für $x_{a1} = 0{,}70$	1,04	
4. $\frac{\Theta_r}{\dot{\Gamma}_r - 0{,}6} - 0{,}53\left[\frac{P-1}{P+1}\right]$ aus Abb. 3–4 für $x_{a1} = 0{,}70$	–	2,32
5. $0{,}40\,\frac{P-1}{P+1}$	–0,08	
6. $0{,}53\,\frac{P-1}{P+1}$	–	0,18
7. Verzögerungszeit bei $x_{a2} = 0{,}90$		
$\Theta = \Gamma_{Wand}(\Theta/\Gamma_{Wand})$	1800	
$z = z_{u2} \cdot \Theta$, [s]	**180**	
$\Theta_r = \dot{\Gamma}_r(\Theta_r/\dot{\Gamma}_r)$		9,2
$z = z_r \cdot \Theta_r$ [s]		**18,4**
8. Verzögerungszeit bei $x_{a1} = 0{,}70$		
Θ/Γ_{Wand}	0,96	
z [s]	**144**	
$\Theta_r/(\dot{\Gamma}_r - 0{,}6)$		2,50
z [s]		**47**

[7] Vickers, P.; Creswick, F. A.: General Motors Tech. Center. Private Mitteilung, Juli 1958.

[8] Howard, C. P.: U.S. Navy Post Graduate School, Monterey, Calif. Private Mitteilung, September 1962.

[9] Mondt, J. R.: Vehicular Gas Turbine Periodic-flow Heat Exchanger Solid and Fluid Temperature Distributions. *Trans. ASME* 86 (1964), S. 121.

[10] Raven, F. H.: Automatic Control Engineering. McGraw-Hill Book Company, New York, 1961.

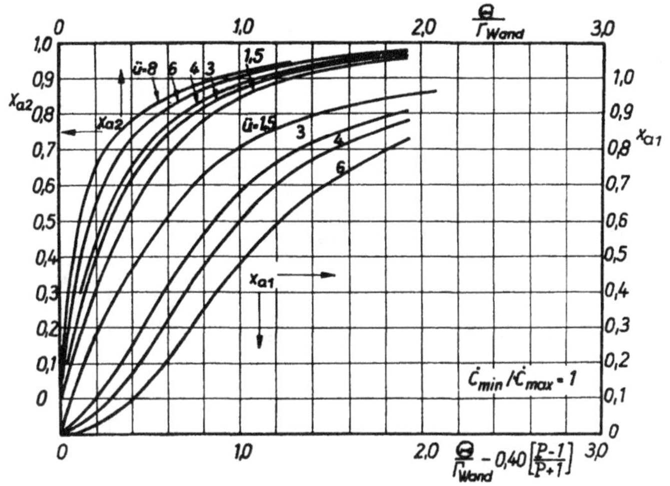

Abb. 3–3.
Lösungen der Übergangsfunktion für die Probleme 1, 2, 5 und 6 der Tab. 3–1

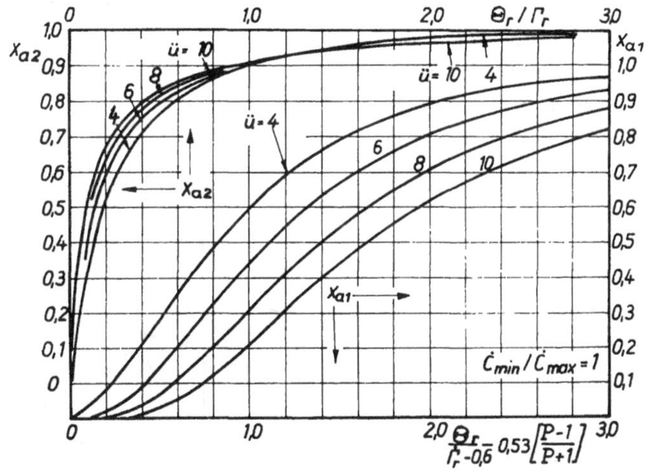

Abb. 3–4.
Lösungen der Übergangsfunktion für die Probleme 3 und 4 der Tab. 3–1

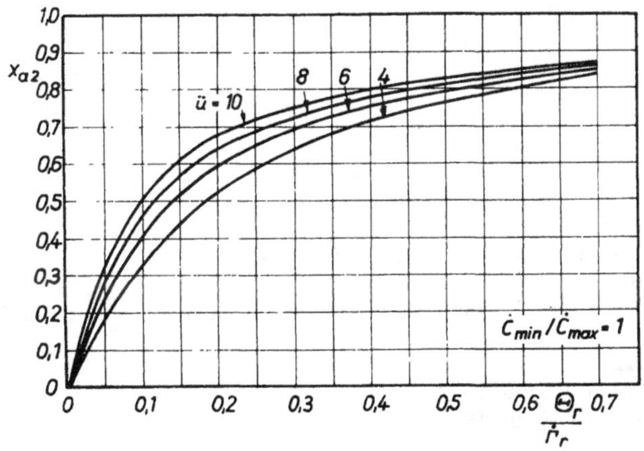

Abb. 3–5.
Lösung der Übergangsfunktion für das Problem 3 der Tab. 3–1. Vergrößerter Maßstab der Abszisse für x_{a2} der Abb. 3–4

a)

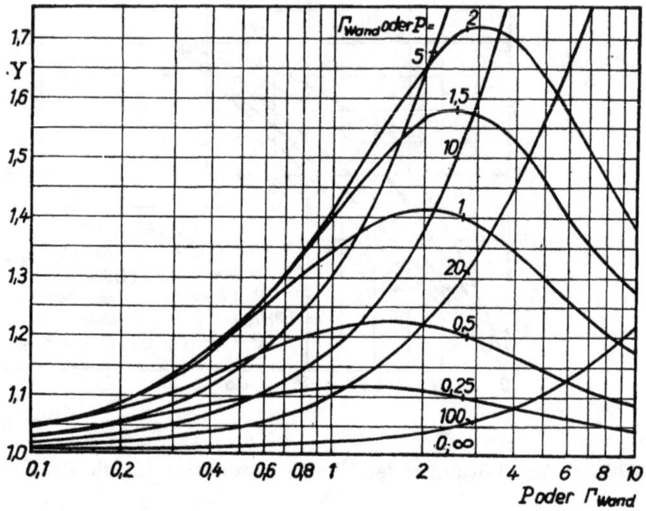

(b

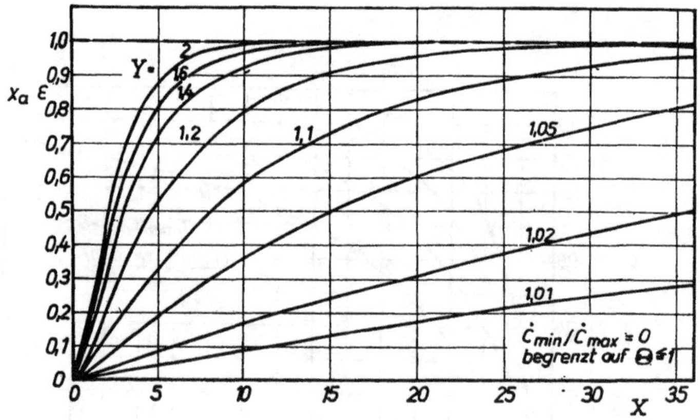

Abb. 3 – 6. Lösung der Übergangsfunktion für das Problem 7 der Tab. 3 – 1:

$$X = \boldsymbol{\Theta} \cdot ü \left[\left(\frac{\boldsymbol{P} + 1}{\boldsymbol{\Gamma}_{\text{Wand}}} \right) \left(\frac{\boldsymbol{P} + 1 + \boldsymbol{\Gamma}_{\text{Wand}}}{2 \cdot \boldsymbol{P}} \right) \right]; \varepsilon = 1 - e^{-ü}.$$

Damit $x_a = f(\boldsymbol{\Theta};\ ü;\ \boldsymbol{P};\ \boldsymbol{\Gamma}_{\text{Wand}})$.

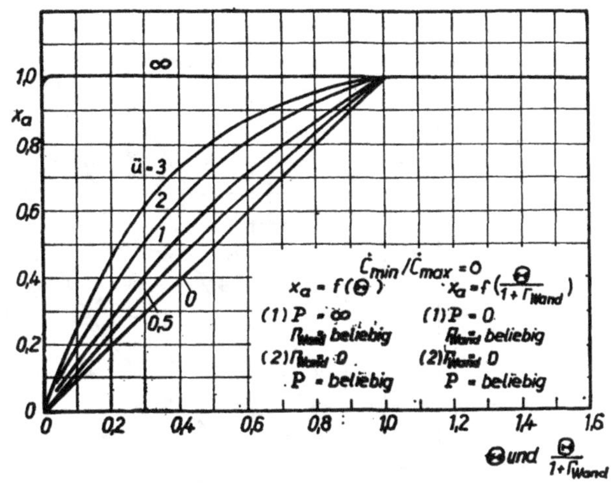

Abb. 3–7. Lösungen der Übergangsfunktion für die Probleme 8, 9 und 10 der Tab. 3–1

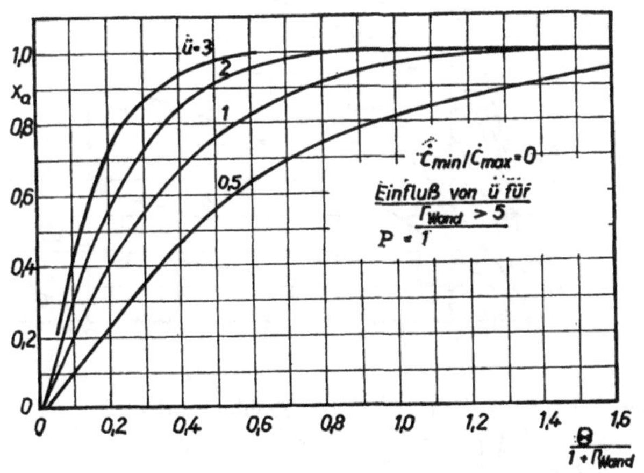

Abb. 3–8. Lösung der Übergangsfunktion für das Problem 11 der Tab. 3–1

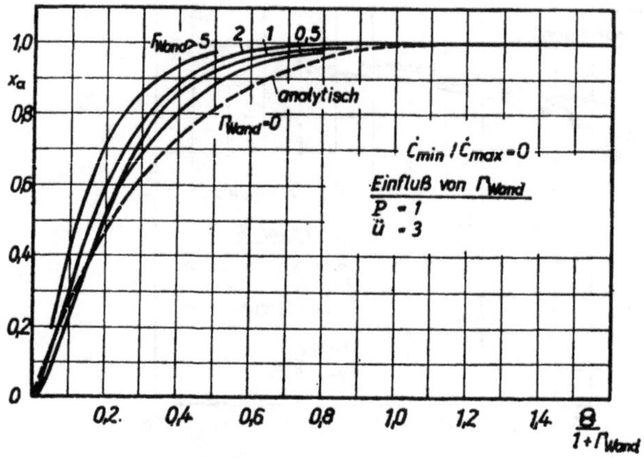

Abb. 3—9. Lösung der Übergangsfunktion für das Problem 12 der Tab. 3—1

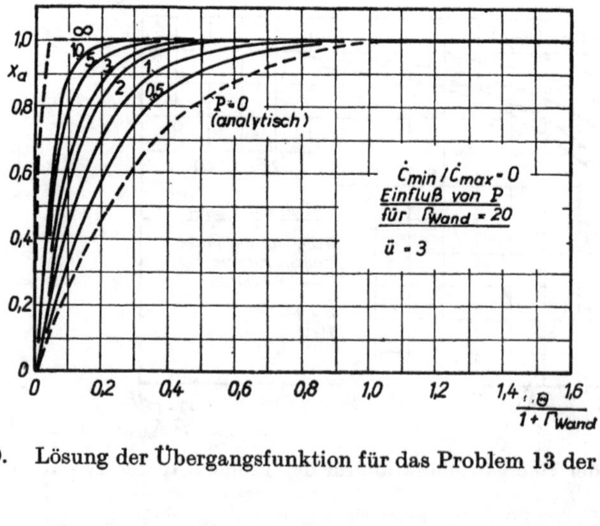

Abb. 3—10. Lösung der Übergangsfunktion für das Problem 13 der Tab. 3—1

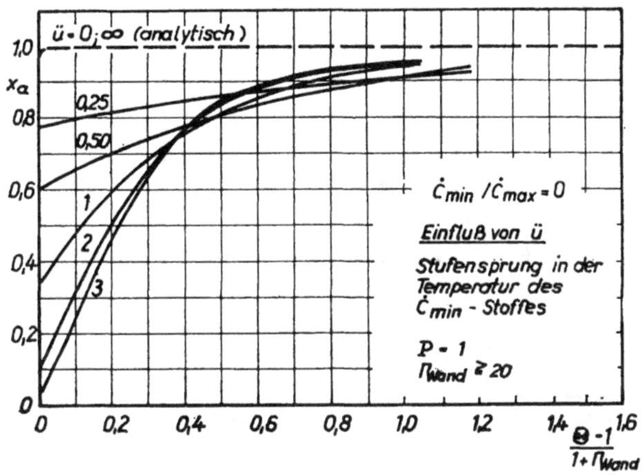

Abb. 3—11. Lösung der Übergangsfunktion für das Problem 14 der Tab. 3—1

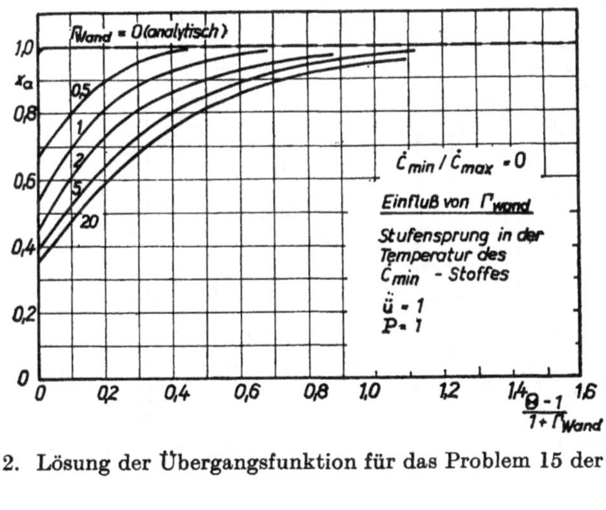

Abb. 3—12. Lösung der Übergangsfunktion für das Problem 15 der Tab. 3—1

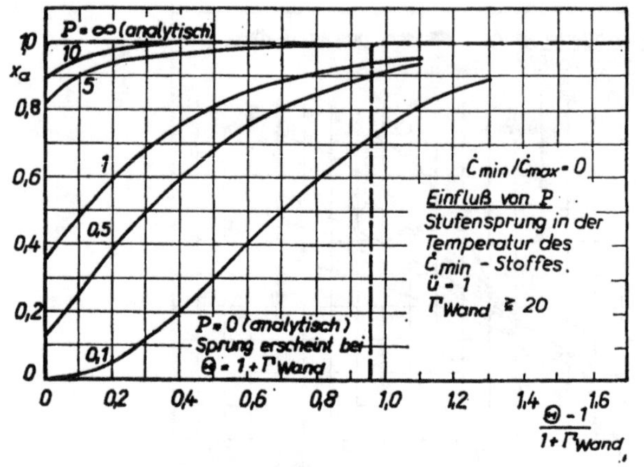

Abb. 3—13. Lösung der Übergangsfunktion für das Problem 16 der Tab. 3—1

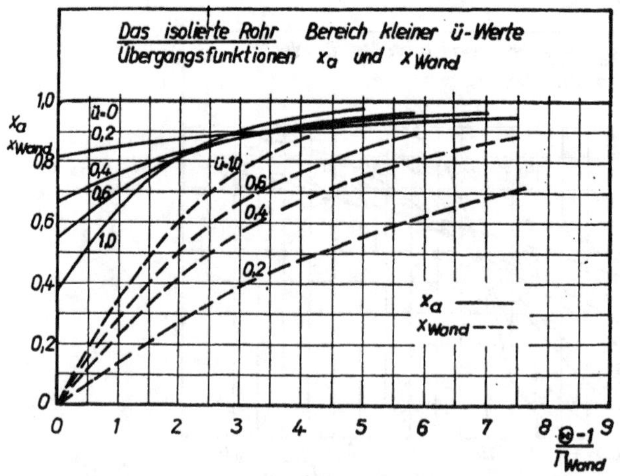

Abb. 3—14. Lösungen der Übergangsfunktion für die Probleme 17 und 18 der Tab. 3—1
Bezüglich numerischer Werte siehe Tab. 3—2

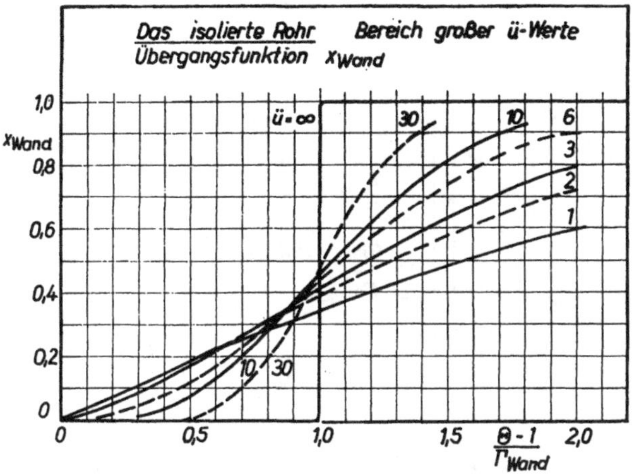

Abb. 3–15. Lösungen der Übergangsfunktion für die Probleme 17 und 18 der Tab. 3–1. Bezüglich numerischer Werte siehe Tab. 3–2

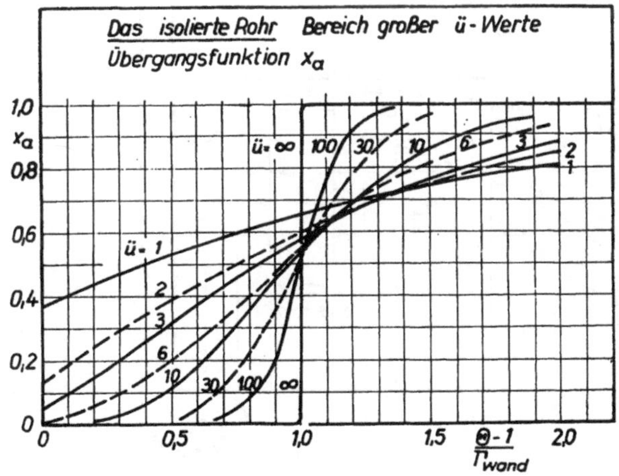

Abb. 3–16. Lösungen der Übergangsfunktion für die Probleme 17 und 18 der Tab. 3–1. Bezüglich numerischer Werte siehe Tab. 3–2

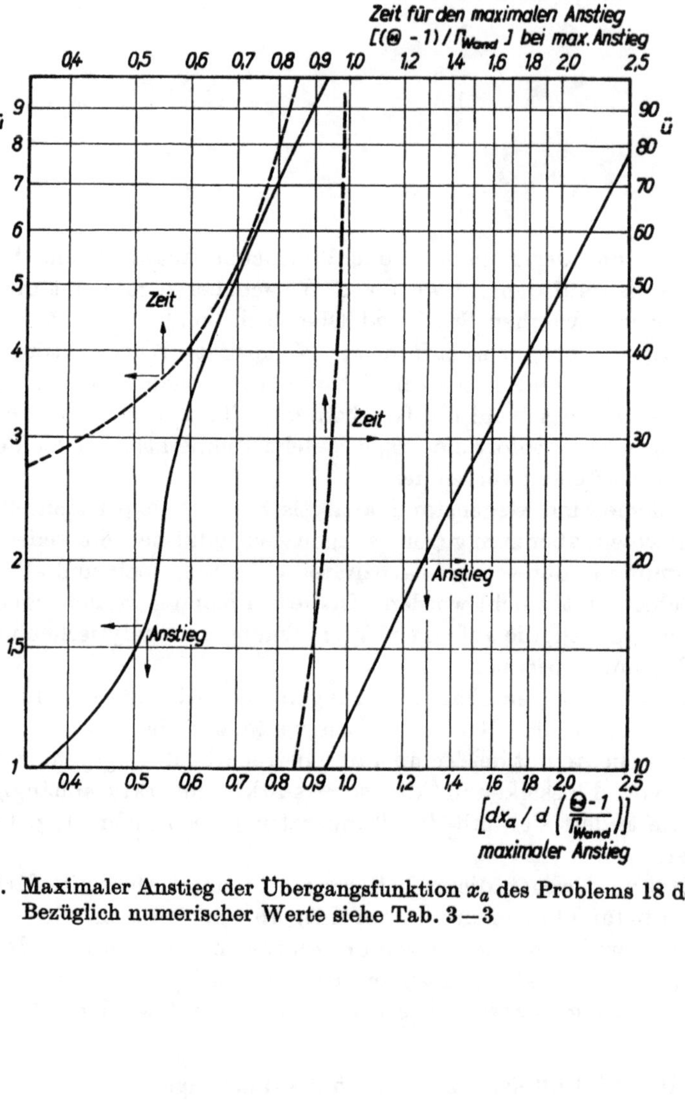

Abb. 3–17. Maximaler Anstieg der Übergangsfunktion x_a des Problems 18 der Tab. 3–1. Bezüglich numerischer Werte siehe Tab. 3–3

4. Der Einfluß der temperaturabhängigen Stoffeigenschaften

Bei der Anwendung der grundlegenden Wärmeübertragungs- und Strömungsverlustkenngrößen auf den Entwurf von Wärmeübertragern mit großen Temperaturdifferenzen zwischen Stoff und Oberfläche muß beachtet werden, daß sich die Stofftransporteigenschaften wie Viskosität, Wärmeleitfähigkeit und Dichte mit der Temperatur beträchtlich ändern können. Diese Eigenschaftsänderungen verzerren sowohl die Geschwindigkeits- als auch die Temperaturprofile, und es entsteht sofort die Frage, welche Temperatur bei der Berechnung der Stoffeigenschaften zu verwenden ist.

Diese Probleme sind Gegenstand analytischer und experimenteller Untersuchungen gewesen, aber zum gegenwärtigen Zeitpunkt besteht weder eine klare Übereinstimmung in den schon bearbeiteten Gebieten, noch sind alle technisch wichtigen Gebiete untersucht worden. In diesem Kapitel werden eigene Schlußfolgerungen angegeben, die auf einer Untersuchung der analytischen und experimentellen Ergebnisse beruhen.

Die Probleme der Eigenschaftsänderungen unterscheiden sich für Gase und Flüssigkeiten wesentlich. Bei den Gasen verändern sich Wärmeleitfähigkeit, Viskosität und Dichte mit der Temperatur beträchtlich. Dagegen ist die einzige Eigenschaft von Flüssigkeiten, die sehr stark temperaturabhängig ist, die Viskosität; sie ändert sich mit der Temperatur jedoch mehr als jede der Gaseigenschaften.

Das Kapitel wird wegen dieser Differenzen in einen Abschnitt für Gase und einen Abschnitt für Flüssigkeiten unterteilt. In beiden Fällen wird der Einfluß des Temperaturprofils in einem Strömungsquerschnitt Gegenstand der Betrachtungen sein. In einem abschließenden dritten Abschnitt wird der Einfluß der Temperaturänderung in Strömungsrichtung betrachtet werden.

4.1. Der Einfluß der Gaseigenschaftsänderungen in einem Strömungsquerschnitt

Die Einflüsse der Eigenschaftsänderungen in einem Strömungsquerschnitt können gewöhnlich durch Berechnung einiger oder aller Eigenschaften bei einer vorgegebenen Bezugstemperatur unter Berücksichtigung der Wandtemperatur und der mittleren Stofftemperatur (oder Freistromtemperatur im Falle der äußeren Strömungen) kompensiert werden. Obwohl derartige Verfahren ganz allgemein

benutzt werden können, enthalten sie für Gase oft eine gewisse Unbeholfenheit, wenn man sie auf Innenströmungen, wie sie im Wärmeübertrager auftreten, anwenden will.

Bei der Innenströmung ist eine der mehrdeutigen Strömungskenngrößen die Massenstromdichte $\dot{\mathbf{m}}$. Sie ist das Produkt aus mittlerer Geschwindigkeit und mittlerer Dichte, $w \cdot \varrho$, sie ist aber auch der Quotient aus Massenstrom $\dot{m}$ und freiem Strömungsquerschnitt A_F. In einem Gasstrom mit veränderlicher Temperatur ändert sich an jeder Stelle die Dichte und damit die mittlere Geschwindigkeit entlang des Rohres. $\dot{\mathbf{m}}$ ist jedoch konstant und wurde eindeutig ohne Berücksichtigung der Dichteänderung definiert, so daß bei der Definition der Reynoldszahl $(4\, r_h \cdot \dot{\mathbf{m}}/\mu)$ und bei der Stantonzahl $(\alpha/\dot{\mathbf{m}} \cdot c_p)$ benutzt werden können. Die Berücksichtigung temperaturabhängiger Eigenschaften mit Hilfe einer Bezugstemperatur erfordert dagegen im allgemeinen eine Aufteilung von $\dot{\mathbf{m}}$ in die w- und ϱ-Komponenten, so daß ϱ bei der Bezugstemperatur berechnet werden kann. Für die Innenströmung ist dadurch aber das Arbeiten mit zwei verschiedenen Dichten notwendig, da zur Bestimmung der mittleren Geschwindigkeit aus der Kontinuitätsgleichung auch eine mittlere Dichte berechnet werden muß. Ein solches Verfahren ist umständlich und kann mehrdeutig ausgelegt werden. Für eine Außenströmung (zum Beispiel Strömung über eine Tragfläche) ist die Möglichkeit der Vieldeutigkeit natürlich weitgehend vermindert, da die entscheidende Geschwindigkeit die Freistromgeschwindigkeit ist, die gewöhnlich ohne Rücksicht auf die Dichteänderungen in der Grenzschicht eindeutig definiert ist.

Eine mögliche Kompensationsmethode, die wahrscheinlich eindeutiger ist, beruht auf der Tatsache, daß sich die entsprechenden Gaseigenschaften für alle Gase in ähnlicher Weise mit der absoluten Temperatur ändern. Somit können alle Stoffeigenschaften bei der einfach anzuwendenden mittleren Temperatur berechnet werden, und die Einflüsse der Eigenschaftsänderungen über den Strömungsquerschnitt können als Funktion des Verhältnisses der absoluten Temperaturen $T_{\mathrm{Wand}}/T_{\mathrm{m}}$ ausgedrückt werden. Sowohl die Analyse als auch der Versuch zeigen, daß in den meisten Fällen der Einfluß der temperaturabhängigen Eigenschaften bei gegebenem *Re* als eine einfache Funktion von $T_{\mathrm{Wand}}/T_{\mathrm{m}}$ ausgedrückt werden kann:

$$\frac{Nu}{Nu_{\mathrm{m}}} = \left(\frac{T_{\mathrm{Wand}}}{T_{\mathrm{m}}}\right)^n \qquad (4-1)^{1)}$$

$$\frac{c_{\mathrm{f}}}{c_{\mathrm{fm}}} = \left(\frac{T_{\mathrm{Wand}}}{T_{\mathrm{m}}}\right)^m \qquad (4-2)$$

wobei *alle Stoffeigenschaften* bei der *mittleren Stofftemperatur* zu berechnen sind und m und n Exponenten sind, die für unterschiedliche Strömungsformen und -bedingungen verschiedene Größen annehmen.

[1]) Der Index m bezieht sich auf die Lösung mit konstanten Eigenschaften bei der mittleren Stofftemperatur.

Tab. 4—1. Exponenten für (T_{Wand}/T_m), Gase

	n	m	Lit.	Lösung
Laminare Grenzschicht an ebener Platte:				
Gaserwärmung	−0,08	−0,08	1	analyt.
Gaskühlung	−0,045	−0,045	1	analyt.
Strömung quer zum Rohr oder Rohrbündel:				
Gaserwärmung	0	0	2	experim.
Gaskühlung	0	0	2	experim.
Voll entwickelte laminare Strömung im Rohr:				
Gaserwärmung	0	...	2,3	experim.
		+0,45*	1,7	analyt.
Gaskühlung	0	...	2,3	experim.
		+0,30*	1,7	analyt.
Voll entwickelte turbulente Strömung im Rohr:				
Gaserwärmung	−0,5	...	4, 5, 1	exp., anal.
		−0,1	4,1	exp., anal.
Gaskühlung	0	...	3	experim.
		0	1	analyt.

*) Neueste experimentelle Ergebnisse deuten an, daß diese Exponenten wahrscheinlich beträchtlich größer sein können und eine Größe von 1,35 annehmen, aber dieses Problem ist noch nicht völlig gelöst.

In Tab. 4—1 werden Werte von n und m für verschiedene Bedingungen angegeben; sie beruhen auf der Auswertung der vorhandenen Versuchswerte und analytischen Lösungen. Diese Werte sind für Verhältnisse der absoluten Temperaturen zwischen 0,33···3,0 und für absolute Temperaturen, bei denen noch keine Gasdissoziation und chemische Reaktionen eintreten, anwendbar. Die angezogenen Versuche wurden vorrangig mit Luft durchgeführt, doch enthielten genügend Versuche auch andere Gase, um eine gewisse Sicherheit bei der Verallgemeinerung der Ergebnisse zu geben.

Bei der Tab. 4—1 ist zu beachten, daß nur die Strömung in runden Rohren inbegriffen ist. Die Kenntnis über Strömungen in unrunden Rohren ist noch unvollständig, aber es ist relativ sicher, daß die Rohrform bei turbulenter Strömung nur einen geringen Einfluß hat. Für laminare Strömungen hat die Rohrform wahrscheinlich einen gewissen Einfluß, es wird aus Mangel an besseren Werten jedoch empfohlen, die Ergebnisse des runden Rohres zu verwenden. Das Verhalten der turbulenten Grenzschicht an einer äußeren Fläche sollte sich sehr wenig von dem für turbulente Strömung im Rohr unterscheiden.

Alle Eigenschaften der im Kap. 10 mitgeteilten Versuchswerte wurden ohne eine Korrektur der hier beschriebenen Art bei der mittleren Temperatur berechnet. Da die Temperaturdifferenz zwischen Wand und Stoff in den Versuchen

stets klein war, wird die aufgezeigte Berichtigung in den meisten Fällen vernachlässigbar sein; bei der Anwendung der Werte auf Wärmeübertrager mit großen Temperaturdifferenzen können sich jedoch Abweichungen ergeben.

Man sollte beachten, daß die meisten untersuchten Versuchsflächen unterbrochene Rippen hatten, bei denen der bestimmende Mechanismus die Wärmeübertragung durch eine laminare Grenzschicht ist; bei dieser Form ist der Einfluß der temperaturabhängigen Eigenschaften sehr klein, da m und n fast null sind. Es wird daher empfohlen, die Eigenschaften aller Flächen mit unterbrochener Grenzschicht bei der mittleren Temperatur ohne zusätzliche Korrektur für die Eigenschaftsänderungen zu berechnen.

Für Strömungen in langen, ununterbrochenen Rohren wird der Einfluß der Eigenschaftsänderungen bedeutender. Die notwendigen Korrekturen aus Tab. 4—1 wurden in alle *Zusammenfassungen* des im Kap. 7 dargestellten Verhaltens langer Rohre einbezogen. Wenn die analytischen Lösungen (Kap. 6) für Gasströmungen benutzt werden, sollten sie zusätzlich durch Verwendung der Tab. 4—1 korrigiert werden.

4.2. Der Einfluß der Flüssigkeitseigenschaftsänderungen in einem Strömungsquerschnitt

Die einzige wichtige Größe, die sich bei Flüssigkeiten mit der Temperatur ändert, ist die Viskosität. Die zwei gebräuchlichen Verfahren zum Ausgleich der Einflüsse der Viskositätsänderung sind dabei die Verwendung einer Bezugstemperatur und die Methode der Zusammenfassung der Einflüsse in einem Verhältnis von Wandviskosität zu mittlerer Stoffviskosität ($\mu_{\mathrm{Wand}}/\mu_{\mathrm{m}}$), wobei die Eigenschaften selbst anderweitig bei der mittleren Stofftemperatur berechnet werden. Das letztere Verfahren wird hier angewendet werden, da es mit dem vorgeschlagenen Verfahren der Behandlung der temperaturabhängigen Eigenschaften der Gase besser übereinstimmt. Damit werden die Korrekturen

$$\frac{Nu}{Nu_{\mathrm{m}}} = \left(\frac{\mu_{\mathrm{Wand}}}{\mu_{\mathrm{m}}}\right)^{n} \tag{4—3}$$

$$\frac{c_{\mathrm{f}}}{c_{\mathrm{fm}}} = \left(\frac{\mu_{\mathrm{Wand}}}{\mu_{\mathrm{m}}}\right)^{m}. \tag{4—4}$$

Für die *laminare Strömung in einem runden Rohr* können die Berechnungen von YANG [6] für den thermischen Eintrittsbereich sowohl für konstanten Wärmestrom als auch für konstante Oberflächentemperaturen sehr gut durch $n = -0{,}11$ für einen großen Bereich von Viskositätsverhältnissen angeglichen werden. DEISSLER [7] schlug $-0{,}14$ auf der Basis der Berechnung voll entwickelter Strömungen vor; dieser Wert wurde jahrelang benutzt, um Versuchswerte für laminare Strömung in Rohren und für Strömung quer zu Rohren zu vergleichen. Es gibt offenbar keine entscheidenden Versuche, mit denen hier eine Wahl begründet werden kann, aber die Differenz ist in jedem Fall klein, und jeder der beiden Werte ist wahrscheinlich für Entwurfszwecke ausreichend. Die Analyse

von DEISSLER gibt auch Werte für den Exponenten m des Strömungsverlustbeiwertes an. Der Einfluß ist recht groß; $m = 0{,}58$ für die Flüssigkeitserwärmung und $m = 0{,}50$ für die Flüssigkeitsabkühlung ergeben zufriedenstellende Bezugswerte gegenüber der Analyse. Es gibt augenscheinlich nur eine geringe Zahl von Versuchen, die diese Ergebnisse bestätigen.

Für die *turbulente Strömung in einem runden Rohr* hat DEISSLER [8] Wärmeübertragung und Strömungsverlust bei veränderlichen Viskositäten für einen großen Bereich von Prandtlzahlen berechnet. Diese Ergebnisse sind in der Bezugstemperaturform dargestellt; es ergeben sich für m und n die in Tab. 4—2 angegebenen Werte, wenn man sie in die Form des Viskositätsverhältnisses überträgt.

Es kann angenommen werden, daß sich für die turbulente Strömung mit sehr kleinen Prandtlzahlen (flüssige Metalle) die Exponenten wahrscheinlich recht gut den Werten der laminaren Strömung nähern.

Tab. 4—2. Exponenten für (μ_{Wand}/μ_m), Flüssigkeiten

Pr	n		m	
	Erwärmen	Kühlen	Erwärmen	Kühlen
laminar	−0,11	−0,11	0,58	0,50
1	−0,20	−0,19	0,09	0,12
3	−0,27	−0,21	0,06	0,09
10	−0,36	−0,22	0,03	0,05
30	−0,39	−0,21	0,00	0,03
100	−0,42	−0,20	−0,04	0,01
1000	−0,46	−0,20	−0,12	−0,02

4.3. Der Einfluß der Eigenschaftsänderungen in Strömungsrichtung

In vielen Anwendungsfällen sind die Temperatur- und damit die Eigenschaftsänderungen entlang des Rohres in Strömungsrichtung wichtiger als die Änderungen über den Strömungsquerschnitt. Die Analyse typischer Fälle für Gase zeigt, daß es genügt, Eigenschaften bei einer *mittleren Temperatur, bezogen auf die Strömungslänge im Rohr*, zu berechnen, wenn die Änderung der absoluten Temperatur kleiner als zwei zu eins von einem Ende des Rohres bis zum anderen ist. Dieser Mittelwert ist dann auch das T_m, das zur Korrektur der Eigenschaftsänderung in einem Strömungsquerschnitt benutzt wird. Für größere Temperaturänderungen in Strömungsrichtung ist es günstiger, den Übertrager in einzelne Sektionen aufzuteilen, wodurch die Temperaturänderung in jeder Sektion nicht zu groß wird.

Die Berechnung der richtigen mittleren Temperatur in bezug auf die Rohrlänge führt oft zu einigen Schwierigkeiten, wenn sehr genaue Ergebnisse gewünscht werden. Die Berechnung der Wärmeübertragungsleistung ist in diesem

Zusammenhang nicht so kritisch wie die der Druckänderung, die der mittleren Stoffdichte direkt proportional ist. In den meisten Fällen wird aber eine vernünftige Schätzung zufriedenstellend sein.

Der einfachste Fall tritt bei einem Gegenstrom-Wärmeübertrager mit gleichen Kapazitätsströmen auf; die mittleren Stofftemperaturen sind allein die arithmetischen Mittelwerte der Ein- und Austrittstemperaturen der Stoffströme. Wenn ein Stoff eine konstante Temperatur hat, wie in einem Verdampfer oder Kondensator, oder wenn ein Kapazitätsstrom sehr viel größer als der andere ist, wird die Temperaturänderung des anderen Stoffes nahezu exponentiell sein, vorausgesetzt, die Wärmeübertragung ändert sich mit der Rohrlänge nicht merklich. Werden die konstante Temperatur und die Temperaturen des eintretenden und austretenden Stoffes mit t_{const}, t_α und t_β bezeichnet, so folgt

$$t_{\text{m}} = t_{\text{const}} - \frac{t_\beta - t_\alpha}{\ddot{u}}. \tag{4-5}$$

Nimmt die Wärmeübertragung mit der Rohrlänge ab, wie bei laminarer Strömung als wichtigstem Fall, liegt die wahre mittlere Temperatur, bezogen auf die Rohrlänge, näher zur Stoffaustrittstemperatur hin; der Entwurfsingenieur muß hier eine Schätzung unter Zuhilfenahme der Erfahrung vornehmen, da die exakte Analyse sehr langwierig ist.

Das Problem des Kreuzstromübertragers ist wesentlich komplexer, da sich jedes Rohr unterschiedlich verhält. Die oben angeführten Empfehlungen sollten jedoch für die meisten Anwendungsfälle eine zufriedenstellende Anleitung sein. Mindestens werden sie eine Vorstellung von der Bedeutung des Einflusses der veränderlichen Eigenschaften geben.

4.4. Literatur

[1] KAYS, W. M.: A Summary of Experiments and Analysis for Gas Flow Heat Transfer and Friction in Circular Tubes.
Tech. Rept 22, Department of Mechanical Engineering, Stanford University, 30. Juni 1954.

[2] KAYS, W.M.; NICOLL, W. B.: Laminar Flow Heat Transfer to a Gas with Large Temperature Differences.
Trans. ASME 85 C (1963), S. 329–338.

[3] NICOLL, W. B.; KAYS, W. M.: The Influence of Temperature Dependent Properties on Gas Flow Heat Transfer in Circular Tubes.
Tech. Rept. 43, Department of Mechanical Engineering, Stanford University, 1. Sept. 1959.

[4] HUMBLE, L. V.; LOWDERMILK, W. H.; DESMON, L. G.: Measurement of Average Heattransfer and Friction Coefficients for Subsonic Flow of Air in Smooth Tubes at High Surface and Fluid Temperatures.

[5] *NACA Report* 1020, 1951.
MCCARTHY, J. R.; WOLF, H.: The Heat Transfer Characteristics of Gaseous Hydrogen and Helium.
Rocketdyne Research Report RR-60-12, Dezember 1960.

[6] YANG, K. T.: Laminar Forced Convection of Liquids in Tubes with Variable Viscosity.
ASME Paper 61-WA-166, vorgelegt auf dem ASME Annual Meeting, November 1961.

[7] DEISSLER, R. G.: Analytical Investigation of Fully Developed Laminar Flow in Tubes with Heat Transfer with Fluid Properties Variable along the Radius. *NACA* TN 2410, Juli 1951.
[8] DEISSLER, R. G.: Analysis of Turbulent Heat Transfer, Mass Transfer, and Friction in Smooth Tubes at High Prandtl und Schmidt Numbers. *NACA* TN 3145, Mai 1954.

Inhaltsverzeichnis

5. Eintritts- und Austrittsdruckänderungsbeiwerte

Der typische Einbau eines Hochleistungswärmeübertragers verursacht gewöhnlich eine Strömungskontraktion am Übertragereintritt und eine Strömungsexpansion am Austritt. Oft werden scharfkantige (rechtwinklige) Querschnittsveränderungen verwendet, die eine zusätzliche Druckänderung in der Strömung erzeugen. Der Entwurfsingenieur wird im allgemeinen an der Gesamtdruckänderung, die jede Eintritts- und Austrittsdruckänderung einschließt, mehr interessiert sein als allein an der Druckänderung der Oberflächen; er muß somit in der Lage sein, diese zusätzlichen Änderungen vorauszubestimmen.

Das Problem wurde sowohl analytisch als auch experimentell von KAYS [1] untersucht. Das vorliegende Kapitel ist eine kurze Zusammenfassung der Schlußfolgerungen dieser Arbeit und enthält Diagramme der Korrekturbeiwerte K_k und K_e für den Strömungseintritt und -austritt, die für den Entwurf des Wärmeübertragers benutzt werden können.

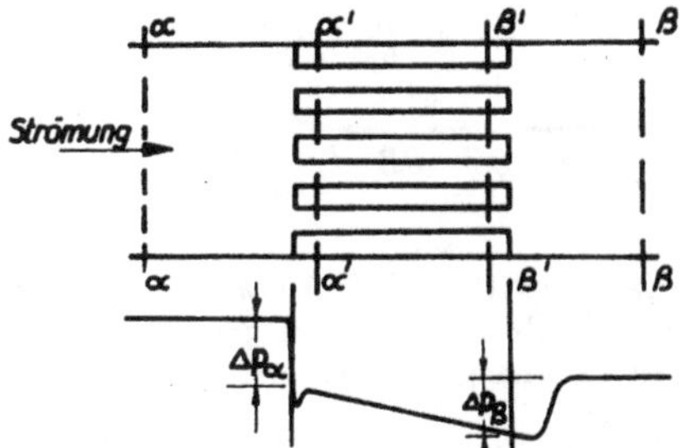

Abb. 5—1. Eintritts- und Austrittsdruckänderung in einem Wärmeübertrager

Abb. 5—1 zeigt den Druckverlauf in der Strömung am Eintritt und Austritt eines Wärmeübertragers. Die Eintrittsdruckänderung besteht aus zwei Anteilen, die willkürlich aufgeteilt wurden: der erste Anteil ist die Druckänderung, die allein durch Veränderung des Durchflußquerschnittes ohne Berücksichtigung des Strömungsverlustes auftritt. Der zweite Anteil ist die Druckänderung infolge der irreversiblen freien Expansion, die stets einer plötzlichen Querschnittsverengung folgt. Die Expansion entsteht durch die Grenzschichtablösung und der anschließenden Druckänderung infolge der Impulsstromänderung, die mit der Änderung des Geschwindigkeitsprofils stromabwärts der Kontraktionsstelle

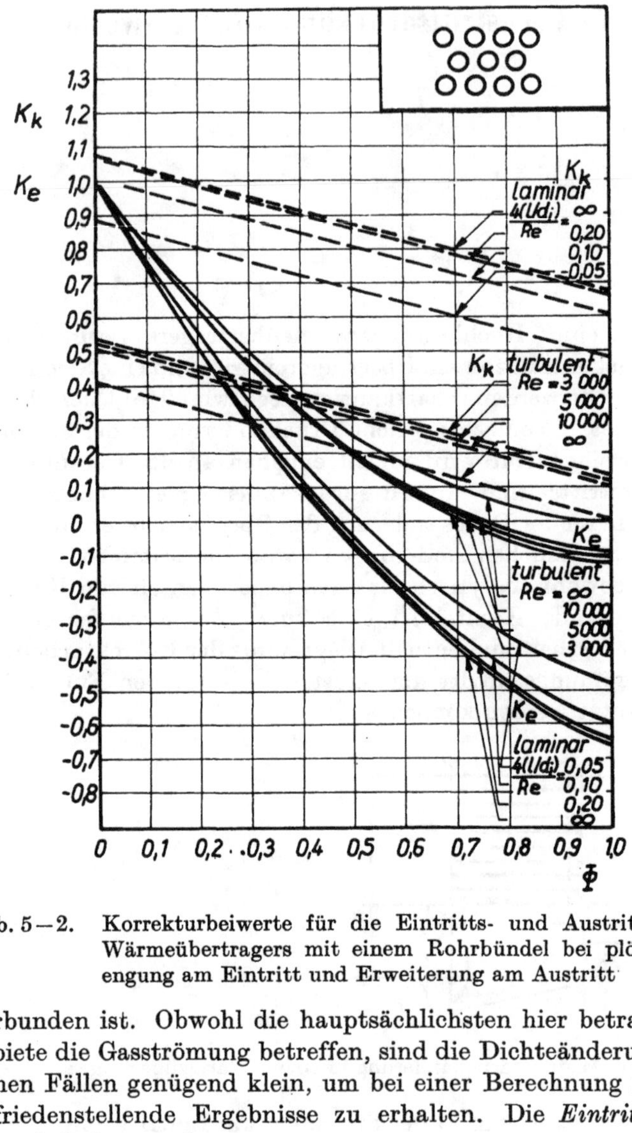

Abb. 5–2. Korrekturbeiwerte für die Eintritts- und Austrittsdruckänderungen eines Wärmeübertragers mit einem Rohrbündel bei plötzlicher Querschnittsverengung am Eintritt und Erweiterung am Austritt

verbunden ist. Obwohl die hauptsächlichsten hier betrachteten Anwendungsgebiete die Gasströmung betreffen, sind die Dichteänderungen in den gebräuchlichen Fällen genügend klein, um bei einer Berechnung mit konstanter Dichte zufriedenstellende Ergebnisse zu erhalten. Die *Eintrittsdruckänderung* kann dann definiert werden zu

$$\frac{\Delta p_\alpha}{\varrho} = \frac{w^2}{2}(1 - \Phi^2) + K_k \frac{w^2}{2}\,, \tag{5–1}$$

wobei w die Geschwindigkeit im kleineren Kanal (oder den Kanälen), das heißt, auf der Innenseite des Wärmeübertragers ist, und Φ das Verhältnis des freien Strömungsquerschnittes zur Frontalfläche angibt. Die irreversible Komponente der Druckänderung ist im Korrekturbeiwert für die Strömungskontraktion K_k enthalten.

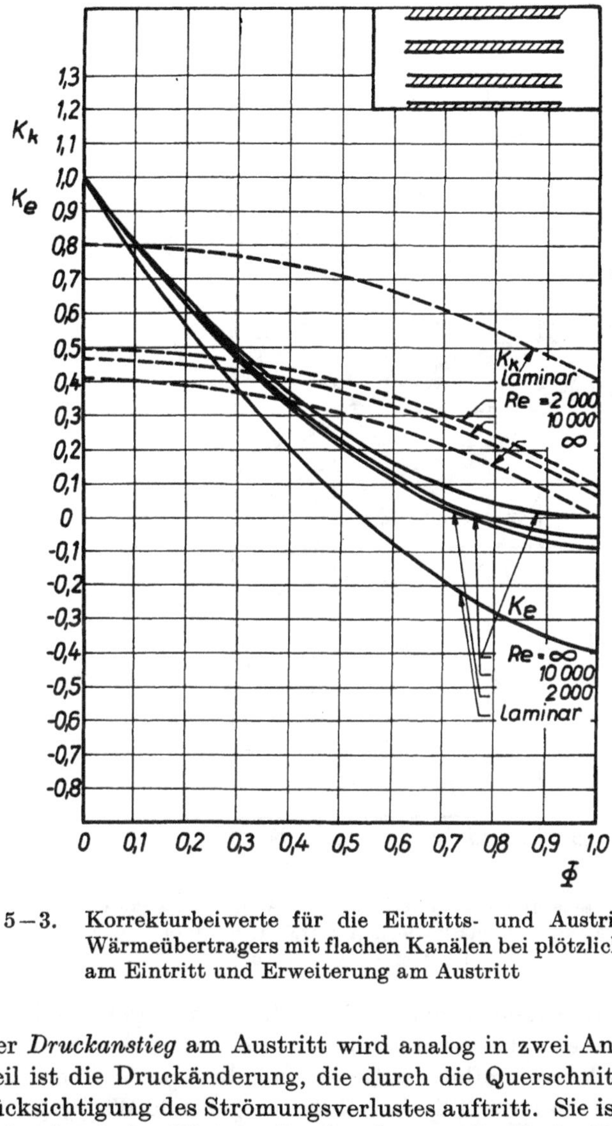

Abb. 5–3. Korrekturbeiwerte für die Eintritts- und Austrittsdruckänderungen eines Wärmeübertragers mit flachen Kanälen bei plötzlicher Querschnittsverengung am Eintritt und Erweiterung am Austritt

Der *Druckanstieg* am Austritt wird analog in zwei Anteile zerlegt. Der erste Anteil ist die Druckänderung, die durch die Querschnittsänderung allein ohne Berücksichtigung des Strömungsverlustes auftritt. Sie ist mit dem entsprechenden Ausdruck der Eintrittsdruckänderung identisch. Der zweite Anteil ist die Druckänderung, die mit der irreversiblen freien Expansion und der Impulsänderung, die der plötzlichen Erweiterung folgt, verbunden ist. Dieser Ausdruck wird im vorliegenden Fall vom ersteren subtrahiert. Somit ist

$$\frac{\Delta p_\beta}{\varrho} = \frac{w^2}{2}(1 - \Phi^2) - K_e \frac{w^2}{2}, \tag{5—2}$$

wobei K_e der Korrekturbeiwert für die Strömungsexpansion ist.

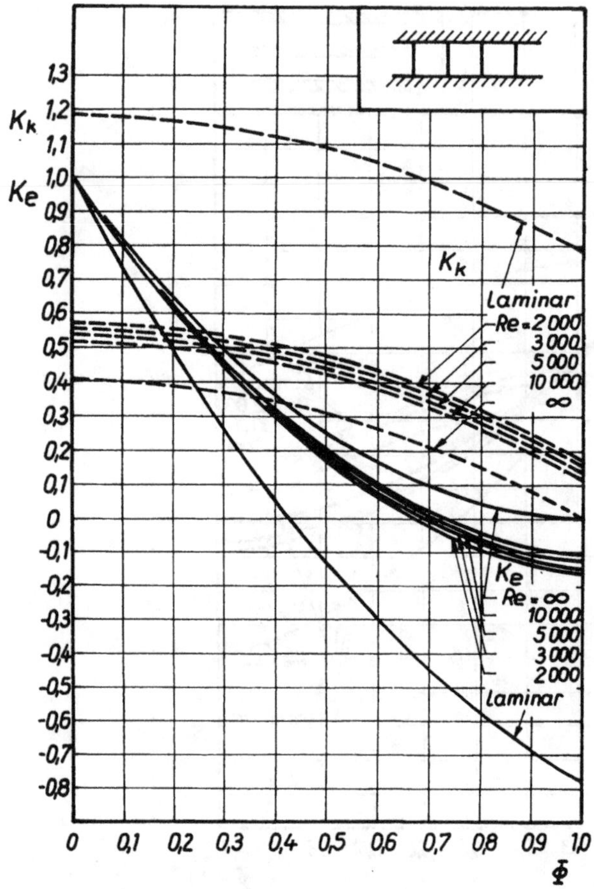

Abb. 5—4. Korrekturbeiwerte für die Eintritts- und Austrittsdruckänderungen eines Wärmeübertragers mit quadratischen Kanälen bei plötzlicher Querschnittsverengung am Eintritt und Erweiterung am Austritt

K_k und K_e sind Funktionen der Form der Querschnittsverengung und -erweiterung und in einigen Fällen der Reynoldszahl in den Kanälen. Die letztere Abhängigkeit entsteht durch den Einfluß des Geschwindigkeitsprofils in den Kanälen auf die Impulsströme und durch die sich daraus ergebende Wirkung auf die Impulsänderung am Ein- und Austritt. Die Beiwerte sind für mehrere einfache Eintritts- und Austrittsformen analytisch aufgestellt worden [1] und werden graphisch in den Abb. 5—2 bis Abb. 5—5 dargestellt. Zum Nachweis der Gültigkeit der analytischen Untersuchung enthält [1] eine ausreichende experimentelle Bestätigung.

Die Beiwerte wurden unter der Voraussetzung einer im wesentlichen gleichmäßigen Geschwindigkeit im Anströmkanal, einer gleichmäßigen Geschwindigkeit im Abströmkanal, aber eines voll entwickelten Geschwindigkeitsprofiles in

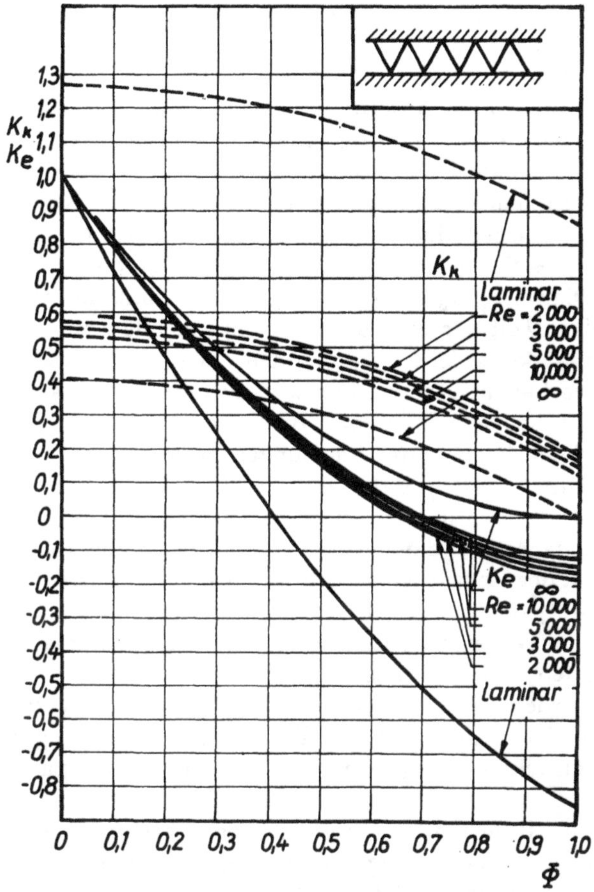

Abb. 5—5. Korrekturbeiwerte für die Eintritts- und Austrittsdruckänderungen eines Wärmeübertragers mit dreieckigen Kanälen bei plötzlicher Querschnittsverengung am Eintritt und Erweiterung am Austritt

den kleinen Kanälen des Wärmeübertragers berechnet. Diese Voraussetzung ist bei Wärmeübertrageruntersuchungen im allgemeinen gerechtfertigt, da die Reynoldszahl in den Übertragerkanälen ausnahmslos viel kleiner ist als in den An- und Abströmkanälen. Nur bei niedrigen Reynoldszahlen hat das Geschwindigkeitsprofil einen merklichen Einfluß. Bei der Anwendung der Werte ist daran zu erinnern, daß die Beiwerte bereits die mit der Änderung des Geschwindigkeitsprofils verbundene Druckänderung einschließen. *Somit muß der zur Berechnung der Gesamtdruckänderung in Gl.* (2—26*a*) *benutzte Strömungsverlustbeiwert auf der Grundlage der mittleren Wandschubspannung definiert werden* und nicht auf der Basis der Gesamtdruckänderung, wie es gelegentlich erfolgt. Alle in diesem Buch enthaltenen Strömungsverlustbeiwerte werden in dieser Art definiert, sofern es nicht anders vorgegeben wird. Diese Unterscheidung wird von besonderer Bedeutung, wenn die Druckänderung bei laminarer Strömung in den Übertragerkanälen berechnet wird.

Da die Abb. 5—2 bis Abb. 5—5 nur einige der einfachsten Formen enthalten, muß der Entwurfsingenieur bei der Anwendung dieser Ergebnisse seine Urteilskraft einsetzen. Im speziellen ist die einzige Form, die auf sehr kurze Kanäle streng anwendbar ist, das runde Rohr. Die anderen Angaben wurden nur für den Fall von Kanälen ausreichender Länge erarbeitet, so daß am Kanalaustritt ein im wesentlichen voll ausgebildetes Geschwindigkeitsprofil vorhanden ist. Ein nicht voll ausgebildetes Geschwindigkeitsprofil wird kleinere Korrekturbeiwerte K_k und größere Beiwerte K_e ergeben. Oberflächen mit unterbrochenen Rippen, die einen großen Teil der hier betrachteten Oberflächen einnehmen, haben niemals Geschwindigkeitsprofile, die sich den voll ausgebildeten Profilen der langen nichtunterbrochenen Kanäle nähern, da es gerade Zweck der unterbrochenen Rippenoberflächen ist, das Profil abzubauen. Für derartige Oberflächen mit sehr häufigen Rippenunterbrechungen sollten die K_k- und K_e-Kurven für $Re = \infty$ benutzt werden; dabei sind die Kurven für $Re = \infty$ in den Abb. 5—3 bis Abb. 5—5 alle identisch. Es wird natürlich auch Oberflächen mit unterbrochenen Rippen geben, bei denen sich ein entsprechendes Geschwindigkeitsprofil ausbildet, und der Entwurfsingenieur kann sich nur auf seine Urteilskraft verlassen. Es sollte jedoch bemerkt werden, daß die Eintritts- und Austrittsdruckänderungen in Wärmeübertragern, die Oberflächen mit unterbrochenen Rippen verwenden, keinen großen Beitrag zur Gesamtdruckänderung des Übertragers liefern, wie es in den Beispielen des Anhangs B gezeigt wird. Somit geben die Abb. 5—2 bis Abb. 5—5 dem Entwurfsingenieur Angaben über Eintritts- und Austrittsdruckänderungen, die gewöhnlich für Auslegungszwecke ausreichen.

Für die Strömung über Rohrbündel aus glatten oder berippten Rohren besteht jede Rohrreihe aus einer Verengung und einer Erweiterung, und das Strömungsverlustverhalten der ersten und letzten Rohrreihen des Übertragers ist im wesentlichen nicht von dem Verhalten der inneren Rohrreihen zu unterscheiden. Somit ist das Eintritts- und Austrittsverhalten tatsächlich schon im Strömungsverlustbeiwert der Übertrageroberfläche enthalten, und die Eintritts- und Austrittsdruckänderungsbeiwerte K_k und K_e sind dann *null*. Diese Betrachtung ist auch auf Speicherflächen wie Kugelbetten, Gitter aus gekreuzten Stäben und Drahtgewebe anwendbar.

5.1. Literatur

[1] Kays, W. M.: Loss Coefficients for Abrupt Changes in Flow Cross Section with Low Reynolds Number Flow in Single and Multiple Tube Systems.
Tech. Rept 9, Department of Mechanical Engineering, Stanford University, 1. Januar 1950; *Trans. ASME* 72 (1950), S. 1067—1074.

6. Analytische Lösungen für Rohrströmungen

Dieses Kapitel enthält in graphischer Form eine beträchtliche Anzahl analytischer Lösungen für laminare und turbulente Strömungen in durchgehenden Rohren verschiedener Querschnitte wie runde, rechteckige und dreieckige Rohre und konzentrische Ringspalte. Die Gültigkeit der meisten Lösungen konnte experimentell hinreichend bestätigt werden, so daß sich bei überschneidenden Bereichen kein grundsätzlicher Widerspruch zwischen den analytischen Lösungen und den experimentellen Werten des Kap. 10 ergibt. Die Werte des Kap. 10 umfassen in erster Linie zusammengesetzte Strömungsformen, für die eine geschlossene analytische Behandlung nicht möglich ist. Bei der Anwendung langer, ununterbrochener Kanäle wird vorgeschlagen, zunächst die hier angegebenen Lösungen zu prüfen, bevor versucht wird, passende Versuchswerte im Kap. 10 zu finden. Es soll auch darauf hingewiesen werden, daß die im Kap. 10 mitgeteilten Versuchswerte zum großen Teil auf den Prandtlzahlbereich der Gase beschränkt sind, während die hier angegebenen analytischen Lösungen mit wenigen Ausnahmen den gesamten Prandtlzahlbereich überstreichen.

Die analytischen Lösungen werden in folgender Reihenfolge dargestellt:

1. Voll entwickelte Geschwindigkeits- und Temperaturprofile
   a) Laminare Strömung bei verschiedenen Oberflächenformen
   b) Turbulente Strömung in runden Rohren und konzentrischen Ringspalten
2. Thermische Einlauflänge bei voll entwickelten Geschwindigkeitsprofilen
   a) Laminare Strömung in runden Rohren und konzentrischen Ringspalten
   b) Turbulente Strömung in runden Rohren
3. Zusammengesetzte thermische und hydrodynamische Einlauflänge mit laminarer Strömung in runden Rohren

In allen Lösungen ist die Längeneinheit der Nusselt- und Reynoldszahlen der in Gl. (1—5) definierte ***hydraulische Durchmesser***.

In Abb. 6—1 werden die Nusseltzahlen und Strömungsverlustbeiwerte für die hydrodynamisch und thermisch voll entwickelte Strömung in mehreren Kanälen einfacher Form angegeben. Die Nusseltzahlen werden für die zwei Erwärmungszustände, bei denen ein voll entwickeltes Temperaturprofil möglich ist, dargestellt: konstanter Wärmestrom pro Rohrlängeneinheit [W] und konstante Oberflächentemperatur [T]. Die Ergebnisse für dreieckige und rechteckige Kanäle sind ebenfalls auf eine konstante Oberflächentemperatur am

Rohrumfang beschränkt. Letztlich wird die Lösung von REYNOLDS [1] für ein rundes Rohr mit konstantem Wärmestrom pro Rohrlängeneinheit, aber mit kosinusförmiger Wärmestromdichteänderung entlang des Rohrumfanges, angegeben.

Die Abb. 6—2 und Abb. 6—3 zeigen die entsprechenden Lösungen für die vollständige Schar rechteckiger Kanäle [2]. Wiederum ist die Temperatur entlang des Rohrumfangs konstant.

Die Abb. 6—4 gibt den Strömungsverlustbeiwert für die voll entwickelte laminare Strömung im konzentrischen Ringspalt an, wobei r_i/r_a das Verhältnis von innerem Radius zu äußerem Radius des Ringspaltes ist. In Abb. 6—5 sind die Nusseltzahlen des Ringspaltes bei voll entwickelter laminarer Strömung und konstantem Wärmestrom dargestellt; für das innere Rohr gilt Nu_{ii}, wenn das innere Rohr allein beheizt wird, für das äußere Rohr gilt Nu_{aa}, wenn das äußere Rohr allein beheizt wird [3]. Es werden auch Einflußbeiwerte Z_i und Z_a angegeben, die zusammen mit der für *eine* beheizte Oberfläche gültigen Nusseltzahl verwendet werden können, um die Nusseltzahlen für jedes Verhältnis der Wärmestromdichte an den beiden Oberflächen zu berechnen:

$$Nu_i = \frac{Nu_{ii}}{1 - \left(\frac{\dot{q}_a}{\dot{q}_i}\right) Z_i} \tag{6—1}$$

$$Nu_a = \frac{Nu_{aa}}{1 - \left(\frac{\dot{q}_i}{\dot{q}_a}\right) Z_a} . \tag{6—2}$$

Die Nusseltzahlen des inneren und äußeren Rohres werden dann auf die Wärmestromdichte an den zwei Oberflächen und auf die Oberflächentemperaturen und mittleren Stofftemperaturen wie folgt bezogen:

$$\dot{q}_i = \alpha_i (t_i - t_m) \tag{6—3}$$

$$\dot{q}_a = \alpha_a (t_a - t_m) \tag{6—4}$$

$$Nu_i = \frac{\alpha_i d_h}{\lambda} ; \qquad Nu_a = \frac{\alpha_a d_h}{\lambda} . \tag{6—5}$$

t_i ist die Temperatur an der inneren Rohrfläche, t_a ist die Temperatur an der äußeren Rohrfläche und t_m ist die mittlere Stofftemperatur. Der von der Wand zum Stoff übergehende Wärmestrom wird hier als positiv definiert. Der Wärmestrom kann jedoch an jeder Oberfläche nach innen oder außen gerichtet, also positiv oder negativ, sein. Die gegebenen Beziehungen und Ergebnisse sagen aus, ob das Verhältnis der Wärmestromdichten positiv oder negativ ist.

In Abb. 6—6 ist die Gleichung für den Strömungsverlustbeiwert nach KÁRMÁN-NIKURADSE für die voll entwickelte turbulente Strömung in einem glatten runden Rohr aufgetragen. Dazu werden zwei vereinfachte Gleichungen gezeigt, die benutzt werden können, wenn eine einfache algebraische Gleichung gewünscht wird. Strömungsverlustbeiwerte für die turbulente Strömung in nicht runden Kanälen, die keine scharfen Kanten mit sehr starker Krümmung enthalten, unterscheiden sich sehr wenig von den Werten des runden Rohres.

Das vollständige Wärmeübertragungsverhalten eines runden Rohres für die voll entwickelte turbulente Strömung bei konstantem Wärmestrom pro Rohrlängeneinheit wird in Abb. 6—7 gezeigt. Diese Kurven wurden von LEUNG [4] berechnet und sind das Ergebnis eines einfachen analytischen Verfahrens, das auf den besten erhältlichen Werten über turbulente Scheindiffusionskoeffizienten beruht. Bei großen Prandtlzahlen sind die Ergebnisse praktisch mit den Berechnungen von DEISSLER [5] identisch, während sie sich bei kleinen Prandtlzahlen den Werten von SLEICHER und TRIBUS [6] nähern. Im Gasgebiet stimmen sie sehr gut mit den Versuchen überein.

Das Verhältnis der Nusseltzahl für konstanten Wärmestrom zur Nusseltzahl für konstante Oberflächentemperatur wird in Abb. 6—8 nach Berechnungen von SLEICHER und TRIBUS [6] dargestellt. Für die turbulente Strömung gibt es nur bei sehr kleinen Prandtlzahlen eine ausgeprägte Differenz.

Die Abb. 6—9 stellt die Nusseltzahlen bei voll entwickelter turbulenter Strömung und konstantem Wärmestrom für die Strömung zwischen parallelen Flächen mit einer isolierten Seite dar [4]. Die entsprechenden Einflußbeiwerte werden in Abb. 6—10 angegeben. Diese Werte können in den Gl. (6—1) oder Gl. (6—2) direkt zur Berechnung der asymmetrischen Erwärmung benutzt werden.

Die Abb. 6—11 bis Abb. 6—13 wurden nach den Berechnungen von LEUNG [4] gezeichnet und geben die Nusseltzahlen und Einflußbeiwerte für die voll entwickelte, turbulente Strömung bei konstantem Wärmestrom für einen konzentrischen Ringspalt mit einem Radienverhältnis von 0,20 an. Diese Ergebnisse können in den Gl. (6—1) und Gl. (6—2) benutzt werden, um die asymmetrische Erwärmung im Ringspalt für jedes Verhältnis der Wärmestromdichten zu berechnen. Da die parallelen Flächen und das runde Rohr (nur Außenrohr) auch Teil der Ringspaltschar sind, werden genügend Ergebnisse mitgeteilt, um durch Interpolation vernünftige Schätzungen für jedes Radienverhältnis des Ringspaltes zu ermöglichen. Zur weiteren Unterstützung der Interpolation werden die Abb. 6—14 und Abb. 6—15 wiedergegeben.

Die Lösungen für die thermische Einlauflänge mit hydrodynamisch voll entwickelter Strömung beginnen mit der Abb. 6—16. Diese Lösungen beruhen alle auf einer über den Strömungsquerschnitt gleichförmigen Stofftemperatur bei $x = 0$, wo die Wärmeübertragung beginnt. Die Abb. 6—16 gibt die Ergebnisse von SELLARS, TRIBUS und KLEIN [7] für konstante Oberflächentemperaturen wieder. Die örtliche Nusseltzahl Nu_x und die in bezug auf die Rohrlänge mittlere Nusseltzahl Nu_m wurden für die laminare Strömung im runden Rohr aufgetragen.

In Abb. 6—17 sind die Lösungen für die laminare Strömung bei konstantem Wärmestrom im runden Rohr [8] und für die Strömung zwischen parallelen Flächen [3] dargestellt. Die Nusseltzahl ist die örtliche Nusseltzahl, die bei der

Anwendung des konstanten Wärmestromes den einzigen brauchbaren Sinn ergibt. Die Ergebnisse für die parallelen Flächen schließen die Einflußbeiwerte ein, so daß asymmetrische Erwärmungsprobleme behandelt werden können. Wiederum sind die Gl. (6—1) und Gl. (6—2) anwendbar.

Die Lösungen für die laminare Strömung bei konstantem Wärmestrom werden für zwei Radienverhältnisse des Ringspaltes nach der Analyse von LUNDBERG [3] in Abb. 6—18 angegeben. Auch hier sind die Gl. (6—1) und Gl. (6—2) anwendbar.

Die Abb. 6—19 bis Abb. 6—21 zeigen die berechneten Nusseltzahlen für die turbulente Strömung in der thermischen Einlauflänge eines runden Rohres bei konstantem Wärmestrom pro Rohrlängeneinheit. Die Ergebnisse für $Pr = 0{,}7$ und $Pr = 10{,}0$ beruhen auf einer Betrachtung von SPARROW, HALLMAN und SIEGEL [9], während die Ergebnisse für $Pr = 0{,}01$ von KAYS und NICOLL [10] mitgeteilt wurden. Die Werte für konstante Oberflächentemperaturen unterscheiden sich wenig von diesen Werten.

In der Abb. 6—22 werden die Strömungsverlustbeiwerte für die hydrodynamische Einlauflänge eines runden Rohres nach den Untersuchungen von LANGHAAR [11] wiedergegeben. Es wird vorausgesetzt, daß die Geschwindigkeit über den Strömungsquerschnitt bei $x = 0$ gleichförmig ist. Es sind drei Strömungsverlustbeiwerte aufgetragen: $c_{f\,x}$ ist der örtliche Strömungsverlustbeiwert, der auf der Grundlage der örtlichen Wandschubspannung definiert wird; c_f ist der mittlere Strömungsverlustbeiwert von 0 bis x auf der Basis der mittleren Wandschubspannung über der gleichen Länge; $c_{f\,s}$ ist der scheinbare mittlere Strömungsverlustbeiwert, der auf der Grundlage der Gesamtdruckänderung von 0 bis x wie folgt definiert wurde:

$$\Delta p = c_{f\,s} \frac{\dot{m}^2}{2\,\varrho} \frac{x}{r_h}. \tag{6—6}$$

Dieser Strömungsverlustbeiwert berücksichtigt die Druckänderung infolge der ansteigenden axialen Impulsstromdichte, die die Entwicklung des Geschwindigkeitsprofils begleiten. c_f und $c_{f\,s}$ können miteinander berechnet werden, wenn die Änderung der Impulsstromdichte berechnet werden kann. Ein Korrekturbeiwert für die Impulsstromdichte K_I wird in Abb. 6—22 gezeigt; er kann zur Berechnung des Gesamtimpulsstromes an jedem Strömungsquerschnitt benutzt werden. K_I bezieht die tatsächliche Impulsstromdichte auf die aus der mittleren Geschwindigkeit berechnete Impulsstromdichte.

$$\text{Impulsstrom} = K_I (A_F\, \dot{m}) \frac{\dot{m}}{\varrho} \tag{6—7}$$

In Abb. 6—23 wurden drei Lösungen für die Wärmeübertragung in der zusammengesetzten thermischen und hydrodynamischen Einlauflänge eines runden Rohres bei laminarer Strömung aufgetragen [12], das heißt, sowohl die Geschwindigkeit als auch die Temperatur sind bei $x = 0$ gleichförmig. Diese Werte wurden für einen Stoff mit $Pr = 0{,}7$ berechnet und sind somit auf den Prandtlzahlbereich der Gase beschränkt. Bei großen Prandtlzahlen entwickelt sich das

Geschwindigkeitsprofil viel schneller als das Temperaturprofil, und die vorhergehenden Ergebnisse für die thermische Einlauflänge mit voll entwickeltem Geschwindigkeitsprofil stellen im allgemeinen eine gute Näherung dar. Bei kleinen Prandtlzahlen ist gerade das Gegenteil der Fall. Die Lösung für die konstante Temperaturdifferenz wird angegeben, da sie den Verhältnissen in einem Gegenstromwärmeübertrager mit gleichen Wärmekapazitätsströmen angenähert ist. Die Abb. 6–24 zeigt die mittleren Nusseltzahlen, während die Abb. 6–23 die örtlichen Nusseltzahlen angibt.

Die Berechnungen wurden für die turbulente Strömung in der zusammengesetzten thermischen und hydrodynamischen Einlauflänge eines runden Rohres durchgeführt. Die Autoren sind jedoch der Ansicht, daß solche Lösungen nur einen sehr begrenzten Nutzen haben und irreführen können. Wenn ein Rohr einen düsenförmigen Eintritt hat, wird sich eine laminare Grenzschicht entwickeln, und der folgende Übergang zur turbulenten Strömung ergibt völlig andere Wärmeübertragungskenngrößen als bei der Entwicklung der turbulenten Grenzschicht vom Rohreintritt an, wie es in allen derartigen Analysen vorausgesetzt wird. Ein Kanal mit quadratischem oder scharfkantigem Eintritt hat eine Grenzschichtablösung am Eintritt, so daß die erzeugte Turbulenz im Eintrittsbereich viel größere Wärmeströme verursacht, als sie auf der Grundlage einer entwickelten turbulenten Grenzschicht berechnet werden. Im Kap. 7 werden Wärmeübertragungskennlinien, die auf Versuchswerten beruhen, für verschiedene Rohrarten mit scharfkantigen Eintritten angegeben; diese Kennlinien sind für den Wärmeübertragerentwurf nützlicher und genauer als die vorhandenen analytischen Lösungen.

6.1. Literatur

[1] Reynolds, W. C.: Heat Transfer to Fully Developed Laminar Flow in a Circular Tube with Arbitrary Circumferential Heat Flux.
Trans. ASME 82 *C* (1960), S. 108.

[2] Clark, S. H.; Kays, W. M.: Laminar-flow Forced Convection in Rectangular Tubes.
Trans. ASME 75 (1953), S. 859–866.

[3] Lundberg, R. E.; Reynolds, W. C.; Kays, W. M.: Heat Transfer with Laminar Flow in Concentric Annuli with Constant and Variable Wall Temperature and Heat Flux.
Report No. AHT-2, Department of Mechanical Engineering, Stanford University, 1. September 1961.

[4] Leung, E. Y.; Reynolds, W. C.; Kays, W. M.: Heat Transfer with Turbulent Flow in Concentric and Eccentric Annuli with Constant and Variable Heat Flux.
Rept AHT-4, Department of Mechanical Engineering, Stanford University, 15. April 1962.

[5] Deissler, R. G.: Analysis of Turbulent Heat Transfer, Mass Transfer, and Friction in Smooth Tubes at High Prandtl and Schmidt Numbers.
NACA TN 3145, Mai 1954.

[6] Sleicher, C. A.; Tribus, M.: Heat Transfer in a Pipe with Turbulent Flow and Arbitrary Wall-temperature Distribution.
S. 59–78, Heat Transfer and Fluid Mechanics Institute, 1956.

[7] Sellars, J. R.; Tribus, M.; Klein, J. S.: Heat Transfer to Laminar Flow in a Round Tube or Flat Conduit — The Graetz Problem Extended.
Trans. ASME 78 (1956), S. 441–448.

[8] Siegel, R.; Sparrow, E. M.; Hallman, T. M.: Steady Laminar Heat Transfer in a Circular Tube with Prescribed Wall Heat Flux.
Appl. Sci. Res. Sec. A 7 (1958), S. 386.

[9] Sparrow, E. M.; Hallman, T. M.; Siegel, R.: Turbulent Heat Transfer in the Thermal Entrance Region of a Pipe with Uniform Heat Flux.
Appl. Sci. Res. Sec. A 7 (1957), S. 37.

[10] Kays, W. M.; Nicoll, W. B.: The Influence of Non-uniform Heat Flux on the Convection Conductances in a Nuclear Reactor.
Tech. Rept 33, Department of Mechanical Engineering, Stanford University, 1. November 1957.

[11] Langhaar, H. L.: Steady Flow in the Transition Length of a Straight Tube.
J. Appl. Mech., Juni 1942.

[12] Kays, W. M.: Numerical Solutions for Laminar Flow Heat Transfer in Circular Tubes.
Trans. ASME 77 (1955), S. 1265.

Form ($l/4r_h > 100$)	Nu_{W}	Nu_{T}	$c_f \cdot Re$	$\frac{Nu_{W}}{Nu_{T}}$	$\frac{St_{W} \cdot Pr}{c_f}$
60°	3,00	2,35	13,33	1,28	0,225
a, b, $\frac{b}{a} = 1$	3,63	2,89	14,2	1,26	0,256
	4,364	3,66	16	1,19	0,273
a, b, $\frac{b}{a} = 4$	5,35	4,65	18,3	1,15	0,292
a, b, $\frac{b}{a} = 8$	6,5	5,95	20,5	1,09	0,316
$\frac{b}{a} = \infty$	8,235	7,54	24	1,09	0,342
isoliert, $\frac{b}{a} = \infty$	5,385	4,86	24	1,10	0,224
$\dot{q}_a(\gamma)$, γ, b	wenn $\dot{q}_a(\gamma) = \dot{q}_L\,(1 + b \cdot \cos\gamma)$; $Nu_{W}(\gamma) = \frac{(1 + b \cdot \cos\gamma)}{(\frac{11}{48} + \frac{b}{2}\cos\gamma)}$				

Abb. 6—1. Lösungen der Wärmeübertragung und des Strömungsverlustes für laminare Strömung bei voll entwickelten Geschwindigkeits- und Temperaturprofilen

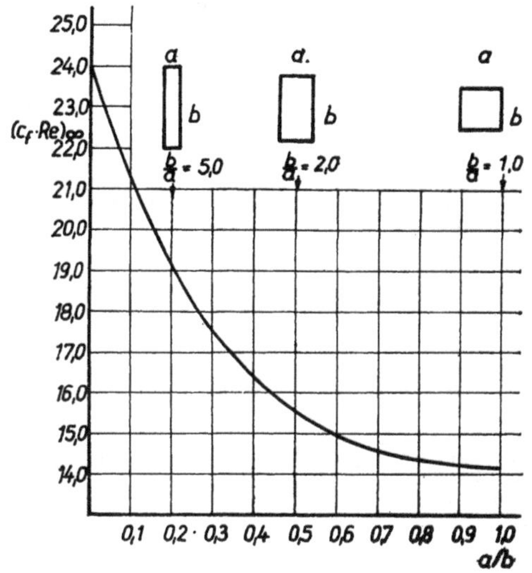

Abb. 6—2. Strömungsverlustbeiwerte für die voll entwickelte laminare Strömung in rechteckigen Kanälen

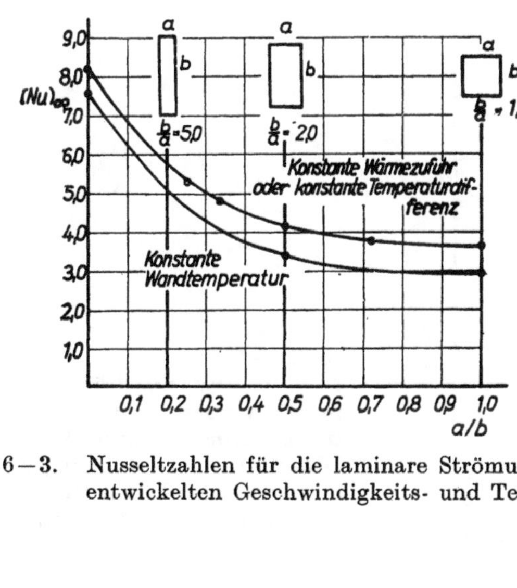

Abb. 6—3. Nusseltzahlen für die laminare Strömung in rechteckigen Kanälen bei voll entwickelten Geschwindigkeits- und Temperaturprofilen

Abb. 6–4.
Strömungsverlustbeiwerte für die voll entwickelte laminare Strömung in konzentrischen Ringspalten

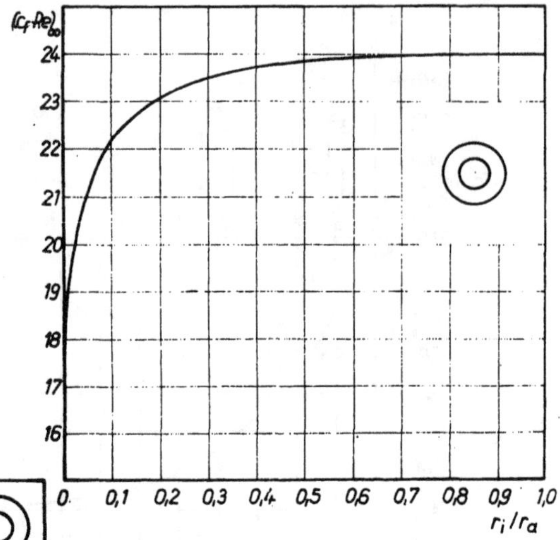

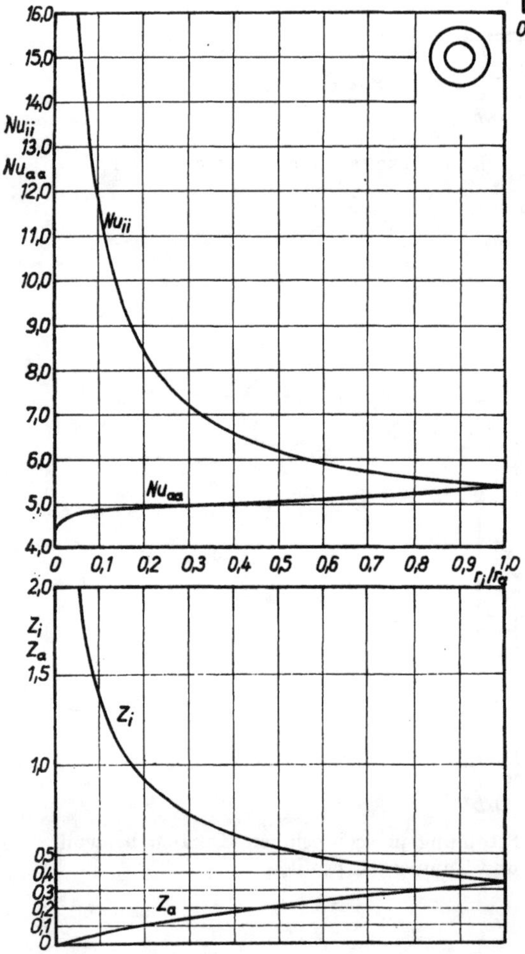

Abb. 6–5.
Nusseltzahlen und Einflußbeiwerte für die laminare Strömung in konzentrischen Ringspalten bei konstantem Wärmestrom pro Rohrlängeneinheit und voll entwickelten Geschwindigkeits- und Temperaturprofilen

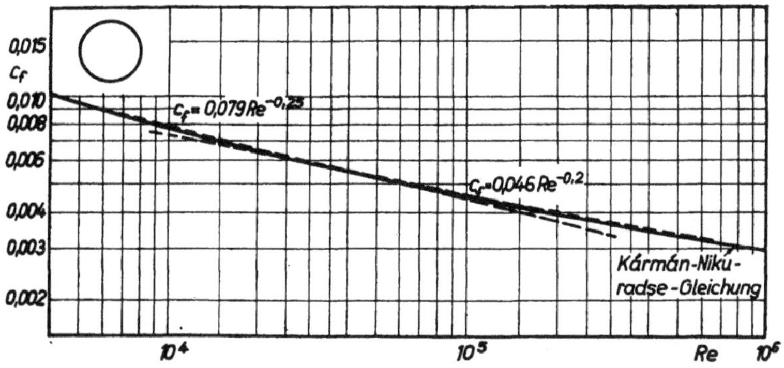

Abb. 6—6. Strömungsverlustbeiwerte für die voll entwickelte turbulente Strömung in einem glattwandigen runden Rohr. Die Strömungsverlustbeiwerte der turbulenten Strömung für rechteckige Kanäle und Ringspalte unterscheiden sich nicht wesentlich von diesen Werten

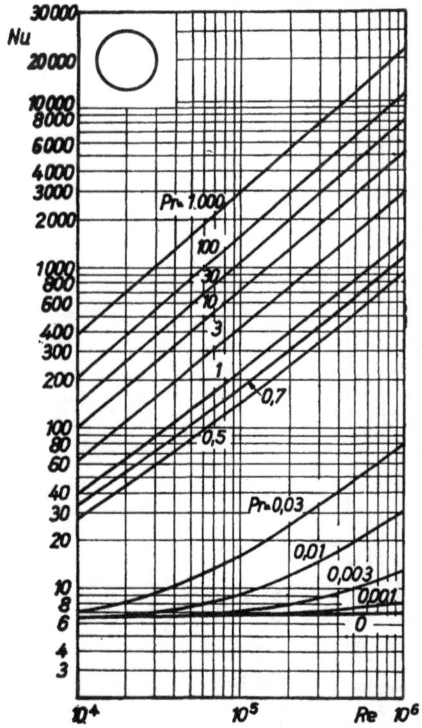

Abb. 6—7. Nusseltzahlen für die turbulente Strömung in einem runden Rohr bei konstantem Wärmestrom pro Rohrlängeneinheit und voll entwickelten Geschwindigkeits- und Temperaturprofilen

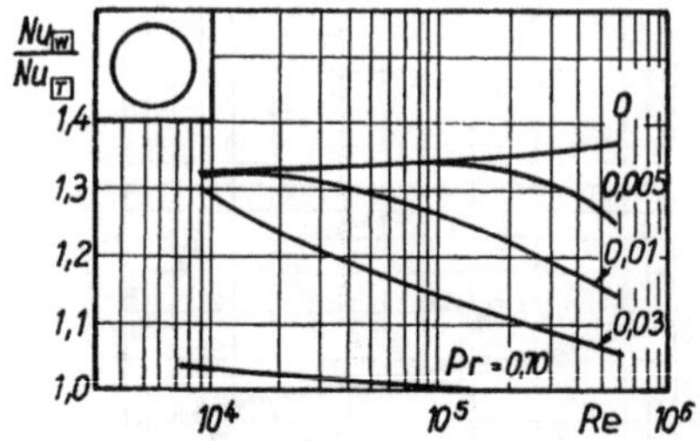

Abb. 6—8. Verhältnis der Nusseltzahl für konstanten Wärmestrom zur Nusseltzahl für konstante Oberflächentemperatur bei voll entwickelter turbulenter Strömung in einem runden Rohr

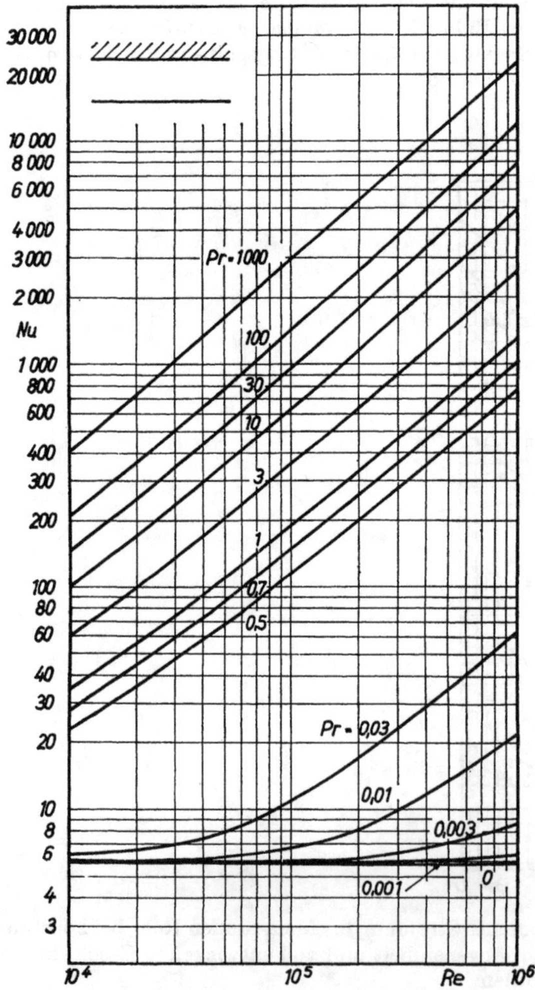

Abb 6—9.
Nusseltzahlen für die turbulente Strömung zwischen parallelen Flächen mit einer isolierten Seite bei konstantem Wärmestrom pro Rohrlängeneinheit und voll entwickelten Geschwindigkeits- und Temperaturprofilen

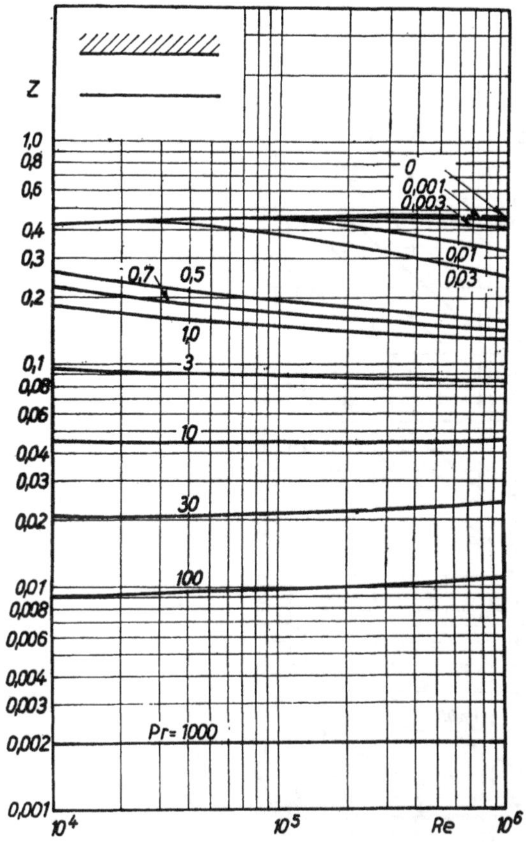

Abb. 6–10. Einflußbeiwerte zur Berechnung der asymmetrischen Erwärmung für die turbulente Strömung zwischen parallelen Flächen bei konstantem Wärmestrom pro Rohrlängeneinheit und voll entwickelten Geschwindigkeits- und Temperaturprofilen

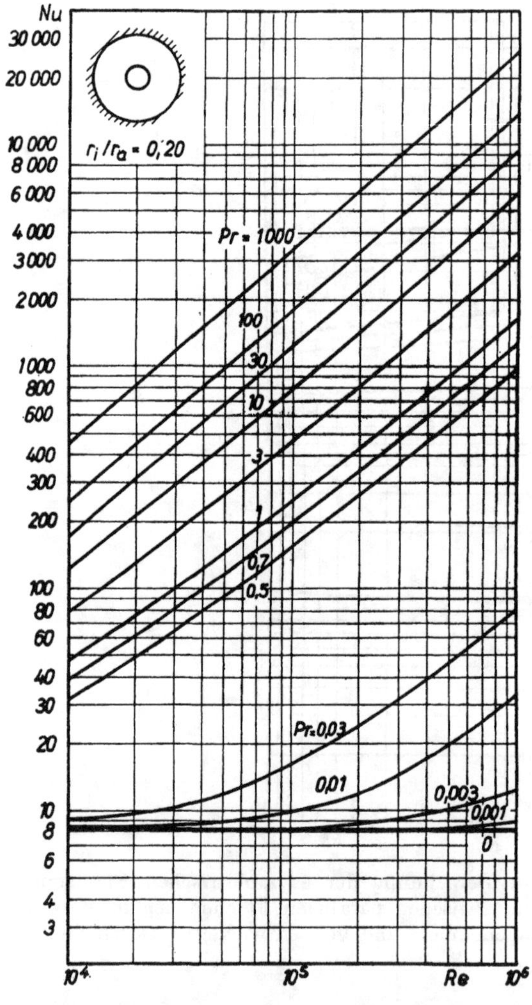

Abb. 6—11. Nusseltzahlen für die turbulente Strömung in einem konzentrischen Ringspalt des Radienverhältnisses 0,20 bei außenisolierter Oberfläche, konstantem Wärmestrom pro Rohrlängeneinheit und voll entwickelten Geschwindigkeits- und Temperaturprofilen

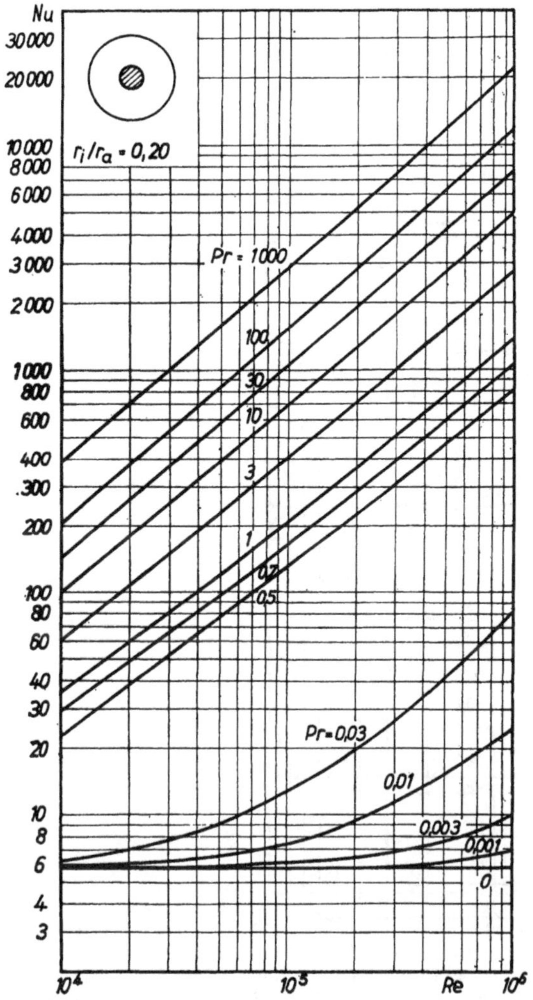

Abb. 6—12. Nusseltzahlen für die turbulente Strömung in einem konzentrischen Ringspalt des Radienverhältnisses 0,20 bei innenisolierter Oberfläche, konstantem Wärmestrom pro Rohrlängeneinheit und voll entwickelten Geschwindigkeits- und Temperaturprofilen

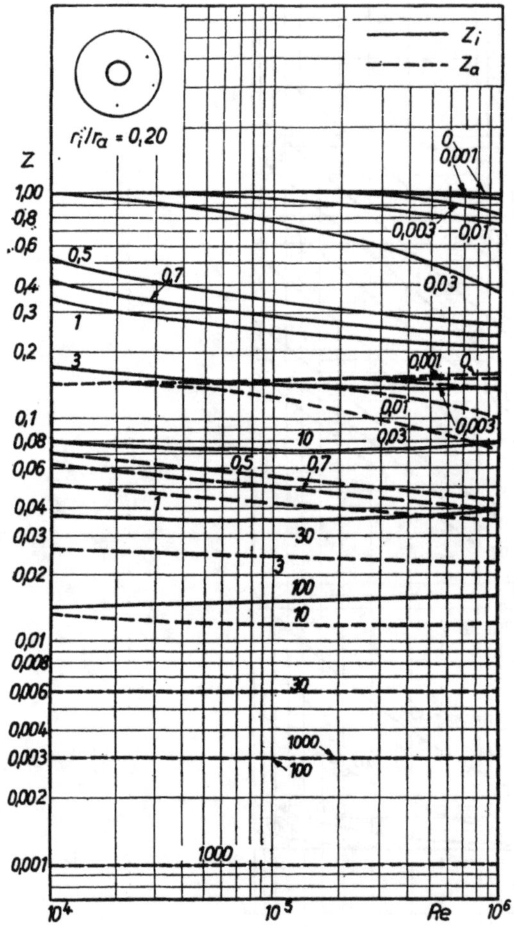

Abb. 6–13. Einflußbeiwerte zur Berechnung der asymmetrischen Erwärmung für die turbulente Strömung in einem konzentrischen Ringspalt des Radienverhältnisses 0,20 bei konstantem Wärmestrom pro Rohrlängeneinheit und voll entwickelten Geschwindigkeits- und Temperaturprofilen

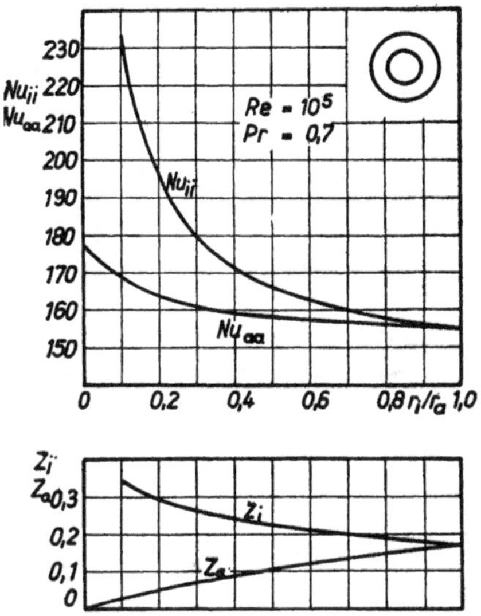

Abb. 6—14. Der Einfluß des Radienverhältnisses auf die Nusseltzahlen und Einflußbeiwerte für die turbulente Strömung in konzentrischen Ringspalten bei konstantem Wärmestrom und voll entwickelten Geschwindigkeits- und Temperaturprofilen; $Re = 100\,000$; $Pr = 0{,}7$

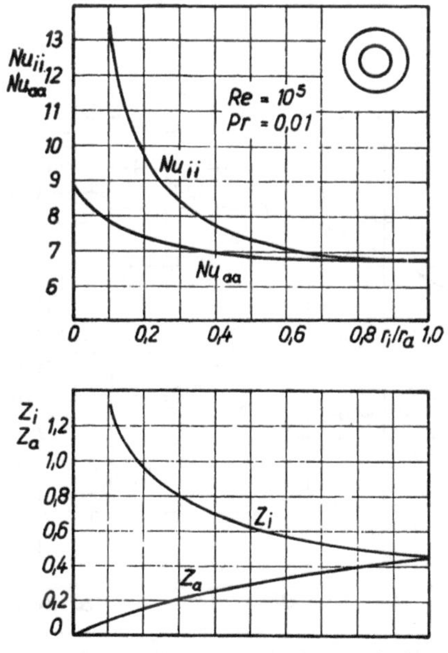

Abb. 6—15. Der Einfluß des Radienverhältnisses auf die Nusseltzahlen und Einflußbeiwerte für die turbulente Strömung in konzentrischen Ringspalten bei konstantem Wärmestrom und voll entwickelten Geschwindigkeits- und Temperaturprofilen; $Re = 100\,000$; $Pr = 0{,}01$

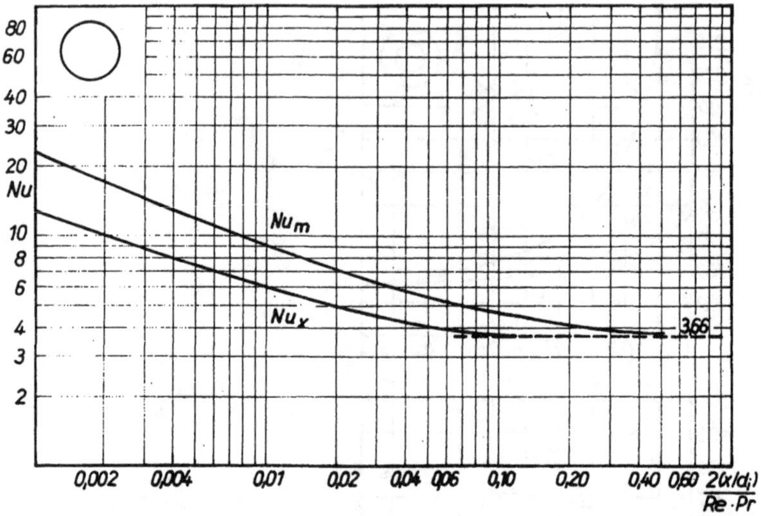

Abb. 6—16. Nusseltzahlen der thermischen Einlauflänge für die laminare Strömung in einem runden Rohr bei konstanter Oberflächentemperatur und voll entwickeltem Geschwindigkeitsprofil

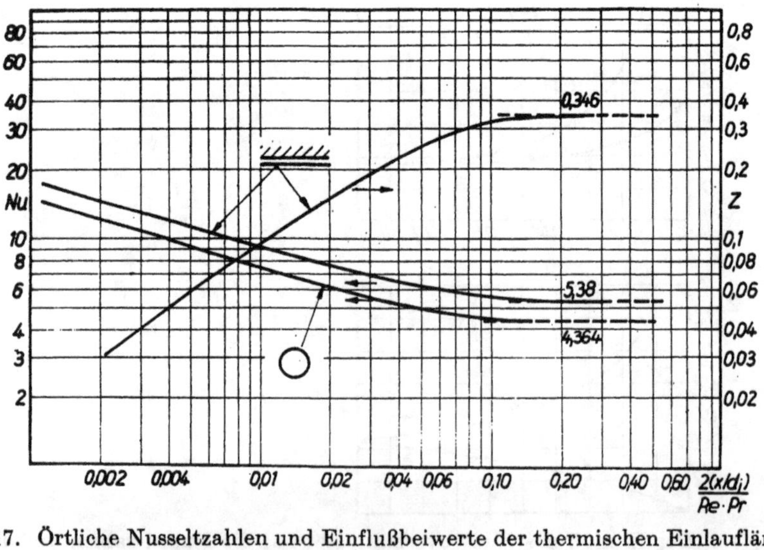

Abb. 6—17. Örtliche Nusseltzahlen und Einflußbeiwerte der thermischen Einlauflänge für die laminare Strömung in einem runden Rohr und zwischen parallelen Flächen mit einer isolierten Seite bei konstantem Wärmestrom und voll entwickelten Geschwindigkeitsprofilen

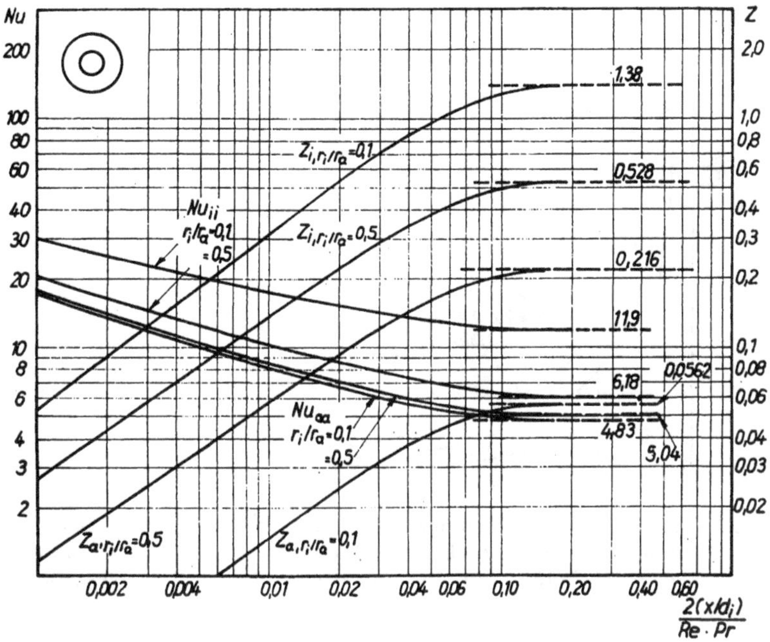

Abb. 6—18. Örtliche Nusseltzahlen und Einflußbeiwerte der thermischen Einlauflänge für die laminare Strömung in einem konzentrischen Ringspalt bei konstantem Wärmestrom und voll entwickelten Geschwindigkeitsprofilen

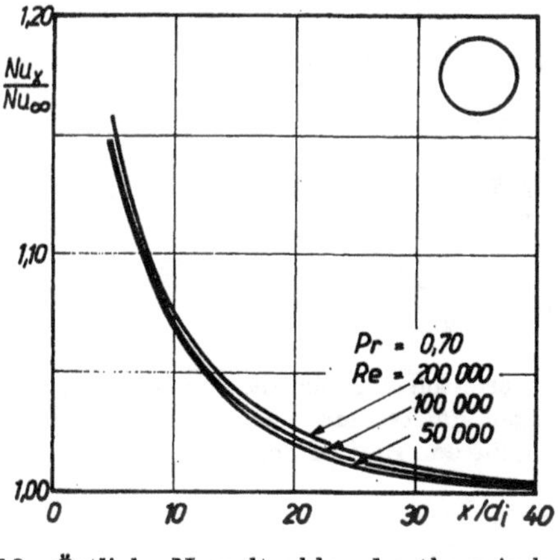

Abb. 6—19. Örtliche Nusseltzahlen der thermischen Einlauflänge für die turbulente Strömung in einem runden Rohr bei konstantem Wärmestrom und voll entwickelten Geschwindigkeitsprofilen, die den Einfluß der Reynoldszahl bei $Pr = 0,7$ zeigen

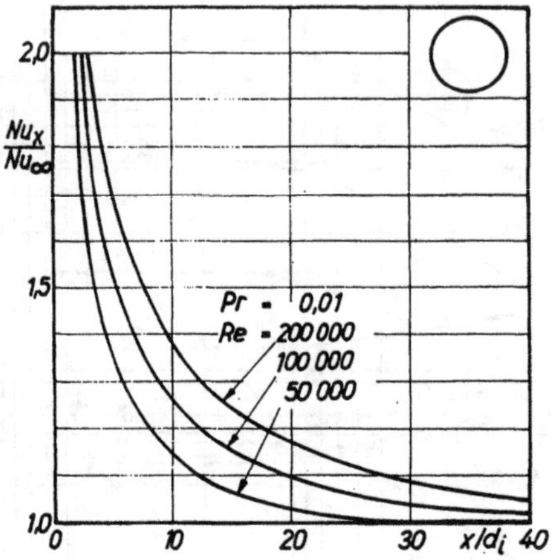

Abb. 6–20. Örtliche Nusseltzahlen der thermischen Einlauflänge für die turbulente Strömung in einem runden Rohr bei konstantem Wärmestrom und voll entwickelten Geschwindigkeitsprofilen, die den Einfluß der Reynoldszahl bei $Pr = 0{,}01$ zeigen

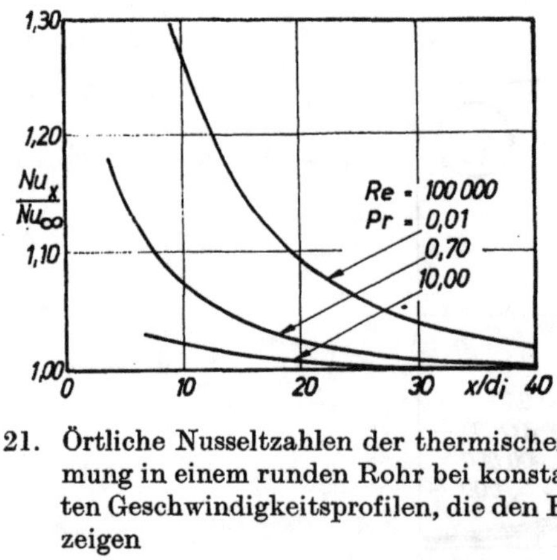

Abb. 6–21. Örtliche Nusseltzahlen der thermischen Einlauflänge für die turbulente Strömung in einem runden Rohr bei konstantem Wärmestrom und voll entwickelten Geschwindigkeitsprofilen, die den Einfluß der Prandtlzahl bei $Re = 100\,000$ zeigen

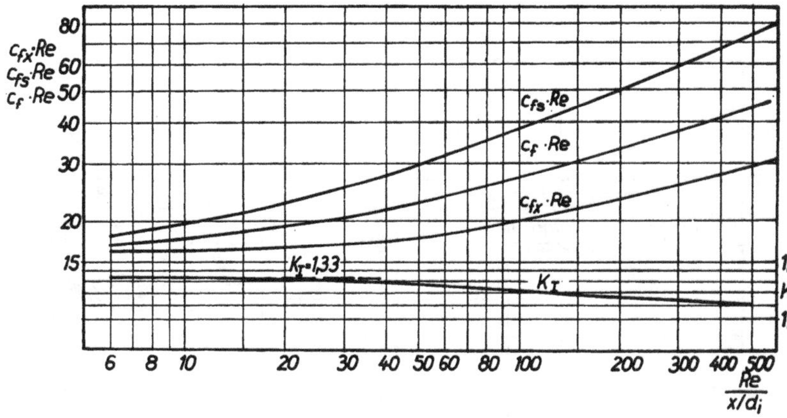

Abb. 6—22. Örtliche, mittlere und scheinbare Strömungsverlustbeiwerte für die laminare Strömung in der hydrodynamischen Einlauflänge eines runden Rohres. Der Korrekturbeiwert für die Impulsstromdichte in der hydrodynamischen Einlauflänge ist ebenfalls eingetragen

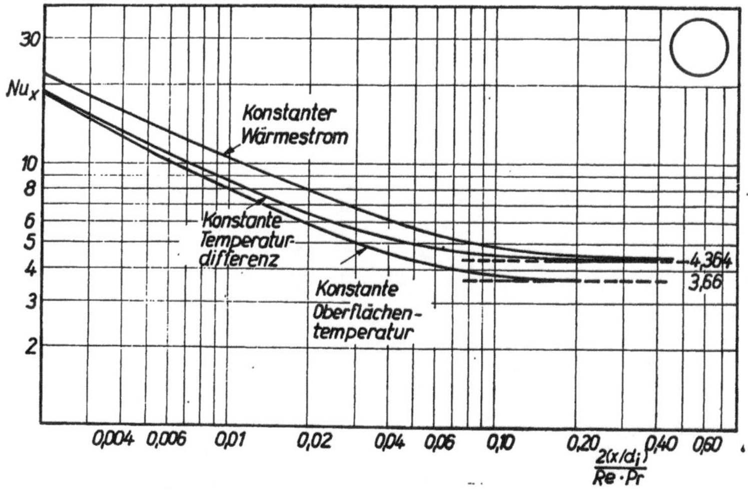

Abb. 6—23. Örtliche Nusseltzahlen für die zusammengesetzte hydrodynamische und thermische Einlauflänge eines runden Rohres bei $Pr \approx 0,7$

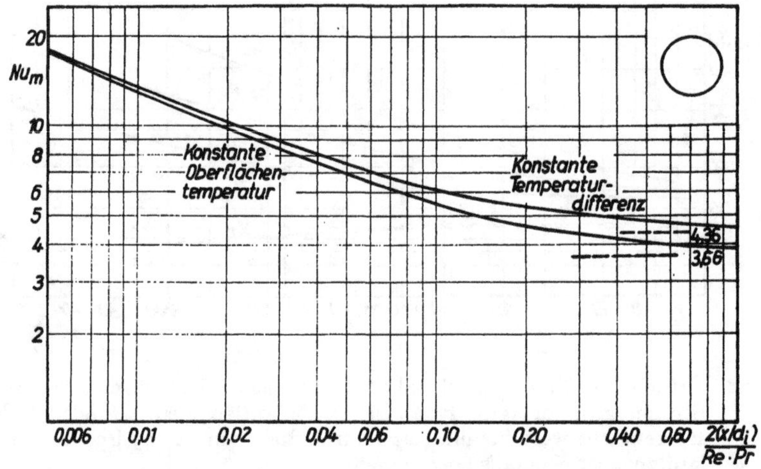

Abb. 6–24. Mittlere Nusseltzahlen für die zusammengesetzte hydrodynamische und thermische Einlauflänge eines runden Rohres bei $Pr \approx 0,7$

7. Experimentell ermittelte Beziehungen für einfache Oberflächenformen

Die experimentellen Untersuchungen, die letztlich zur Zusammenstellung der Versuchswerte im Kap. 10 führten, erbrachten für bestimmte einfache Strömungsformen genügend Meßwerte, um das grundlegende Wärmeübertragungs- und Strömungsverlustverhalten in verallgemeinerter Form darzustellen. Die einfachen Fälle wie Strömung durch runde Rohre und rechteckige Kanäle wurden darüberhinaus teilweise durch analytische Verfahren behandelt. Somit kann durch eine sinnvolle Kombination der analytischen und experimentellen Ergebnisse die Gasströmung in runden Rohren und rechteckigen Kanälen mit plötzlicher Verengung am Eintritt, einschließlich der Einflüsse der Rohrlänge, der Erwärmungsart und der temperaturabhängigen Stoffeigenschaften, umfassend behandelt werden. Bei der Strömung quer zu Rohrbündeln mit versetzten Rohren ist durch umfangreiche Versuche eine analoge allgemeingültige Behandlung dieser Strömungsform möglich, so daß bei nicht direkt untersuchten Rohrbündeln eine Interpolation vorgenommen werden kann. Für drei übliche Speicherflächenarten, die in Regeneratoren verwendet werden, wurden zahlreiche Werte ermittelt. Die Zuordnung der Versuchswerte zu den Speichern aus beliebig geschichteten Drahtsieben, Kugeln und dreieckigen Rohren wird deshalb in diesem Kapitel besser dargestellt als im Kap. 10, da jedes Diagramm ein Gebiet verschiedener Oberflächenformen überstreicht und die Kennlinien auf einer Auswertung der Arbeiten verschiedener Autoren beruhen. Die im Kap. 10 wiedergegebenen Versuchswerte sind die direkt gemessenen Werte der entsprechenden Oberflächenformen, die für jede Form einzeln bestimmt wurden und mit wenigen Ausnahmen die tatsächlichen Meßpunkte angeben.

Die verallgemeinerten Kennlinien dieses Kapitels sind für den Wärmeübertragerentwurf bei Gasströmungen in runden Rohren und rechteckigen Kanälen besser zu verwenden als die direkten Versuchsergebnisse; ausgenommen sind jene Fälle, bei denen die einzusetzende Oberfläche mit der untersuchten Oberfläche identisch ist. Das betrifft ebenfalls das Verhältnis von Länge zu Durchmesser und die Eintrittsart. Es ist zu beachten, daß auch bei Verwendung der direkten Versuchsergebnisse für die Strömung in langen Rohren eine getrennte Korrektur für die temperaturabhängigen Eigenschaften durchgeführt werden muß. Alle Versuchswerte wurden bei praktisch konstanter Wandtemperatur bestimmt, so daß geringfügige Abweichungen entstehen (siehe Abb. 10—22), wenn die Werte auf Wärmeübertrager mit anderen Arten der Wandtemperaturänderung angewendet werden. Diese Betrachtungen sind für Oberflächen mit unterbrochenen Rippen unwichtig, sie können aber für die Strömung in langen, nicht unterbrochenen Rohren bedeutsam werden.

Für die Strömung quer zu Rohrbündeln mit versetzten Rohren werden die Versuchswerte des Kap. 10 empfohlen, wenn für den Entwurf des Wärmeübertragers direkt gemessene Oberflächenformen ausgesucht werden, während die verallgemeinerten Werte dieses Kapitels zur Interpolation bei noch nicht untersuchten Ausführungen verwendet werden sollten. Die Korrektur der Rohrreihenzahl nach Abb. 7—7 muß auch auf die direkt gemessenen Werte des Kap. 10 angewendet werden.

Die einzigen im Kap. 10 dargestellten direkten Versuchsergebnisse für Speicherflächen wurden für die Strömung durch Speicher mit gekreuzten Stäben ermittelt. Es gibt somit im Kap. 10 kein Gegenstück zu den in diesem Kapitel zusammengefaßten Kennlinien für Speicherflächen.

In der Abb. 7—1 werden die analytischen und experimentellen Werte für Gasströmungen durch runde Rohre im gemäßigten Reynoldszahlbereich zusammengefaßt. Die Kennlinien für die laminare Strömung beruhen auf den Werten des Kap. 6 für die zusammengesetzte hydrodynamische und thermische Einlauflänge; sie sind auch bei plötzlicher Querschnittsverengung am Eintritt anwendbar, wie experimentell nachgewiesen werden konnte. Die Angaben für die turbulente Strömung sind das Ergebnis der gegenseitigen Zuordnung vieler Versuchswerte, einschließlich der recht wichtigen Werte von Boelter, Young und Iversen [1] für die Einlauflänge eines Rohres mit plötzlicher Querschnittsverengung am Eintritt. Die Stantonzahlen sind auf die Rohrlänge bezogene Mittelwerte und können direkt für die Wärmeübertragerberechnungsverfahren des Kap. 2 benutzt werden. Die Übergangswerte im Bereich $Re = 2500 \cdots 10000$ sind wegen der Eigenart des Stabilitätsverhaltens in diesem Bereich sehr unsicher. Für ein einzelnes Rohr sind diese Werte belanglos, die dargestellten Kennlinien zeigen aber das typische Verhalten vieler paralleler Rohre mit plötzlicher Querschnittsverengung am Eintritt, da diese Anordnung für die meisten Wärmeübertrager mit runden Rohren kennzeichnend ist. Einige direkt ermittelte Versuchswerte werden in Abb. 10—1 gezeigt, der Übergangsbereich der Abb. 7—1 beruht jedoch nicht nur auf den Werten der Abb. 10—1, sondern auch auf den Ergebnissen verschiedener anderer Forscher [2]. Allgemein sollten die Entwurfswerte vorzugsweise außerhalb dieses Bereiches liegen. Bei der Anwendung von Hochleistungswärmeübertragern ist der interessierende Reynoldszahlbereich aber gewöhnlich $Re = 500 \cdots 15000$, und der Übergangsbereich kann somit nur schwer umgangen werden. Auch wenn der Entwurfspunkt oberhalb $Re = 10000$ liegt, wird der Wärmeübertrager bei Teillast im Übergangsbereich arbeiten. Die Kennlinien sollten nicht außerhalb des Prandtlzahlbereiches der Gase verwendet werden.

Die Abb. 7—2 bis Abb. 7—4 beruhen in vielen Punkten auf der gleichen Betrachtungsweise wie die Abb. 7—1, obwohl die theoretische Grundlage für die laminare Strömung in der zusammengesetzten hydrodynamischen und thermischen Einlauflänge weniger vollständig ist. Bei dieser Analyse sollen die rechteckigen Kanäle aus Rippen aufgebaut sein, die sich zwischen zwei ebenen Platten befinden, womit die plötzliche Querschnittsverengung im wesentlichen ein zweidimensionales und kein axialsymmetrisches dreidimensionales Problem, wie in runden Rohren, ist. Das ergibt einen geringeren Einfluß der Einlauflänge bei der turbulenten Strömung. Rechteckige Kanäle mit großem Seitenverhältnis b/a weisen als interessantes Merkmal eine nicht so stark ausgebildete „Auslenkung“ der Kennlinien im Übergangsbereich auf wie andere Formen; es entstehen somit beim Entwurf von Wärmeübertragern in diesem Bereich nicht so große Unsicherheiten.

Geringe Abweichungen im Rippenabstand verursachen bei rechteckigen Kanälen aus dünnen, zwischen den Platten angeordneten Rippen, einen beträchtlichen Abfall der scheinbaren Wärmeübertragungsleistung des Gesamtwärmeübertragers. Diese Tatsache ist auf die ungleichmäßige Strömungsverteilung zwischen den Rippen zurückzuführen, die aus den höheren Strömungsverlusten in den kleineren Durchgängen resultiert. Gewölbte Rippen haben die gleiche Wirkung. Versuchswerte für Oberflächen mit ebenen Rippen, bei denen sich die Strömungskanäle den rechteckigen Kanälen nähern, sind im Kap. 10 zu finden; der Vergleich dieser Werte mit den Kennlinien der Abb. 7—2 bis Abb. 7—4 wird eine Vorstellung von dem Leistungsvermögen vermitteln, das von kommerziell angebotenen Oberflächen mit ebenen Rippen erwartet werden kann. Die Kennlinien sollten nicht außerhalb des Prandtlzahlbereiches der Gase verwendet werden.

Der Kennlinienverlauf der Wärmeübertragungs- und Strömungsverlustwerte für die Strömung quer zu Rohrbündeln mit runden Rohren wird in den Abb. 7—5 bis Abb. 7—7 gezeigt. Diese Kennlinien entstanden ausschließlich aus den Versuchswerten des Kap. 10 und sollten zur Interpolation benutzt werden; die direkt gemessenen Werte sind für die entsprechenden untersuchten Ausführungsformen wahrscheinlich genauer. Die Angaben für Rohrbündel können sicher im gemäßigt hohen Prandtlzahlbereich verwendet werden, obwohl die Versuchswerte mit Luft ermittelt wurden. Die Abb. 7—7 zeigt den Einfluß einer endlichen Zahl von Rohrreihen in einem Rohrbündel. Die Beziehungen der Abb. 7—5 und Abb. 7—6 beruhen auf einem Rohrbündel unendlicher Ausdehnung; das gilt auch für die meisten Versuchswerte des Kap. 10, so daß die Abb. 7—7 zusammen mit den Beziehungen der anderen Abbildungen und der Werte des Kap. 10 benutzt werden sollte. Die Abb. 7—7 kann auch in Verbindung mit den Werten für Speicher aus gekreuzten Stäben, Abb. 10—90 bis Abb. 10—92, verwendet werden.

Die übrigen Diagramme dieses Kapitels sind für spezielle Oberflächen, wie Speicherflächen in Regeneratoren, anwendbar. So enthalten die Abb. 7—8 und Abb. 7—9 nach Versuchswerten zusammengestellte Kennlinien für die Strömung durch beliebig geschichtete Drahtsiebe mit unterschiedlicher Porösität. Diese Kennlinien sind nicht in den Versuchswerten des Kap. 10 vorhanden, da jede Kennlinie aus Versuchen mit Drahtsieben bei niedrigen Reynoldszahlen und mit Speichern aus gekreuzten Stäben bei hohen Reynoldszahlen ermittelt wurde [3]. Die Zuordnung der Werte ist sicher richtig, doch die Kennlinien stellen nicht die direkte Leistung eines beliebigen Speichers aus Drahtsieben dar. Die Anwendbarkeit der Werte außerhalb des Prandtlzahlbereiches der Gase ist unsicher.

Die Abb. 7—10 zeigt die Zuordnung der Wärmeübertragungs- und Strömungsverlustwerte für die Strömung durch einen Speicher, der aus willkürlich geschichteten Kugeln hergestellt wurde; die Angaben beruhen auf den Arbeiten von COPPAGE und LONDON [4] sowie DENTON, ROBINSON und TIBBS [5]. Wiederum ist die Anwendbarkeit der Ergebnisse bei Prandtlzahlen außerhalb des Gasbereiches unsicher.

Speicherflächen können in ähnlicher Weise wie ebene Oberflächen mit Rippen hergestellt werden, und die Abb. 7—11 zeigt den Kennlinienverlauf der Versuchsergebnisse von MONDT [6] für Speicher aus dreieckigen Rohren. Die meisten Werte liegen im Bereich der laminaren Strömung; die gestrichelten Linien im laminaren Bereich sind aus Abb. 6—1 für ein gleichseitiges Dreieck mit voll ausgebildeter Strömung entnommen. Die einzelnen Kennlinien geben gleichzeitig die Leistung für Dreiecke mit einem Öffnungswinkel von 50°…90° an und bestätigen die Anwendbarkeit der analytischen Lösungen für Gase im niedrigen Reynoldszahlbereich (< 400).

7.1. Literatur

[1] BOELTER, L. M. K.; YOUNG, G.; IVERSEN, H. W.: An Investigation of Aircraft Heaters XXVII — Distribution of Heat Transfer Rate in the Entrance Section of a Circular Tube *NACA* TN 1451, Juli 1948.

[2] KAYS, W. M.; LONDON, A. L.: Convection Heat Transfer and Flow Friction Behavior of Small Cylindrical Tubes — Circular and Rectangular Cross Sections. *Trans. ASME* 74 (1952), Nr. 7 .

[3] TONG, L. S.: Heat Transfer and Flow Friction Characteristics of Woven-screen and Crossed-rod Matrices. *Trans. ASME* 79 (1957), Nr. 10.
LONDON, A. L.; MITCHELL, J. W.; SUTHERLAND, W. A.: Heat Transfer and Flow-friction Characteristics of Crossed-rod Matrices. *Trans. ASME* 82 C (1960), S. 199.

[4] COPPAGE, J. E.; LONDON, A. L.: Heat Transfer and Flow Friction Characteristics of Porous Media. *Chem. Eng. Prog.* 52 (1956), Nr. 2, S. 57—F.

[5] DENTON, W. H.; ROBINSON, C. H.; TIBBS, R. S.: The Heat Transfer and Pressure Loss in Fluid Flow through Randomly Packed Spheres. HPC-35, 28. Juni 1949. Erhältlich durch US AEC Tech. Information Div., Oak Ridge, Tenn.

[6] MONDT, J. R.: Discussion of Paper No. 14. *Intern. Heat Transfer Conf.*, 1961, *Discussions Sec.*, veröffentlicht durch ASME, S.D-41.

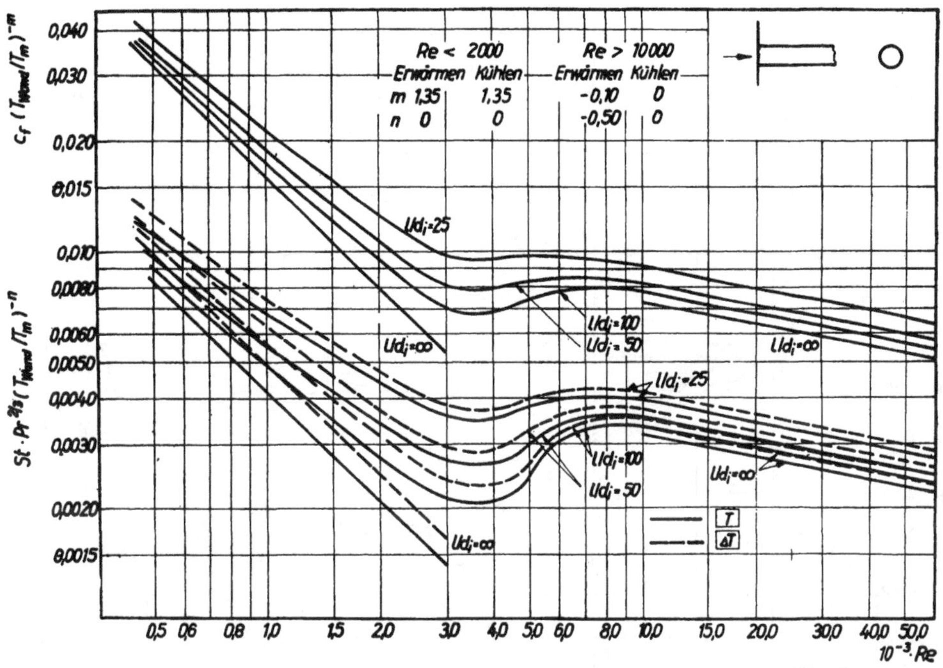

Abb. 7—1. Gasströmung in runden Rohren bei plötzlicher Verengung an den Eintritten; Zusammenfassung der experimentellen und analytischen Werte

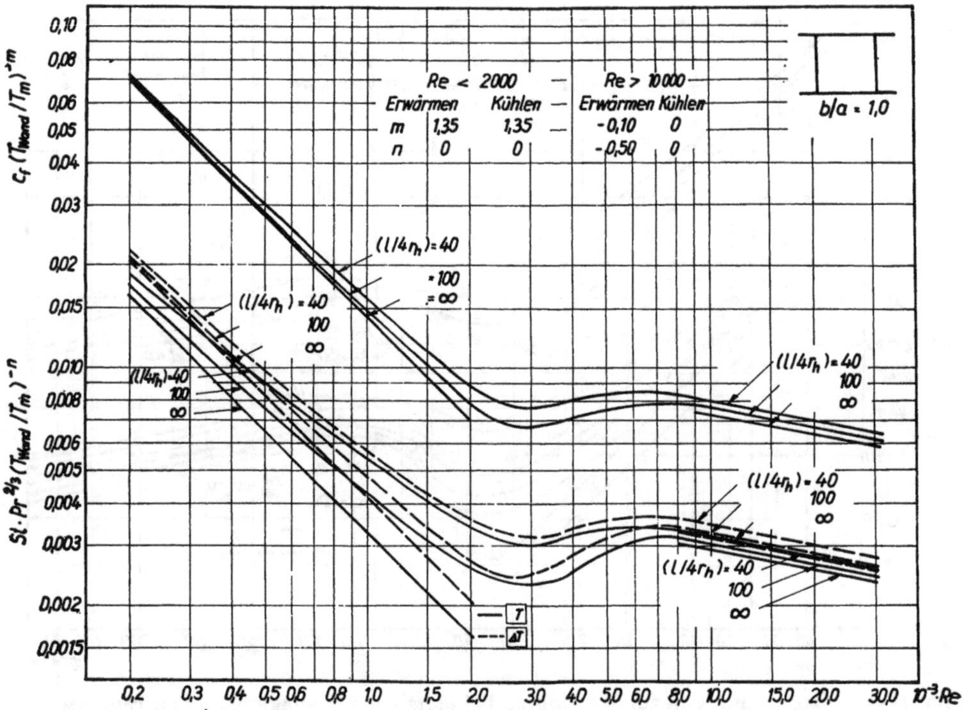

Abb. 7–2. Gasströmung in rechteckigen Kanälen bei plötzlicher Verengung an den Eintritten; Zusammenfassung der experimentellen und analytischen Werte

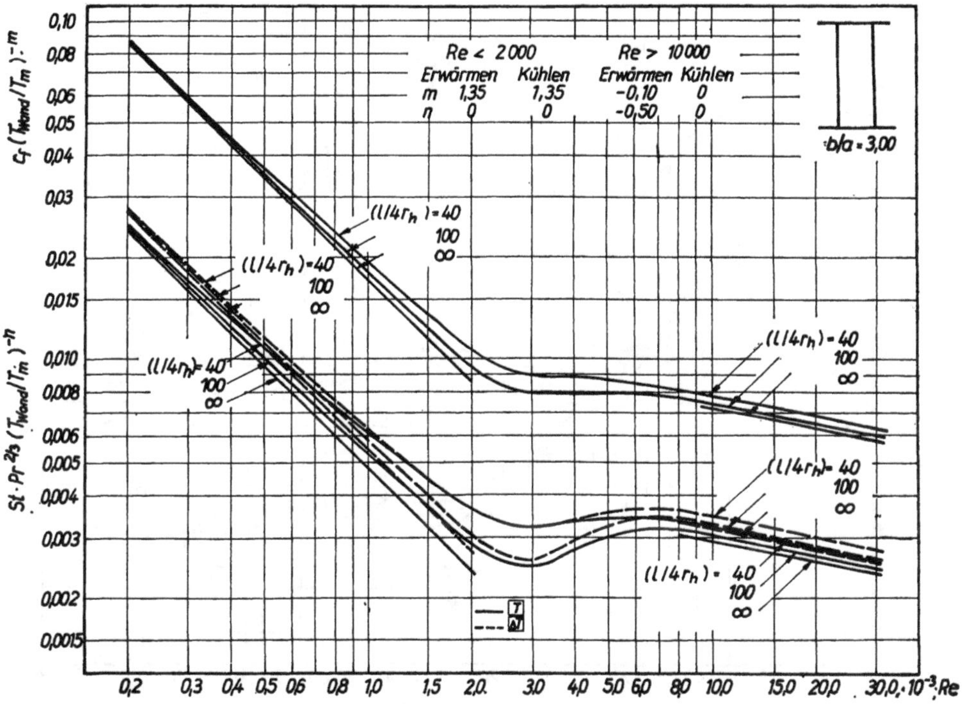

Abb. 7–3. Gasströmung in rechteckigen Kanälen bei plötzlicher Verengung an den Eintritten; Zusammenfassung der experimentellen und analytischen Werte

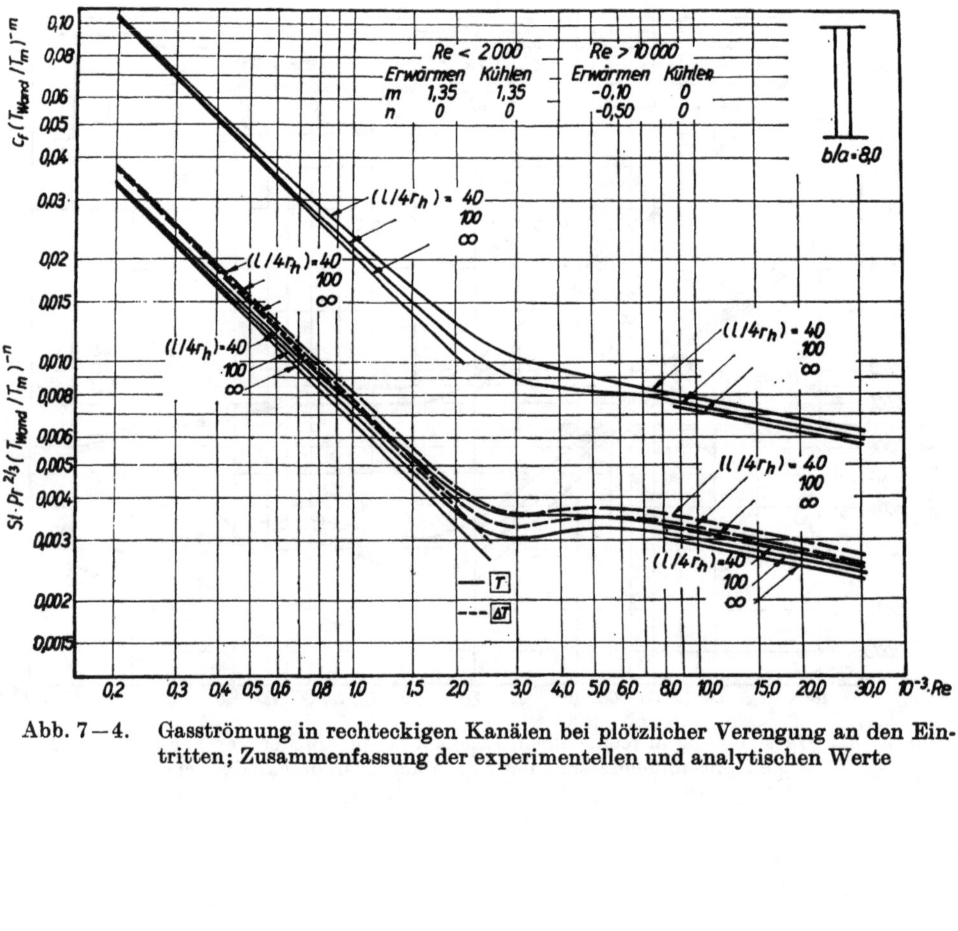

Abb. 7–4. Gasströmung in rechteckigen Kanälen bei plötzlicher Verengung an den Eintritten; Zusammenfassung der experimentellen und analytischen Werte

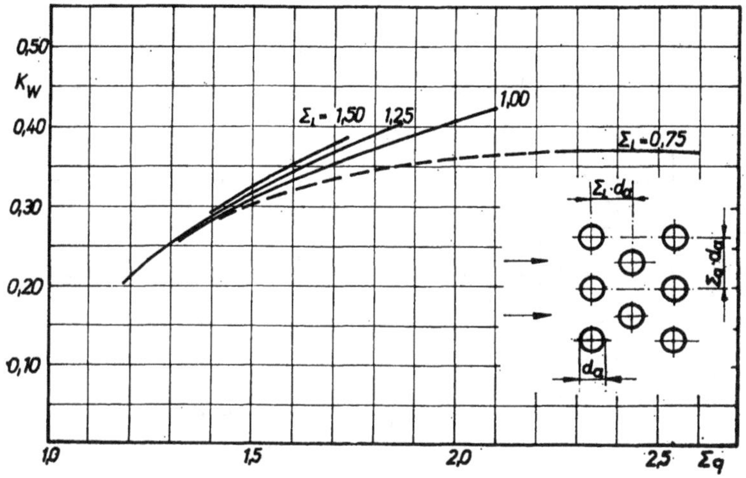

Abb. 7—5. Gasströmung quer zu einem unendlichen Rohrbündel mit versetzten Rohren, Wärmeübertragungskenngrößen; eine Zuordnung der Versuchswerte, mittlerer Wärmeübergang am Rohrumfang. $StPr^{2/3} = K_W Re^{-0,4}$; $300 < Re < 15\,000$

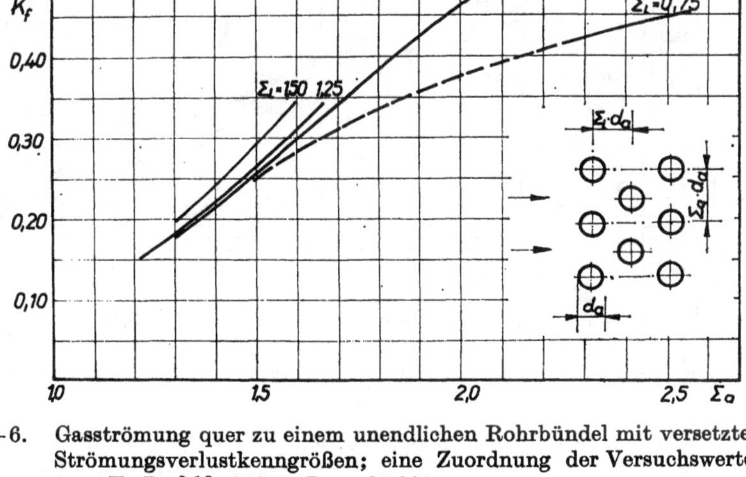

Abb. 7—6. Gasströmung quer zu einem unendlichen Rohrbündel mit versetzten Rohren, Strömungsverlustkenngrößen; eine Zuordnung der Versuchswerte. $c_f = K_f\, Re^{-0,18}$; $300 < Re < 15\,000$

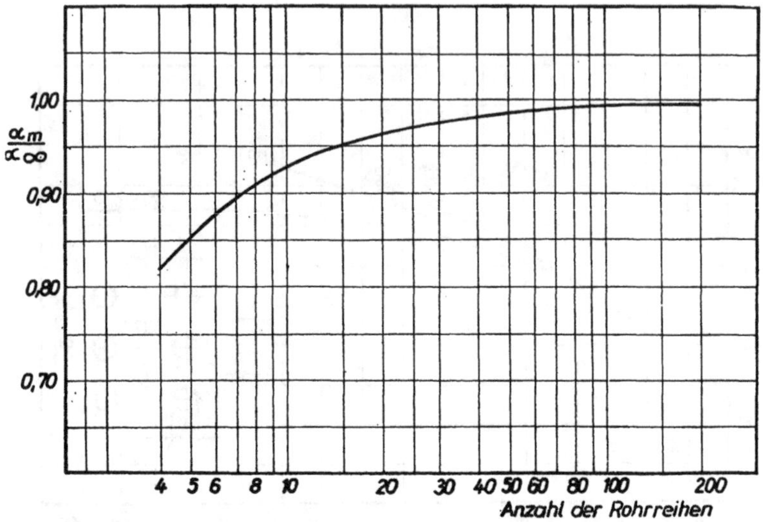

Abb. 7 — 7. Einfluß der Rohrreihenanzahl auf den Wärmeübergang im Rohrbündel. Die Werte beruhen auf Versuchen an Rohrbündeln mit versetzten Rohren, sie sind aber ebenso gut auf Rohrbündel mit fluchtenden Rohren anwendbar und stellen gute Näherungswerte für Speicher aus gekreuzten Stäben und Drahtsieben dar

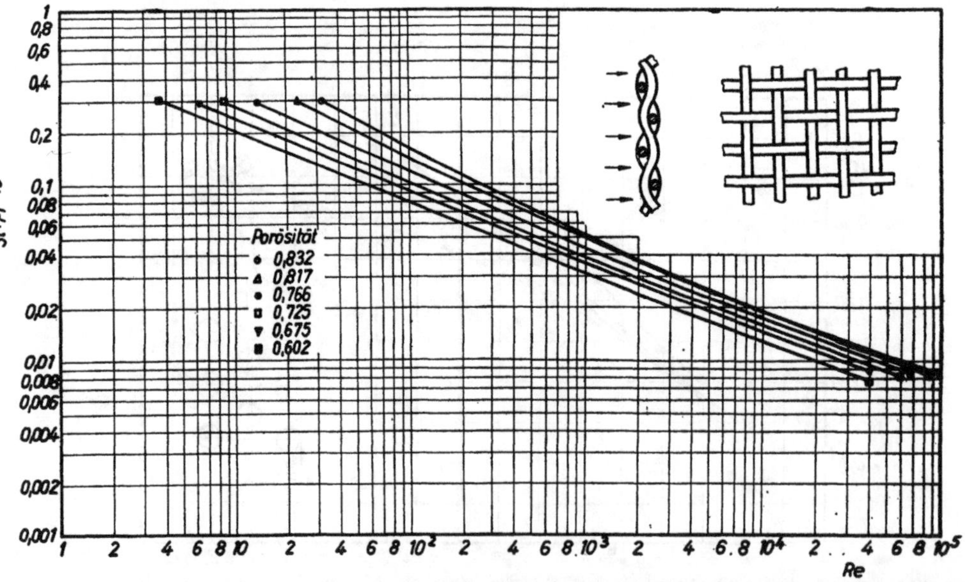

Abb. 7 — 8. Gasströmung durch einen Speicher aus beliebig geschichteten Drahtsieben unendlicher Anzahl, Wärmeübertragungskenngrößen; eine Zuordnung der Versuchswerte aus Versuchen mit Drahtsieben und gekreuzten Stäben, die Drahtsiebe nachbildeten. Vollkommene Schichtung wird angenommen, das heißt, die Drahtsiebe berühren sich

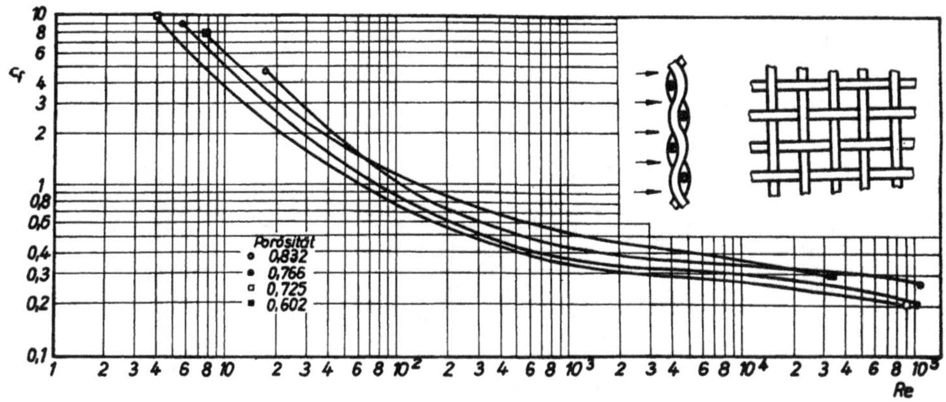

Abb. 7—9. Strömung durch einen Speicher aus beliebig geschichteten Drahtsieben unendlicher Anzahl, Strömungsverlustkenngrößen; eine Zuordnung der Versuchswerte aus Versuchen mit Drahtsieben und gekreuzten Stäben, die Drahtsiebe nachbildeten. Vollkommene Schichtung wird angenommen, das heißt, die Drahtsiebe berühren sich

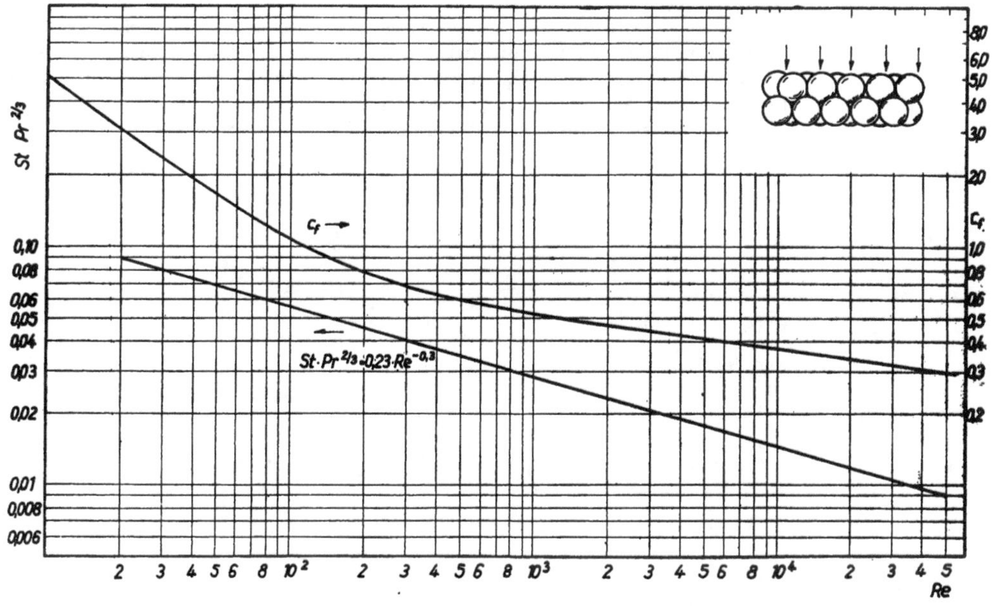

Abb. 7—10. Gasströmung durch einen Speicher aus beliebig geschichteten Kugeln unendlicher Anzahl. Eine Zuordnung der Versuchswerte bei Porösitäten von 0,37 bis 0,39. Die Werte sind im Kap. 10 tabelliert

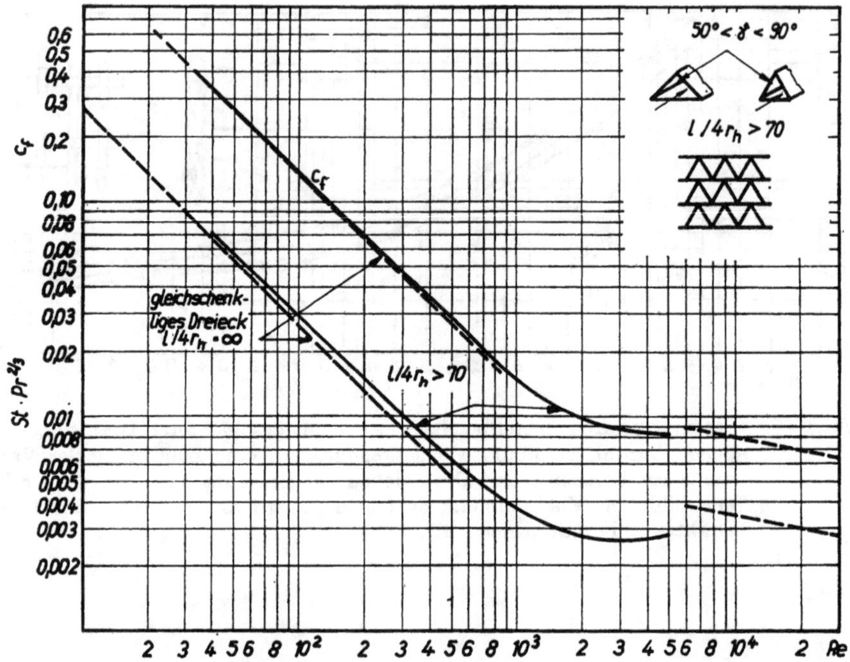

Abb. 7 – 11. Gasströmung durch einen aus dreieckigen Kanälen zusammengesetzten Speicher. Eine Zuordnung der Versuchswerte für Speicher aus gleichschenkligen dreieckigen Kanälen, Öffnungswinkel zwischen 50°…90°. Die gestrichelten Linien im laminaren Bereich der Strömung sind die analytischen Lösungen für ein gleichseitiges Dreieck, $l/r_h = \infty$; im Bereich der turbulenten Strömung zeigen die gestrichelten Linien die Kenngrößen für das runde Rohr

8. Versuchsanlage und -durchführung

Die meisten der in Kap. 10 angegebenen Versuchswerte wurden an der Stanford-Universität und an der Versuchsanstalt in Annapolis, Maryland, ermittelt. In beiden Laboratorien kam für alle Versuche eine Anlage zum Einsatz, bei der die Wärmeübertragung von kondensierendem Dampf auf der einen Seite der Wärmeübertragungsfläche, an Luft auf der anderen Seite erfolgte; Ausnahmen bildeten die Rohrbündel mit runden Rohren, eine Oberfläche mit ebenen Rippen und die Speicherflächen. Für die in Stanford untersuchten Rohrbündel mit runden Rohren und Speicher aus gekreuzten Stäben wurde ein instationäres Meßverfahren unter Verwendung der gleichen Luftkanäle wie für die Dampf–Luft-Versuche eingesetzt. Eine ebenfalls an der Stanford-Universität untersuchte Oberfläche mit ebenen Rippen war nicht dampfbeheizt, sondern warmwasserbeheizt, aber es wurden wiederum die gleichen Luftkanäle benutzt. Die Meßwerte für die anderen Speicherflächen wurden mit einem instationären Verfahren aufgenommen, das sich von dem bei den Rohrbündeluntersuchungen angewendeten unterschied.

Ausführliche Beschreibungen des Versuchsaufbaus und der Auswerteverfahren der Versuchsanstalt in Annapolis und der Stanford-Universität sind in [1] bis [5] enthalten. In beiden Instituten wurden im Grunde genommen ähnliche Versuchsanlagen für die Dampf–Luft-Versuche benutzt, und auch die Versuchsdurchführung war gleich, so daß nur der Prüfstand der Stanford-Universität beschrieben wird[1]). Zuerst wird die Versuchsanlage für die Dampf–Luft-Versuche erklärt; danach folgt die Erläuterung des instationären Verfahrens.

8.1. Dampf–Luft-Versuche

Wichtigster Bestandteil der Versuchsanlage war ein Luftkanal mit einem rechteckigen Querschnitt von ca. 0,21 m × 0,25 m und regelbarer Strömung, in den die mit den entsprechenden Oberflächen ausgerüsteten Übertrager zur Untersuchung eingesetzt wurden. Die Versuchsübertrager waren Kreuzstromwärmeübertrager, die die Luft auf der einen Seite der Wärmeübertragungsflächen durch

[1]) Zum besseren Verständnis des Textes wurden die Abb. 8–1 bis Abb. 8–5 mit erläuternden Unterschriften nach Lit. [2], [3], [4] und [5] von den Herausgebern eingefügt. D. H.

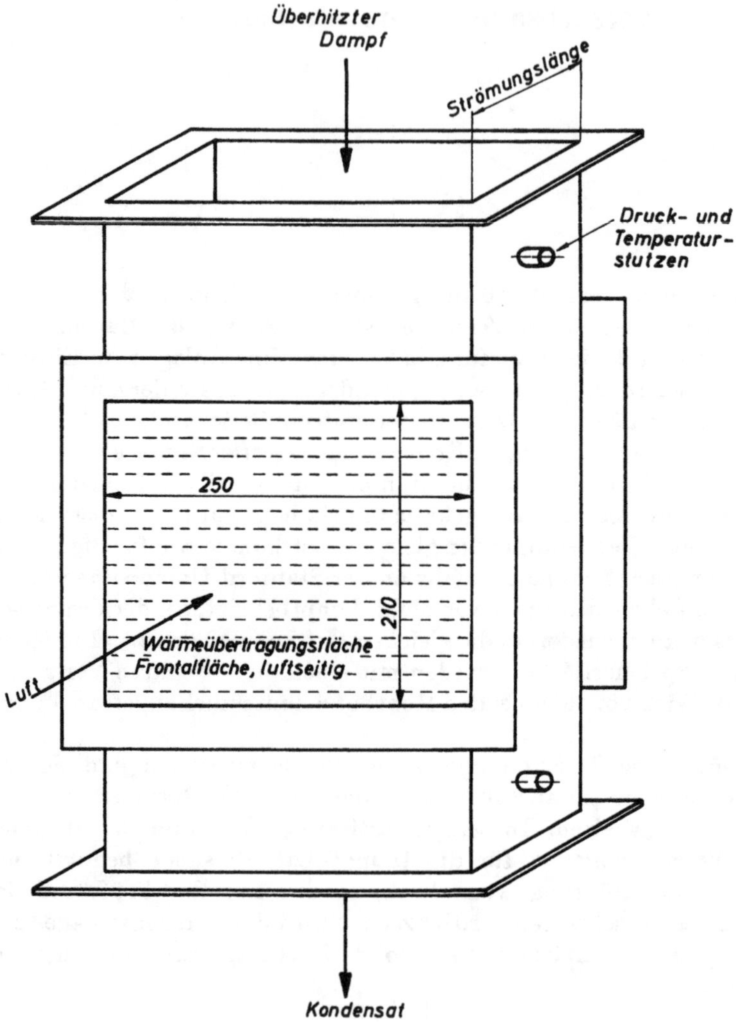

Abb. 8—1. Ansicht und Außenabmessungen des Gehäuses für die Versuchswärmeübertrager bei Kreuzstromanordnung

kondensierenden Dampf auf der anderen Seite erwärmten. Der Massenstrom der Luft wurde mit Normblenden gemessen, die stromabwärts der eigentlichen Versuchsstrecke im runden Kanal (0,305 m Durchmesser) eingebaut waren. Herstellung und Einbau der Blenden entsprachen den ASME-Vorschriften [3] und [6]; die vorgeschriebenen Beiwerte wurden benutzt.

Die Lufttemperaturmessungen vor und hinter der Versuchsstrecke und an der Blende wurden mit geprüften, strahlungsgeschützten, getrennt geschalteten Eisen–Konstantan-Thermoelementen durchgeführt. Im stromabwärtigen Kanal-

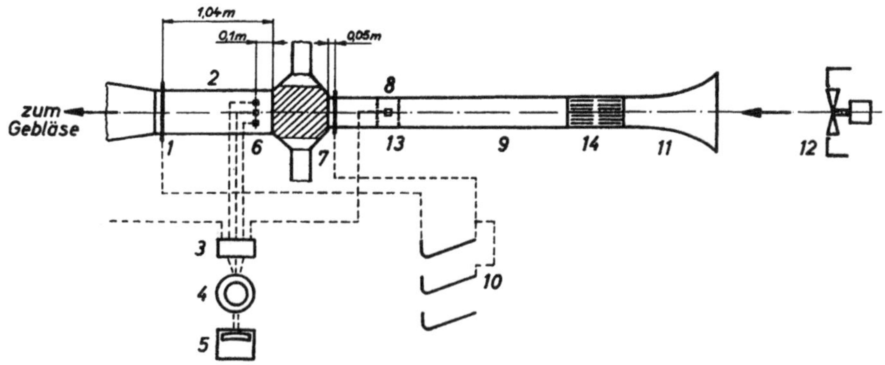

Abb. 8—2. Schematische Darstellung des Versuchskanals (Versuchswärmeübertrager und Eintrittssektion)

1 — Ringkanal
2 — Isolierter Kanal, 0,305m × 0,33m
3 — Vielfachanschluß für Thermoelemente
4 — Meßstellenumschalter
5 — Millivoltmeter
6 — stromabwärtige Thermoelemente
7 — Versuchswärmeübertrager
8 — Thermoelement vor dem Wärmeübertrager
9 — unisolierter Luftkanal, 0,21m × 0,25 m
10 — Schrägrohrmanometer
11 — Luftkanaleinlaufstrecke, 0,71 m × 0,83 m
12 — Ventilator, Durchmesser 0,41 m
13 — Drahtsieb
14 — Gleichrichtsektion für die Luftströmung

abschnitt wurde eine Anordnung mit 27 Meßpunkten gewählt, um eine genaue mittlere Temperatur zu erhalten. An den anderen Stellen erfolgten 9-Punkte-Messungen. Für die Dampftemperaturmessungen wurden in Messingrohre eingelötete Eisen–Konstantan-Thermoelemente verwendet.

Die Differenzdrücke der Luft und die Einzeldrücke in der Versuchsstrecke und an der Blende wurden mit zusammengeschalteten Schrägrohrmanometern und senkrecht angeordneten einschenkligen U-Rohr-Manometern mit Wasserfüllung gemessen. Für die Dampfdruckmessung stand ein Quecksilber-U-Rohr-Manometer zur Verfügung.

Eine Dampferzeugungsanlage lieferte mit genau regelbarem Druck leicht überhitzten Dampf zum Versuchswärmeübertrager. Durch den Übertrager wurde ungefähr viermal soviel Dampf geleitet, wie kondensieren konnte, um die Bildung eines größeren Übergangswiderstandes durch den Kondensatfilm zu verhindern. Das Kondensat und der austretende Dampf wurden getrennt gemessen, so daß durch den Vergleich der Energieabnahme des Dampfes mit der Energiezunahme der Luft über die Energiebilanz eine Genauigkeitskontrolle der Meßgeräte möglich war. Die durchschnittliche Meßungenauigkeit war ständig kleiner als 3%.

Die Messungen der Lufttemperatur vor und hinter dem Versuchsübertrager, des Massenstromes der Luft, der Dampfdrücke und -temperaturen, der Druckänderung der Luft im Versuchsübertrager, zusammen mit der Berücksichtigung des dampfseitigen Wärmeübergangswiderstandes durch den Kondensatfilm

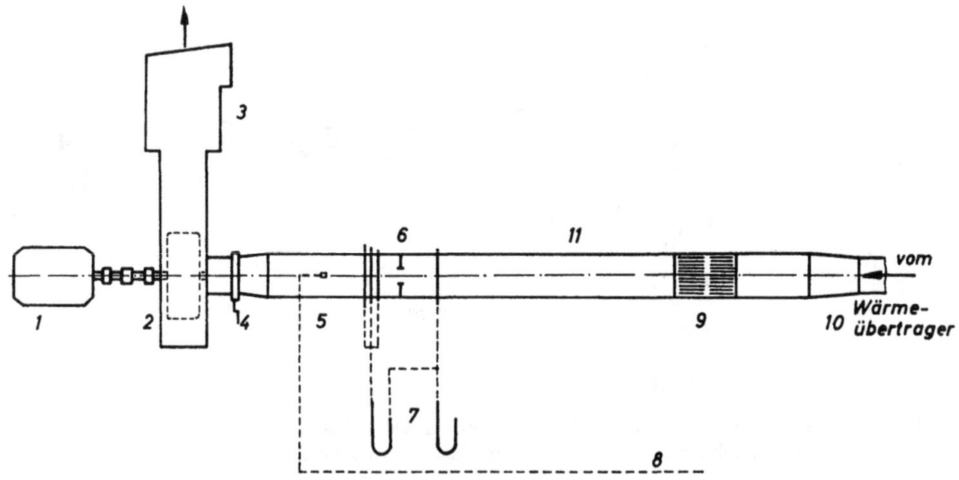

Abb. 8—3. Schematische Darstellung des Versuchskanals (Luftmengenmessung und Gebläse)

1 – Asynchronmotor, 56 kW, 3600 min^{-1}
2 – Radialgebläse
3 – Luftaustritt, schallisoliert
4 – Drossel
5 – Blendenthermoelement
6 – Blende
7 – U-Rohr-Manometer
8 – zum Vielfachanschluß
9 – Gleichrichtsektion
10 – Übergang vom rechteckigen zum runden Kanal
11 – isolierter Kanal, äußerer Durchm. = 0,381 m, innerer Durchm. = 0,305 m

Der Luftkanal aus Metallblech besteht aus zwei Abschnitten – einem rechteckigen, in dem der Versuchswärmeübertrager eingebaut ist, und einem runden, in dem die Blende zur Luftmengenmessung eingebaut ist.

Die Luft wird von einem Radialgebläse mit 9500 m^3/h Förderstrom und einem Förderdruck von $0{,}1 \cdot 10^5$ N/m^2 durch den Kanal gesaugt. Die Durchflußregulierung erfolgt durch ein von Hand zu bedienendes Doppel-Gleitblech, das die Strömung symmetrisch zum Saugstutzen einschnürt. Die saugseitige Anordnung des Gebläses vermeidet schlechte Geschwindigkeitsverteilungen im Luftkanal.

Entsprechend Abb. 8—2 wird Luft von Raumtemperatur durch eine leicht konvergierende Eintrittssektion in den Kanal gesaugt. Ein Axialventilator mit 0,41 m Durchmesser ist 1,016 m vor der Eintrittsöffnung angeordnet und erzeugt einen Hohlkegel rotierender Luft an der Eintrittsöffnung, ohne direkt die Luft einzublasen. Dadurch wird trotz der im Labor vorhandenen vertikalen Temperaturdifferenz von ca. 1…2 K eine gleichförmige Temperatur am Eintritt erreicht. Die nachfolgende Gleichrichtsektion gewährleistet eine annähernde Gleichförmigkeit der Geschwindigkeitsverteilung im Versuchsbereich von 180…550 kg/h Luftmenge. Der Kanal vor dem Versuchswärmeübertrager enthält außerdem zwei Drahtgitter zur Gleichrichtung der Turbulenz, ein strahlungsgeschütztes Thermoelement und vier Druckstutzen, die durch einen Druckring miteinander verbunden sind. Das letzte Turbulenzgitter ist 0,457 m vor dem Wärmeübertrager angeordnet.

Nach dem Wärmeübertrager ist der Kanal isoliert, um die Strahlungsverluste bei der Lufttemperaturmessung zu reduzieren. Der Wärmeübertrager wird durch 25,4 mm dicke Plastflansche vom Kanal isoliert. Strahlungsgeschützte Thermoelemente und Druckstutzen sind nach dem Wärmeübertrager entsprechend Abb. 8—2 und Abb. 8—3 angeordnet. Nach dem Passieren einer Übergangssektion strömt die Luft in einen runden, isolierten Kanal. Dieser Kanal enthält eine Gleichrichtsektion aus Rohren mit 25,4 mm Durchmesser und eine Meßblende. Es werden drei Blendengrößen verwendet, um den gewünschten Volumenstrombereich zu erfassen. Vor dem Radialgebläse ist nochmals ein strahlungsgeschütztes Thermoelement angeordnet.

Gesättigter Dampf wird in einem Kessel mit einem Druck von ca. 2…7 · 10^6 N/m² erzeugt. Der Dampf tritt mit Kesseldruck in das Regelsystem ein und wird in einem Regelventil auf 1…2 · 10^5 N/m² entspannt. Der größte Teil der flüssigen Phase wird dann in einem Flüssigkeitsabscheider abgeführt. Der im Grunde genommen trockene Dampf wird weiter in einem druckluftgesteuerten Regelventil auf einen Druck von circa 0,4 · 10^5 N/m² und eine Überhitzung von 5,5 K gedrosselt. An dieser Stelle kann eine kleine Menge Wasser eingespritzt werden, um eine genaue Regulierung der Überhitzung von 1,7…2,8 K am Eintritt in den Versuchswärmeübertrager zu erreichen. Das Regelventil hält den Dampfdruck am Wärmeübertrager mit 0,03 · 10^5 N/m² und die Sättigungstemperatur mit 0,95 K konstant. Der Dampf und das Kondensat verlassen den Wärmeübertrager durch ein Sammelrohr am Boden des Übertragers. Kupferwolle im Einlaßsammler sichert eine gleichförmige Dampfverteilung über den Wärmeübertrager. Druckstutzen und Thermoelemente sind in beiden Sammlern angebracht. Unmittelbar nach dem Austrittssammler gelangen Dampf und Kondensat in einen Flüssigkeitsabscheider; der trockene Dampf strömt durch eine Meßblende, bevor er sich in die Atmosphäre entspannt. Das Kondensat verläßt das System über ein Schwimmerventil und einen Kondensatnachkühler, in dem die Temperatur auf circa 38 °C reduziert wird, um ein Verdampfen während des Wiegevorganges zu vermeiden. Dann wird das Kondensat gewogen. Das gesamte System ist gut isoliert, um jegliche äußere Wärmeübertragung klein zu halten.

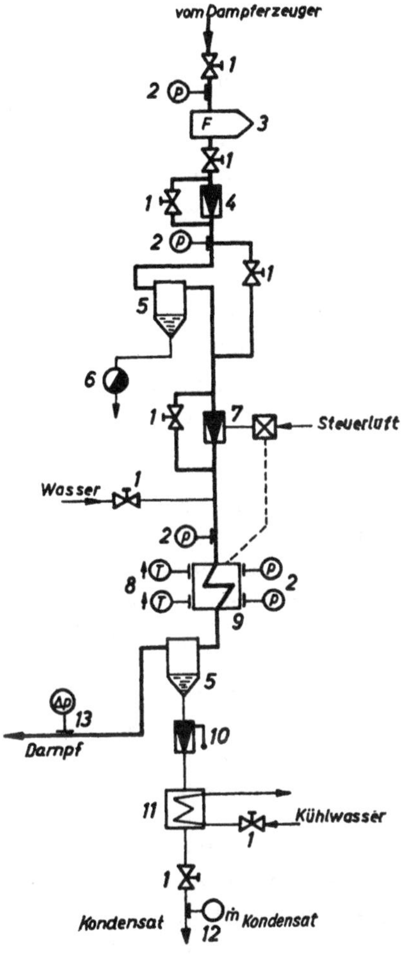

Abb. 8—4. Dampfsystem

1 — Absperrventil
2 — Druckmeßgerät
3 — Filter
4 — Regelventil
5 — Flüssigkeitsabscheider
6 — Kondenswasserablaß
7 — druckgesteuertes Regelventil
8 — Temperaturmeßgerät
9 — Versuchswärmeübertrager
10 — Schwimmerventil
11 — Kondensatnachkühler
12 — Kondensatmengenmesser
13 — Dampfmengenmesser

(kleiner als 10% des Gesamtbetrages), der Druckänderungen am Eintritt und Austritt des Versuchsübertragers, sowie des Oberflächenverlustgrades der vergrößerten Oberflächen ergaben genügend Werte für die Bestimmung der Stantonzahl ($\alpha/\dot{m}\, c_p$) und des Strömungsverlustbeiwertes c_f. Zusammen mit der Reynoldszahl ($4\, r_h\, \dot{m}/\mu$), die ebenfalls aus diesen Messungen bestimmt wurde, enthalten die genannten Größen alle dimensionslosen Wärmeübertragungs- und Strömungsverlustkenngrößen der untersuchten Oberflächen.

Die Thermoelemente für die Messung aller Temperaturen hatten eine Ungenauigkeit von $\pm 0{,}1$ °C. Leitbleche und Ausgleichsflächen waren zur Sicherung einer fast gleichmäßigen Luftgeschwindigkeit im Kanal vor und hinter der Versuchsstrecke eingebaut. Beträchtliche Anstrengungen wurden unternommen, um genau regelbare Zustände für den Betrieb bei stationären Bedingungen zu erreichen. Verschiedene Überkreuzvergleiche waren vorgesehen, so daß eine fortlaufende Überprüfung der Meßgerätegenauigkeit durchgeführt werden konnte.

Die Fehleranalyse berücksichtigte die folgenden möglichen Fehlerquellen:

1. In der Herstellung und im Betrieb der Versuchsanlage enthaltene Fehler
2. Meßgerätefehler
3. Fehler durch die Idealisierung und durch die Ungenauigkeiten der Transporteigenschaften wie Viskosität und Wärmeleitfähigkeit
4. Fehler bei der Bestimmung der Abmessungen des Versuchswärmeübertragers

Der wahrscheinliche Fehler in den Endergebnissen der Dampf–Luft-Versuche ändert sich etwas mit den verschiedenen Versuchsübertragern und mit den Massenströmen der Luft. Eine vorsichtige Abschätzung aus der Analyse mehrerer verschiedener Versuche ergibt:

St	$\pm 3{,}5\%$
Pr	$\pm 5{,}0\%$
$StPr^{2/3}$	$\pm 5{,}0\%$
c_f	$\pm 5{,}0\%$
Re	$\pm 2{,}0\%$.

Diese Abschätzung wird annähernd auf alle angegebenen Versuchsergebnisse anwendbar sein.

Der prinzipielle Unterschied zwischen den Versuchskanälen der Versuchsanstalt in Annapolis und der Stanford-Universität besteht darin, daß im ersteren Kanal die Luft durch den Wärmeübertrager gedrückt wird, während sie im anderen Kanal hindurchgesaugt wird. Bei saugender Anordnung des Gebläses kann relativ leicht ein gleichmäßiges Strömungsprofil im Übertragerquerschnitt erreicht werden.

8.2. Versuche mit Rohrbündeln und Speicherflächen aus gekreuzten Stäben

Die mit Hilfe des instationären Meßverfahrens untersuchten Rohrbündel und Speicherflächen aus gekreuzten Stäben wurden im gleichen Luftkanal wie für die stationären Dampf–Luft-Versuche eingebaut. Die Rohrbündel wurden in Versuchsübertrager mit einer Frontalfläche von 0,21 m × 0,25 m eingesetzt; sie bestanden aus Aluminiumrohren mit 9,5 mm Durchmesser und waren in Rohrplatten aus Plast am Ober- und Unterteil des Übertragers eingepaßt. Für alle Anordnungen wurden gleiche Rahmen und gleiche Rohre mit entsprechend

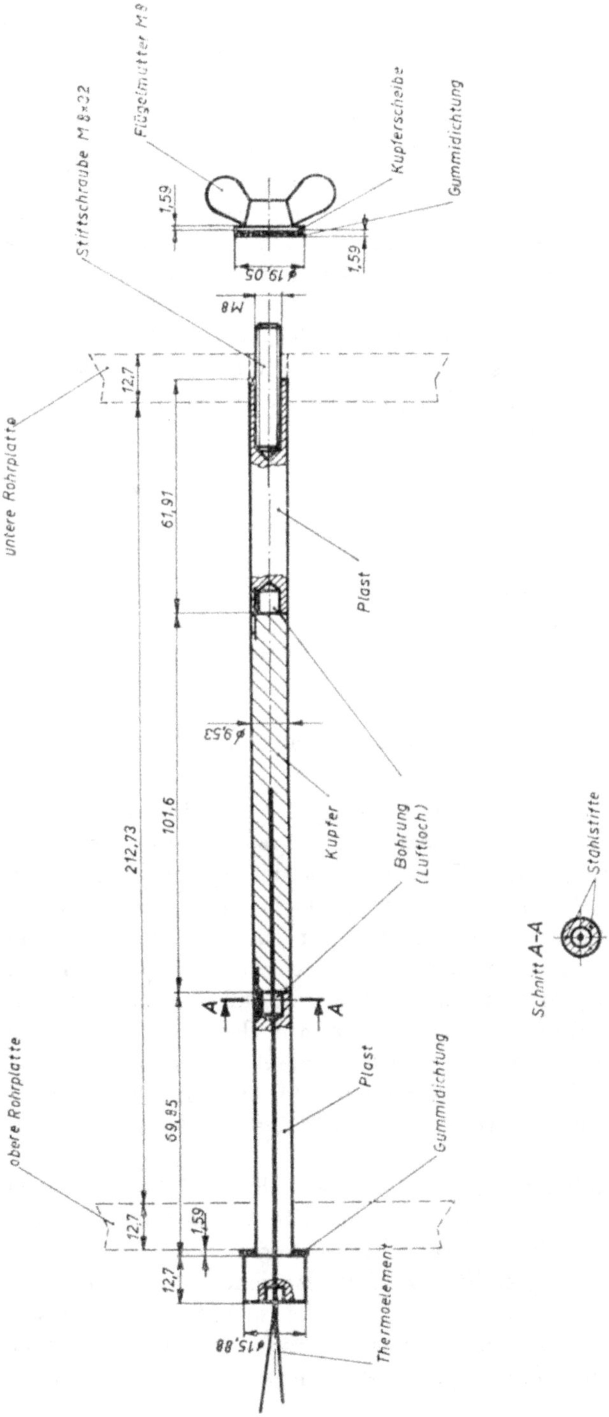

Abb. 8—5. Aufbau des Versuchszylinders für das instationäre Meßverfahren

auswechselbaren Rohrplatten verwendet. Die Bestimmung der Strömungsverlustbeiwerte geschah in gleicher Weise wie bei den Dampf–Luft-Versuchen. Die Wärmeübertragungskenngrößen wurden durch ein neuartiges instationäres Versuchsverfahren ermittelt, bei dem ein außenseitig identischer Kupferstab mit definierter Wärmekapazität ein Aluminiumrohr ersetzte. Der Kupferstab enthielt ein Thermoelement und wurde auf ca. 15 K über Lufttemperatur erwärmt und an der gewünschten Stelle des Übertragers eingebaut; der zeitliche Temperaturverlauf in der Abkühlungsperiode wurde aufgezeichnet. Aus diesen Werten kann der Wärmeübergangskoeffizient leicht abgeleitet werden. Die Gültigkeit dieser Versuchsmethode wurde durch Vergleich der Ergebnisse zweier Ausführungen mit runden Rohren mit den Werten der gleichen Ausführungen bei den Versuchen im stationären Zustand bestätigt. Diese Methode ist für versetzte Rohre gut anwendbar, für fluchtende Rohranordnungen jedoch recht begrenzt. Der Wert dieser instationären Methode liegt in der Einfachheit, der Genauigkeit und der Schnelligkeit, mit der die Meßwerte für eine große Auswahl von Rohrausführungen erhalten werden können. Die Ungenauigkeiten wurden bestimmt und lagen für c_f und $StPr^{2/3}$ in der gleichen Größenordnung wie für die stationären Versuche.

Das Verfahren für die Speicherflächen aus gekreuzten Stäben war praktisch mit dem für die Rohrbündel verwendeten identisch, wobei jedoch die nichtaktiven Rohre aus Plast waren und der Versuchskanal annähernd rund war.

8.3. Versuche mit Speichern aus Sieben und Kugeln

Die im Kap. 7 zusammengefaßten Speicher aus Sieben und Kugeln wurden in einer völlig anderen Versuchsanlage untersucht. Ein instationäres Versuchsverfahren ist wegen der Eigenschaften der Speicherflächen empfehlenswert, da die direkte Messung der Speicherflächentemperatur für die verwendeten engmaschigen Siebe nicht durchführbar ist. Bei diesem Verfahren wird der Speicher durch einen Heißluftstrom gleichmäßig erwärmt, und die eintretende Luft wird dann plötzlich von der höheren auf eine niedrigere Temperatur abgesenkt; der zeitliche Temperaturverlauf der austretenden Luft wird aufgezeichnet. Der Wärmeübergangskoeffizient kann aus dem maximalen Anstieg der Temperatur–Zeit-Kurve durch ein in [4] ausführlich beschriebenes Verfahren abgeleitet werden. Die theoretische Lösung für diesen Fall wird in Abb. 3—17 dargestellt.

Die Versuchsübertrager und der Versuchskanal hatten runde Querschnitte mit einem Durchmesser von 75 mm. Die Versuchsübertrager wurden durch Zusammenfügen einzelner Siebe mit 75 mm Durchmesser zur gewünschten Übertragerdicke hergestellt. Die Kugelspeicher waren ähnlich aufgebaut; die kleinen Kugeln wurden in ein Blechgehäuse mit 75 mm Durchmesser hineingepackt. Die Massenströme der Luft konnten sowohl mit ASME-Normblenden als auch mit einem Fischer-Porter-Mengenmesser bestimmt werden. Für die

Temperaturmessung standen Eisen–Konstantan-Thermoelemente zur Verfügung. Acht in Reihe geschaltete Thermoelemente ermöglichten die Messung der schnell veränderlichen Temperaturen vor und hinter dem Übertrager. Die Drücke wurden mit Schrägrohrmanometern und senkrechten wassergefüllten U-Rohr-Manometern gemessen.

Eine detaillierte Analyse der Systemungenauigkeiten ergab folgende Werte:

St	$\pm$ 13%
$StPr^{2/3}$	$\pm$ 14%
c_f	$\pm$ 3%
Re	$\pm$ 2%

8.4. Literatur

[1] London, A. L.; Ferguson, C. K.: Gas Turbine Plant Regenerator Surfaces. *Bureau of Ships Research Memorandum* 2–46, Navships (250–338–3), Juli 1946.

[2] London, A. L.; Ferguson, C. K.: Test Results of High Performance Heat Exchanger Surfaces Used in Aircraft Intercoolers and Their Significance for Gas Turbine Regenerator Design. *Trans. ASME* 71 (1949), S. 12.

[3] Kays, W. M.; London, A. L.: Heat Transfer and Flow Friction Characteristics of Some Compact Heat Exchanger Surfaces – Part I: Test System and Procedure. *Trans. ASME* 72 (1950), S. 1075–1085.

[4] Coppage, J. E.; London, A. L.: Heat Transfer and Friction Characteristics of Porous Media. *Chem. Eng. Prog.* Februar 1956.

[5] Kays, W. M.; London, A. L.; Lo, R. K.: Heat Transfer and Flow Friction Characteristics for Gas Flow Normal to Tube Banks – Use of a Transient Test Technique. *Trans. ASME* 76 (1954), Nr. 3, S. 387–396.

[6] Fluid Meters, Their Theory and Application. ASME Research Publication, 4. Ausg., 1937.

9. Oberflächenformen für Wärmeübertrager

In diesem Kapitel wird zusammenfassend eine vollständige Beschreibung der Formen von Hochleistungswärmeübertragerflächen, deren Werte im Kap. 10 enthalten sind, gegeben. Die hier mitgeteilten Angaben sind natürlich auch in den Abbildungsunterschriften der Diagramme des Kap. 10 und in den Abbildungen selbst enthalten, doch ermöglicht die Zusammenstellung aller Angaben an einer Stelle einen bequemen Vergleich der Oberflächenformen untereinander.

Die geometrischen Kenngrößen sind in den Tab. 9—1 bis Tab. 9—5 zusammengestellt; die maßstäbliche Darstellung der Oberflächenformen ist in den Abb. 9—1 bis Abb 9—16 zu finden. Die verschiedenen Arten der Hochleistungsoberflächen werden dabei in folgender Reihenfolge zusammengefaßt:

1. Rohroberflächen (Abb. 9—1, Abb. 9—2)
   a) Strömung in runden und abgeflachten Rohren (durchströmte Rohre)
   b) Strömung quer zu Rohrbündeln mit runden Rohren (querumströmte Rohre)

2. Ebene Oberflächen (Platten) mit Rippen (Abb. 9—3 bis Abb. 9—9)
   a) Ebene Rippen
   b) Unebene Rippen
   c) Versetzte ebene Rippen kurzer Lauflänge[1])
   d) Wellenförmige Rippen
   e) Stiftförmige Rippen
   f) Perforierte Rippen

3. Rohrbündel mit berippten Rohren (Abb. 9—10 bis Abb. 9—13) für die Strömung quer zum Rohrbündel
   a) Spiralrippenrohre
   b) Runde Rohre mit durchgehenden Rippen
   c) Flache Rohre mit durchgehenden Rippen

4. Speicherflächen (Abb. 9—14 bis Abb. 9—16)

[1]) Im deutschen Schrifttum wird diese Rippenform allgemein als Wirbelzelle bezeichnet. Im Interesse einer einheitlichen Darstellung wurde hier jedoch der Begriff „Oberfläche mit versetzten ebenen Rippen" beibehalten. D. H.

9.1. Rohroberflächen

Die in den Abb. 9—1 und Abb. 9—2 gezeigten Rohroberflächen stellen die einfachste Form von Hochleistungsübertragerflächen dar. Meßergebnisse wurden für die Strömung in Rohrbündeln und quer zu Rohrbündeln mit runden und abgeflachten Rohren erhalten. Eine weitere Ausführungsform des abgeflachten Rohres ist das eingedrückte Rohr; das Eindrücken wurde früher zur Grenzschichtunterbrechung angewendet, um den Wärmeübergang ohne Erhöhung der Strömungsgeschwindigkeit zu steigern.

Zur Oberflächenbezeichnung wird eine abkürzende Schreibweise benutzt: **ST** (straight tube) bezeichnet die Strömung in geraden Rohren, während **FT** (flattened tube) auf abgeflachte Rohre und **FTD** (flattened and dimpled tube) auf abgeflachte und eingedrückte Rohre bezogen sind. Für die Strömung quer zu Rohrbündeln mit runden Rohren wird die Bezeichnung entsprechend der versetzten oder fluchtenden Rohranordnung gewählt, der das Quer- und Längsteilungsverhältnis nachgesetzt wird. Somit hat die Oberfläche **S 1.50—1.00** eine versetzte (staggered) Rohranordnung mit einem Querteilungsverhältnis von 1,50 Durchmesser und einem Längsteilungsverhältnis (Strömungsrichtung) von 1,00 Durchmesser. Der Buchstabe **I** vor den Zahlen bezeichnet eine fluchtende (in-line) Rohranordnung. Ein Teil der Rohrbündeloberflächen mit runden Rohren wurde in der Dampf–Luft-Versuchsanlage mit dem stationären Verfahren untersucht, während die Meßwerte des anderen Teiles mit dem instationären Meßverfahren ermittelt wurden. Die jeweilige Art der Versuchsdurchführung wird in Abb. 9—2 angegeben und ist auch aus den Abbildungsunterschriften der Diagramme des Kap. 10 zu ersehen.

Die Angaben der Abmessungen für die Rohroberflächen in Tab. 9—1 und Tab. 9—2 enthalten den hydraulischen Durchmesser, das Verhältnis von freiem Strömungsquerschnitt zur Frontalfläche und die Wärmeübertragungsfläche pro Volumeneinheit jeder Oberfläche. Diese Werte werden zusätzlich zu den grundlegenden Wärmeübertragungs- und Strömungsverlustkenngrößen benötigt, um die Berechnung des Wärmeübertragers zu vervollständigen. Die gegebenen Abmessungen sind auf die entsprechend untersuchten Oberflächen anzuwenden.

Da die grundlegenden Entwurfswerte für Wärmeübertragung und Strömungsverlust im Kap. 10 in dimensionsloser Form dargestellt sind, können sie ebensogut auf Oberflächen unterschiedlicher Größe, das heißt, Rohre mit verschiedenen Durchmessern, angewendet werden. Dabei ist nur völlige geometrische Ähnlichkeit mit der Versuchsoberfläche vorauszusetzen. Das gilt auch für alle anderen Wärmeübertragerflächen, deren Meßergebnisse im Kap. 10 dargestellt sind. Es muß jedoch berücksichtigt werden, daß sich die vollständige geometrische Ähnlichkeit auch auf solche sekundären Merkmale wie die Oberflächenrauhigkeit bezieht und daher die Extrapolation bei sehr großen Veränderungen in den Oberflächenabmessungen gewisse zusätzliche Unsicherheiten hineinbringen kann.

Neben den Werten der Abb. 9—2 für Rohrbündel werden im Kap. 10 (Abb. 10—11, Abb. 10—15 und Abb. 10—16) auch für andere versetzte und fluchtende Anordnungen Werte nach den umfassenden Angaben von GRIMISON [1] mitgeteilt.

9.2. Ebene Oberflächen mit Rippen

In den Abb. 9—3 bis Abb. 9—9 werden Darstellungen einer Vielzahl von ebenen Oberflächen mit Rippen gezeigt. Diese Oberflächen sind besonders für Gas–Gas-Wärmeübertrager anwendbar, da die vergrößerte Oberfläche auf beiden Strömungsseiten wirksam verwendet werden kann. Konstruktionen mit diesen Oberflächen ermöglichen sehr große Kompaktheit der Flächen oder der Wärmeübertragerfläche pro Volumeneinheit. Die Anpassungsfähigkeit im Wärmeübertragerentwurf ist gegeben, da beide Stoffseiten voneinander unabhängig sind und die günstigste Form der erweiterten Oberfläche für jeden der beiden Stoffe gewählt werden kann. Das ist bei Rohrbündeloberflächen aus runden Rohren nicht möglich, weil zum Beispiel die Auswahl der Strömung quer zu einem Rohrbündel mit runden Rohren für den einen Stoff automatisch die Strömungsform für den anderen Stoff festlegt und nahezu die gleiche Wärmeübertragerfläche auf beiden Seiten vorhanden ist.

Die in den Abb. 9—3 bis Abb. 9—9 gezeigten Oberflächenformen vertreten die gebräuchlichsten heute angewendeten Arten; es können jeweils zwei beliebige Formen in einem Wärmeübertrager zusammengefügt werden, wobei die im Kap. 1 erläuterte Art der Sandwich-Bauweise benutzt wird. Die ebenen Oberflächen mit Rippen werden in Oberflächen mit ebenen, unebenen, versetzten ebenen, stiftförmigen, wellenförmigen und perforierten Rippen unterteilt.

Die Oberflächen mit ebenen Rippen sind durch lange, nicht unterbrochene Strömungskanäle gekennzeichnet, die eine ähnliche Wirkungsweise haben wie lange runde Rohre. Es gibt jedoch einen ausgeprägten Rohrlängeneinfluß auf das Wärmeübertragungs- und Strömungsverlustverhalten, so daß das Verhältnis der Länge zum hydraulischen Durchmesser $l/4\,r_h$ in jedem Diagramm angegeben werden muß. Die Länge l ist nicht notwendigerweise die Strömungslänge des gesamten Wärmeübertragers, sondern eher die Strömungslänge der nichtunterbrochenen Rippe; die tatsächliche Strömungslänge des Wärmeübertragers kann sich aus mehreren Strömungslängen der aneinandergereihten Rippen zusammensetzen. Wenn die Rippen nicht absolut gerade sind, wird sich die Oberfläche so verhalten, als wäre eine neue hydrodynamische und thermische Einlauflänge vorhanden: das gilt für fabrikmäßig hergestellte Wärmeübertrager, bei denen man sich gewöhnlich nicht darum bemüht, eine vollkommene Geradführung zu erreichen. Die Oberflächen mit ebenen Rippen schließen rechteckige und dreieckige Kanäle sowie Kanäle mit abgerundeten Einlaufkanten und Umlenkungen ein; dadurch entstehen wesentlich mehr Formarten als in den Kennlinien des Kap. 7 dargestellt sind, in dem nur rechteckige Strömungskanäle betrachtet werden. Einige der Oberflächen mit dreieckigen Kanälen sind Doppelkanalkonstruktionen, die beim Entwurf eines Wärmeübertragers die Anpassung in bezug auf die Flächen der warmen und kalten Seite ermöglichen, wobei immer noch die üblichen Rippenabmessungen benutzt werden.

Die abkürzende Bezeichnungsweise der Oberflächen mit ebenen Rippen bezieht sich auf die Zahl der Rippen pro Zoll quer zur Strömung. Somit hat die Oberfläche **14.77** eine Anzahl von 14,77 Rippen pro Zoll. Der zusätzliche Buchstabe **T** (triangular) bezeichnet die Oberfläche mit einem definierten dreieckigen Kanal.

Die Oberflächen mit unebenen Rippen werden durch Rippen gekennzeichnet, die durch Schlitzen der Fläche in regelmäßigen Abständen und Ausbiegen der Rippen in den Strömungskanal hergestellt wurden. Durch dieses Verfahren sollen die Grenzschichten unterbrochen werden, um bei gleichen Strömungsbedingungen einen höheren Wärmeübergang als mit ebenen Rippen zu erhalten. Im allgemeinen erhöht eine zunehmende Zahl von Unterbrechungen den Wärmeübergang, obwohl auch der Strömungsverlustbeiwert ansteigt. Die entstehende Verbesserung in der Wärmeübertragung gegenüber der Strömungsverlustleistung wurde im Kap. 1 diskutiert.

Die Oberflächen mit unebenen Rippen werden mit zwei Zahlen bezeichnet. Die erste verweist auf die Länge der unebenen Rippe in Strömungsrichtung, die zweite auf die Anzahl der Rippen pro Zoll quer zur Strömung. Somit hat die Oberfläche **3/8—11.1** einen 3/8″ (9,525 mm) langen Steg und 11,1 Rippen pro Zoll (siehe Abb. 9—5).

Die Oberflächen mit versetzten ebenen Rippen kurzer Lauflänge sind prinzipiell den Oberflächen mit unebenen Rippen ähnlich; der einzige Unterschied liegt darin, daß die kurzen Stege der Rippen in Strömungsrichtung ausgerichtet sind. Mit diesen Rippenformen erhält man Rippen mit sehr kurzen Strömungslängen und somit sehr hohen Wärmeübergängen. Die Genauigkeit der Meßwerte für Oberflächen mit versetzten ebenen Rippen wird wahrscheinlich etwas niedriger sein als für jede andere Oberfläche, da die Wärmeübertragung und besonders die Strömungsverlustleistung von der Dicke und der Ausbildung der Anströmkante der Rippe beeinflußt werden. Rippen dieser Art werden im allgemeinen durch einen maschinellen Schneid- und Biegevorgang hergestellt, de unvermeidlich zu geringen Verbiegungen und angeschärften Rippenkanten führt, die je nach Rippenmaterial und Eigenart des Schneid- und Biegewerkzeuges verschieden sind. Da bereits eine Abschrägung von $2{,}5 \cdot 10^{-3}$ mm eine beträchtliche Wirkung haben kann, ist es schwer, diesen Einfluß dimensionsmäßig zu beschreiben oder eine der Versuchsoberflächen exakt nachzubilden. In den Abbildungsunterschriften des Kap. 10 wird für die Oberflächen mit versetzten ebenen Rippen das verwendete Rippenmaterial angegeben, da ein weiches Material wie Aluminium sicher Rippenkanten ergibt, die sich von denen eines harten Materials wie nichtrostendem Stahl unterscheiden. Die meisten Rippen der Versuchsoberflächen waren aus Aluminium hergestellt, und obwohl die Verwendung der Meßwerte für Stahlrippen damit auf keinen Fall ausgeschlossen werden soll, wird eine gewisse Vorsicht beim Entwurf vorgeschlagen. Briggs und London [4] oder [5] erwähnen diesen Punkt.

Die Bezeichnungsart für die versetzten ebenen Rippen kurzer Lauflänge ist die gleiche wie für die Oberflächen mit unebenen Rippen.

Die Oberflächen mit wellenförmigen Rippen sind ebenfalls Hochleistungsoberflächen. In ihrer Leistung sind sie den Oberflächen mit unebenen und versetzten ebenen Rippen recht ähnlich. Die durch die Rippen erzeugte Änderung der Strömungsrichtung bewirkt eine Grenzschichtablösung, die ähnliche Wirkungen wie die vollkommene Unterbrechung der Rippen hat. Die Oberflächen mit wellenförmigen Rippen werden mit zwei Zahlen bezeichnet, die die Anzahl der Rippen pro Zoll und die Wellenlänge angeben, wobei der letzten Zahl der Buchstabe **W** (wavy) folgt. Somit hat die Oberfläche **11.5—3/8 W** eine Anzahl von 11,5 Rippen pro Zoll und eine Wellenlänge von 3/8″ (9,525 mm).

Oberflächen mit stiftförmigen Rippen sind ein weiteres Beispiel für Oberflächen, bei denen durch Aufrechterhaltung dünner Grenzschichten an den Rippen sehr hohe Wärmeübergangskoeffizienten erreicht werden können. Die wirksame Strömungslänge der Stifte kann durch Verwendung dünner Drähte sehr kurz gehalten werden. Die Oberflächen mit stiftförmigen Rippen sind jedoch durch recht hohe Strömungsverlustbeiwerte gekennzeichnet, die in erster Linie auf den Formwiderstand zurückzuführen sind, der mit der an den Stiften auftretenden Grenzschichtablösung verbunden ist. Nichtsdestoweniger gleichen die erreichbaren, sehr großen Wärmeübergangskoeffizienten die hohen Strömungsverlustbeiwerte mehr als aus, wenn der endgültige Wärmeübertragerentwurf betrachtet wird. Die Bezeichnungsart für die Oberflächen mit stiftförmigen Rippen ist aus den geometrischen Abmessungen nicht ableitbar.

Die Oberfläche mit perforierten Rippen wird einfach durch die Zahl der Rippen pro Zoll quer zur Strömung und den Buchstaben **P** (perforated) bezeichnet. Die ausgeschnittenen Löcher in den Rippen führen wiederum zu einer Grenzschichtunterbrechung. Die Strömungsverlustbeiwerte für diese Oberfläche sind niedrig, woraus geschlossen werden kann, daß der erzeugte Formwiderstand sehr klein ist; es gibt jedoch zu wenig Werte für Oberflächen dieser Art, um daraus allgemeingültige Schlußfolgerungen zu ziehen (9,525 mm).

Die in Tab. 9—3 mitgeteilten Abmessungen enthalten alle notwendigen Angaben, um zusammen mit den grundlegenden Wärmeübertragungs- und Strömungsverlustwerten des Kap. 10 die ebenen Oberflächen mit Rippen beim Wärmeübertragerentwurf anzuwenden. Es ist zu beachten, daß $\boldsymbol{B}$ das Verhältnis der Gesamtwärmeübertragungsfläche einer Seite eines Wärmeübertragers mit ebenen Rippen zum Volumen zwischen den Platten auf dieser Seite ist. Es ist somit nicht die auf das Volumen des Gesamtwärmeübertragers bezogene Fläche, da das Gesamtvolumen auch von der auf der anderen Seite eingesetzten Oberfläche abhängt. Im Kap. 2 werden einige nützliche geometrische Beziehungen angegeben, die zusammen mit den Werten der Tab. 9—3 verwendet werden können, um $\boldsymbol{B}$ oder das Verhältnis des freien Strömungsquerschnittes zur Frontalfläche $\boldsymbol{\Phi}$ des Wärmeübertragers zu bestimmen.

Die Extrapolation der für ebene Oberflächen mit Rippen gültigen Werte auf annähernd geometrisch ähnliche Oberflächen mit verschiedenem hydraulischen Durchmesser kann bei geringen Abweichungen des hydraulischen Durchmessers wahrscheinlich ohne große Fehler vorgenommen werden. Für die Oberflächen mit ebenen Rippen war diese Aussage in den verallgemeinerten Kennlinien des Kap. 7 bereits angedeutet worden. Die Werte für Oberflächen mit unterbrochenen Rippen besitzen wegen des relativ größeren Einflusses solcher Faktoren wie Sauberkeit der An- und Abströmkanten der Rippen und des Überganges im Rippengrund eine größere Unsicherheit. Eine aerodynamisch günstiger ausgebildete Oberfläche wird im allgemeinen durch eine Oberfläche erreicht, die gegenüber der Originaloberfläche maßstäblich vergrößert ist.

Wenn die Größe der Originaloberfläche erhalten bleibt, aber Rippen mit abweichender Dicke verwendet werden, ist der Einfluß auf die dimensionslosen Werte der Oberflächen mit ebenen Rippen nur klein, er erlangt jedoch bei Oberflächen mit unebenen und versetzten ebenen Rippen eine steigende Bedeutung. Die Änderung der Rippendicke beeinflußt bei jeder Oberfläche den freien Strömungsquerschnitt und den hydraulischen Durchmesser. Somit müssen dann die gegebenen Abmessungen in den Tabellen geändert werden.

9.3. Rohrbündel mit berippten Rohren

Die Abb. 9—10 bis Abb. 9—13 zeigen Darstellungen von 21 Oberflächen aus berippten Rohren. Diese Oberflächen werden gewöhnlich dann verwendet, wenn einer der Stoffe im Wärmeübertrager ein Gas und der andere eine Flüssigkeit ist. Da Gase kleinere Wärmeübergangskoeffizienten als Flüssigkeiten haben, wird für einen ausgewogenen Entwurf die größere Fläche auf der Gasseite des Übertragers benötigt. Die Oberflächen aus berippten Rohren genügen dieser Forderung.

Es werden drei Grundarten der Oberflächen aus berippten Rohren betrachtet:

1. Spiralrippenrohre
2. Runde Rohre mit durchgehenden Rippen
3. Flache Rohre mit durchgehenden Rippen.

Zur Vervollständigung der Unterlagen wurden einige zuverlässige Werte der Literatur zu den aus diesen Untersuchungen gewonnenen Ergebnissen hinzugefügt. In diese Gruppe gehören die Werte von Jameson [2] für Spiralrippenrohre und die Werte der Trane Company [3] für runde Rohre mit durchgehenden Rippen.

Wiederum wird eine abkürzende Bezeichnungsweise für die Oberflächen angewendet. Die Buchstaben **CF** (circular fin) beziehen sich auf runde Rippen, die spiralförmig auf dem Rohr angebracht sind. Die erste Zahlengruppe bezeichnet die Anzahl der Rippen pro Zoll, während sich die zweite (falls vorhanden) auf den Nennaußendurchmesser des Rohres im Falle eines runden Rohres oder auf die Rohrabmessung in Strömungsrichtung bei flachen Rohren bezieht.

Die dimensionsbehafteten Werte für alle Oberflächen aus berippten Rohren werden in Tab. 9—4 zusammengestellt. Da die grundlegenden Wärmeübertragungs- und Strömungsverlustwerte im Kap. 10 in verallgemeinerter dimensionsloser Form vorhanden sind, sind sie sicher auch auf Oberflächen anwendbar, die von der untersuchten Originalfläche abweichen; aber wiederum muß die vollständige geometrische Ähnlichkeit erhalten bleiben, wenn unterschiedliche Oberflächengrößen eingesetzt werden. Es wurde nicht der Versuch unternommen, die Beziehungen dahingehend zu verallgemeinern, daß derartige Änderungen in dimensionslosen Formen behandelt werden können.

Betrachtet wurden ausschließlich Oberflächen aus Spiralrippenrohren. Die grundlegenden Werte unterscheiden sich wahrscheinlich nicht merklich von den Werten für Lamellenrippenrohre.

9.4. Speicherflächen

Die Abb. 9—14 bis Abb. 9—16 zeigen drei Arten von Speicherflächen. Dabei werden am eindeutigsten die Speicher aus gekreuzten Stäben (Abb. 9—14) bezeichnet. Versetzte, fluchtende und beliebig geschichtete Stäbe mit vollkommener Schichtung (jede Lage berührt sich) wurden untersucht; die geometrischen Werte von sieben Ausführungsformen sind in Tab. 9—5 aufgeführt. Die diesbezüglichen direkt gemessenen Versuchswerte werden in den Abb. 10—90 bis Abb. 10—92 und in Tab. 10—10 angegeben.

Die Werte für Speicher aus willkürlich geschichteten Drahtsieben (Abb. 9—15) werden im Kap. 10 nicht tabelliert oder graphisch dargestellt; in diesem Kapitel werden somit keine detaillierten Abmessungen mitgeteilt. Für Speicher aus Drahtsieben werden die Versuchswerte im Kap. 7 nach den dort aufgeführten Literaturstellen angegeben.

Eine weitere Speicherfläche ist aus willkürlich geschichteten Kugeln aufgebaut (Abb. 9—16). Wiederum werden die aus der Literatur entnommenen Versuchswerte im Kap. 7 in allgemeingültiger Form zusammengefaßt, so daß hier keine Abmessungen genannt werden, da die dargestellten Kennlinien nicht direkt gemessene Werte einer entsprechenden Oberfläche enthalten. Die Koordinaten dieser Kennlinien werden dennoch im Kap. 10 tabelliert (Tab. 10—11), weil nur ein einziges Paar von Kennlinien für willkürlich geschichtete Kugelbetten vorgelegt wird.

Die Speicherflächen werden durch eine sehr hohe Kompaktheit der Flächen gekennzeichnet, wenn dünne Stäbe, Drähte oder kleine Kugeln verwendet werden, und sie besitzen auch hohe Wärmeübergangskoeffizienten. Typische Anwendungsgebiete für derartige Oberflächen sind Regeneratoren (siehe Kap. 2), Brennstoffelemente in Kernreaktoren und Energiespeicher in Abgassystemen.

9.5. Literatur

[1] Grimison, E. D.: Correlation and Utilization of New Data on Flow Resistance and Heat Transfer for Cross-flow of Gases over Tube Banks.
Trans. ASME 59 (1937).
[2] Jameson, S. L.: Tube Spacing in Finned-tube Banks.
Trans. ASME 67 (1945).
[3] Extended Surface Heat Transfer Equipment (as corrected).
Trane Company Bulletin DS-378, März 1953, The Trane Company, LaCrosse, Wisc.
[4] Briggs, D. C.; London, A. L.: The Heat Transfer and Flow Friction Characteristics of Five Offset Rectangular and Six Plain Triangular Plate-fin Heat Transfer Surfaces.
Trans. Intern. Heat Transfer Conf., 1961, Abhdlg. 14, S. 122, ASME.
[5] Briggs, D. C.; London, A. L.: The Heat Transfer and Flow Friction Characteristics of Five Offset Rectangular and Six Plain Triangular Plate-fin Heat Transfer Surfaces.
Tech. Rept 49, Department of Mechanical Engineering, Stanford University, November 1960.

Tab. 9—1. Oberflächenformen, Strömung in runden und abgeflachten Rohren

Oberflächen-bezeichnung	Rohrart	Hydraulischer Durchmesser $4\,r_h$ 10^{-3} m	$l/4\,r_h$	min. freier Strömungs-querschnitt des Rohres A_F 10^{-6} m²
ST − 1	rund	5,867	79,2	27,016
FT − 1	abgeflacht	4,368	....	20,392
FTD − 1	abgeflacht, eingedrückt	3,399	....	15,701

Tab. 9—2. Oberflächenformen, Strömung quer zu Rohrbündeln mit runden Rohren

Oberflächen-bezeichnung	Rohr-anordnung	Versuchsart	Rohrdurch-messer 10^{-3} m	Quer-teilung 10^{-3} m	Längs-teilung 10^{-3} m	hydraulischer Durchmesser $4 r_h$ 10^{-3} m	Freier Strömungs-querschnitt/ Frontalfläche Φ	Wärme-übertragungsfläche/ Gesamtvolumen A m^2/m^3
S 1.50 – 1.25(s)	versetzt	stat.	6,350	9,525	7,938	5,029	0,333	263,451
S 1.50 – 1.25	versetzt	inst.	9,525	14,288	11,908	7,569	0,333	175,197
S 1.25 – 1.25	versetzt	inst.	9,525	11,908	11,908	3,810	0,200	211,286
S 1.50 – 1.00	versetzt	inst.	9,525	14,288	9,525	6,071	0,333	220,144
S 1.50 – 1.50	versetzt	inst.	9,525	14,288	14,288	9,093	0,333	146,982
S 2.00 – 1.00	versetzt	inst.	9,525	19,050	9,525	9,957	0,414	165,026
S 2.50 – 0.75	versetzt	inst.	9,525	23,813	7,145	8,255	0,366	175,853
I 1.50 – 1.25(s)	flucht.	stat.	6,350	9,525	7,938	5,029	0,338	263,780
I 1.50 – 1.25	flucht.	inst.	9,525	14,288	11,908	7,569	0,333	175,853
I 1.25 – 1.25	flucht.	inst.	9,525	11,908	11,908	3,767	0,200	211,286
FT – 2	versetzt	stat.	abgefl.	siehe Abb.		4,374	0,386	354,331
FTD – 2	versetzt	stat.	abgefl.	siehe Abb.		4,877	0,423	354,331

Tab. 9—3. Oberflächenformen, ebene Oberflächen mit Rippen

(a) ebene Rippen

Oberflächen-bezeichnung	Platten-abstand s 10^{-3} m	Rippen pro m	Hydraulischer Durchmesser $4\,r_h$ 10^{-3} m	Rippen-dicke b 10^{-3} m	Strömungslänge l der nichtunter-brochenen Rippe 10^{-3} m	Wärmeübertra-gungsfläche/Volu-men zwischen den Platten B m^2/m^3	Rippenfläche/Gesamtfläche
2.0	19,050	78,74	14,453	0,813	304,800	249,672	0,606
3.01	19,050	118,50	10,820	0,813	304,800	322,507	0,706
3.97	19,050	156,30	8,585	0,813	304,800	391,732	0,766
4.00	4,572	s. Abb.	4,572	s. Abb.	457,200	s. Abb.	0,500
5.3	11,938	208,66	6,147	0,152	63,246	616,797	0,719
6.2	10,287	244,09	5,537	0,254	30,480	669,291	0,728
9.03	20,904	355,51	4,643	0,203	30,226	800,525	0,888
11.1	6,350	437,01	3,081	0,152	63,500	1204,068	0,756
11.11(a)	12,192	437,02	3,518	0,203	203,200	1023,622	0,854
14.77	8,382	581,50	2,588	0,152	63,754	1377,953	0,844
15.08	10,617	593,70	2,672	0,152	173,736	1358,268	0,870
19.86	6,350	781,89	1,875	0,152	63,754	1840,551	0,849
10.27 T	13,818	404,33	3,835	0,254	127,000	951,115	0,863
11.94 T	6,325	470,08	2,870	0,152	127,000	1289,370	0,769
12.00 T	6,350	472,44	2,870	0,152	63,500	1288,386	0,773
16.96 T	6,502	676,72	1,722	0,152	127,000	1994,094	0,861
25.79 T	5,182	1015,35	1,151	0,152	63,500	2807,087	0,884
30.33 T	8,763	1194,09	1,222	0,152	63,500	2665,682	0,928
46.45 T	2,540	1828,74	0,805	0,051	66,802	4371,719	0,837

Tab. 9–3 (Fortsetzung 1):

(b) unebene Rippen								
Oberflächen-bezeichnung	Platten-abstand s 10^{-3} m	Rippen pro m	Hydraulischer Durchmesser $4\,r_h$ 10^{-3} m	Rippen-dicke b 10^{-3} m	Schlitz-abstand 10^{-3} m	Schlitz-lücke 10^{-3} m	Wärmeübertragungsfläche/Volumen zwischen den Platten B m^2/m^3	Rippenfläche/Gesamtfläche
3/8–6.06	6,350	238,58	4,453	0,152	9,525	1,397	839,895	0,640
3/8(a)–6.06	6,350	238,58	4,453	0,152	9,525	3,302	839,895	0,640
1/2–6.06	6,350	238,58	4,453	0,152	12,700	1,397	839,895	0,640
1/2(a)–6.06	6,350	238,58	4,453	0,152	12,700	3,302	839,895	0,640
3/8–8.7	6,350	342,52	3,650	0,152	9,525	1,397	1007,218	0,705
3/8(a)–8.7	6,350	342,52	3,650	0,152	9,525	2,032	1007,218	0,705
3/16–11.1	6,350	437,01	3,084	0,152	4,763	1,397	1204,068	0,756
1/4–11.1	6,350	437,01	3,084	0,152	6,350	1,397	1204,068	0,756
1/4(b)–11.1	6,350	437,01	3,084	0,152	6,350	1,397	1204,068	0,756
3/8–11.1	6,350	437,01	3,084	0,152	9,525	1,397	1204,068	0,756
3/8(b)–11.1	6,350	437,01	3,084	0,152	9,525	1,397	1204,068	0,756
1/2–11.1	6,350	437,01	3,084	0,152	12,700	1,397	1204,068	0,756
3/4–11.1	6,350	437,01	3,084	0,152	19,050	1,016	1204,068	0.756
3/4(b)–11.1	6,350	437,01	3,084	0,152	19,050	1,016	1204,068	0,756

Tab. 9–3 (Fortsetzung 2):

(c) versetzte ebene Rippen kurzer Lauflänge

Oberflächen-bezeichnung	Plattenabstand s 10^{-3} m	Rippen pro m	Hydraulischer Durchmesser $4 r_h$ 10^{-3} m	Rippendicke b 10^{-3} m	Strömungslänge l der nichtunterbrochenen Rippe 10^{-3} m	Wärmeübertragungsfläche/Volumen zwischen den Platten B m^2/m^3	Rippenfläche/Gesamtfläche
1/4(s)–11.1	6,350	437,01	3,084	0,152	6,350	1204,07	0,756
3/32–12.2	12,319	480,32	3,411	0,102	2,388	1115,49	0,862
1/8–15.2	10,516	598,43	2,647	0,152	3,175	1368,11	0,873
1/8–13.95	9,525	549,21	2,680	0,254	3,175	1250,00	0,840
1/2–11.94(D)	6,020	470,08	2,266	0,152	12,700	1512,47	0,796
1/4–15.4(D)	5,232	606,30	1,605	0,152	6,350	2106,30	0,816
1/6–12.18(D)	8,966	479,53	2,636	0,102	4,521	1384,51	0,847
1/7–15.75(D)	7,722	620,08	2,070	0,102	3,632	1725,72	0,859
1/8–20.06(D)	5,105	789,76	1,491	0,102	3,175	2290,03	0,843
1/8–19.82(D)	5,207	780,32	1,537	0,102	3,175	2230,97	0,841
1/8–16.12(D)	5,232	634,65	1,552	0,152	3,175	2165,35	0,823
1/8–16.00(D)	6,477	629,92	1,862	0,152	3,175	1804,46	0,845
1/8–16.12(T)	7,976	634,65	1,567	0,152	3,175	2132,55	0,882

Tab. 9 – 3 (Fortsetzung 3):

(d) wellenförmige Rippen

Oberflächen-bezeichnung	Platten-abstand s 10^{-3} m	Rippen pro m	Hydraulischer Durchmesser $4 r_h$ 10^{-3} m	Rippen-dicke b 10^{-3} m	Wellen-länge 10^{-3} m	Doppel-amplitude der Welle 10^{-3} m	Wärmeübertragungsfläche/Volumen zwischen den Platten B m^2/m^3	Rippenfläche/Gesamtfläche
11.44 – 3/8W	10,490	450,39	3,231	0,152	9,525	1,969	1151,57	0,847
11.5 – 3/8W	9,525	452,76	3,023	0,254	9,525	1,981	1138,45	0,822
17.8 – 3/8W	10,490	700,79	2,123	0,152	9,525	1,969	1686,35	0,892

(e) stiftförmige Rippen

Oberflächen bezeichnung	Platten-abstand s 10^{-3} m	Stift-anordnung	Hydraulischer Durchmesser $4 r_h$ 10^{-3} m	Stift-durch-messer 10^{-3} m	Stiftabstand quer zur Strömungsrichtung 10^{-3} m	Stiftabstand in Strömungsrichtung 10^{-3} m	Wärmeübertragungsfläche/Volumen zwischen den Platten B m^2/m^3	Rippenfläche/Gesamtfläche
AP – 1	6,096	fluchtend	4,404	1,016	3,175	3,175	616,80	0,512
AP – 2	10,109	fluchtend	3,576	1,016	3,048	2,438	669,29	0,686
PF – 3	19,050	fluchtend	1,636	0,787	1,529	1,529	1112,20	0,834
PF – 4(F)	12,751	versetzt	5,664	1,651	5,055	3,175	459,32	0,704
PF – 9(F)	12,954	fluchtend	9,042	1,651	6,045	4,978	315,62	0,546
PF – 10(F)	11,176	fluchtend	4,343	1,600 × 0,533	2,286	2,794	702,10	0,693

(f) perforierte Rippen

Oberflächen-bezeichnung	Platten-abstand s 10^{-3} m	Rippen pro m	Hydraulischer Durchmesser $4 r_h$ 10^{-3} m	Rippen-dicke b 10^{-3} m	Loch-durchmesser 10^{-3} m	Löcher pro m^2	Wärmeübertragungsfläche/Volumen zwischen den Platten B m^2/m^3	Rippenfläche/Gesamtfläche
13.95(P)	5,080	509,84	2,504	0,305	2,007	4960	1250,00	0,705

Tab. 9—4. Oberflächenformen, Strömung quer zu Rohrbündeln mit berippten Rohren

(a) Spiralrippenrohre

Oberflächenbezeichnung	Rohranordnung	Rohrdurchmesser 10^{-3} m	Rippenaußendurchmesser 10^{-3} m	Querteilung 10^{-3} m	Längsteilung 10^{-3} m	Rippen pro m	Hydraul. Durchmesser $4\,r_h$ 10^{-3} m	Rippendicke b 10^{-3} m	Freier Strömungsquerschnitt/Frontalfläche Φ	Wärmeübertragungsfläche/Gesamtvolumen A m²/m³	Rippenfläche/Gesamtfläche
CF – 7.34	vers.	9,652	23,368	24,765	20,320	288,98	4,750	0,457	0,538	459,32	0,892
CF – 8.72	vers.	9,652	23,368	24,765	20,320	343,31	3,929	0,457	0,524	534,78	0,910
CF – 8.72(c)	vers.	10,668	21,869	24,765	20,320	343,31	4,425	0,483	0,494	446,19	0,876
CF – 11.46	vers.	9,652	23,368	24,765	20,320	451,18	2,979	0,406	0,510	685,70	0,931
CF – 7.0 – 5/8 J	vers.	16,383	28,473	31,293	34,290	275,59	6,680	0,254	0,449	269,03	0,830
CF – 8.7 – 5/8 J(A)	vers.	16,383	28,473	31,293	34,290	342,52	5,486	0,254	0,443	323,82	0,862
CF – 8.7 – 5/8 J(B)	vers.	16,383	28,473	46,939	34,290	342,52	11,684	0,254	0,628	215,55	0,862
CF – 9.05 – 3/4 J(A)	vers.	19,660	37,160	39,548	44,450	356,30	5,131	0,305	0,455	354,33	0,835
CF – 9.05 – 3/4 J(B)	vers.	19,660	37,160	50,343	44,450	356,30	8,179	0,305	0,572	279,20	0.835
CF – 9.05 – 3/4 J(C)	vers.	19,660	37,160	69,215	44,450	356,30	13,589	0,305	0,688	203,08	0,835
CF – 9.05 – 3/4 J(D)	vers.	19,660	37,160	69,215	20,320	356,30	4,846	0,305	0,537	442,91	0,835
CF – 9.05 – 3/4 J(E)	vers.	19,660	37,160	50,343	34,925	356,30	6,426	0,305	0,572	354,33	0,835
CF – 8.8 – 1.0 J(A)	vers.	26,010	44,120	49,759	52,400	346,46	5,893	0,305	0,439	299,21	0,825
CF – 8.8 – 1.0 J(B)	vers.	26,010	44,120	78,207	52,400	346,46	13,208	0,305	0,642	190,62	0,825

Tab. 9–4 (Fortsetzung):

(b) runde Rohre mit durchgehenden Rippen

Oberflächen-bezeichnung	Rohr-anord-nung	Rohr-durch-messer 10^{-3} m	Rippen-art	Rippen pro m	Hydraulischer Durchmesser $4r_h$ 10^{-3} m	Rippen-dicke b 10^{-3} m	Freier Strömungsquer-schnitt/Frontal-fläche Φ	Wärmeübertra-gungsfläche/Gesamtvolumen A m^2/m^3	Rippenfläche/Gesamtfläche
8.0–3/8 T	versetzt	10,211	glatt	314,96	3,632	0,330	0,534	587,27	0,913
7.75–5/8 T	versetzt	17,170	glatt	305,12	3,480	0,406	0,481	554,46	0,950

(c) flache Rohre mit durchgehenden Rippen

Oberflächen-bezeichnung	Rohr-anord-nung	Rippen-art	Rohrlänge (in Strömungs-richtung) 10^{-3} m	Rohrbreite (quer zur Strömungs-richtung) 10^{-3} m	Rippen pro m	Hydrau-lischer Durch-messer $4r_h$ 10^{-3} m	Rippen-dicke b 10^{-3} m	Freier Strö-mungsquer-schnitt/Fron-talfläche Φ	Wärmeüber-tragungs-fläche/Ge-samtvolumen A m^2/m^3	Rippen-fläche/Gesamt-fläche
9.68–0.87	flucht.	glatt	22,098	3,048	381,10	3,597	0,102	0,697	751,31	0,795
9.1–0.737–S	vers.	glatt	18,720	2,540	358,27	4,206	0,102	0,788	734,91	0,813
9.68–0.87–R	flucht.	geriffelt	22,098	3,048	381,10	3,597	0,102	0,697	751,31	0,795
9.29–0.737–SR	vers.	geriffelt	18,720	2,540	365,75	4,120	0,102	0,788	748,03	0,814
11.32–0.737–SR	vers.	geriffelt	18,720	2,540	445,67	3,510	0,102	0,780	885,83	0,845

Tab. 9—5. Oberflächenformen, Strömung durch Speicher aus gekreuzten Stäben

Speicher-Nr.	Porösität P	Stabdurchmesser 10^{-3} m	Querteilungsverhältnis Σq	Hydraulischer Radius r_h 10^{-3} m	Freier Strömungsquerschnitt/Frontalfläche Φ	Wärmeübertragungsfläche/Gesamtvolumen A m^2/m^3	$\frac{Re}{Re_d}$
I	0,832	9,525	4,675	11,796	0,618	70,54	3,68
II	0,817	9,525	4,292	10,638	0,588	76,77	3,21
III	0,766	9,525	3,356	7,803	0,493	98,43	2,11
IV	0,725	9,525	2,856	6,279	0,422	115,49	1,536
V	0,675	9,525	2,417	4,938	0,344	136,48	1,058
VI	0,602	9,525	1,974	3,597	0,243	166,99	0,612
VII	0,500	9,525	1,571	2,380	0,132	209,97	0,264

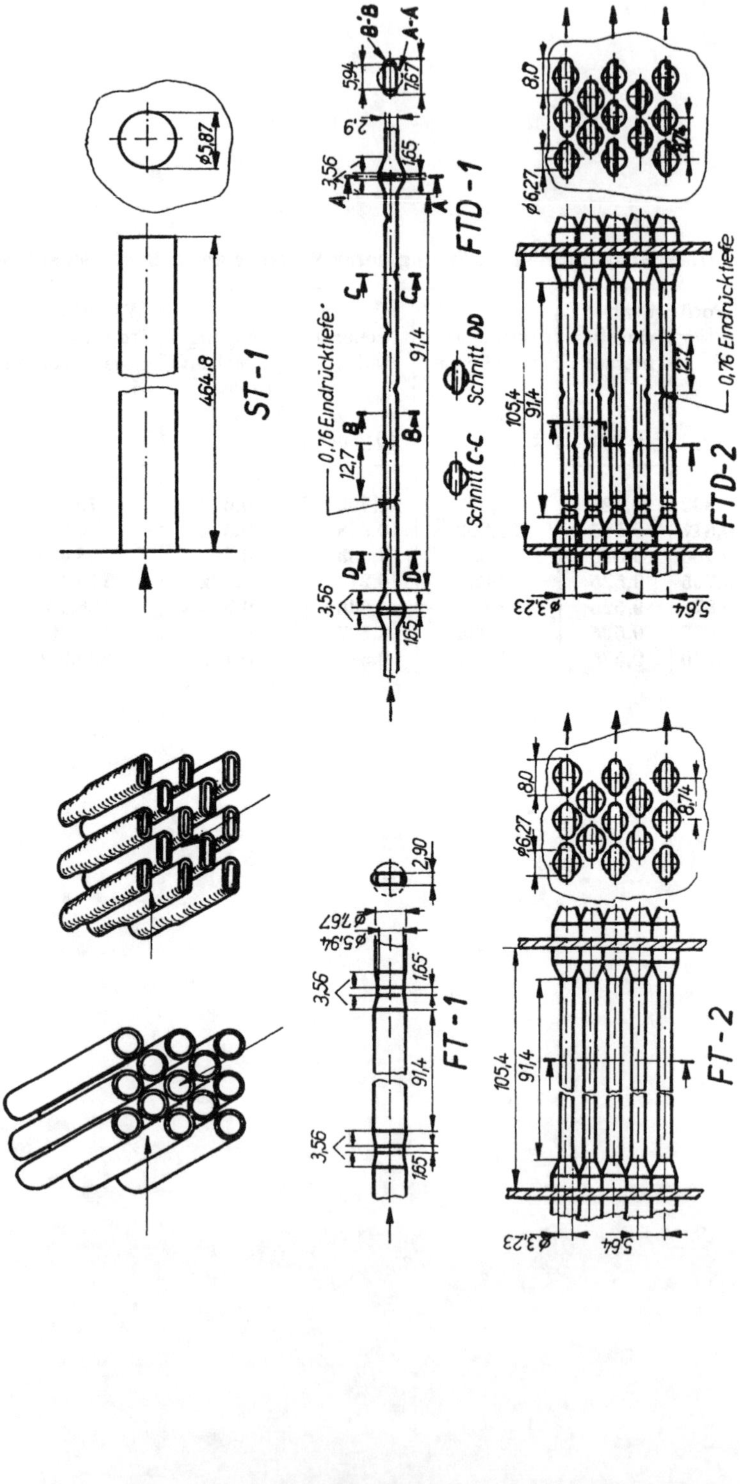

Abb. 9-1. Rohroberflächen

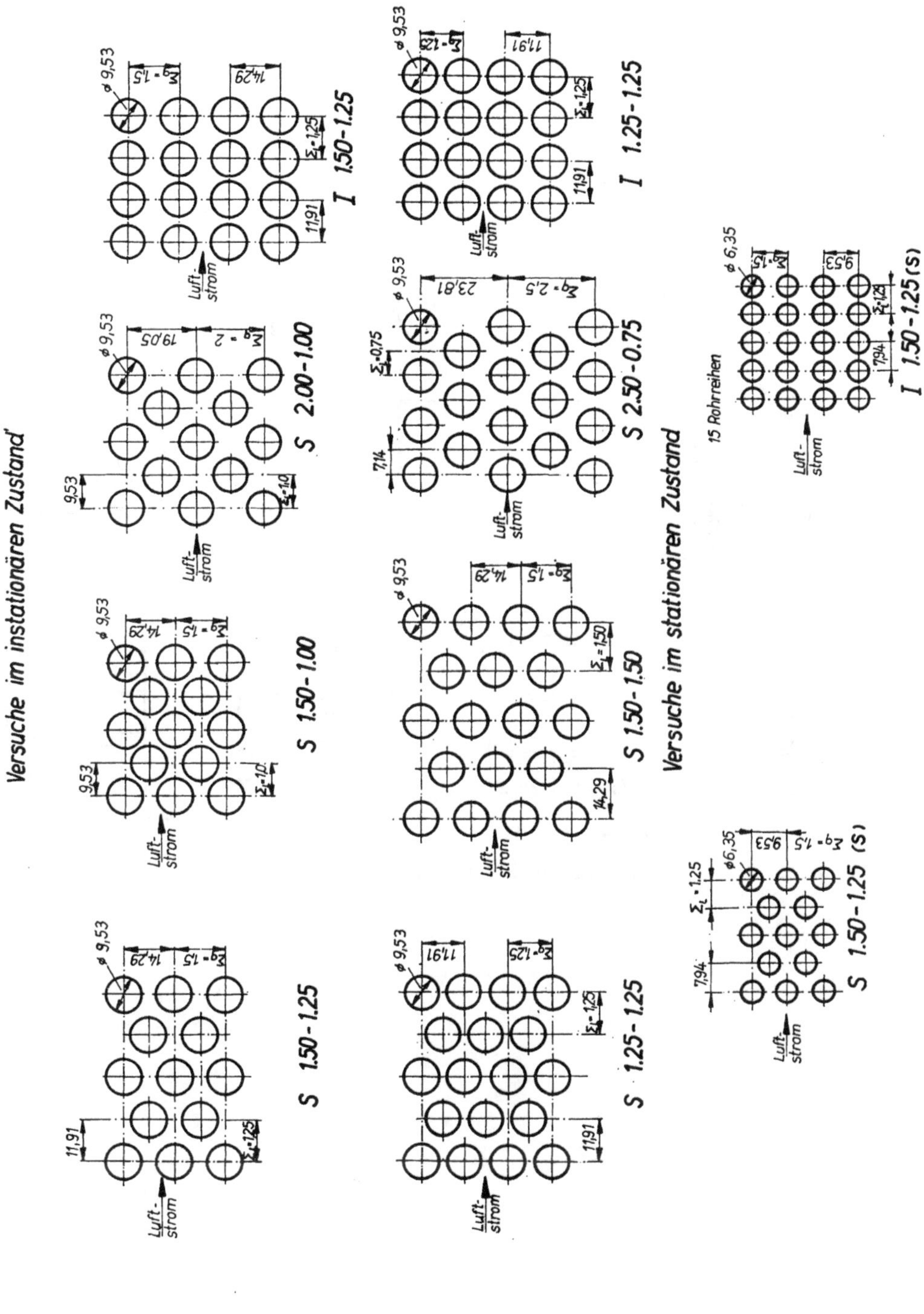

Abb. 9-2. Rohroberflächen

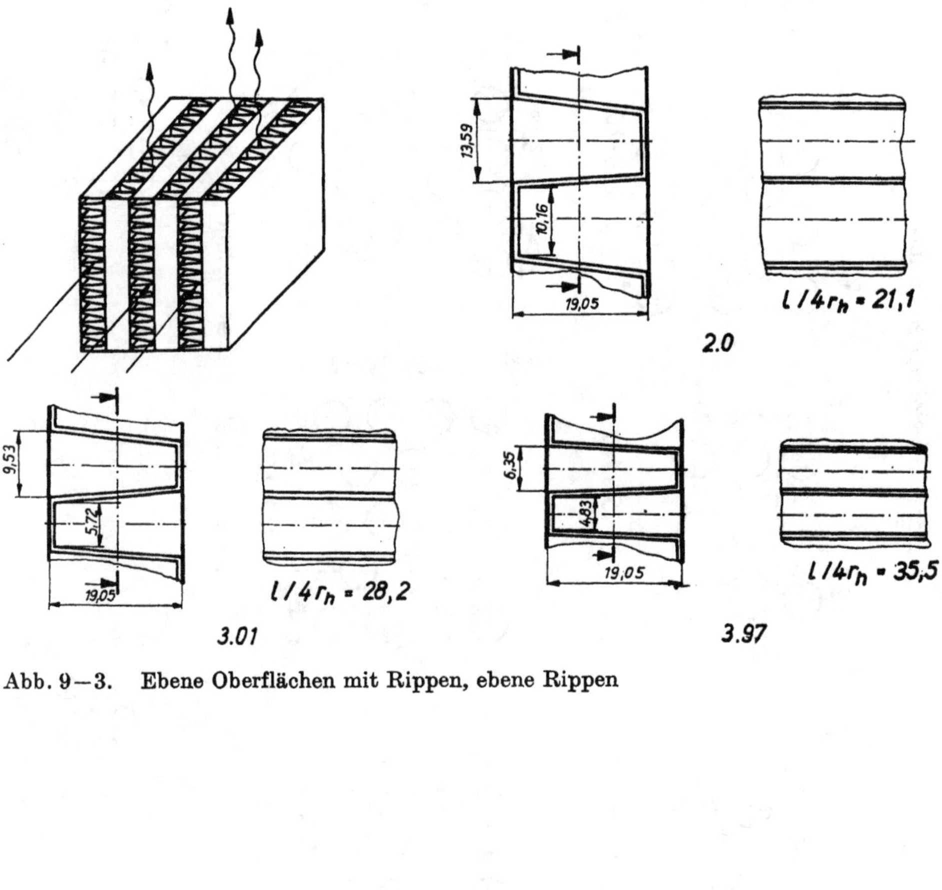

Abb. 9—3. Ebene Oberflächen mit Rippen, ebene Rippen

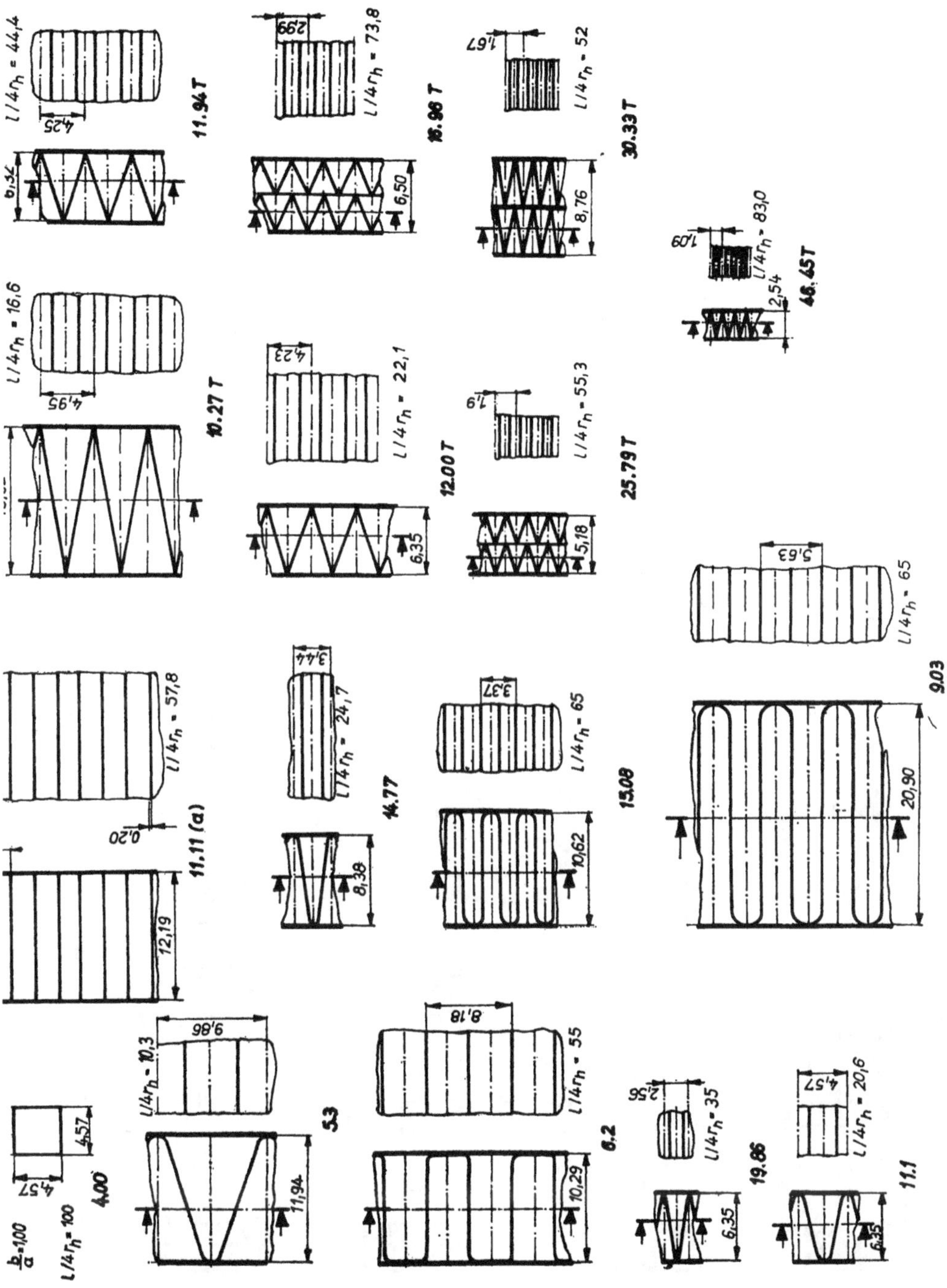

Abb. 9—4. Ebene Oberflächen mit Rippen, ebene Rippen

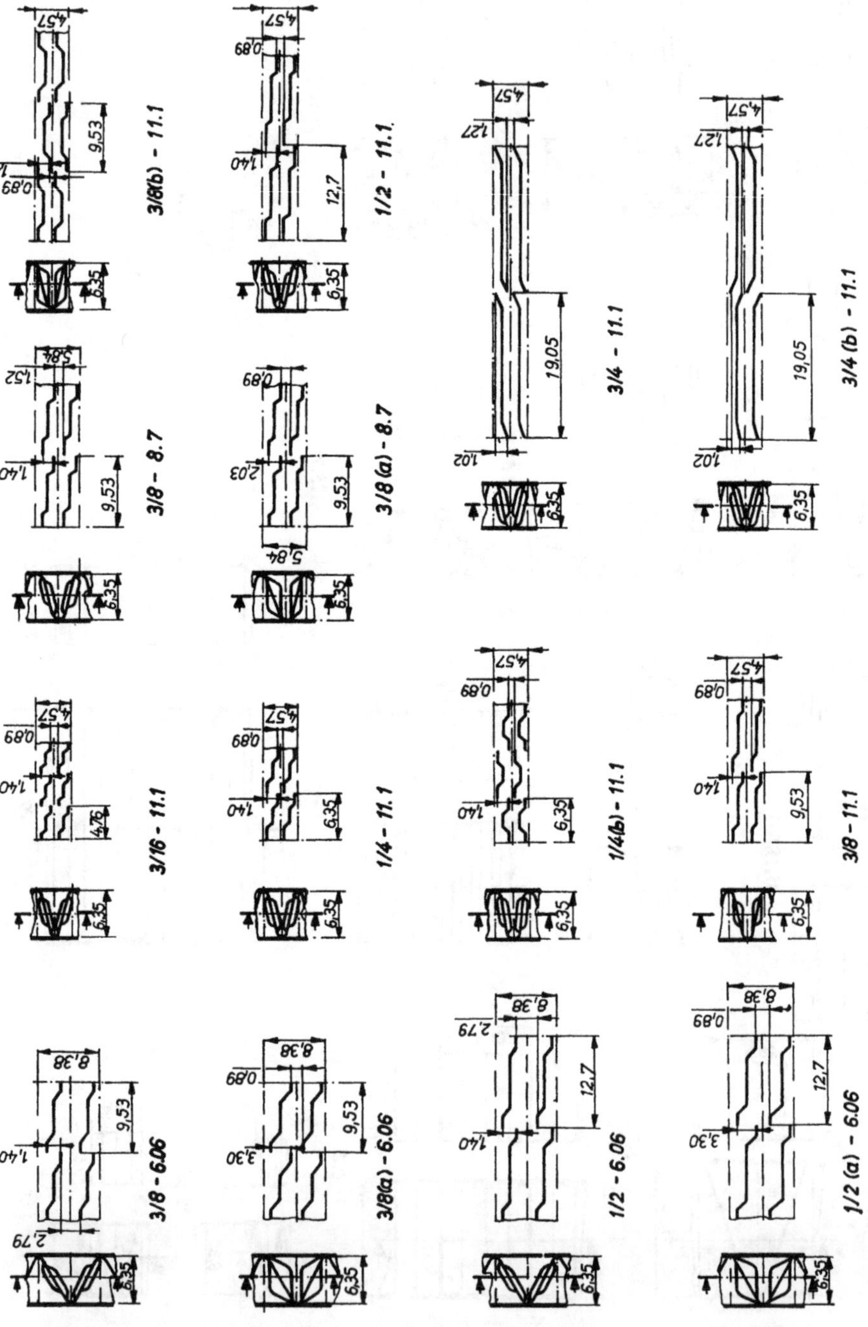

Abb. 9–5. Ebene Oberflächen mit Rippen, unebene Rippen

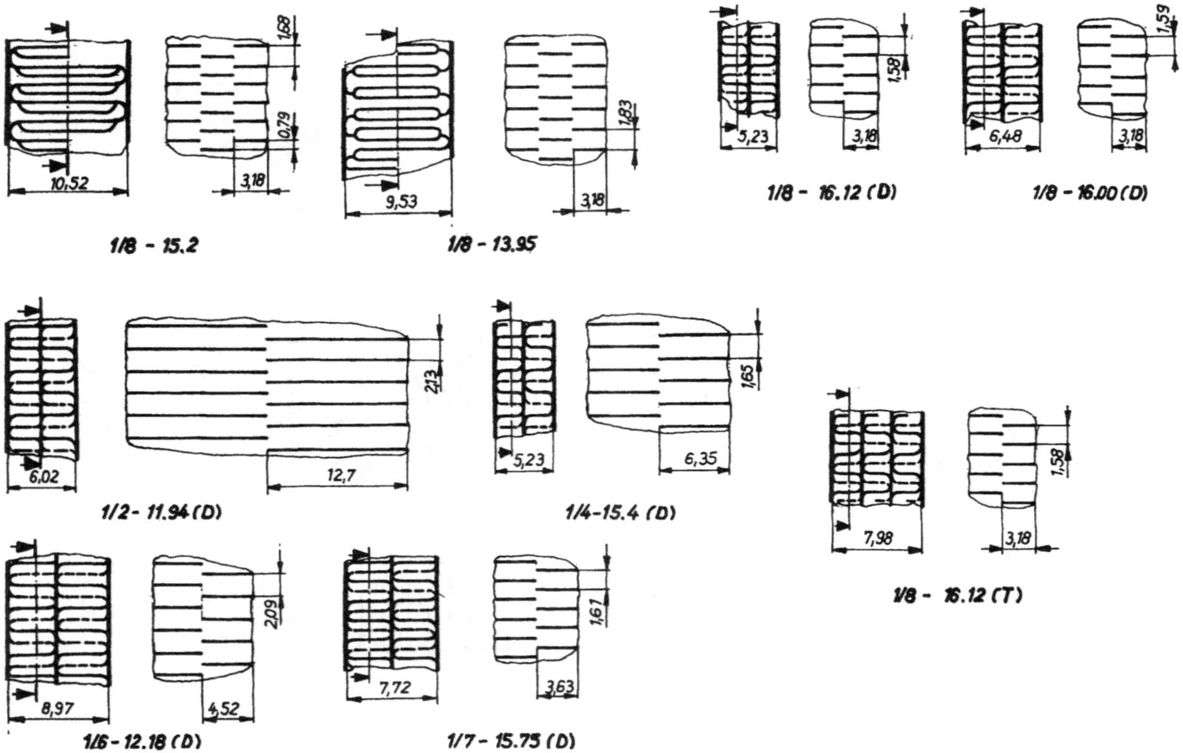

Abb. 9 – 6. Ebene Oberflächen mit Rippen, versetzte ebene Rippen

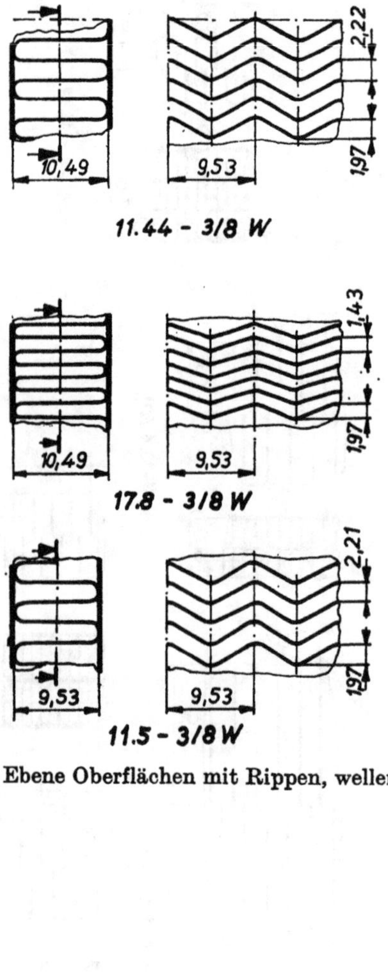

Abb. 9–7. Ebene Oberflächen mit Rippen, wellenförmige Rippen

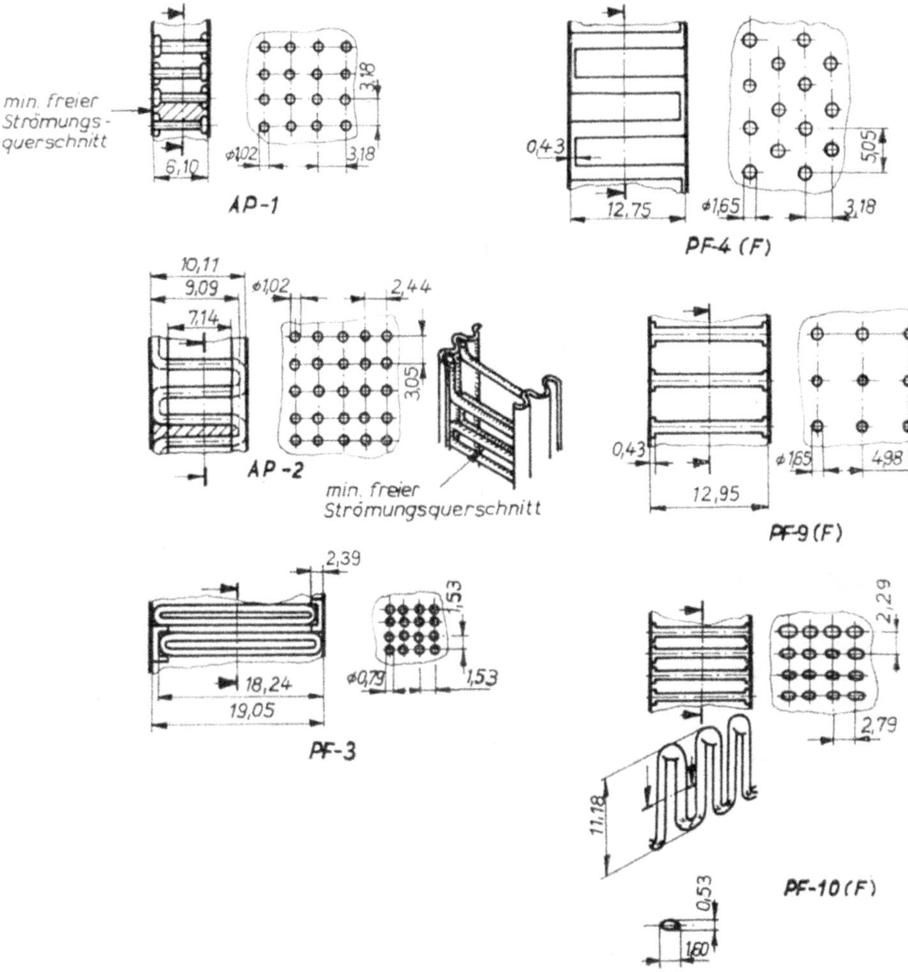

Abb. 9–8. Ebene Oberflächen mit Rippen, stiftförmige Rippen

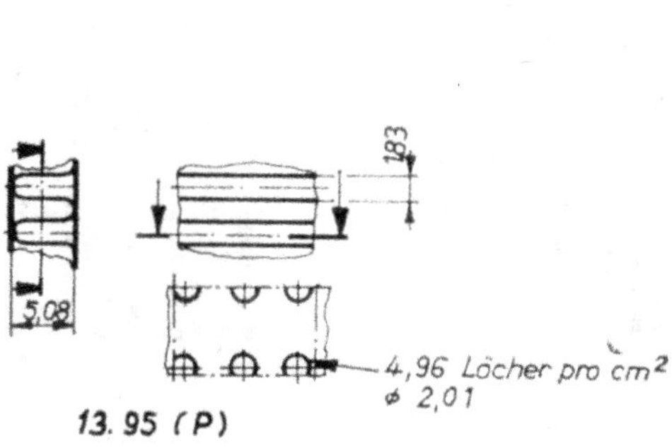

Abb. 9–9. Ebene Oberfläche mit Rippen, perforierte Rippen

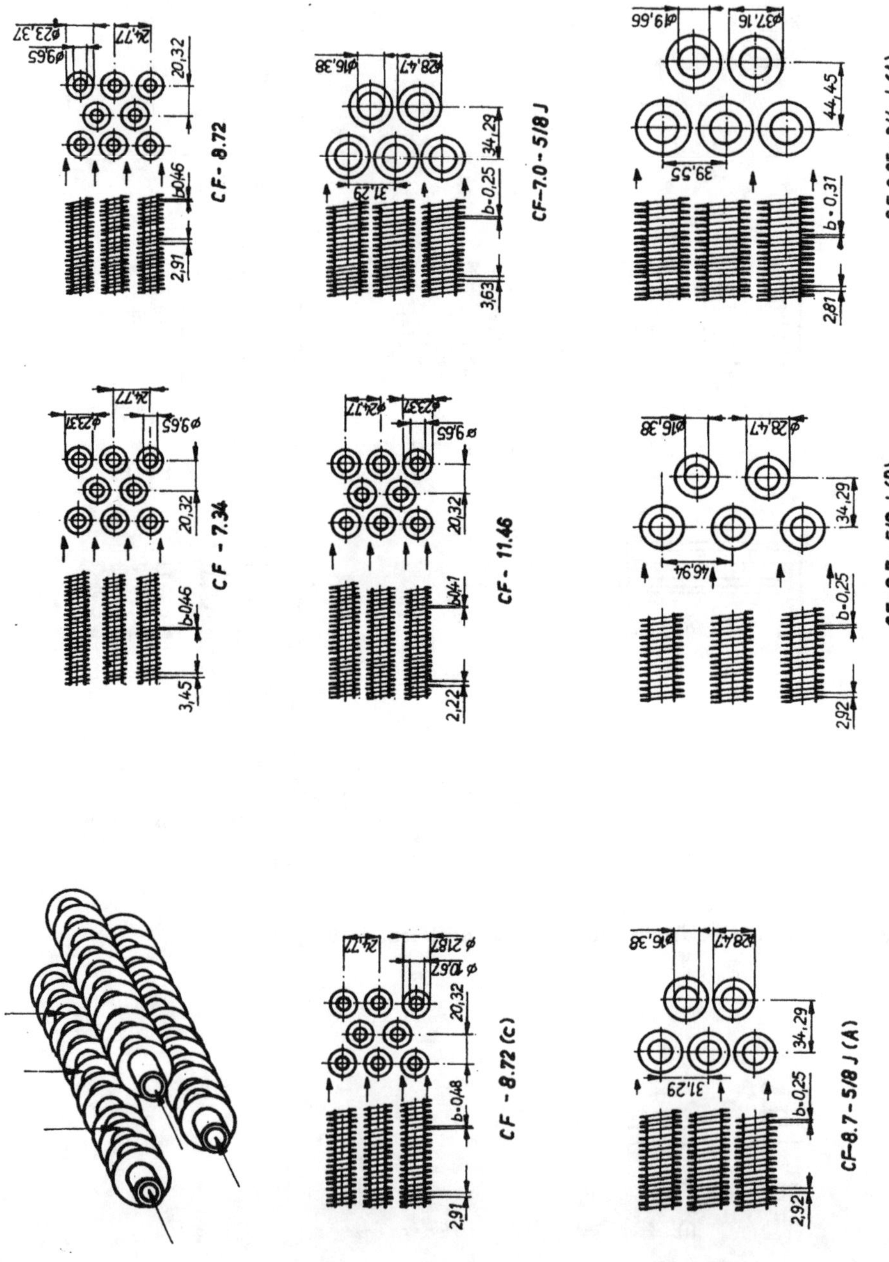

Abb. 9–10. Oberflächen mit berippten Rohren; Spiralrippenrohre

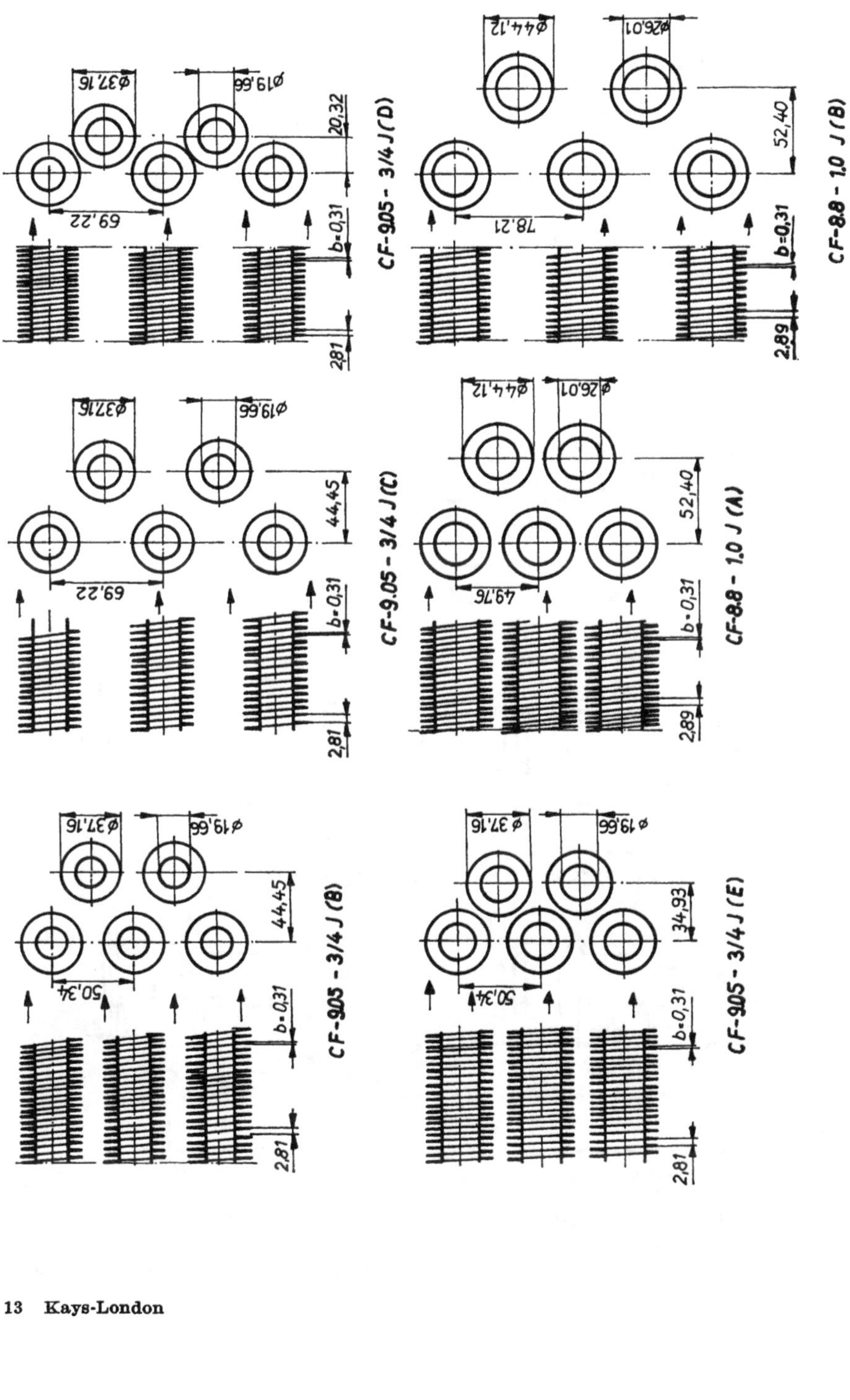

Abb. 9—11. Oberflächen mit berippten Rohren; Spiralrippenrohre (Fortsetzung)

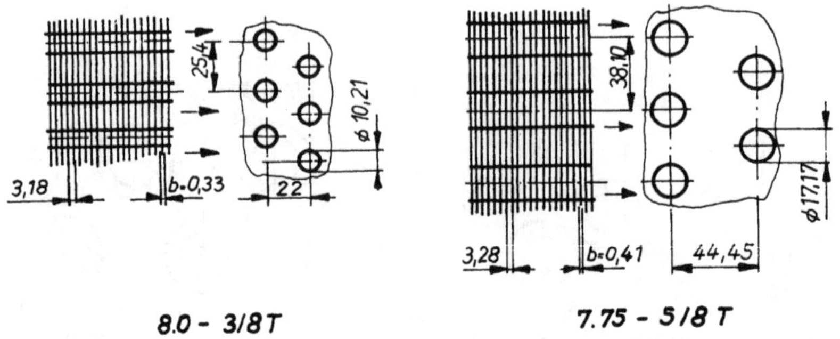

Abb. 9 — 12. Oberflächen mit berippten Rohren; runde Rohre mit durchgehenden Rippen

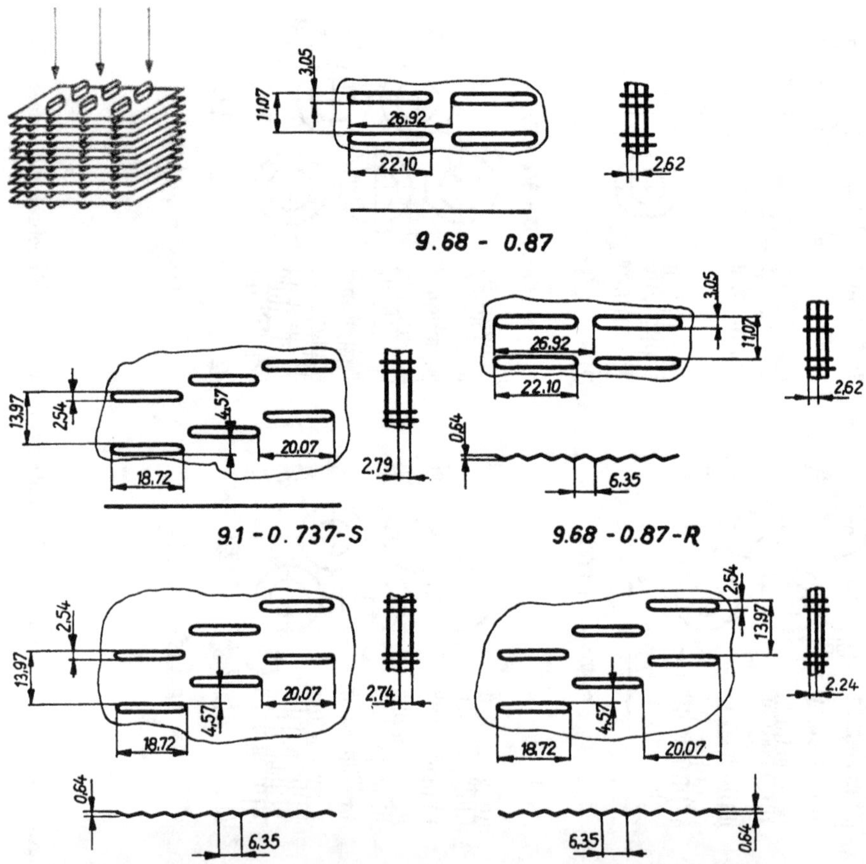

Abb. 9 — 13. Oberflächen mit berippten Rohren, flache Rohre mit durchgehenden Rippen

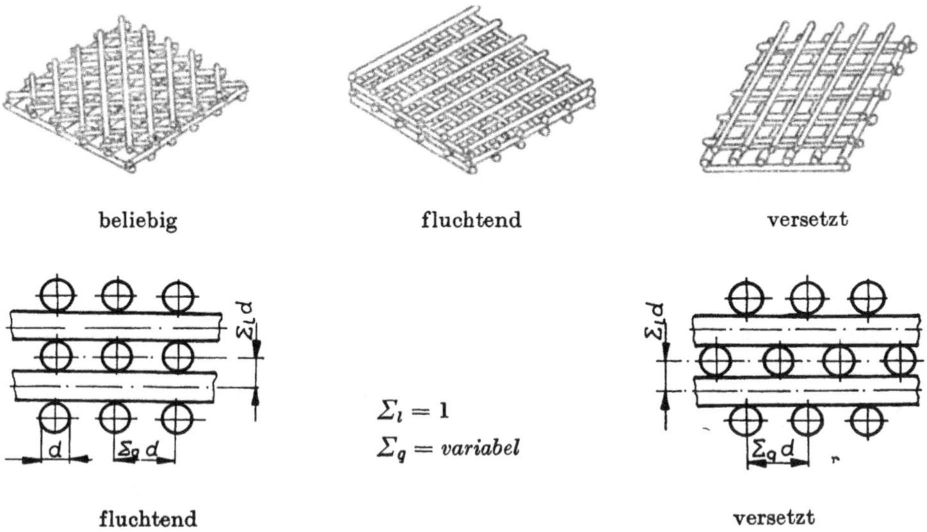

Abb. 9—14. Speicherflächen, Speicher aus gekreuzten Stäben

Abb. 9—15. Speicherflächen, Speicher aus Drahtsieben. Siehe die zusammenfassenden Kennlinien (Abb. 7—8 und Abb. 7—9) für die Wärmeübertragungs- und Strömungsverlustkenngrößen

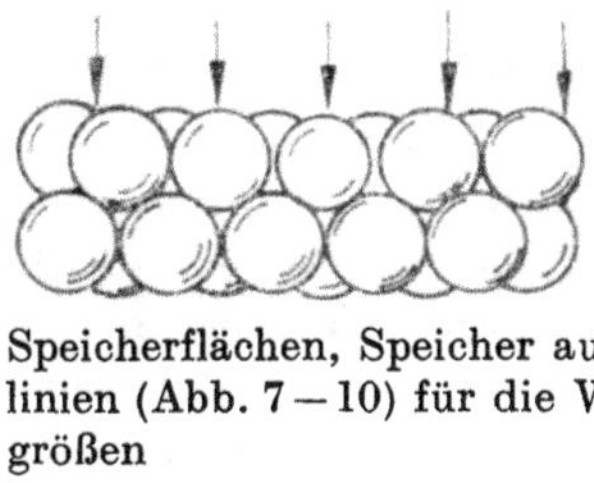

Abb. 9—16. Speicherflächen, Speicher aus Kugeln. Siehe die zusammenfassenden Kennlinien (Abb. 7—10) für die Wärmeübertragungs- und Strömungsverlustkenngrößen

10. Wärmeübertragungs- und Strömungsverlustwerte für den Wärmeübertragerentwurf

In diesem Kapitel werden für 120 Hochleistungsoberflächen die direkt gemessenen Versuchswerte angegeben. Die Oberflächenformen wurden im vorangegangenen Kapitel vollständig beschrieben. Die Literaturstellen für die übernommenen Meßwerte und die Versuchsverfahren wurden im Kap. 8 dargelegt. Dieses Kapitel besteht aus einer kurzen Beschreibung der Tabellen und Diagramme und wird durch einige Erläuterungen bestimmter Versuchsergebnisse ergänzt, die eine nähere Erklärung erfordern.

Die Versuchsergebnisse der verschiedenen Oberflächenarten werden in der gleichen Reihenfolge wie die Oberflächenformen in den Abb. 9—1 bis Abb. 9—16 dargestellt. Die Oberflächen können sowohl durch die Bezeichnung als auch durch die Darstellung der Oberfläche, die über jedem Diagramm der Wärmeübertragungs- und Strömungsverlustwerte erscheint, bestimmt werden. Die entsprechenden Abmessungen jeder Oberfläche werden unterhalb der Abbildung angegeben. Es sind die gleichen Maßangaben, die in den Tab. 9—1 bis Tab. 9—5 enthalten sind.

Die Abszisse jedes Diagrammes ist die Reynoldszahl $Re = 4\,r_h \cdot \dot{m}/\mu$. In *allen Fällen*, mit Ausnahme der Speicherflächen, beruht $\dot{m}$ auf dem minimalen freien Strömungsquerschnitt A_F und $4\,r_h$ wird durch Gl. (1—4) definiert. Für die Speicherflächen wird $\dot{m}$ auf den Wert PA_{fr}, einem „effektiven" freien Strömungsquerschnitt, bezogen. Die Ordinate wird für zwei Kenngrößen benutzt:

1. Strömungsverlustbeiwert c_f, in *allen Fällen* nach Gl. (1—5) definiert
2. Wärmeübertragungskenngröße $StPr^{2/3} = (\alpha/\dot{m} \cdot c_p)\,(\mu \cdot c_p/\lambda)^{2/3}$

Die einzelnen Meßpunkte wurden in den Diagrammen für alle Versuchsergebnisse eingezeichnet, die unmittelbar unter der Leitung der Autoren bestimmt wurden. Die mit einem kleinen Kreis (○) dargestellten Meßpunkte wurden bei den Wärmeübertragungsversuchen ermittelt (Versuche mit warmem Übertrager). Die mit Kreuzen bezeichneten Meßpunkte (×) entstanden bei den Versuchen zur Bestimmung des Strömungsverlustbeiwertes, die mit kaltem Wärmeübertrager ausgeführt wurden (Versuche mit kaltem Wärmeübertrager). Der in einigen Fällen zu bemerkende Unterschied zwischen den mit warmem und den mit kaltem Übertrager ermittelten Strömungsverlustbeiwerten (siehe zum Beispiel Abb. 10—1) entsteht durch die im Kap. 4 besprochenen temperaturabhängigen Stoffeigenschaften.

Die durch die Meßpunkte gezogenen starken Linien stellen die beste Auslegung der Versuchswerte dar. Die $StPr^{2/3}$-Kennlinie für die Dampf–Luft-Versuche liegt besonders bei hohen Reynoldszahlen etwas über den Meßpunkten. Das erklärt sich aus der Tatsache, daß die Meßpunkte unmittelbar aus den Versuchswerten ohne Korrektur für den Wärmeübergangswiderstand der Kondensatschicht auf der Dampfseite der Wärmeübertragungsflächen berechnet wurden. Bevor die stark ausgezogenen Kennlinien eingezeichnet wurden, ist eine Korrektur aus der Abschätzung des dampfseitigen Übergangswiderstandes vorgenommen worden; die Differenz zwischen den Meßpunkten und den eingezeichneten Kennlinien stellt das Maß dieser Korrektur dar. Da der dampfseitige Übergangswiderstand im allgemeinen weniger als 10% des Gesamtübergangswiderstandes betrug, war nur eine annähernd genaue Abschätzung dieses Widerstandes notwendig. Für die bei der instationären Meßmethode erhaltenen Ergebnisse ist für den dampfseitigen Widerstand keine Korrektur nötig; deshalb wurde in diesen Fällen die eingezeichnete Kennlinie durch die Meßpunkte gelegt.

Die Kennlinien des Strömungsverlustbeiwertes bester Auslegung gehen in allen Fällen durch die Meßpunkte des kalten Übertragers, wenn sowohl bei warmem als auch bei kaltem Übertrager Meßwerte ermittelt wurden, da hier keine Unsicherheiten durch die Einflüsse der temperaturabhängigen Eigenschaften vorhanden sind.

Die Abb. 10—11, Abb. 10—15, Abb. 10—16 und Abb. 10—79 bis Abb. 10—84 enthalten keine Meßpunkte. Die Kennlinien wurden aus Gleichungen berechnet, die aus den angegebenen Literaturstellen abgeleitet wurden, und stellen somit keine unter Leitung der Autoren bestimmten Werte dar. Die Ergebnisse sind in diese Zusammenfassung einbezogen worden, um eine vollständigere Behandlung der Hochleistungsoberflächen zu ermöglichen; es sind sicher die besten in der Literatur auffindbaren Werte über die betrachteten Oberflächen.

Die Tab. 10—1 bis Tab. 10—11 fassen die Wärmeübertragungs- und Strömungsverlustwerte aller unter der Leitung der Autoren untersuchten Oberflächen zusammen. Die tabellarischen Zusammenfassungen wurden direkt aus den eingezeichneten Kennlinien entnommen und stellen keine Meßpunkte dar. Sie sind für den Leser bestimmt, der eigene Kurven zeichnen möchte.

Gewisse Merkmale der einzelnen Diagramme werden nun in der Reihenfolge ihres Auftretens behandelt.

In Abb. 10—12 wird die Kennlinie für den Strömungsverlustbeiwert am Ende des hohen Reynoldszahlbereiches gestrichelt gezeichnet. Rohrbündel mit fluchtenden Rohren zeigen oft eine ausgeprägte Tendenz zum Pfeifen, und bei genügend intensivem Ton kann dadurch der Strömungsverlustbeiwert ansteigen. Die in Abb. 10—12 gezeigte Oberfläche pfiff oberhalb $Re = 9000$, so daß der Strömungsverlustbeiwert anstieg. Die gestrichelte Linie stellt den wahrscheinlichen Verlauf der Kennlinie des Strömungsverlustbeiwertes ohne Pfeifen dar.

Da das Pfeifen ein akustisches Phänomen ist, das neben der Reynoldszahl auch durch andere Faktoren beeinflußt wird, wurden die durch das Pfeifen stark veränderten Meßpunkte nicht beachtet. Die Tendenz zum Pfeifen kann in einigen Anwendungsfällen die Verwendung solcher Oberflächen verbieten, wenn nicht entsprechende akustische Maßnahmen eingeleitet werden [1], [2]. Andere Oberflächenarten mit derartigen Erscheinungen werden anschließend betrachtet.

In den Abb. 10—13 und Abb. 10—14 wurde für die Wärmeübertragungsmeßwerte bei kleinen Reynoldszahlen keine Kennlinie eingetragen. Diese Oberflächen wurden mit einem instationären Meßverfahren untersucht, das im Bereich der turbulenten Strömung zwar zufriedenstellende Ergebnisse liefert, aber bei laminarer Strömung keine gültigen Werte ergibt. Deshalb wird die Linie bester Auslegung nur im Bereich der voll entwickelten turbulenten Strömung gezeigt.

Aus Abb. 10—17 kann ersehen werden, daß bei Reynoldszahlen über $Re = 5000$ durch das Pfeifen erhebliche Schwierigkeiten auftraten, wodurch sowohl die Wärmeübertragungs- als auch die Strömungsverlustwerte beeinflußt wurden.

Abb. 10—22 zeigt Versuchsergebnisse für einen Wärmeübertrager, der aus Kanälen quadratischen Querschnittes aufgebaut ist. Es wurde für diesen Wärmeübertrager eine Versuchsanlage benutzt, bei der der Wärmeübergang von warmem Wasser an Luft erfolgte; die Wandtemperatur wurde direkt gemessen, so daß für den wasserseitigen Wärmeübergangswiderstand keine Korrektur notwendig war. Eine der für die Wärmeübertragungsergebnisse gezeichneten Kennlinien hatte eine konstante Wandtemperatur und die andere eine annähernd konstante Temperaturdifferenz zwischen Wand und Luft über alle Rohre. In allen anderen Versuchen hatten die Oberflächen konstante Wandtemperaturen.

Einige der Oberflächen mit stiftförmigen Rippen (Abb. 10—70 bis Abb. 10—72) pfiffen bei hohen Reynoldszahlen ebenfalls. Besonders große Fehler traten bei der Oberfläche **PF—9(F)** (Abb. 10—72) auf, bei der das Pfeifen bei Reynoldszahlen über $Re = 4000$ besonders intensiv war. Die Oberfläche **PF—10(F)** (Abb. 10—73) hatte auch bei niedrigen Reynoldszahlen Fehler durch Pfeifen.

Die Versuchswerte für die Oberflächen aus berippten Rohren (Abb. 10—75, Abb. 10—76 und Abb. 10—78) wurden an Wärmeübertragern aus Bimetallrohren ermittelt. Die unmittelbaren Meßwerte zeigten einen beträchtlichen Kontaktwärmeübertragungswiderstand zwischen dem inneren Kupferrohr und dem äußeren berippten Aluminiummantel. Die Werte der Abb. 10—77 wurden an einem Wärmeübertrager aus Kupferspiralrippenrohren ermittelt, so daß kein Kontaktwiderstand vorhanden war. Auf der Grundlage der Meßergebnisse der Abb. 10—76 und Abb. 10—77 konnte die Größe des Kontaktwiderstandes abgeschätzt werden; diese Abschätzung wurde zur Korrektur der Wärmeübertragungskennlinien der Abb. 10—75 und Abb. 10—76 verwendet, so daß die

Werte dadurch nur für die Oberflächen mit außenberippten Rohren verbindlich sind. Da die Abschätzung nur eine Näherung ist, führt die Korrektur eine beträchtliche zusätzliche experimentelle Unsicherheit ein. Aus diesem Grund werden die Kennlinien $StPr^{2/3}$ in Abb. 10—75 und Abb. 10—76 als gestrichelte und nicht als volle Linien gezeichnet und die für die anderen Versuchsergebnisse angesetzte Versuchsungenauigkeit von $\pm$ 5% ist nicht anwendbar. Der Einfluß des Kontaktwiderstandes auf die Werte der Oberfläche **CF—11.46** (Abb. 10—78) war so groß, daß keine Korrektur vorgenommen wurde; deshalb werden nur die Strömungsverlustbeiwerte dieser Oberfläche dargestellt.

10.1. Literatur

[1] Putnam, A. A.: Flow Induced Noise in Heat Exchangers. *Trans. ASME* **81** (1959), S. 417.
[2] Grotz, B. J.; Arnold, F. R.: Flow-induced Vibrations in Heat Exchangers. *Tech. Rept.* 31, Department of Mechanical Engineering, Stanford University, August 1956.

Tab. 10—1. Wärmeübertragungs- und Strömungsverlustwerte für die Strömung in runden und abgeflachten Rohren

ST—1			FT—1			FTD—1		
Re	$StPr^{2/3}$	c_f	*Re*	$StPr^{2/3}$	c_f	*Re*	$StPr^{2/3}$	c_f
15000	0,00288	0,00668	15000			15000		
12000	0,00300	0,00697	12000			12000		
10000	0,00310	0,00725	10000	0,00292	0,00687	10000	0,00356	0,00660
8000	0,00314	0,00760	8000	0,00298	0,00718	8000	0,00378	0,00701
6000	0,00294	0,00770	6000	0,00305	0,00770	6000	0,00409	0,00764
5000	0,00254	0,00725	5000	0,00310	0,00820	5000	0,00430	0,00807
4000	0,00193	0,00635	4000	0,00317	0,00895	4000	0,00457	0,00878
3000	0,00202	0,00672	3000	0,00291	0,00939	3000	0,00494	0,00982
2500	0,00229	0,00750	2500	0,00272	0,00939	2500	0,00520	0,01070
2000	0,00269	0,00902	2000	0,00310	0,0107	2000	0,00540	0,0116
1500	0,00334	0,01170	1500	0,00381	0,0135	1500	0,00503	0,0119
1200	0,00399	0,01425	1200	0,00453	0,0163	1200	0,00475	0,0125
1000	0,00463	0,01680	1000	0,00522	0,0191	1000	0,00518	0,0136
800	0,00558	0,0206	800	0,00621	0,0232	800	0,00605	0,0158
600	0,00707	0,0266	600	0,00780	0,0296	600	0,00738	0,0191
500			500	0,00900	0,0346	500		
400			400			400		
300			300			300		

Tab. 10—2. Wärmeübertragungs- und Strömungsverlustwerte für die Strömung quer zu Rohrbündeln mit runden Rohren

S 1.50—1.25(s)			S 1.50—1.25			S 1.25—1.25		
Re	$StPr^{2/3}$	c_f	Re	$StPr^{2/3}$	c_f	Re	$StPr^{2/3}$	c_f
15000	0,00632	0,0508	15000	0,00690	0,0503	15000		
12000	0,00698	0,0530	12000	0,00753	0,0525	12000		
10000	0,00755	0,0550	10000	0,00808	0,0543	10000		
8000	0,00832	0,0578	8000	0,00883	0,0566	8000		
6000	0,00941	0,0614	6000	0,00987	0,0596	6000		
5000	0,0102	0,0640	5000	0,0106	0,0615	5000	0,00778	0,0375
4000	0,0112	0,0670	4000	0,0116	0,0641	4000	0,00850	0,0391
3000	0,0127	0,0702	3000	0,0129	0,0675	3000	0,00950	0,0415
2500	0,0137	0,0725	2500	0,0138	0,0700	2500	0,0102	0,0430
2000	0,0149	0,0750	2000	0,0151	0,0728	2000	0,0111	0,0450
1500	0,0166	0,0780	1500	0,0169	0,0768	1500	0,0124	0,0477
1200	0,0178	0,0800	1200	0,0184	0,0800	1200	0,0136	0,0498
1000	0,0189	0,0812	1000	0,0198	0,0828	1000	0,0146	0,0518
800	0,0201	0,0827	800	0,0216	0,0860	800	0,0159	0,0540
600			600	0,0241	0,0907	600	0,0178	0,0572
500			500	0,0258	0,0940	500	0,0191	0,0593
400			400			400	0,0208	0,0620
300			300			300	0,0233	0,0658

Tab. 10 – 2 (Fortsetzung 1):

S 1.50—1.00			S 1.50—1.50			S 2.00—1.00		
Re	$StPr^{2/3}$	c_f	Re	$StPr^{2/3}$	c_f	Re	$StPr^{2/3}$	c_f
15000			15000			15000		
12000			12000			12000		
10000			10000	0,00809	0,0593	10000		
8000			8000	0,00888	0,0619	8000	0,0108	0,0982
6000			6000	0,00997	0,0653	6000	0,0122	0,104
5000			5000	0,0107	0,0674	5000	0,0132	0,108
4000	0,0111	0,0613	4000	0,0117	0,0701	4000	0,0145	0,112
3000	0,0124	0,0652	3000	0,0132	0,0740	3000	0,0164	0,118
2500	0,0134	0,0680	2500	0,0142	0,0755	2500	0,0177	0,122
2000	0,0147	0,0713	2000	0,0155	0,0769	2000	0,0194	0,128
1500	0,0164	0,0761	1500	0,0174	0,0790	1500	0,0219	0,135
1200	0,0180	0,0799	1200	0,0190	0,0803	1200	0,0241	0,141
1000	0,0193	0,0833	1000	0,0204	0,0818	1000	0,0261	0,146
800	0,0213	0,0874	800	0,0224	0,0834	800	0,0286	0,152
600	0,0239	0,0932	600			600	0,0323	0,160
500	0,0257	0,0972	500			500		
400			400			400		
300			300			300		

Tab. 10 – 2 (Fortsetzung 2):

S 2.50—0.75			I 1.50—1.25(s)			I 1.50—1.25		
Re	$StPr^{2/3}$	c_f	*Re*	$StPr^{2/3}$	c_f	*Re*	$StPr^{2/3}$	c_f
15000			15000			15000		
12000			12000			12000		
10000			10000	0,00752	0,0505	10000	0,00715	0,0483
8000	0,01060	0,1000	8000	0,00820	0,0525	8000	0,00790	0,0501
6000	0,01175	0,1036	6000	0,00900	0,0549	6000	0,00892	0,0511
5000	0,0126	0,1065	5000	0,00958	0,0558	5000	0,00960	0,0515
4000	0,0136	0,1100	4000	0,01020	0,0562	4000	0,01050	0,0519
3000	0,0152	0,1145	3000	0,01080	0,0554	3000		0,0520
2500	0,0162	0,1175	2500	0,01095	0,0535	2500		0,0516
2000	0,0176	0,1180	2000	0,01075	0,0497	2000		0,0483
1500	0,0195	0,1200	1500	0,00960	0,0410	1500		0,0401
1200	0,0212	0,1213	1200	0,00778	0,0331	1200		0,0328
1000	0,0227	0,1220	1000	0,00750	0,0281	1000		0,0301
800	0,0246	0,1230	800	0,00790	0,0265	800		
600	0,0273	0,1250	600			600		
500			500			500		
400			400			400		
300			300			300		

Tab. 10 – 2 (Fortsetzung 3):

I 1.25—1.25			FT—2			FTD—2		
Re	$StPr^{2/3}$	c_f	*Re*	$StPr^{2/3}$	c_f	*Re*	$StPr^{2/3}$	c_f
15000			15000			15000		
12000			12000			12000		
10000			10000			10000	0,00580	0,0248
8000	0,00580	0,0364	8000			8000	0,00611	0,0248
6000	0,00654	0,0373	6000			6000	0,00646	0,0248
5000	0,00706	0,0380	5000			5000	0,00660	0,0248
4000	0,00777	0,0387	4000	0,00490	0,0190	4000	0,00661	0,0248
3000		0,0397	3000	0,00481	0,0184	3000	0,00655	0,0248
2500		0,0401	2500	0,00450	0,0175	2500	0,00640	0,0248
2000		0,0483	2000	0,00447	0,0177	2000	0,00611	0,0249
1500		0,0420	1500	0,00500	0,0195	1500	0,00588	0,0259
1200		0,0429	1200	0,00590	0,0221	1200	0,00639	0,0274
1000		0,0436	1000	0,00678	0,0245	1000	0,00714	0,0297
800		0,0444	800	0,00809	0,0278	800	0,00836	0,0337
600		0,0456	600	0,0101	0,0329	600	0,01020	0,0395
500		0,0459	500	0,0117	0,0368	500	0,01160	0,0439
400		0,0450	400			400		
300		0,0421	300			300		

Tab. 10—3. Wärmeübertragungs- und Strömungsverlustwerte für Oberflächen mit ebenen Rippen

2.0			3.01			3.97		
Re	$StPr^{2/3}$	c_f	*Re*	$StPr^{2/3}$	c_f	*Re*	$StPr^{2/3}$	c_f
60000	0,00228	0,00549	45000	0,00233	0,00602	35000	0,00246	0,00595
50000	0,00237	0,00562	40000	0,00239	0,00608	30000	0,00254	0,00605
40000	0,00248	0,00579	30000	0,00254	0,00630	25000	0,00263	0,00620
30000	0,00264	0,00601	25000	0,00264	0,00645	20000	0,00276	0,00638
25000	0,00274	0,00616	20000	0,00277	0,00667	15000	0,00291	0,00667
20000	0,00288	0,00638	15000	0,00295	0,00700	12000	0,00302	0,00695
15000	0,00305	0,00672	12000	0,00310	0,00732	10000	0,00316	0,00720
12000	0,00320	0,00703	10000	0,00322	0,00762	8000	0,00330	0,00761
10000	0,00333	0,00734	8000	0,00336	0,00808	6000	0,00348	0,00826
8000	0,00347	0,00778	6000	0,00355	0,00886	5000	0,00357	0,00880
6000	0,00363	0,00847	5000	0,00366	0,00950	4000	0,00367	0,00963
5000	0,00373	0,00904	4000	0,00373	0,01045	3000	0,00367	0,01110
4000	0,00379	0,01023	3000	0,00368	0,01190	2500	0,00357	0,01230

Tab. 10—3 (Fortsetzung 1):

5.3			6.2			9.03		
Re	$StPr^{2/3}$	c_f	*Re*	$StPr^{2/3}$	c_f	*Re*	$StPr^{2/3}$	c_f
15000			15000			15000	0,00255	0,00708
12000			12000	0,00303	0,00708	12000	0,00265	0,00740
10000	0,00373	0,00764	10000	0,00310	0,00735	10000	0,00273	0,00763
8000	0,00397	0,00806	8000	0,00317	0,00768	8000	0,00283	0,00799
6000	0,00427	0,00870	6000	0,00325	0,00807	6000	0,00296	0,00842
5000	0,00448	0,00913	5000	0,00330	0,00838	5000	0,00304	0,00870
4000	0,00477	0,00978	4000	0,00333	0,00875	4000	0,00310	0,00903
3000	0,00515	0,0108	3000	0,00326	0,00923	3000	0,00310	0,00980
2500	0,00535	0,0115	2500	0,00301	0,00958	2500	0,00318	9,0106
2000	0,00554	0,0127	2000	0,00312	0,0103	2000	0,00347	0,0122
1500	0,00571	0,0146	1500	0,00371	0,0127	1500	0,00421	0,0152
1200	0,00606	0,0167	1200	0,00435	0,0152	1200	0,00499	0,0182
1000	0,00654	0,0189	1000	0,00496	0,0176	1000	0,00575	0,0214
800	0,00728	0,0228	800	0,00581	0,0211	800	0,00692	0,0262
600	0,00851	0,0299	600			600		
500			500			500		
400			400			400		
300			300			300		

Tab.10 – 3 (Fortsetzung 2):

11.1			11.11(a)			14.77		
Re	$StPr^{2/3}$	c_f	*Re*	$StPr^{2/3}$	c_f	*Re*	$StPr^{2/3}$	c_f
15000			15000			15000		
12000			12000			12000		
10000	0,00314	0,00878	10000	0,00288	0,00768	10000	0,00310	0,00920
8000	0,00333	0,00923	8000	0,00303	0,00807	8000	0,00326	0,00955
6000	0,00356	0,00971	6000	0,00324	0,00862	6000	0,00352	0,0101
5000	0,00372	0,00991	5000	0,00338	0,00900	5000	0,00367	0,0106
4000	0,00390	0,0103	4000	0,00353	0,00958	4000	0,00389	0,0112
3000	0,00412	0,0112	3000	0,00368	0,0105	3000	0,00417	0,0123
2500	0,00424	0,0119	2500	0,00373	0,0112	2500	0,00435	0,0133
2000	0,00436	0,0139	2000	0,00375	0,0119	2000	0,00456	0,0147
1500	0,00444	0,0149	1500	0,00420	0,0137	1500	0,00495	0,0173
1200	0,00471	0,0169	1200	0,00505	0,0166	1200	0,00538	0,0202
1000	0,00515	0,0190	1000	0,00586	0,0198	1000	0,00585	0,0231
800	0,00599	0,0228	800	0,00704	0,0243	800	0,00663	0,0274
600	0,00733	0,0294	600	0,00890	0,0319	600	0,00791	0,0346
500	0,00840	0,0350	500	0,0103	0,0380	500	0,00898	0,0403
400			400			400		
300			300			300		

Tab. 10 – 3 (Fortsetzung 3):

15.08			19.86			10.27 T		
Re	$StPr^{2/3}$	c_f	*Re*	$StPr^{2/3}$	c_f	*Re*	$StPr^{2/3}$	c_f
15000			15000			10000	0,00295	0,00723
12000			12000			9000	0,00299	0,00740
10000			10000			8000	0,00303	0,00763
8000			8000	0,00320	0,00851	7000	0,00310	0,00790
6000	0,00308	0,00882	6000	0,00337	0,00900	6000	0,00318	0,00826
5000	0,00310	0,00900	5000	0,00348	0,00931	5000	0,00328	0,00871
4000	0,00309	0,00925	4000	0,00363	0,00972	4000	0,00341	0,00945
3000	0,00309	0,00970	3000	0,00382	0,0104	3000	0,00372	0,01085
2500	0,00322	0,01040	2500	0,00395	0,0112	2000	0,00445	0,01370
2000	0,00352	0,01205	2000	0,00410	0,0123	1500	0,00523	0,01645
1500	0,00420	0,0151	1500	0,00443	0,0142	1200	0,00608	0,0195
1200	0,00491	0,0182	1200	0,00497	0,0167	1000	0,00682	0,0228
1000	0,00562	0,0215	1000	0,00567	0,0197	800	0,00797	0,0278
800	0,00662	0,0264	800	0,00672	0,0242	600	0,00889	0,0357
600	0,00815	0,0343	600	0,00834	0,0314	500	0,01101	0,0419
500	0,00930	0,0405	500	0,00960	0,0372	400	0,0129	0,0511
400			400	0,0113	0,0457	300		0,0662
300			300			200		

Tab. 10—3 (Fortsetzung 4):

11.94 T			12.00 T			16.96 T		
Re	$StPr^{2/3}$	c_f	*Re*	$StPr^{2/3}$	c_f	*Re*	$StPr^{2/3}$	c_f
10000	0,00294	0,00716	10000			10000		
9000	0,00302	0,00730	9000		0,00820	9000		
8000	0,00309	0,00755	8000	0,00302	0,00851	8000		
7000	0,00317	0,00782	7000	0,00312	0,00881	7000		
6000	0,00322	0,00819	6000	0,00322	0,00928	6000		0,00790
5000	0,00323	0,00856	5000	0,00333	0,00980	5000	0,00281	0,00809
4000	0,00330	0,00885	4000	0,00344	0,01045	4000	0,00281	0,00835
3000	0,00317	0,00956	3000	0,00350	0,01128	3000	0,00263	0,00875
2000	0,00329	0,01145	2000	0,00346	0,01285	2000	0,00268	0,00962
1500	0,00379	0,01350	1500	0,00388	0,01475	1500	0,00294	0,01088
1200	0,00437	0,0159	1200	0,00441	0,0170	1200	0,00338	0,0125
1000	0,00498	0,0181	1000	0,00493	0,0195	1000	0,00379	0,0144
800	0,00589	0,0220	800	0,00555	0,0238	800	0,00448	0,0178
600	0,00729	0,0285	600	0,00713	0,0306	600	0,00561	0,0232
500	0,00833	0,0336	500	0,00815	0,0359	500	0,00658	0,0275
400	0,00980	0,0411	400	0,00955	0,0437	400	0,00796	0,0339
300	0,01215	0,0535	300	0,01185	0,0566	300	0,01020	0,0442
200			200	0,01600	0,0811	200		0,0650

Tab. 10—3 (Fortsetzung 5):

25.79 T			30.33 T			46.45 T		
Re	$StPr^{2/3}$	c_f	*Re*	$StPr^{2/3}$	c_f	*Re*	$StPr^{2/3}$	c_f
10000			10000			10000		
9000			9000			9000		
8000			8000			8000		
7000			7000			7000		
6000			6000			6000		
5000			5000			5000		
4000		0,00785	4000		0,00891	4000		
3000	0,00277	0,00831	3000	0,00293	0,00981	3000		0,0109
2000	0,00312	0,00981	2000	0,00356	0,01185	2000	0,00294	0,0118
1500	0,00354	0,01165	1500	0,00418	0,01395	1500	0,00349	0,0135
1200	0,00401	0,0134	1200	0,00481	0,0162	1200	0,00418	0,0157
1000	0,00450	0,0153	1000	0,00545	0,0189	1000	0,00482	0,0183
800	0,00529	0,0185	800	0,00643	0,0230	800	0,00581	0,0228
600	0,00670	0,0240	600	0,00802	0,0302	600	0,00735	0,0301
500	0,00782	0,0286	500	0,00922	0,0361	500	0,00856	0,0359
400	0,00942	0,0351	400	0,0110	0,0448	400		0,0446
300	0,01193	0,0460	300	0,0138	0,0595	300		0,0592
200		0,0673	200		0,0888	200		0,0875

Tab. 10—3 (Fortsetzung 6):

4.00			
Re	$StPr^{2/3}$		c_f
	$\boxed{T}$	$\boxed{\Delta T}$	
14000			
12000	0,00287	0,00314	0,00631
10000	0,00298	0,00326	0,00658
8000	0,00312	0,00339	0,00689
6000	0,00313	0,00334	0,00700
5000		0,00321	0,00670
4000		0,00290	0,00594
3000		0,00244	0,00563
2500		0,00238	0,00633
2000	0,00237	0,00255	0,00772
1500	0,00296	0,00325	0,01010
1200	0,00353	0,00394	0,01244
1000	0,00407	0,00461	0,0148
800	0,00488	0,00562	0,0183
600	0,00614	0,00727	0,0241
500	0,00712	0,00858	0,0288
400			

Tab. 10—4 Wärmeübertragungs- und Strömungsverlustwerte für Oberflächen mit unebenen Rippen

3/8—6.06			3/8(a)—6.06			1/2—6.06		
Re	$StPr^{2/3}$	c_f	*Re*	$StPr^{2/3}$	c_f	*Re*	$StPr^{2/3}$	c_f
10000	0,00551	0,0331	10000	0,00638	0,0494	10000	0,00568	0,0300
8000	0,00593	0,0340	8000	0,00688	0,0510	8000	0,00605	0,0310
6000	0,00651	0,0354	6000	0,00760	0,0531	6000	0,00655	0,0322
5000	0,00690	0,0363	5000	0,00810	0,0547	5000	0,00690	0,0332
4000	0,00738	0,0375	4000	0,00878	0,0568	4000	0,00734	0,0347
3000	0,00805	0,0394	3000	0,00970	0,0596	3000	0,00791	0,0366
2500	0,00849	0,0406	2500	0,0102	0,0620	2500	0,00829	0,0381
2000	0,00900	0,0426	2000	0,0110	0,0646	2000	0,00875	0,0402
1500	0,00970	0,0461	1500	0,0119	0,0696	1500	0,00948	0,0438
1200	0,0104	0,0496	1200	0,0127	0,0745	1200	0,0102	0,0474
1000	0,0112	0,0532	1000	0,0138	0,0795	1000	0,0109	0,0512
800	0,0124	0,0587	800	0,0140	0,0860	800	0,0118	0,0571
600	0,0144	0,0682	600	0,0149	0,0962	600	0,0133	0,0667
500	0,0160	0,0755	500			500		
400			400			400		
300			300			300		

Tab. 10—4 (Fortsetzung 1):

	1/2(a)—6.06			**3/8—8.7**			**3/8(a)—8.7**	
Re	$StPr^{2/3}$	c_f	*Re*	$StPr^{2/3}$	c_f	*Re*	$StPr^{2/3}$	c_f
10000	0,00598	0,0400	10000	0,00542	0,0297	10000		
8000	0,00645	0,0413	8000	0,00583	0,0306	8000	0,00630	0,0340
6000	0,00714	0,0432	6000	0,00640	0,0319	6000	0,00690	0,0395
5000	0,00760	0,0447	5000	0,00678	0,0328	5000	0,00730	0,0410
4000	0,00809	0,0463	4000	0,00737	0,0340	4000	0,00790	0,0428
3000	0,00895	0,0491	3000	0,00794	0,0359	3000	0,00870	0,0420
2500	0,00941	0,0511	2500	0,00835	0,0374	2500	0,00950	0,0470
2000	0,0100	0,0540	2000	0,00885	0,0394	2000	0,00980	0,0497
1500	0,0108	0,0588	1500	0,00951	0,0430	1500	0,0106	0,0550
1200	0,0113	0,0634	1200	0,0103	0,0472	1200	0,0113	0,0580
1000	0,0118	0,0680	1000	0,0112	0,0515	1000	0,0121	0,0620
800	0,0122	0,0752	800	0,0126	0,0585	800	0,0131	0,0680
600	0,0128	0,0880	600	0,0149	0,0700	600	0,0145	0,0790
500			500	0,0169	0,0793	500	0,0154	0,0890
400			400			400		
300			300			300		

Tab. 10—4 (Fortsetzung 2):

	3/16—11.1			**1/4—11.1**			**1/4(b)—11.1**	
Re	$StPr^{2/3}$	c_f	*Re*	$StPr^{2/3}$	c_f	*Re*	$StPr^{2/3}$	c_f
10000			10000			10000		
8000			8000	0,00666	0,0309	8000	0,00701	0,0349
6000	0,00690	0,0350	6000	0,00728	0,0333	6000	0,00761	0,0364
5000	0,00740	0,0367	5000	0,00771	0,0351	5000	0,00800	0,0375
4000	0,00802	0,0390	4000	0,00825	0,0374	4000	0,00853	0,0390
3000	0,00899	0,0426	3000	0,00901	0,0408	3000	0,00922	0,0412
2500	0,00960	0,0452	2500	0,00954	0,0461	2500	0,00972	0,0430
2000	0,0103	0,0491	2000	0,0102	0,0464	2000	0,0103	0,0456
1500	0,0113	0,0553	1500	0,0112	0.0512	1500	0,0112	0,0502
1200	0,0122	0,0610	1200	0,0119	0,0558	1200	0,0120	0,0550
1000	0,0130	0,0662	1000	0,0125	0,0600	1000	0,0128	0,0595
800	0,0142	0,0738	800	0,0137	0,0670	800	0,0139	0,0662
600	0,0161	0,0848	600	0,0155	0,0772	600	0,0157	0,0780
500	0,0177	0,0925	500	0,0168	0,0850	500	0,0170	0,0870
400			400			400		
300			300			300		

Tab. 10—4 (Fortsetzung 3):

3/8—11.1			3/8(b)—11.1			1/2—11.1		
Re	$StPr^{2/3}$	c_f	*Re*	$StPr^{2/3}$	c_f	*Re*	$StPr^{2/3}$	c_f
10000	0,00548	0,0242	10000			10000		
8000	0,00588	0,0253	8000	0,00590	0,0257	8000	0,00557	0,0220
6000	0,00645	0,0271	6000	0,00650	0,0271	6000	0,00604	0,0233
5000	0,00684	0,0283	5000	0,00694	0,0281	5000	0,00640	0,0242
4000	0,00793	0,0300	4000	0,00752	0,0296	4000	0,00680	0,0255
3000	0,00811	0,0326	3000	0,00835	0,0319	3000	0,00739	0,0271
2500	0,00861	0,0346	2500	0,00889	0,0336	2500	0,00777	0,0283
2000	0,00930	0,0375	2000	0,00960	0,0363	2000	0,00825	0,0299
1500	0,0105	0,0406	1500	0,0105	0,0406	1500	0,00888	0,0332
1200	0,0111	0,0469	1200	0,0112	0,0442	1200	0,00950	0,0368
1000	0,0121	0,0513	1000	0,0119	0,0483	1000	0,0104	0,0410
800	0,0135	0,0528	800	0,0130	0,0550	800	0,0117	0,0474
600	0,0156	0,0700	600	0,0148	0,0659	600	0,0137	0,0570
500	0,0170	0,0796	500	0,0161	0,0741	500	0,0150	0,0641
400			400			400		
300			300			300		

Tab. 10—4 (Fortsetzung 4):

3/4—11.1			3/4(b)—11.1		
Re	$StPr^{2/3}$	c_f	*Re*	$StPr^{2/3}$	c_f
10000	0,00432	0,0151	10000	0,00440	0,0156
8000	0,00462	0,0158	8000	0,00469	0,0168
6000	0,00508	0,0170	6000	0,00510	0,0175
5000	0,00537	0,0178	5000	0,00537	0,0183
4000	0,00576	0,0190	4000	0,00572	0,0194
3000	0,00630	0,0208	3000	0,00621	0,0213
2500	0,00663	0,0222	2500	0,00655	0,0227
2000	0,00711	0,0244	2000	0,00699	0,0248
1500	0,00787	0,0289	1500	0,00762	0,0288
1200	0,00859	0,0314	1200	0,00831	0,0313
1000	0,00928	0,0370	1000	0,00894	0,0362
800	0,0103	0,0427	800	0,00981	0,0416
600	0,0119	0,0516	600	0,0112	0,0500
500	0,0132	0,0580	500	0,0122	0,0565
400			400		
300			300		

Tab. 10—5. Wärmeübertragungs- und Strömungsverlustwerte für Oberflächen mit versetzten ebenen Rippen

1/4(s)—11.1			3/32—12.2			1/8—15.2		
Re	$StPr^{2/3}$	c_f	*Re*	$StPr^{2/3}$	c_f	*Re*	$StPr^{2/3}$	c_f
10000			10000	0,00629	0,0394	10000		
8000	0,00525	0,0197	8000	0,00688	0,0413	8000		
6000	0,00580	0,0209	6000	0,00770	0,0440	6000	0,00850	0,0487
5000	0,00620	0,0218	5000	0,00828	0,0458	5000	0,00896	0,0498
4000	0,00669	0,0231	4000	0,00903	0,0487	4000	0,00959	0,0516
3000	0,00740	0,0253	3000	0,0101	0,0530	3000	0,01040	0,0540
2500	0,00789	0,0272	2500	0,0108	0,0560	2500	0,01110	0,0558
2000	0,00850	0,0298	2000	0,0119	0,0607	2000	0,01177	0,0584
1500	0,00940	0,0348	1500	0,0133	0,0680	1500	0,01267	0,0628
1200	0,0102	0,0394	1200	0,0146	0,0752	1200	0,01327	0,0676
1000	0,0109	0,0438	1000	0,0156	0,0826	1000	0,01373	0,0726
800	0,0122	0,0500	800	0,0171	0,0942	800	0,01427	0,0800
600	0,0139	0,0595	600	0,0192	0,113	600	0,01520	0,0913
500	0,0155	0,0665	500	0,0205	0,130	500	0,01580	0,1010
400			400			400	0,01675	0,1145
300			300			300	0,01810	0,1390

Tab. 10—5 (Fortsetzung 1):

1/8—13.95			1/2—11.94(D)			1/4—15.4(D)		
Re	$StPr^{2/3}$	c_f	*Re*	$StPr^{2/3}$	c_f	*Re*	$StPr^{2/3}$	c_f
9000			9000		0,0122	9000		
8000		0,0628	8000		0,0123	8000		
7000			7000	0,00452	0,0126	7000		
6000	0,01110	0,0650	6000	0,00471	0,0131	6000	0,00510	0,0167
5000	0,01170	0,0664	5000	0,00492	0,0137	5000	0,00537	0,0175
4000	0,01250	0,0684	4000	0,00522	0,0146	4000	0,00570	0,0186
3000	0,0137	0,0712	3000	0,00575	0,0162	3000	0,00617	0,0202
2500	0,0144	0,0733	2500			2500	0,00650	0,0213
2000	0,0155	0,0765	2000	0,00682	0,0198	2000	0,00692	0,0228
1500	0,0168	0,0817	1500	0,00744	0,0231	1500	0,00756	0,0255
1200	0,0181	0,0870	1200	0,00830	0,0265	1200	0,00809	0,0283
1000	0,0192	0,0927	1000	0,00911	0,0306	1000	0,00864	0,0314
800	0,0204	0,1020	800	0,01045	0,0347	800	0,00952	0,0362
600	0,0223	0,1170	600	0,01255	0,0429	600	0,01107	0,0443
500	0,0233	0,131	500	0,01415	0,0493	500	0,01227	0,0507
400	0,0247	0,154	400	0,0166	0,0592	400	0,01407	0,0601
300			300	0,0205	0,0758	300	0,0169	0,0757
200			200			200		

Tab. 10–5 (Fortsetzung 2):

1/6 — 12.18(D)			1/7 — 15.75(D)			1/8 — 20.06(D)		
Re	$StPr^{2/3}$	c_f	*Re*	$StPr^{2/3}$	c_f	*Re*	$StPr^{2/3}$	c_f
9000	0,00512	0,0183	9000			9000		
8000	0,00530	0,0184	8000			8000		
7000	0,00557	0,0189	7000		0,0199	7000		
6000	0,00591	0,0196	6000	0,00619	0,0203	6000		
5000	0,00635	0,0203	5000	0,00649	0,0211	5000		
4000	0,00692	0,0218	4000	0,00713	0,0227	4000		0,0289
3000	0,00782	0,0241	3000	0,00813	0,0248	3000	0,00855	0,0309
2000	0,00933	0,0290	2000	0,00992	0,0294	2000	0,00995	0,0349
1500	0,01065	0,0341	1500	0,01125	0,0339	1500	0,01115	0,0387
1200	0,0119	0,0388	1200	0,0124	0,0386	1200	0,0120	0,0422
1000	0,0129	0,0438	1000	0,0136	0,0440	1000	0,0129	0,0459
800	0,0141	0,0490	800	0,0154	0,0499	800	0,0144	0,0520
600	0,0169	0,0592	600	0,0185	0,0608	600	0,0173	0,0621
500	0,0191	0,0695	500	0,0209	0,0690	500	0,0197	0,0699
400	0,0230	0,0808	400		0,0819	400		0,0810
300	0,0278	0,1025	300		0,1025	300		0,0995
200		0,1480	200		0,1425	200		

Tab. 10–5 (Fortsetzung 3):

1/8—19.82(D)			1/8—16.12(D)			1/8—16.00(D)		
Re	$StPr^{2/3}$	c_f	*Re*	$StPr^{2/3}$	c_f	*Re*	$StPr^{2/3}$	c_f
6000			6000			6000		0,0289
5000			5000	0,00721	0,0310	5000	0,00778	0,0295
4000		0,0390	4000	0,00764	0,0315	4000	0,00838	0,0307
3000	0,00880	0,0420	3000	0,00822	0,0334	3000	0,00925	0,0328
2500			2500	0,00859	0,0357	2500		
2000	0,01015	0,0450	2000	0,00908	0,0379	2000	0,01085	0,0373
1500	0,01155	0,0492	1500	0,00987	0,0400	1500	0,01205	0,0418
1200	0,0128	0,0535	1200	0,01060	0,0429	1200	0,0132	0,0460
1000	0,0139	0,0577	1000	0,01123	0,0464	1000	0,0142	0,0502
800	0,0154	0,0640	800	0,01205	0,0517	800	0,0159	0,0568
600	0,0180	0,0747	600	0,01352	0,0607	600	0,0188	0,0675
500	0,0202	0,0832	500	0,0150	0,0679	500	0,0209	0,0765
400		0,0955	400	0,0176	0,0781	400		0,0892
300		0,1175	300	0,0226	0,0937	300		0,1115
200		0,1585	200			200		

Tab. 10 – 5 (Fortsetzung 4):

1/8—16.12(T)		
Re	$StPr^{2/3}$	c_f
5000		0,0358
4000	0,00705	0,0370
3000	0,00773	0,0386
2500	0,00820	0,0397
2000	0,00880	0,0416
1500	0,00967	0,0440
1200	0,01045	0,0464
1000	0,01122	0,0496
800	0,01225	0,0552
600	0,01395	0,0644
500	0,0155	0,0721
400	0,0179	0,0830
300	0,0219	0,1003

Tab. 10—6. Wärmeübertragungs- und Strömungsverlustwerte für Oberflächen mit wellenförmigen Rippen

11.44—3/8 W			11.5—3/8 W			17.8—3/8 W		
Re	$StPr^{2/3}$	c_f	Re	$StPr^{2/3}$	c_f	Re	$StPr^{2/3}$	c_f
10000			10000	0,00686	0,0331	10000		
8000	0,00712	0,0359	8000	0,00746	0,0357	8000		
6000	0,00794	0,0401	6000	0,00831	0,0398	6000		
5000	0,00846	0,0430	5000	0,00890	0,0427	5000	0,00675	0,0293
4000	0,00920	0,0469	4000	0,00970	0,0467	4000	0,00740	0,0320
3000	0,01025	0,0524	3000	0,01077	0,0525	3000	0,00835	0,0358
2500	0,0110	0,0563	2500	0,01155	0,0567	2500	0,00900	0,0385
2000	0,0119	0,0615	2000	0,0126	0,0625	2000	0,00982	0,0421
1500	0,0132	0,0691	1500	0,0140	0,0704	1500	0,0110	0,0478
1200	0,0144	0,0758	1200	0,0150	0,0779	1200	0,0120	0,0530
1000	0,0153	0,0819	1000	0,0158	0,0845	1000	0,0129	0,0579
800	0,0165	0,0888	800	0,0167	0,0926	800	0,0142	0,0643
600	0,0175	0,0984	600	0,0178	0,0135	600	0,0158	0,0738
500	0,0179	0,1045	500	0,0185	0,111	500		
400			400	0,0194	0,118	400		

Tab. 10—7. Wärmeübertragungs- und Strömungsverlustwerte für Oberflächen mit stiftförmigen Rippen

AP—1			AP—2			PF—3		
Re	$StPr^{2/3}$	c_f	Re	$StPr^{2/3}$	c_f	Re	$StPr^{2/3}$	c_f
8000	0,00808	0,0815	8000			8000		
6000	0,00905	0,0793	6000			6000		
5000	0,00970	0,0780	5000	0,0105	0,130	5000		
4000	0,0105	0,0762	4000	0,0118	0,129	4000		
3000	0,0116	0,0741	3000	0,0131	0,128	3000		
2500	0,0123	0,0725	2500	0,0140	0,126	2500		
2000	0,0134	0,0707	2000	0,0151	0,120	2000	0,00645	
1500	0,0152	0,0708	1500	0,0166	0,117	1500	0,00720	
1200	0,0161	0,0718	1200	0,0178	0,114	1200	0,00784	0,0373
1000	0,0175	0,0755	1000	0,0183	0,117	1000	0,00840	0,0383
800	0,0183	0,0800	800	0,0190	0,121	800	0,00912	0,0399
600			600		0,131	600	0,01020	0,0430
500			500			500	0,01085	0,0454
400			400			400	0,0118	0,0491
300			300			300	0,0132	0,0551
250			250			250		0,0600
200			200			200		0,0673

Tab 10—7 (Fortsetzung):

PF—4 (F)			PF—9 (F)			PF—10 (F)		
Re	$StPr^{2/3}$	c_f	Re	$StPr^{2/3}$	c_f	Re	$StPr^{2/3}$	c_f
25000			25000	0,00740		25000		
20000			20000	0,00800		20000		
17000			17000	0,00842		17000		
15000			15000	0,00880		15000	0,00757	0,0488
12000			12000	0,00951		12000	0,00826	0,0493
10000			10000	0,0101		10000	0,00890	0,0503
8000	0,0128	0,153	8000	0,0108		8000	0,00973	0,0530
6000	0,0144	0,153	6000	0,0120		6000	0,01085	0,0573
5000	0,0156	0,153	5000	0,0128		5000	0,01172	0,0589
4000	0,0171	0,153	4000	0,0137	0,0692	4000	0,0128	0,0603
3000	0,0192	0,156	3000	0,0152	0,0718	3000	0,0142	0,0626
2500	0,0207	0,160	2500	0,0161	0,0737	2500	0,0157	0,0640
2000	0,0227	0,167	2000	0,0173	0,0760	2000	0,0170	0,0640
1500	0,0255	0,175	1500	0,0191	0,0800	1500	0,0170	0,0605
1200	0,0279	0,182	1200			1200	0,0174	0,0561
1000	0,0301	0,189	1000			1000	0,0182	0,0577
800	0,0330	0,198	800			800	0,0198	0,0670
600			600			600		

Tab. 10—8. Wärmeübertragungs- und Strömungsverlustwerte für eine Oberfläche mit perforierten Rippen

13.95 (P)		
Re	$StPr^{2/3}$	c_f
12000		0,01168
10000	0,00503	0,01220
8000	0,00547	0,01285
6000	0,00600	0,01386
5000	0,00631	0,0146
4000	0,00660	0,0155
3000	0,00695	0,0169
2500	0,00708	0,0178
2000	0,00706	0,0187
1500	0,00736	0,0207
1200	0,00817	0,0232
1000	0,00893	0,0257
800	0,01010	0,0295
600	0,01180	0,0357
500	0,0132	0,0407

Tab. 10—9. Wärmeübertragungs- und Strömungsverlustwerte für die Strömung quer zu Rohrbündeln mit berippten Rohren

CF—7.34			CF—8.72			CF—8.72 (c)		
Re	$StPr^{2/3}$	c_f	*Re*	$StPr^{2/3}$	c_f	*Re*	$StPr^{2/3}$	c_f
10000	0,00388	0,0304	10000		0,0306	10000		
8000	0,00465	0,0313	8000		0,0314	8000	0,00638	0,0347
6000	0,00500	0,0326	6000	0,00645	0,0326	6000	0,00685	0,0359
5000	0,00547	0,0334	5000	0,00685	0,0333	5000	0,00727	0,0368
4000	0,00609	0,0348	4000	0,00740	0,0344	4000	0,00785	0,0381
3000	0,00701	0,0365	3000	0,00820	0,0360	3000	0,00879	0,0401
2500	0,00770	0,0379	2500	0,00880	0,0371	2500	0,00945	0,0418
2000	0,00860	0,0395	2000	0,00960	0,0388	2000	0,01035	0,0440
1500	0,00990	0,0420	1500	0,0108	0,0412	1500	0,01170	0,0470
1200	0,01105	0,0441	1200	0,0119	0,0433	1200	0,01285	0,0495
1000	0,01210	0,0461	1000	0,0129	0,0453	1000	0,01390	0,0520
800	0,01350	0,0490	800	0,0143	0,0483	800	0,01504	0,0551
600	0,01506	0,0530	600	0,0165	0,0532	600	0,01760	0,0597
500			500	0,0180	0,0572	500	0,01915	0.0630
400			400			400		

Tab. 10 – 9 (Fortsetzung 1):

CF—11.46			9.68—0.87			9.1—0.737—S		
Re	$StPr^{2/3}$	c_f	*Re*	$StPr^{2/3}$	c_f	*Re*	$StPr^{2/3}$	c_f
10000		0,0255	10000	0,00326	0,0106	10000	0,00389	0,0133
8000		0,0260	8000	0,00339	0,0108	8000	0,00417	0,0142
6000		0,0267	6000	0,00359	0,0113	6000	0,00460	0,0156
5000		0,0272	5000	0,00369	0,0116	5000	0,00493	0,0167
4000		0,0278	4000	0,00385	0,0122	4000	0,00539	0,0183
3000		0,0290	3000	0,00405	0,0133	3000	0,00608	0,0206
2500		0,0300	2500	0,00411	0,0142	2500	0,00656	0,0223
2000		0,0314	2000	0,00427	0,0155	2000	0,00726	0,0247
1500		0,0337	1500	0,00477	0,0174	1500	0,00831	0,0284
1200		0,0358	1200	0,00536	0,0196	1200	0,00934	0,0320
1000		0,0379	1000	0,00600	0,0219	1000	0,01030	0,0354
800		0,0408	800	0,00701	0,0256	800	0,01175	0,0402
600		0,0450	600	0,00861	0,0321	600	0,01377	0,0476
500		0,0481	500	0,00982	0,0376	500	0,01526	0,0531
400		0,0522	400	0,01150	0,0463	400		

Tab. 10 – 9 (Fortsetzung 2):

9.68—0.87—R			9.29—0.737—SR			11.32—0.737—SR		
Re	$StPr^{2/3}$	c_f	*Re*	$StPr^{2/3}$	c_f	*Re*	$StPr^{2/3}$	c_f
10000	0,00390	0,0183	10000	0,00514	0,0206	10000	0,00453	0,0180
8000	0,00412	0,0191	8000	0,00546	0,0219	8000	0,00468	0,0192
6000	0,00445	0,0201	6000	0,00590	0,0236	6000	0,00533	0,0207
5000	0,00468	0,0208	5000	0,00620	0,0247	5000	0,00563	0,0218
4000	0,00498	0,0217	4000	0,00660	0,0261	4000	0,00602	0,0232
3000	0,00543	0,0228	3000	0,00712	0,0280	3000	0,00655	0,0253
2500	0,00573	0,0238	2500	0,00751	0,0294	2500	0,00690	0,0269
2000	0,00615	0,0255	2000	0,00802	0,0315	2000	0,00739	0,0290
1500	0,00676	0,0284	1500	0,00885	0,0346	1500	0,00816	0,0323
1200	0,00727	0,0309	1200	0,00964	0,0380	1200	0,00892	0,0353
1000	0,00772	0,0333	1000	0,01045	0,0416	1000	0,00968	0,0384
800	0,00832	0,0366	800	0,01176	0,0472	800	0,0108	0,0429
600	0,00920	0,0422	600	0,01390	0,0569	600	0,0127	0,0505
500	0,01000	0,0470	500			500	0,0142	0,0565
400	0,01128	0,0550	400			400	0,0163	0,0652

Tab. 10—10. Wärmeübertragungs- und Strömungsverlustwerte für Speicher aus gekreuzten Stäben

Fluchtende Schichtung								
P = 0,832			P = 0,766			P = 0,675		
Re	$StPr^{2/3}$	c_f	*Re*	$StPr^{2/3}$	c_f	*Re*	$StPr^{2/3}$	c_f
120000	0,00784	0,225	120000			120000		
100000	0,00815	0,227	100000			100000		
80000	0,00858	0,228	80000	0,00804	0,223	80000		
60000	0,00922	0,230	60000	0,00872	0,230	60000	0,00820	0,213
40000	0,0105	0,232	40000	0,00990	0,239	40000	0,00940	0,226
30000	0,0115	0,234	30000	0,0110	0,243	30000	0,0103	0,235
20000	0,0133	0,236	20000	0,0126	0,252	20000	0,0119	0,248
15000	0,0147	0,240	15000	0,0142	0,257	15000	0,0132	0,257
10000	0,0170	0,247	10000	0,0166	0,264	10000	0,0154	0,267
8000	0,0185	0,250	8000	0,0182	0,268	8000	0,0167	0,273
6000	0,0206	0,256	6000	0,0203	0,273	6000	0,0188	0,280
4000	0,0242	0,267	4000	0,0236	0,278	4000	0,0221	0,290
3000	0,0268		3000	0,0264	0,283	3000	0,0247	0,298
2000	0,0306		2000	0,0304	0,295	2000	0,0294	0,310
1500	0,0337		1500	0,0337	0,308	1500	0,0332	0,321
1000			1000	0,0388	0,330	1000	0,0397	0,347
800			800			800	0,0436	0,361
600			600			600	0,0492	0,386

Tab. 10—10 (Fortsetzung 1):

Fluchtende Schichtung					
P = 0,602			P = 0,500		
Re	$StPr^{2/3}$	c_f	*Re*	$StPr^{2/3}$	c_f
40000	0,00865	0,185	40000		
30000	0,00930	0,190	30000	0,00860	0,153
20000	0,0107	0,202	20000	0,00995	0,163
15000	0,0120	0,213	15000	0,0111	0,171
10000	0,0140	0,228	10000	0,0129	0,183
8000	0,0155	0,234	8000	0,0140	0,190
6000	0,0174	0,241	6000	0,0156	0,200
4000	0,0206	0,251	4000	0,0183	0,212
3000	0,0233	0,259	3000	0,0204	0,222
2000	0,0276	0,267	2000	0,0239	0,233
1500	0,0311	0,274	1500	0,0270	0,242
1000	0,0370	0,291	1000	0,0324	0,252
800			800		

Tab. 10 — 10 (Fortsetzung 2):

Versetzte Schichtung								
P = 0,832			P = 0,766			P = 0,675		
Re	$StP^{2/3}$	c_f	*Re*	$StPr^{2/3}$	c_f	*Re*	$StPr^{2/3}$	c_f
120000	0,00840	0,356	120000			120000		
100000	0,00880	0,370	100000			100000		
80000	0,00942	0,383	80000	0,00798	0,253	80000		
60000	0,0103	0,401	60000	0,00888	0,267	60000	0,00704	0,173
40000	0,0119	0,429	40000	0,0101	0,292	40000	0,00832	0,189
30000	0,0133	0,443	30000	0,0111	0,308	30000	0,00935	0,200
20000	0,0155	0,463	20000	0,0130	0,330	20000	0,0110	0,217
15000	0,0175	0,478	15000	0,0145	0,342	15000	0,0124	0,230
10000	0,0208	0,498	10000	0,0173	0,361	10000	0,0148	0,249
8000	0,0227	0,510	8000	0,0190	0,371	8000	0,0162	0,258
6000	0,0253	0,530	6000	0,0215	0,383	6000	0,0185	0,271
4000	0,0292	0,561	4000	0,0256	0,401	4000	0,0222	0,290
3000	0,0328		3000	0,0293	0,419	3000	0,0255	0,307
2000	0,0390		2000	0,0351	0,452	2000	0,0310	0,331
1500	0,0451		1500	0,0401	0,480	1500	0,0356	0,351
1000			1000	0,0488	0,527	1000	0,0431	0,383
800			800			800	0,0480	0,401
600			600			600	0,0550	0,430

Tab. 10 — 10 (Fortsetzung 3):

Versetzte Schichtung					
P = 0,602			P = 0,500		
Re	$StPr^{2/3}$	c_f	*Re*	$StPr^{2/3}$	c_f
40000	0,00745	0,142	40000		
30000	0,00825	0,150	30000	0,00806	0,132
20000	0,00973	0,164	20000	0,00932	0,142
15000	0,0110	0,175	15000	0,0104	0,151
10000	0,0130	0,190	10000	0,0121	0,165
8000	0,0142	0,198	8000	0,0132	0,174
6000	0,0160	0,209	6000	0,0147	0,185
4000	0,0189	0,223	4000	0,0172	0,200
3000	0,0212	0,235	3000	0,0192	0,210
2000	0,0250	0,251	2000	0,0225	0,222
1500	0,0286	0,263	1500	0,0254	0,231
1000	0,0351	0,280	1000	0,0305	0,243

Tab. 10—10 (Fortsetzung 4):

Beliebige Schichtung								
P = 0,832			P = 0,817			P = 0,766		
Re	$StPr^{2/3}$	c_f	*Re*	$StPr^{2/3}$	c_f	*Re*	$StPr^{2/3}$	c_f
100000	0,0086	0,280	100000			100000		
80000	0,0093	0,290	80000	0,0089	0,277	80000	0,0081	0,232
60000	0,0103	0,301	60000	0,0098	0,290	60000	0,0090	0,243
50000	0,0117	0,315	40000	0,0114	0,308	40000	0,0105	0,267
30000	0,0130	0,323	30000	0,0126	0,313	30000	0,0118	0,280
20000	0,0150	0,334	20000	0,0145	0,330	20000	0,0137	0,297
10000	0,0196	0,350	10000	0,0190	0,346	10000	0,0178	0,318
8000	0,0215	0,354	8000	0,0208	0,350	8000	0,0194	0,320
6000	0,0241	0,360	6000	0,0232	0,356	6000	0,0215	0,329
4000	0,0283	0,370	4000	0,0272	0,362	4000	0,0251	0,339
3000	0,0319	0,379	3000	0,0308	0,371	3000	0,0281	0,343
2000	0,0379		2000	0,0364	0,381	2000	0,0330	0,355
1000	0,0520		1000	0,0500		1000	0,0443	0,375
800	0,0580		800	0,0560		800	0,0490	0,381
600	0,0670		600	0,0640		600	0,0560	

Tab. 10—10 (Fortsetzung 5):

Beliebige Schichtung					
P = 0,725			P = 0,675		
Re	$StPr^{2/3}$	c_f	*Re*	$StPr^{2/3}$	c_f
80000	0,0074	0,215	80000	0,0070	
60000	0,0083	0,230	60000	0,0079	0,190
40000	0,0099	0,248	40000	0,0093	0,207
30000	0,0110	0,260	30000	0,0103	0,218
20000	0,0120	0,274	20000	0,0120	0,230
10000	0,0165	0,296	10000	0,0155	0,254
8000	0,0180	0,300	8000	0,0170	0,262
6000	0,0200	0,307	6000	0,0187	0,270
4000	0,0231	0,317	4000	0,0220	0,283
3000	0,0258	0,322	3000	0,0247	0,290
2000	0,0300	0,349	2000	0,0289	0,299
1000	0,0400		1000	0,0382	0,330
800	0,0442		800	0,0420	0,350
600	0,0509		600	0,0479	0,384
400	0,0620		400	0,0580	
300	0,0720		300	0,0670	
200			200		

Tab. 10—10 (Fortsetzung 6):

Beliebige Schichtung					
P = 0,602			**P = 0,500**		
Re	$StPr^{2/3}$	c_f	*Re*	$StPr^{2/3}$	c_f
60000		0,154	60000		
40000	0,0086	0,169	40000		
30000	0,0094	0,180	30000	0,00838	0,157
20000	0,0108	0,195	20000	0,00980	0,170
15000			15000	0,0110	0,179
10000	0,0138	0,218	10000	0,0129	0,194
8000	0,0150	0,227	8000	0,0140	0,200
6000	0,0167	0,237	6000	0,0156	0,210
4000	0,0195	0,250	4000	0,0183	0,222
3000	0,0219	0,257	3000	0,0204	0,229
2000	0,0255	0,263	2000	0,0239	0,238
1500			1500	0,0270	0,244
1000	0,0340	0,286	1000	0,0324	0,252
800	0,0375	0,303	800		
600	0,0422	0,331	600		
400	0,0510		400		
300	0,0590		300		
200	0,0730		200		

Tab. 10—11. Wärmeübertragungs- und Strömungsverlustwerte für Speicher aus Kugeln *)

Beliebig gepackt, **P = 0,37 ··· 0,39**		
Re	$StPr^{2/3}$	c_f
50000	0,0089	0,30
20000	0,0118	0,34
10000	0,0144	0,37
5000	0,0178	0,41
2000	0,023	0,47
1000	0,029	0,52
500	0,0355	0,59
200	0,046	0,80
100	0,056	1,10
50	0,069	1,65
20	0,091	3,0
10	0,112	5,2

*) siehe Abb. 7—10.

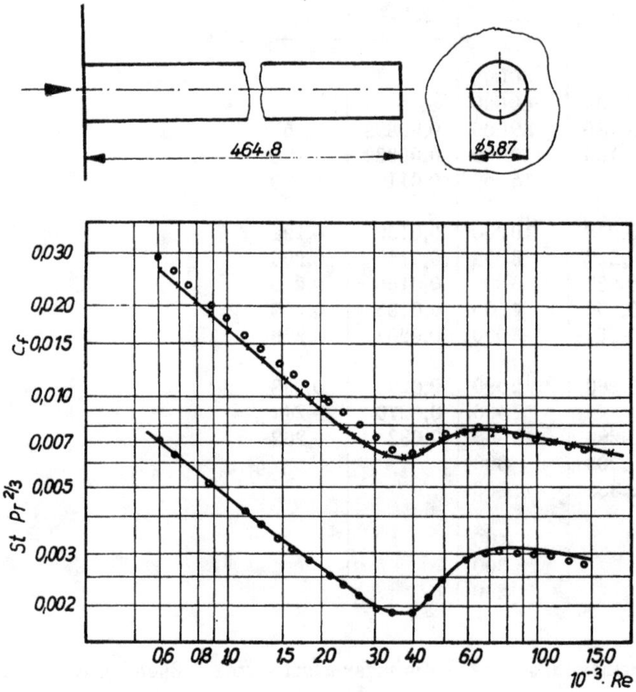

Abb. 10 — 1. **Strömung in runden Rohren, Oberfläche ST — 1**

Rohrinnendurchmesser $d_i = 5{,}87 \cdot 10^{-3}$ m
Hydraulischer Durchmesser
$4\,r_h = 5{,}876 \cdot 10^{-3}$ m

Strömungslänge/hydraulischem Durchmesser $l/4\,r_h = 79{,}2$
Freier Strömungsquerschnitt des Rohres
$A_F = 27{,}016 \cdot 10^{-6}\,m^2$

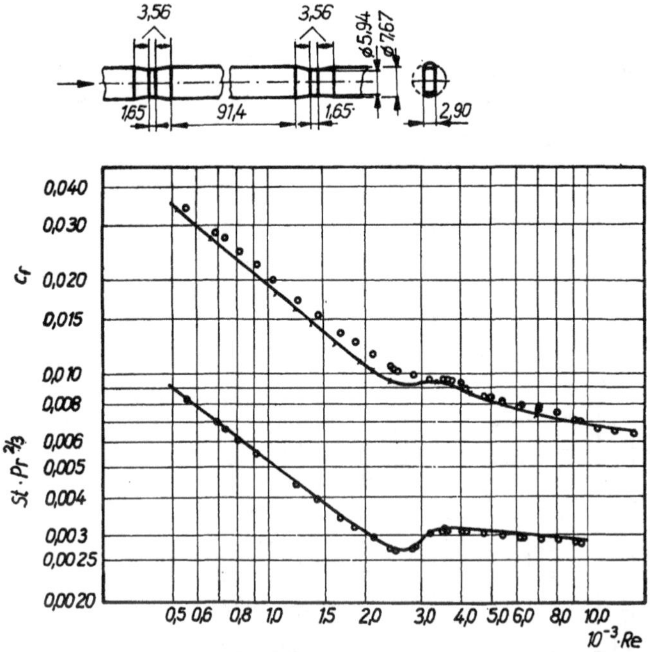

Abb. 10–2. Strömung in abgeflachten Rohren, Oberfläche **FT — 1**

Rohrinnendurchmesser vor dem Abflachen $d_i = 5{,}94 \cdot 10^{-3}$ m
Rohrinnenabmessung senkrecht zur Abflachung $= 2{,}90 \cdot 10^{-3}$ m
Rohrinnenabmessung parallel zur Abflachung $= 7{,}67 \cdot 10^{-3}$ m
Länge der Abflachung $= 91{,}44 \cdot 10^{-3}$ m
Länge zwischen zwei abgeflachten Querschnitten $= 8{,}77 \cdot 10^{-3}$ m
Hydraulischer Durchmesser $4r_h = 4{,}368 \cdot 10^{-3}$ m
Minimaler freier Strömungsquerschnitt des Rohres $A_F = 20{,}392 \cdot 10^{-6}$ m²

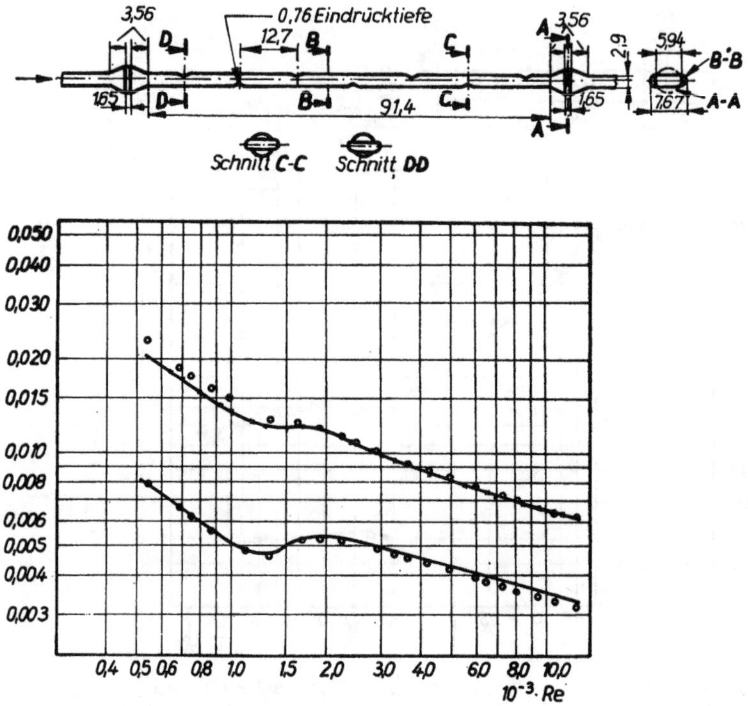

Abb. 10—3. Strömung in abgeflachten und eingedrückten Rohren, Oberfläche **FTD—1**

Rohrinnendurchmesser vor dem Abflachen $d_i = 5{,}94 \cdot 10^{-3}$ m

Rohrinnenabmessung senkrecht zur Abflachung $= 2{,}90 \cdot 10^{-3}$ m

Rohrinnenabmessung parallel zur Abflachung $= 7{,}67 \cdot 10^{-3}$ m

Länge der Abflachung $= 91{,}4 \cdot 10^{-3}$ m

Länge zwischen zwei abgeflachten Querschnitten $= 8{,}77 \cdot 10^{-2}$ m

Eindrücktiefe $= 0{,}76 \cdot 10^{-3}$ m

Minimaler Abstand zwischen zwei Vertiefungen $= 12{,}7 \cdot 10^{-3}$ m

Hydraulischer Durchmesser $4\,r_h = 3{,}399 \cdot 10^{-3}$ m

Minimaler freier Strömungsquerschnitt des Rohres $A_F = 15{,}701 \cdot 10^{-6}$ m²

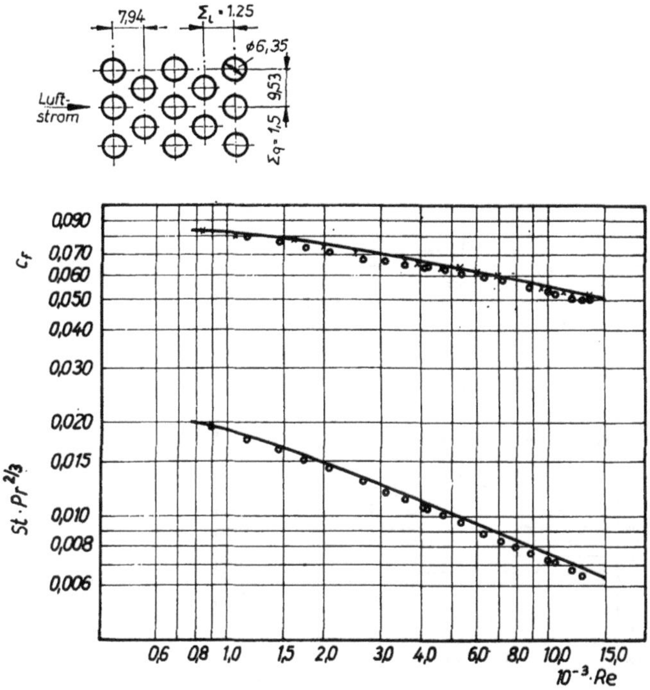

Abb. 10—4. Strömung quer zu einem Rohrbündel mit versetzten Rohren (Versuch im stationären Zustand), Oberfläche **S 1.50—1.25(s)**

Rohraußendurchmesser $d_a = 6{,}350 \cdot 10^{-3}$ m

Hydraulischer Durchmesser $4r_h = 5{,}029 \cdot 10^{-3}$ m

Freier Strömungsquerschnitt/Frontalfläche $\Phi = 0{,}333$

Wärmeübertragungsfläche/Gesamtvolumen $A = 263{,}451$ m²/m³

Beachte: Der minimale freie Strömungsquerschnitt ist im Raum quer zur Strömung

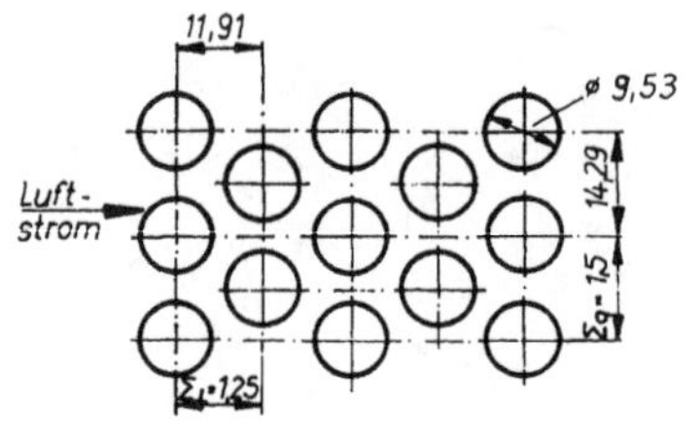

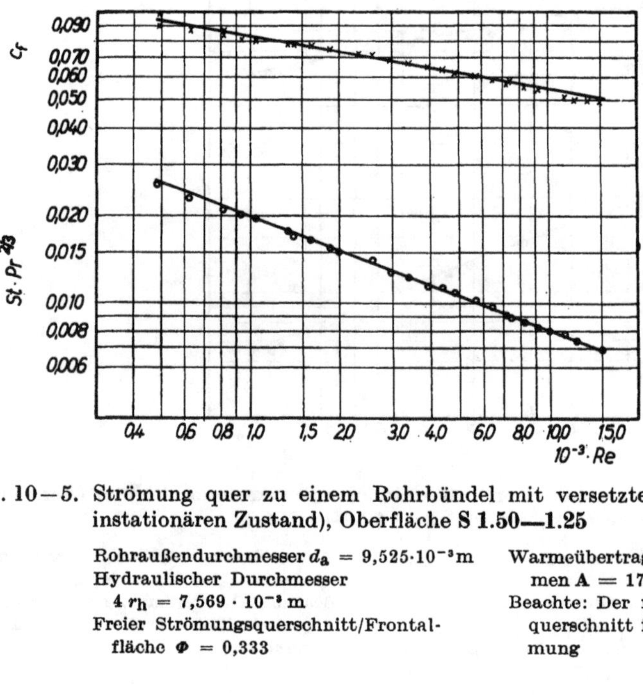

Abb. 10—5. **Strömung quer zu einem Rohrbündel mit versetzten Rohren (Versuch im instationären Zustand), Oberfläche S 1.50—1.25**

Rohraußendurchmesser $d_a = 9{,}525 \cdot 10^{-3}$ m
Hydraulischer Durchmesser
$4\, r_h = 7{,}569 \cdot 10^{-3}$ m
Freier Strömungsquerschnitt/Frontalfläche $\Phi = 0{,}333$

Wärmeübertragungsfläche/Gesamtvolumen $A = 175{,}197\,m^2/m^3$
Beachte: Der minimale freie Strömungsquerschnitt ist im Raum quer zur Strömung

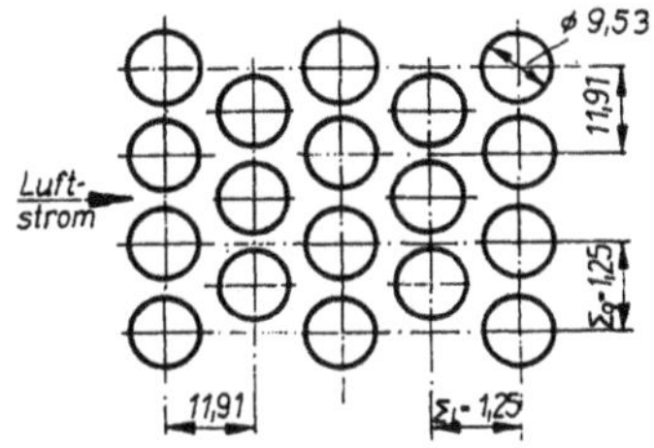

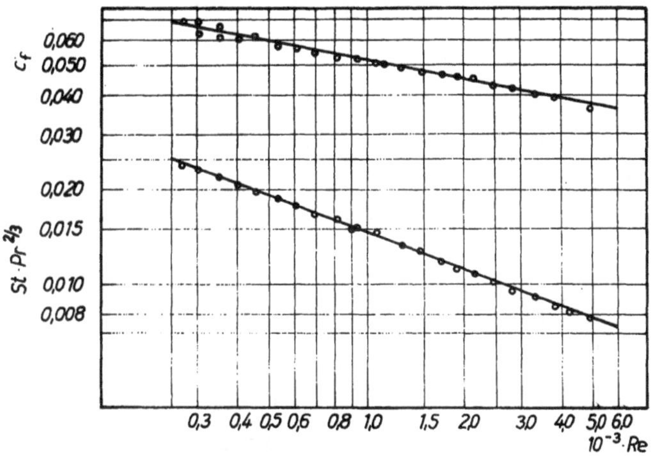

Abb. 10–6. Strömung quer zu einem Rohrbündel mit versetzten Rohren (Versuch im instationären Zustand), Oberfläche **S 1.25—1.25**

Rohraußendurchmesser $d_a = 9{,}525 \cdot 10^{-3}$ m
Hydraulischer Durchmesser
$4\,r_h = 3{,}810 \cdot 10^{-3}$ m
Freier Strömungsquerschnitt/Frontalfläche $\Phi = 0{,}200$

Wärmeübertragungsfläche/Gesamtvolumen $A = 211{,}286 \cdot 10^{-3}$ m
Beachte: Der minimale freie Strömungsquerschnitt ist im Raum quer zur Strömung

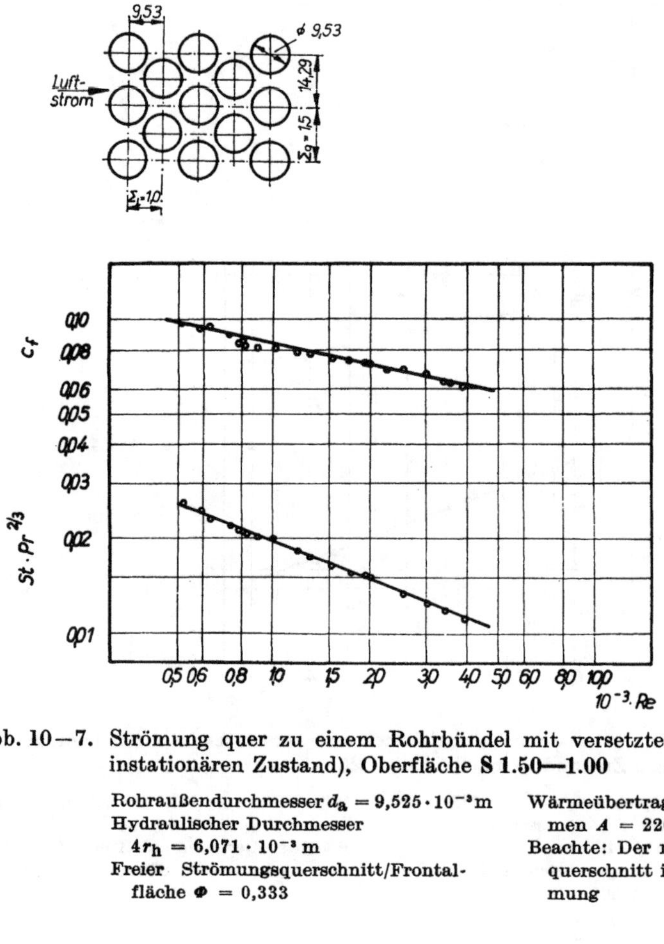

Abb. 10–7. **Strömung quer zu einem Rohrbündel mit versetzten Rohren (Versuch im instationären Zustand), Oberfläche S 1.50—1.00**

Rohraußendurchmesser $d_a = 9{,}525 \cdot 10^{-3}$ m
Hydraulischer Durchmesser
$4r_h = 6{,}071 \cdot 10^{-3}$ m
Freier Strömungsquerschnitt/Frontalfläche $\Phi = 0{,}333$

Wärmeübertragungsfläche/Gesamtvolumen $A = 220{,}144$ m²/m³
Beachte: Der minimale freie Strömungsquerschnitt ist im Raum quer zur Strömung

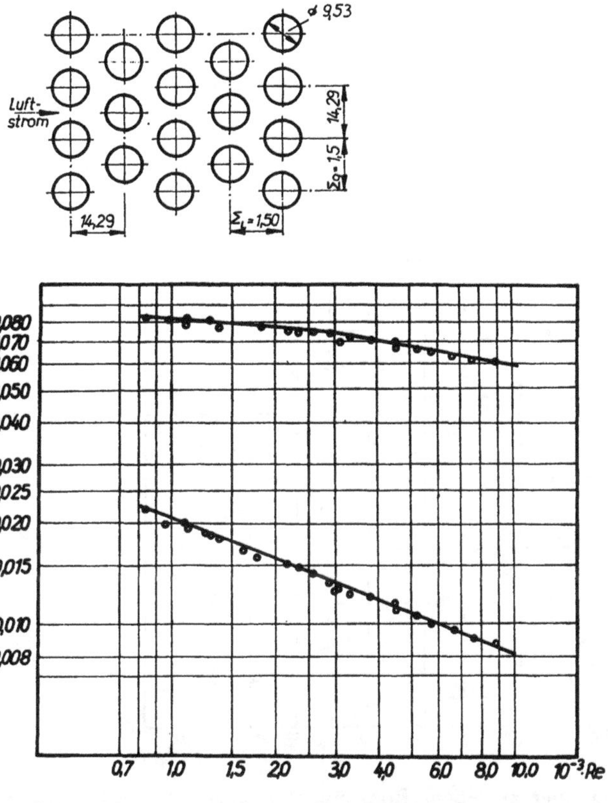

Abb. 10—8. Strömung quer zu einem Rohrbündel mit versetzten Rohren (Versuch im instationären Zustand), Oberfläche **S 1.50—1.50**

Rohraußendurchmesser $d_a = 9{,}525 \cdot 10^{-3}$ m
Hydraulischer Durchmesser
$4 r_h = 9{,}093 \cdot 10^{-3}$ m
Freier Strömungsquerschnitt/Frontalfläche $\Phi = 0{,}333$

Wärmeübertragungsfläche/Gesamtvolumen $A = 146{,}982$ m²/m³
Beachte: Der minimale freie Strömungsquerschnitt ist im Raum quer zur Strömung

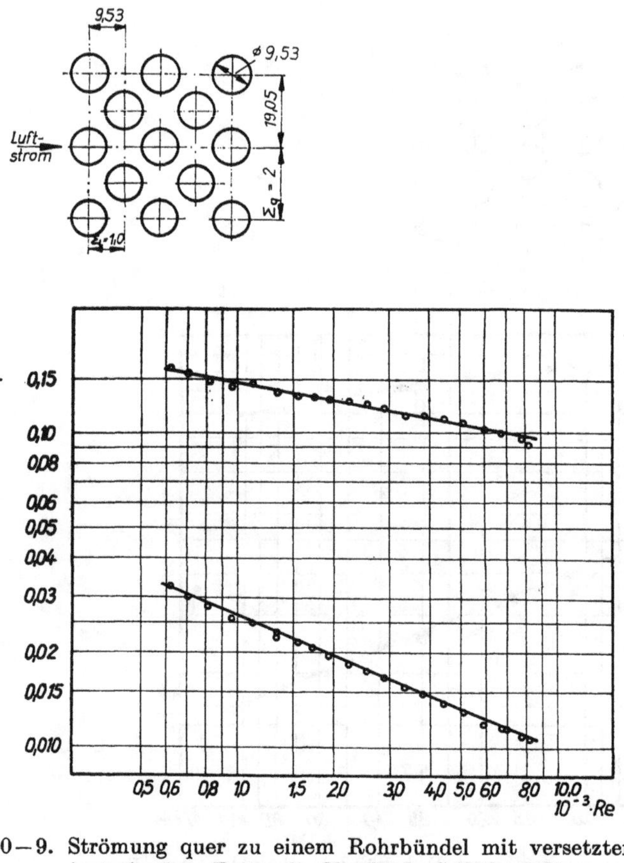

Abb. 10—9. Strömung quer zu einem Rohrbündel mit versetzten Rohren (Versuch im instationären Zustand), Oberfläche S 2.00—1.00

Rohraußendurchmesser $d_a = 9{,}525 \cdot 10^{-3}$ m
Hydraulischer Durchmesser
$4r_h = 9{,}957 \cdot 10^{-3}$ m
Freier Strömungsquerschnitt/Frontalfläche $\Phi = 0{,}414$

Wärmeübertragungsfläche/Gesamtvolumen $A = 165{,}026$ m²/m³
Beachte: Der minimale freie Strömungsquerschnitt ist im Raum schräg zur Strömung

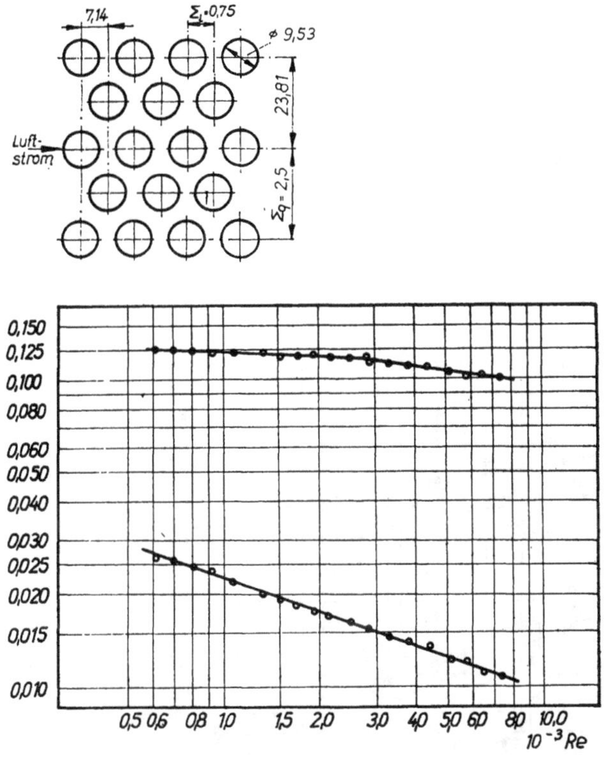

Abb. 10–10. Strömung quer zu einem Rohrbündel mit versetzten Rohren (Versuch im instationären Zustand), Oberfläche **S 2.50—0.75**

Rohraußendurchmesser $d_a = 9{,}525 \cdot 10^{-3}$ m
Hydraulischer Durchmesser
$4 r_h = 8{,}255 \cdot 10^{-3}$ m
Freier Strömungsquerschnitt/Frontalfläche $\Phi = 0{,}366$

Wärmeübertragungsfläche/Gesamtvolumen $A = 175{,}853$ m²/m³
Beachte: Der minimale freie Strömungsquerschnitt ist im Raum schräg zur Strömung

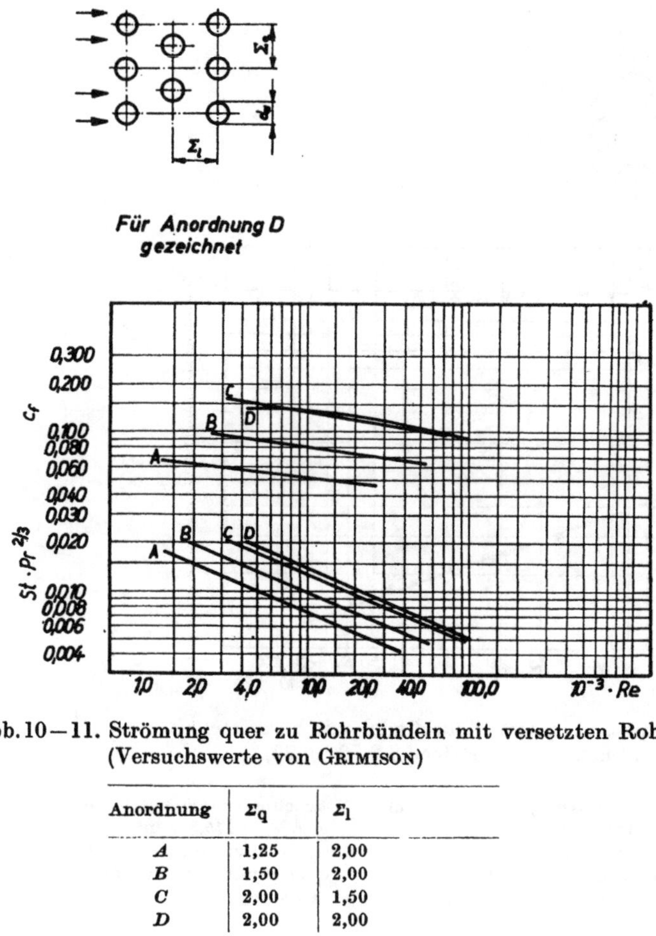

Abb. 10 – 11. Strömung quer zu Rohrbündeln mit versetzten Rohren (Versuchswerte von GRIMISON)

Anordnung	Σ_q	Σ_l
A	1,25	2,00
B	1,50	2,00
C	2,00	1,50
D	2,00	2,00

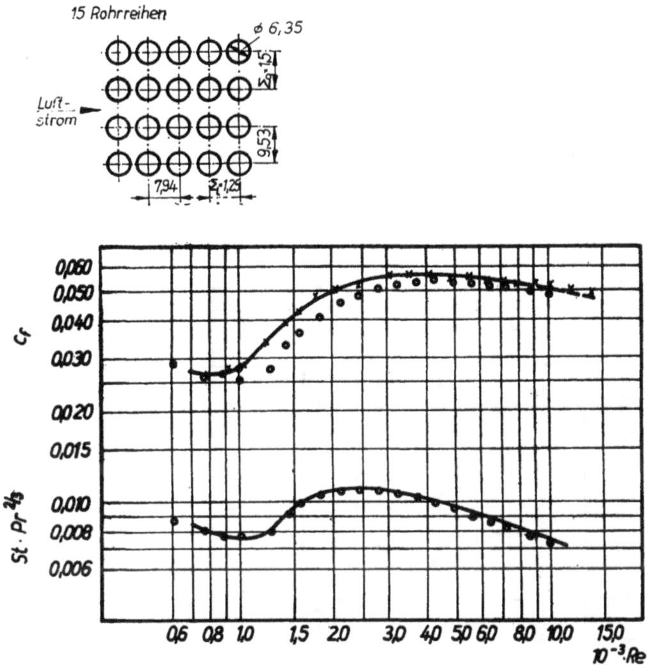

Abb. 10—12. Strömung quer zu einem Rohrbündel mit fluchtenden Rohren (Versuch im stationären Zustand), Oberfläche **I 1.50—1.25(s)**

Rohraußendurchmesser $d_a = 6{,}350 \cdot 10^{-3}$ m
Hydraulischer Durchmesser $4 r_h = 5{,}029 \cdot 10^{-3}$ m

Freier Strömungsquerschnitt/Frontalfläche $\Phi = 0{,}338$
Wärmeübertragungsfläche/Gesamtvolumen $A = 263{,}780$ m²/m³

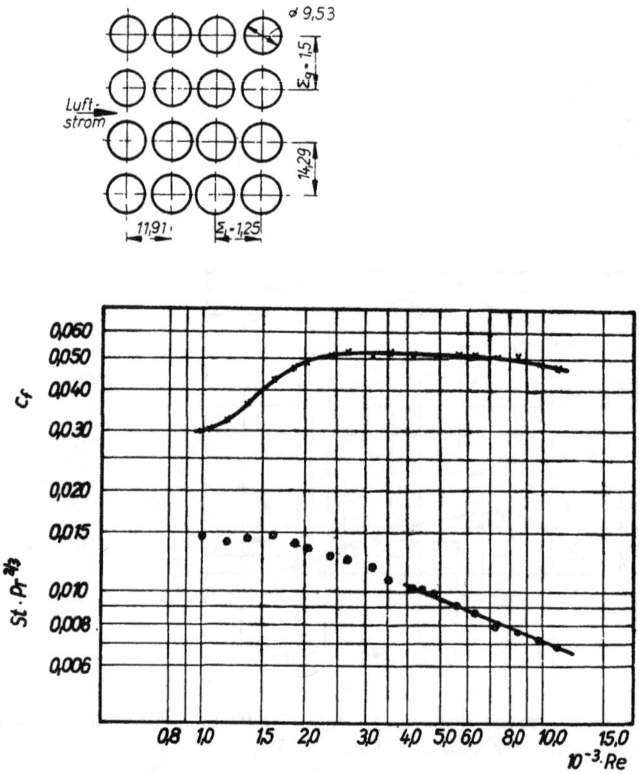

Abb. 10–13. Strömung quer zu einem Rohrbündel mit fluchtenden Rohren (Versuch im instationären Zustand), Oberfläche **I 1.50—1.25**

Rohraußendurchmesser $d_a = 9{,}525 \cdot 10^{-3}$ m
Hydraulischer Durchmesser $4 r_h = 7{,}569 \cdot 10^{-3}$ m

Freier Strömungsquerschnitt/Frontalfläche $\Phi = 0{,}333$
Wärmeübertragungsfläche/Gesamtvolumen $A = 175{,}853$ m²/m³

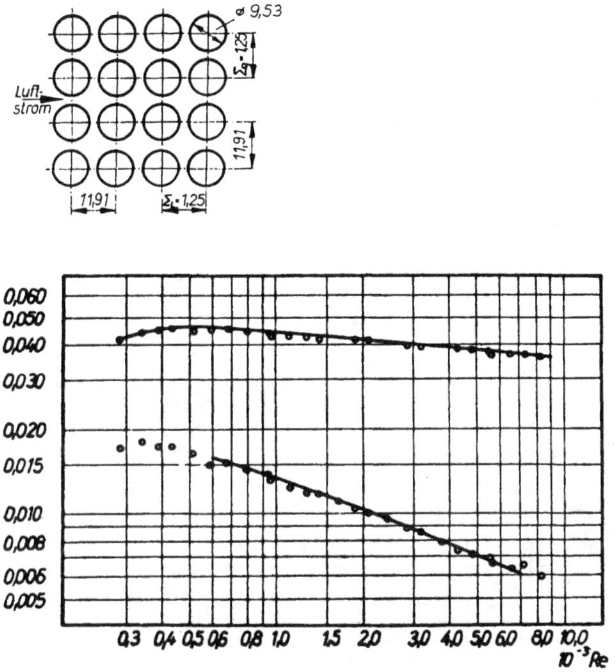

Abb. 10–14. Strömung quer zu einem Rohrbündel mit fluchtenden Rohren (Versuch im instationären Zustand), Oberfläche **I 1.25—1.25**

Rohraußendurchmesser $d_a = 9{,}525 \cdot 10^{-3}$ m
Hydraulischer Durchmesser $4 r_h = 3{,}767 \cdot 10^{-3}$ m

Freier Strömungsquerschnitt/Frontalfläche $\Phi = 0{,}200$
Wärmeübertragungsfläche/Gesamtvolumen $A = 211{,}286$ m²/m³

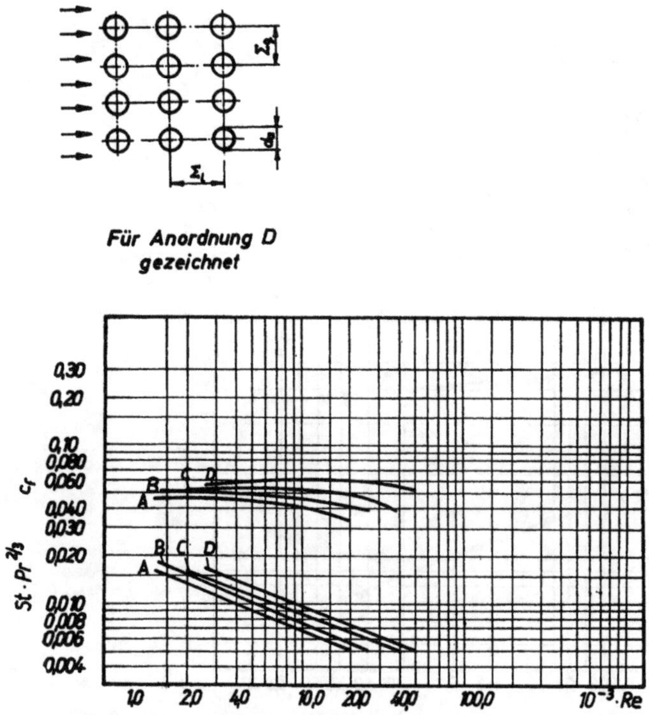

Abb. 10—15. Strömung quer zu Rohrbündeln mit fluchtenden Rohren (Versuchswerte von GRIMISON)

Anordnung	Σ_p	Σ_l
A	1,25	1,50
B	1,25	2,00
C	1,50	1,50
D	1,50	2,00

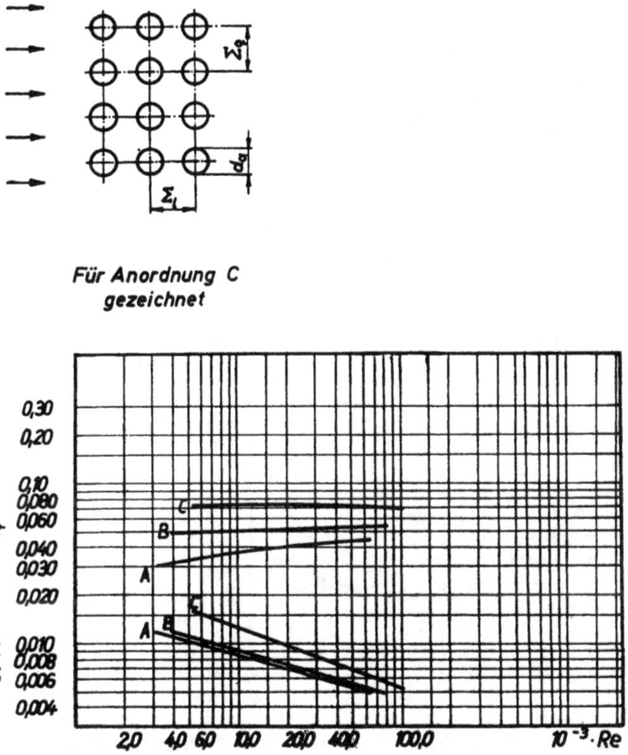

Abb. 10 – 16. Strömung quer zu Rohrbündeln mit fluchtenden Rohren (Versuchswerte von GRIMISON)

Anordnung	Σ_q	Σ_l
A	2,00	1,25
B	2,00	1,50
C	2,00	2,00

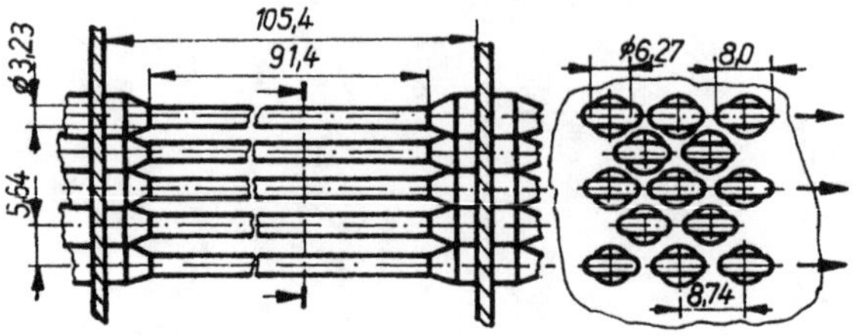

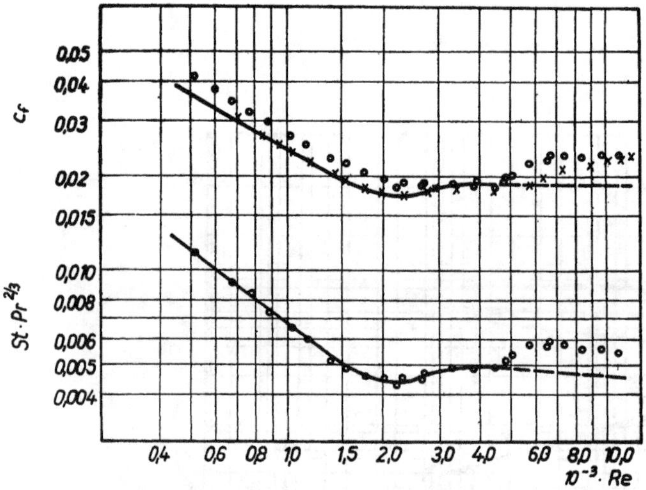

Abb. 10–17. Strömung quer zu einem Rohrbündel mit abgeflachten Rohren, Oberfläche **FT—2**

Rohraußendurchmesser vor dem Abflachen $= 6{,}27 \cdot 10^{-3}$ m

Mittenabstand zwischen zwei parallel zur Strömung liegenden Rohren $= 8{,}74 \cdot 10^{-3}$ m

Mittenabstand zwischen zwei senkrecht zur Strömung liegenden Rohren $= 5{,}64 \cdot 10^{-3}$ m

Rohrabmessung parallel zur Strömung $= 8{,}00 \cdot 10^{-3}$ m

Rohrabmessung senkrecht zur Strömung $= 3{,}23 \cdot 10^{-3}$ m

Abstand zwischen den Rohrplatten $= 105{,}4 \cdot 10^{-3}$ m

Länge der Abflachung $= 91{,}44 \cdot 10^{-3}$ m

Hydraulischer Durchmesser $4 r_h = 4{,}374 \cdot 10^{-3}$ m

Freier Strömungsquerschnitt/Frontalfläche $\Phi = 0{,}386$

Gesamtwärmeübertragungsfläche/Gesamtvolumen $A = 354{,}331$ m²/m³

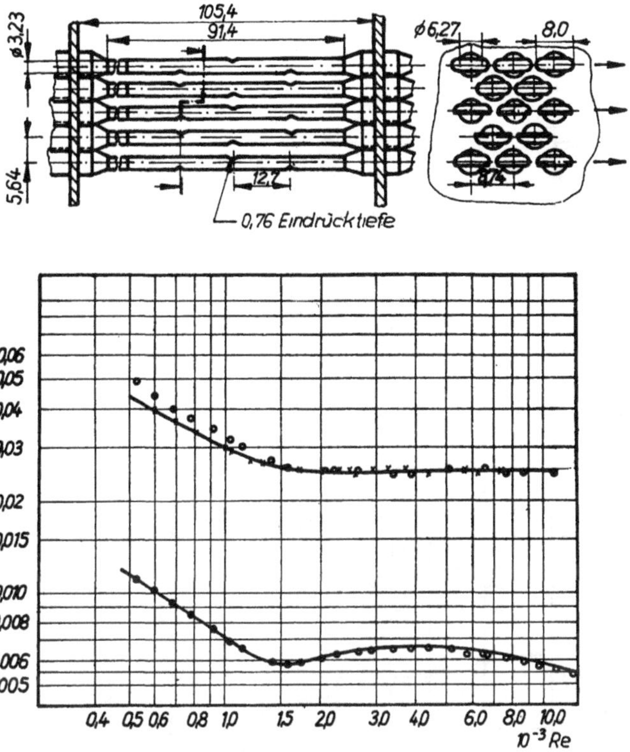

Abb. 10–18. Strömung quer zu einem Rohrbündel mit abgeflachten und eingedrückten Rohren, Oberfläche **FTD—2**

Rohraußendurchmesser vor dem Abflachen $d_a = 6{,}27 \cdot 10^{-3}$ m

Mittenabstand zwischen zwei parallel zur Strömung liegenden Rohren $= 8{,}74 \cdot 10^{-3}$ m

Mittenabstand zwischen zwei senkrecht zur Strömung liegenden Rohren $= 5{,}64 \cdot 10^{-3}$ m

Rohrabmessung parallel zur Strömung $= 8{,}00 \cdot 10^{-3}$ m

Rohrabmessung senkrecht zur Strömung $= 3{,}23 \cdot 10^{-3}$ m

Abstand zwischen den Rohrplatten $= 105{,}4 \cdot 10^{-3}$ m

Länge der Abflachung $= 91{,}44 \cdot 10^{-3}$ m

Eindrücktiefe $= 0{,}76 \cdot 10^{-3}$ m

Minimaler Abstand zwischen zwei Vertiefungen $= 12{,}7 \cdot 10^{-3}$ m

Hydraulischer Durchmesser $4 r_h = 4{,}877 \cdot 10^{-3}$ m

Freier Strömungsquerschnitt/Frontalfläche $\Phi = 0{,}423$

Gesamtwärmeübertragungsfläche/Gesamtvolumen $A = 354{,}331$ m²/m³

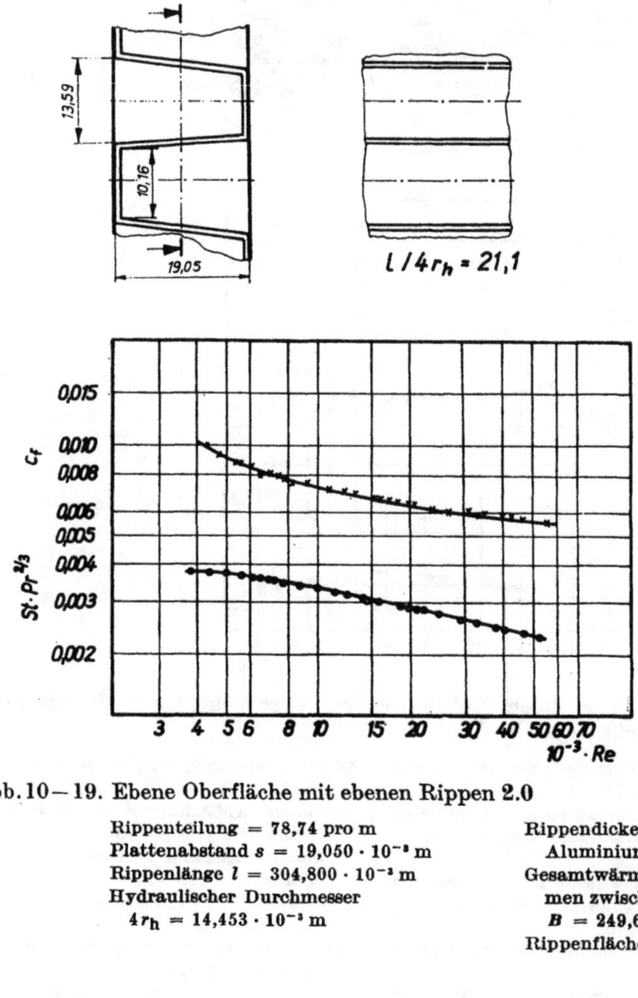

Abb. 10–19. Ebene Oberfläche mit ebenen Rippen 2.0

Rippenteilung = 78,74 pro m
Plattenabstand s = 19,050 · 10^{-3} m
Rippenlänge l = 304,800 · 10^{-3} m
Hydraulischer Durchmesser $4r_h$ = 14,453 · 10^{-3} m

Rippendicke b = 0,813 · 10^{-3} m, Aluminium
Gesamtwärmeübertragungsfläche/Volumen zwischen den Platten B = 249,672 m²/m³
Rippenfläche/Gesamtfläche = 0,606

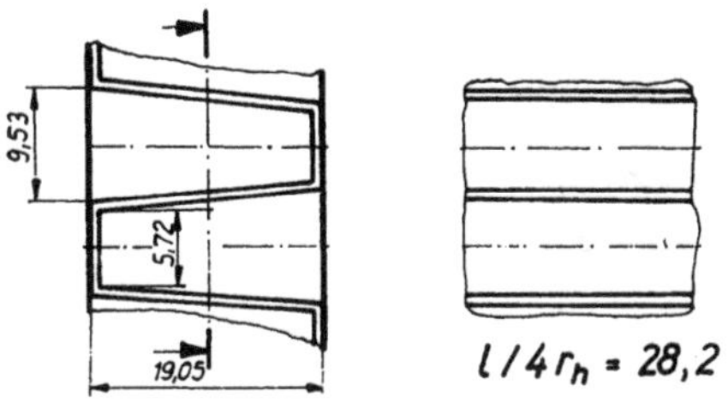

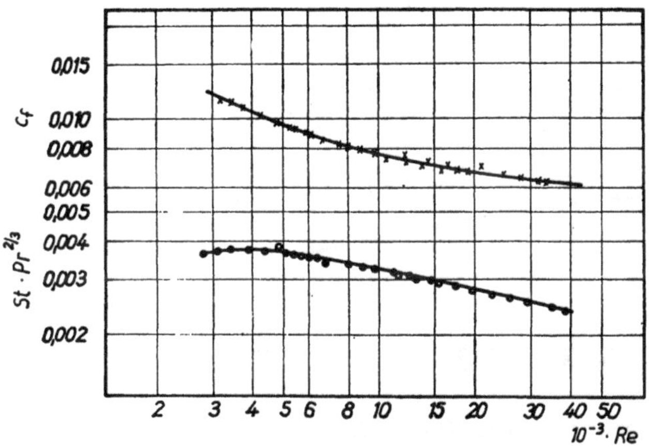

Abb. 10–20. Ebene Oberfläche mit ebenen Rippen 3.01

Rippenteilung = 118,50 pro m
Plattenabstand s = 19,050 · 10^{-3} m
Rippenlänge l = 304,800 · 10^{-3} m
Hydraulischer Durchmesser $4r_h$ = 10,820 · 10^{-3} m
Rippendicke b = 0,813 · 10^{-3} m, Aluminium
Gesamtwärmeübertragungsfläche/Volumen zwischen den Platten B = 322,507 m^2/m^3
Rippenfläche/Gesamtfläche = 0,706

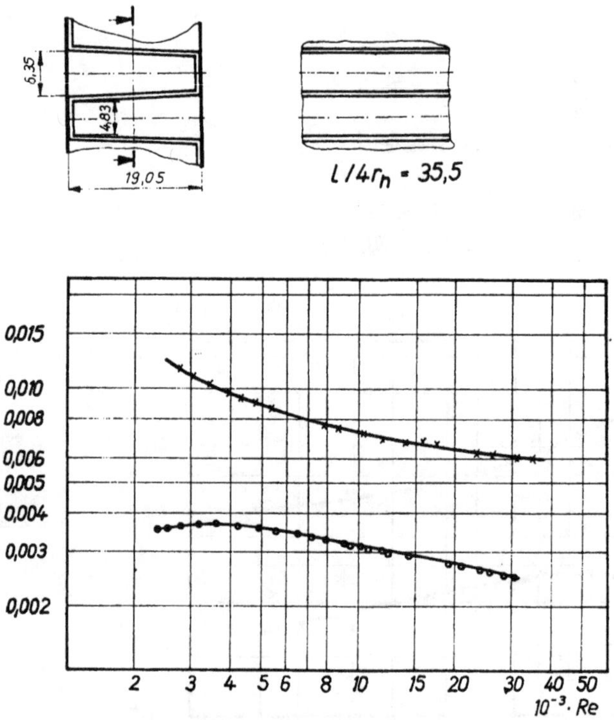

Abb. 10—21. Ebene Oberfläche mit ebenen Rippen 3.97

Rippenteilung = 156,30 pro m
Plattenabstand s = 19,050 · 10^{-3} m
Rippenlänge l = 304,800 · 10^{-3} m
Hydraulischer Durchmesser
$4r_h$ = 8,585 · 10^{-3} m

Rippendicke b = 0,813 · 10^{-3} m,
Aluminium
Gesamtwärmeübertragungsfläche/
Volumen zwischen den Platten
B = 391,732 m^2/m^3
Rippenfläche/Gesamtfläche = 0,766

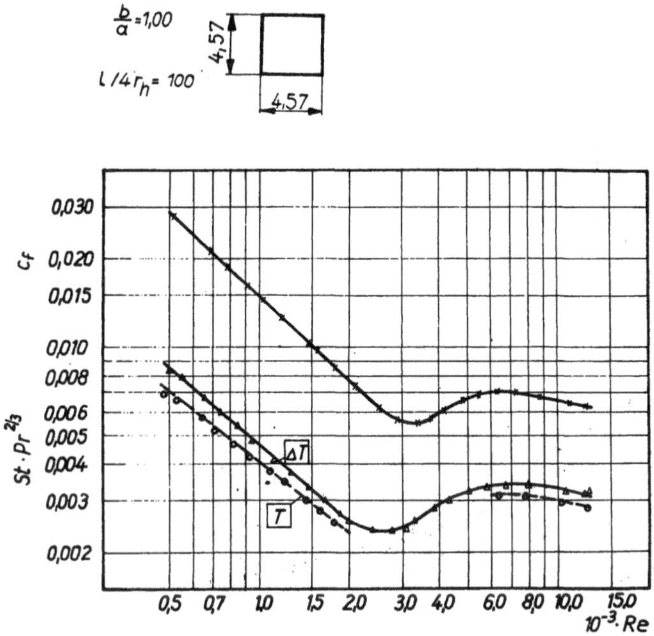

Abb. 10 – 22. Ebene Oberfläche mit ebenen Rippen 4.00

Kanalabmessung $= 4{,}572 \cdot 10^{-3}$ m $\times$ $4{,}572 \cdot 10^{-3}$ m

Hydraulischer Durchmesser $4 r_h = 4{,}572 \cdot 10^{-3}$ m

Rippenfläche/Gesamtfläche = 0,500

△ = Meßpunkte für die Versuche mit konstanter Temperaturdifferenz zwischen Wand und Stoff

○ = Meßpunkte für die Versuche mit konstanter Wandtemperatur

× = Meßpunkte für die Versuche zur Bestimmung des isothermen Strömungsverlustbeiwertes

Beachte: Der Versuchsübertrager für diese Oberfläche war aus quadratischen Rohren und nicht aus Platten und Rippen aufgebaut. Daher werden keine Werte für die Rippendicke und die Fläche pro Volumen angegeben.

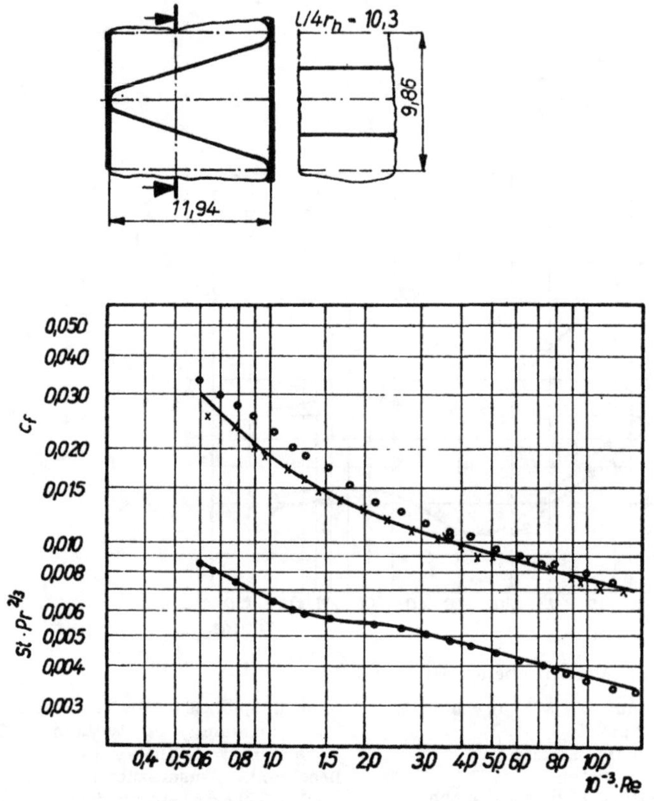

Abb. 10–23. Ebene Oberfläche mit ebenen Rippen 5.3

Rippenteilung = 208,66 pro m
Plattenabstand s = 11,938 · 10^{-3} m
Hydraulischer Durchmesser
$4r_h$ = 6,147 · 10^{-3} m
Rippendicke b = 0,152 · 10^{-3} m,
Aluminium

Gesamtwärmeübertragungsfläche/
Volumen zwischen den Platten
B = 616,797 m^2/m^3
Rippenfläche/Gesamtfläche = 0,719

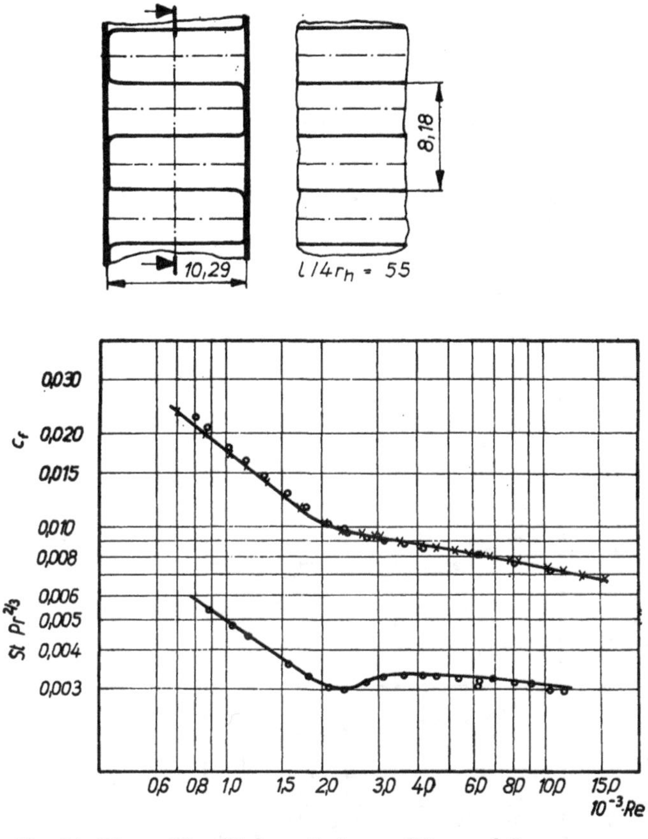

Abb. 10–24. Ebene Oberfläche mit ebenen Rippen 6.2

Rippenteilung = 244,09 pro m
Plattenabstand s = $10{,}287 \cdot 10^{-3}$ m
Hydraulischer Durchmesser
$4r_h = 5{,}537 \cdot 10^{-3}$ m
Rippendicke b = $0{,}254 \cdot 10^{-3}$ m, Aluminium

Gesamtwärmeübertragungsfläche/Volumen zwischen den Platten
$B = 669{,}291$ m²/m³
Rippenfläche/Gesamtfläche = 0,728

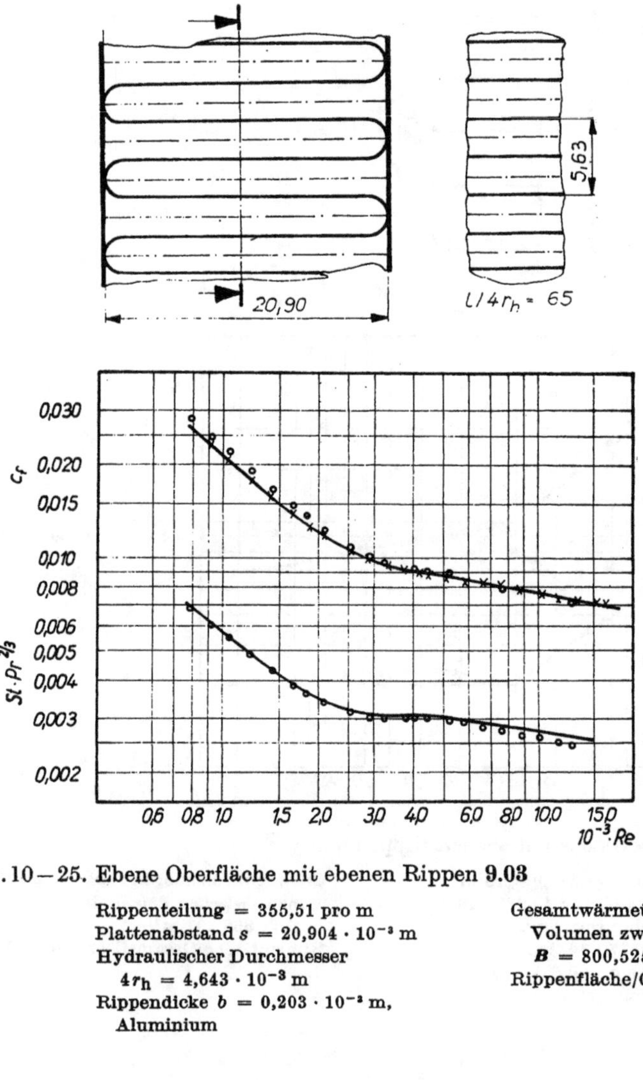

Abb. 10–25. Ebene Oberfläche mit ebenen Rippen 9.03

Rippenteilung = 355,51 pro m
Plattenabstand s = 20,904 · 10^{-3} m
Hydraulischer Durchmesser
$4r_h$ = 4,643 · 10^{-3} m
Rippendicke b = 0,203 · 10^{-3} m, Aluminium

Gesamtwärmeübertragungsfläche/ Volumen zwischen den Platten
B = 800,525 m^2/m^3
Rippenfläche/Gesamtfläche = 0,888

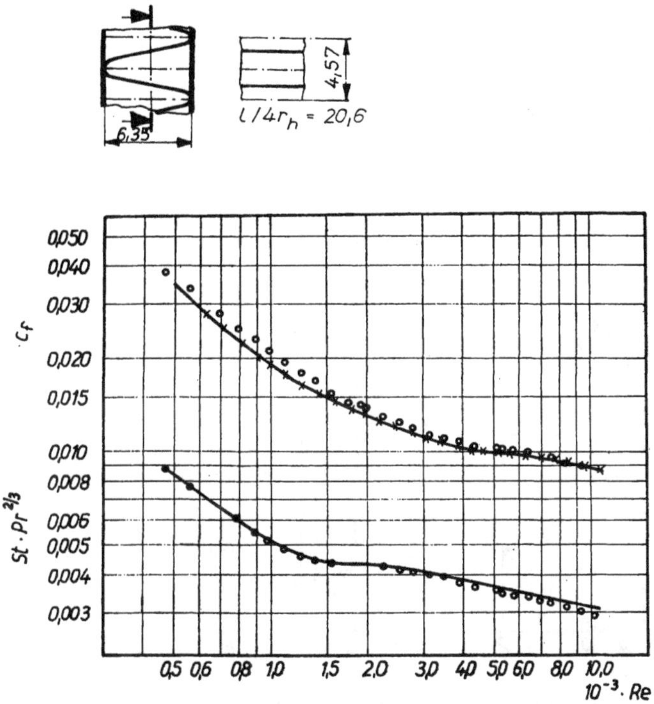

Abb. 10–26. Ebene Oberfläche mit ebenen Rippen 11.1

Rippenteilung = 437,01 pro m
Plattenabstand s = 6,350 · 10^{-3} m
Hydraulischer Durchmesser
$4r_h$ = 3,081 · 10^{-3} m
Rippendicke b = 0,152 · 10^{-3} m,
Aluminium

Gesamtwärmeübertragungsfläche/
Volumen zwischen den Platten
B = 1204,068 m^2/m^3
Rippenfläche/Gesamtfläche = 0,756

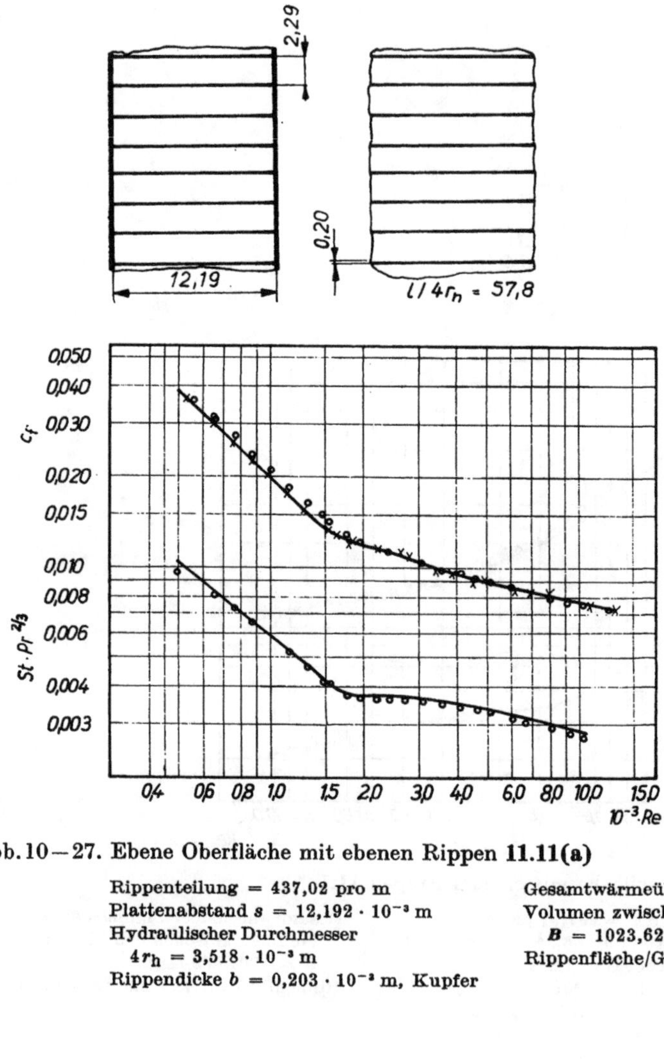

Abb. 10–27. Ebene Oberfläche mit ebenen Rippen **11.11(a)**

Rippenteilung = 437,02 pro m
Plattenabstand s = 12,192 · 10^{-3} m
Hydraulischer Durchmesser
$4r_h$ = 3,518 · 10^{-3} m
Rippendicke b = 0,203 · 10^{-3} m, Kupfer

Gesamtwärmeübertragungsfläche/
Volumen zwischen den Platten
B = 1023,622 m^2/m^3
Rippenfläche/Gesamtfläche = 0,854

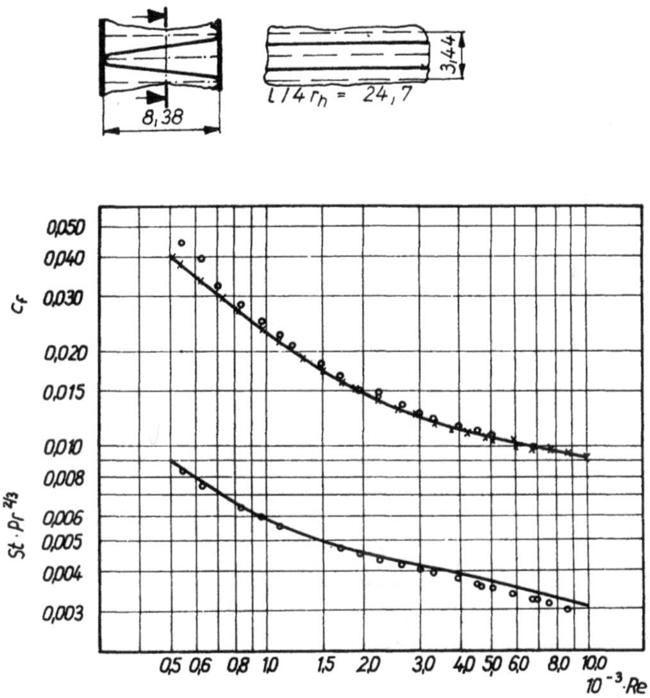

Abb. 10 – 28. Ebene Oberfläche mit ebenen Rippen 14.77

Rippenteilung = 581,50 pro m
Plattenabstand $s = 8{,}382 \cdot 10^{-3}$ m
Hydraulischer Durchmesser
$4r_h = 2{,}588 \cdot 10^{-3}$ m
Rippendicke $b = 0{,}152 \cdot 10^{-3}$ m, Aluminium

Gesamtwärmeübertragungsfläche/Volumen zwischen den Platten
$B = 1377{,}953$ m²/m³
Rippenfläche/Gesamtfläche = 0,844

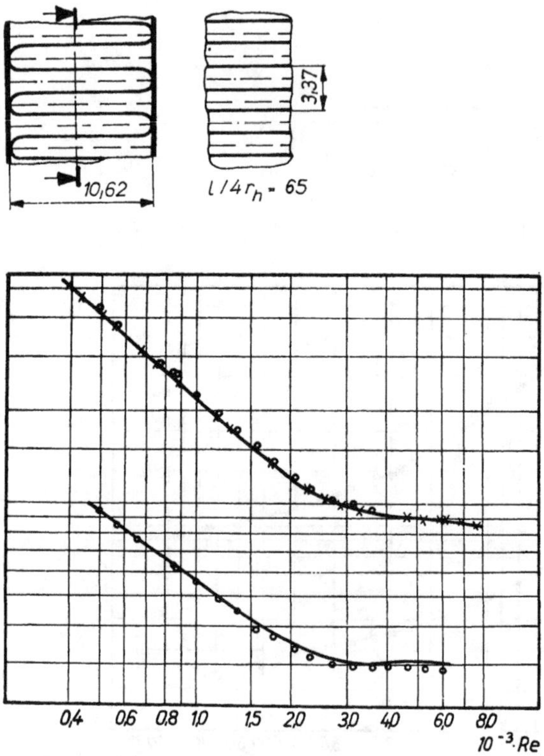

Abb. 10–29. **Ebene Oberfläche mit ebenen Rippen 15.08**

Rippenteilung = 593,70 pro m
Plattenabstand s = 10,617 · 10^{-3} m
Hydraulischer Durchmesser
$4r_h$ = 2,672 · 10^{-3} m
Rippendicke b = 0,152 · 10^{-3} m, Aluminium

Gesamtwärmeübertragungsfläche/Volumen zwischen den Platten
B = 1358,268 m²/m³
Rippenfläche/Gesamtfläche = 0,870

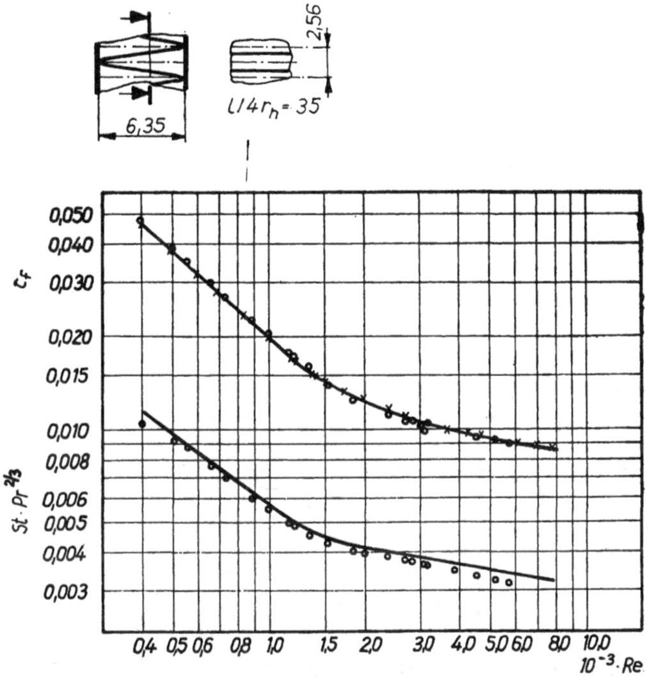

Abb. 10 – 30. Ebene Oberfläche mit ebenen Rippen **19.86**

Rippenteilung = 781,89 pro m
Plattenabstand $s = 6{,}350 \cdot 10^{-3}$ m
Hydraulischer Durchmesser
$4r_h = 1{,}875 \cdot 10^{-3}$ m
Rippendicke $b = 0{,}152 \cdot 10^{-3}$ m, Aluminium

Gesamtwärmeübertragungsfläche/Volumen zwischen den Platten
$B = 1840{,}551$ m²/m³
Rippenfläche/Gesamtfläche = 0,849

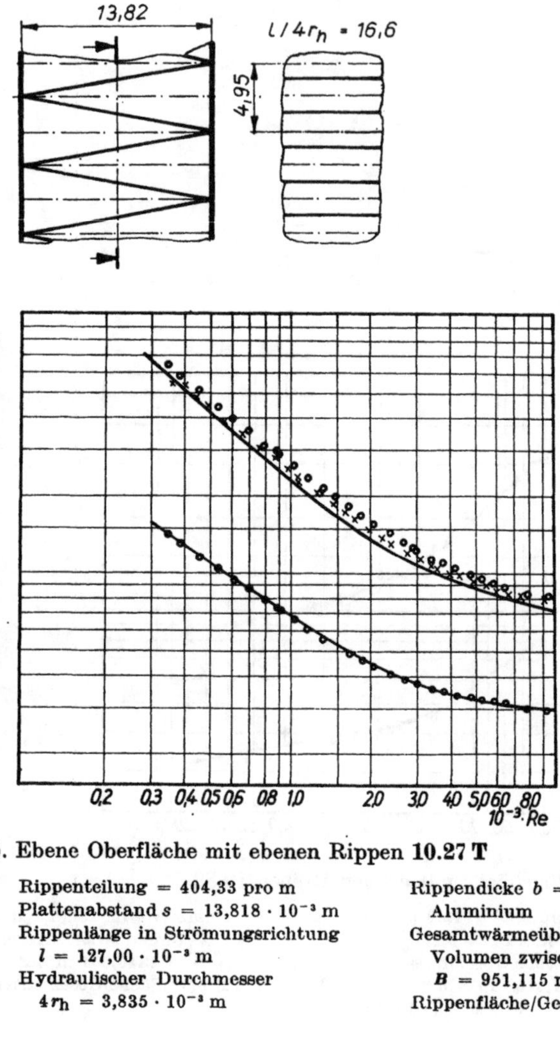

Abb. 10–31*). Ebene Oberfläche mit ebenen Rippen **10.27 T**

Rippenteilung = 404,33 pro m
Plattenabstand s = 13,818 · 10^{-3} m
Rippenlänge in Strömungsrichtung
l = 127,00 · 10^{-3} m
Hydraulischer Durchmesser
$4r_h$ = 3,835 · 10^{-3} m

Rippendicke b = 0,254 · 10^{-3} m,
Aluminium
Gesamtwärmeübertragungsfläche/
Volumen zwischen den Platten
B = 951,115 m^2/m^3
Rippenfläche/Gesamtfläche = 0,863

*) Die ausgezogene Kennlinie bester Auswertung geht nicht durch die Meßpunkte für die Versuche mit kaltem Wärmeübertrager, da für K_k und K_e als Funktionen von Re eine getrennte Korrektur vorgenommen wurde.

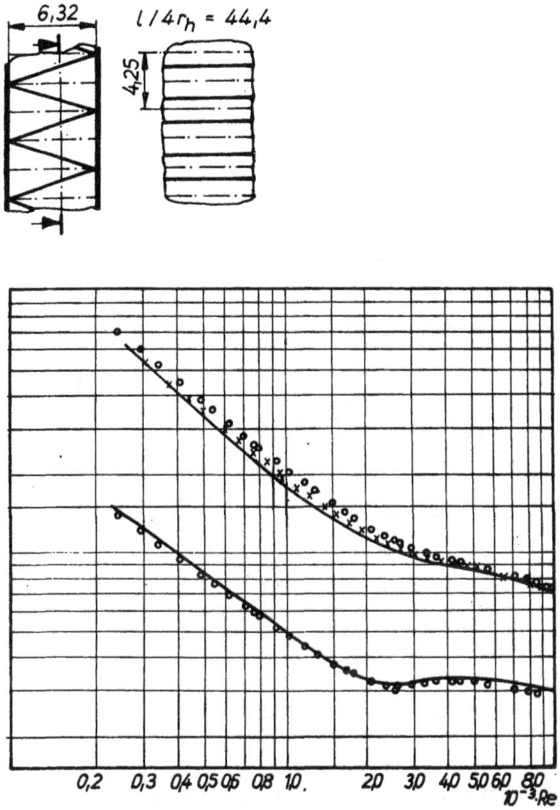

Abb. 10 – 32*). Ebene Oberfläche mit ebenen Rippen **11.94 T**

Rippenteilung = 470,08 pro m
Plattenabstand s = 6,325 · 10^{-3} m
Rippenlänge in Strömungsrichtung
l = 127,00 · 10^{-3} m
Hydraulischer Durchmesser
$4r_h$ = 2,870 · 10^{-3} m

Rippendicke b = 0,152 · 10^{-3} m,
Aluminium
Gesamtwärmeübertragungsfläche/
Volumen zwischen den Platten
B = 1289,370 m^2/m^3
Rippenfläche/Gesamtfläche = 0,769

*) Siehe Fußnote Abb. 10 – 31

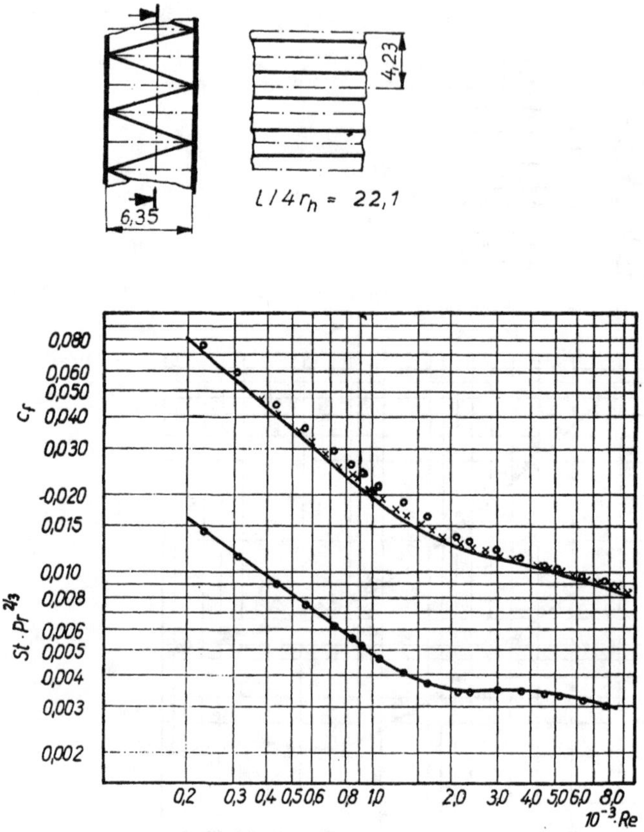

Abb. 10–33*). Ebene Oberfläche mit ebenen Rippen **12.00 T**

Rippenteilung = 472,44 pro m
Plattenabstand $s = 6{,}350 \cdot 10^{-3}$ m
Rippenlänge in Strömungsrichtung
$l = 63{,}50 \cdot 10^{-3}$ m
Hydraulischer Durchmesser
$4\,r_h = 2{,}870 \cdot 10^{-3}$ m

Rippendicke $b = 0{,}152 \cdot 10^{-3}$ m, Nickel
Gesamtwärmeübertragungsfläche/
Volumen zwischen den Platten
$B = 1288{,}386\ \mathrm{m^2/m^3}$
Rippenfläche/Gesamtfläche = 0,773

*) Siehe Fußnote Abb. 10–31.

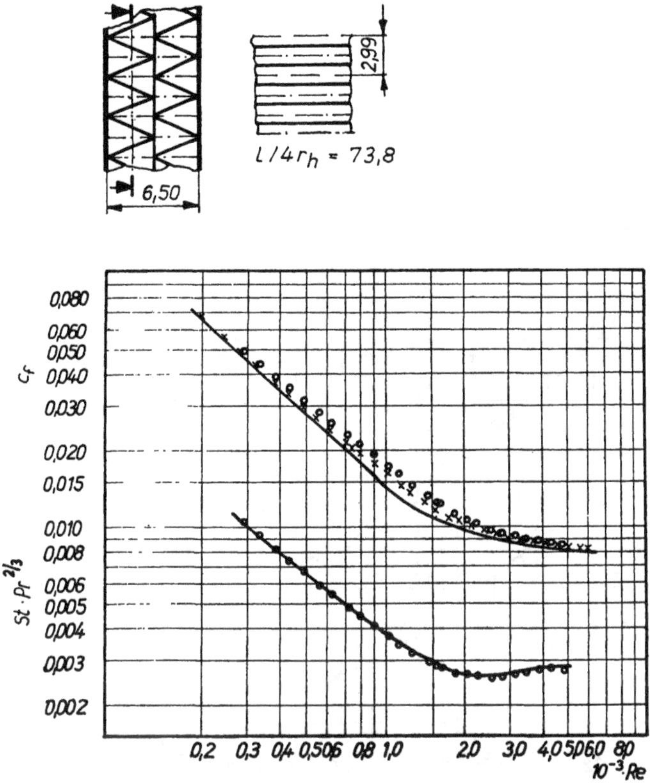

Abb. 10–34*). Ebene Oberfläche mit ebenen Rippen **16.96 T**

Rippenteilung = 676,72 pro m
Plattenabstand s = $6{,}502 \cdot 10^{-3}$ m
Rippenlänge in Strömungsrichtung
l = $127{,}00 \cdot 10^{-3}$ m
Hydraulischer Durchmesser
$4\,r_h$ = $1{,}722 \cdot 10^{-3}$ m

Rippendicke b = $0{,}152 \cdot 10^{-3}$ m.
Aluminium
Gesamtwärmeübertragungsfläche/
Volumen zwischen den Platten
B = 1994,094 m^2/m^3
Rippenfläche/Gesamtfläche = 0,861

*) Siehe Fußnote Abb. 10–31.

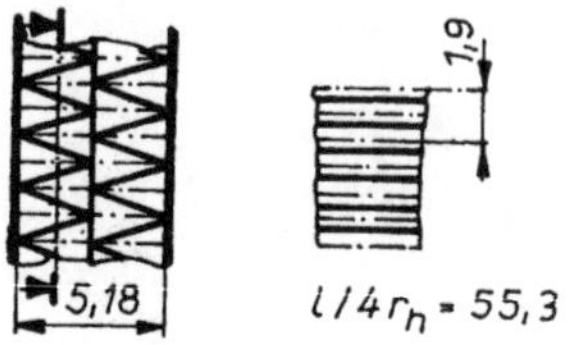

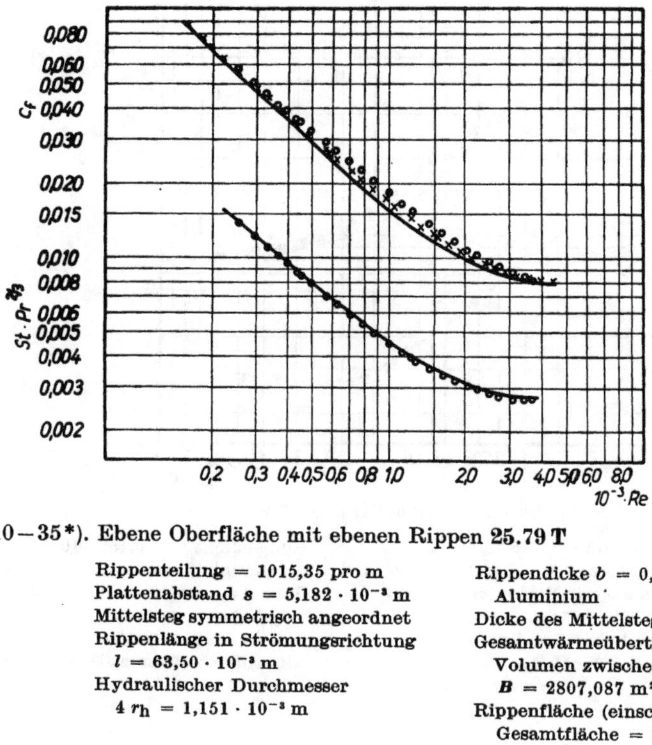

Abb. 10–35*). Ebene Oberfläche mit ebenen Rippen **25.79 T**

Rippenteilung = 1015,35 pro m
Plattenabstand s = 5,182 · 10^{-3} m
Mittelsteg symmetrisch angeordnet
Rippenlänge in Strömungsrichtung
l = 63,50 · 10^{-3} m
Hydraulischer Durchmesser
$4\,r_h$ = 1,151 · 10^{-3} m

Rippendicke b = 0,152 · 10^{-3} m,
Aluminium
Dicke des Mittelsteges = 0,152 · 10^{-3} m
Gesamtwärmeübertragungsfläche/
Volumen zwischen den Platten
B = 2807,087 m^2/m^3
Rippenfläche (einschließlich Mittelstege)/
Gesamtfläche = 0,884

*) Siehe Fußnote Abb. 10–31.

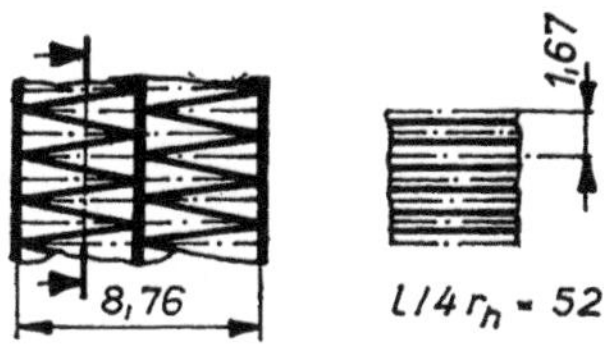

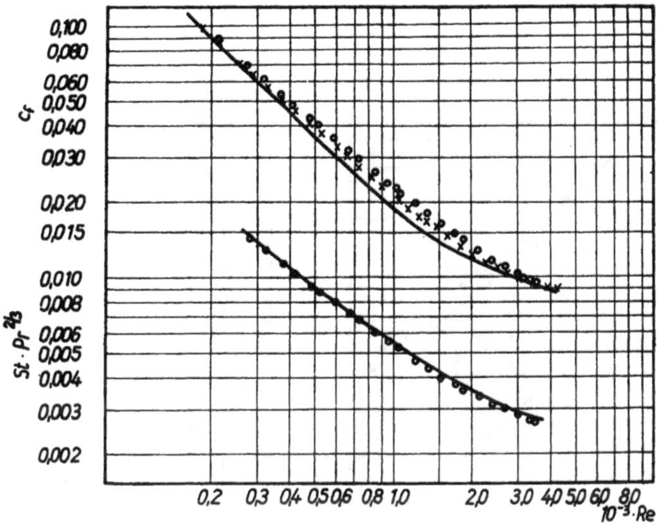

Abb. 10–36*). Ebene Oberfläche mit ebenen Rippen **30.33 T**

Rippenteilung = 1194,09 pro m
Plattenabstand s = 8,763 · 10^{-3} m
Mittelstege symmetrisch angeordnet
Rippenlänge in Strömungsrichtung
l = 63,50 · 10^{-3} m
Hydraulischer Durchmesser
$4 r_h$ = 1,222 · 10^{-3} m

Rippendicke b = 0,152 · 10^{-3} m, Aluminium
Dicke des Mittelsteges = 0,152 · 10^{-3} m
Gesamtwärmeübertragungsfläche/Volumen zwischen den Platten
B = 2665,682 m^2/m^3
Rippenfläche (einschließlich Mittelstege)/Gesamtfläche = 0,928

*) Siehe Fußnote Abb. 10–31.

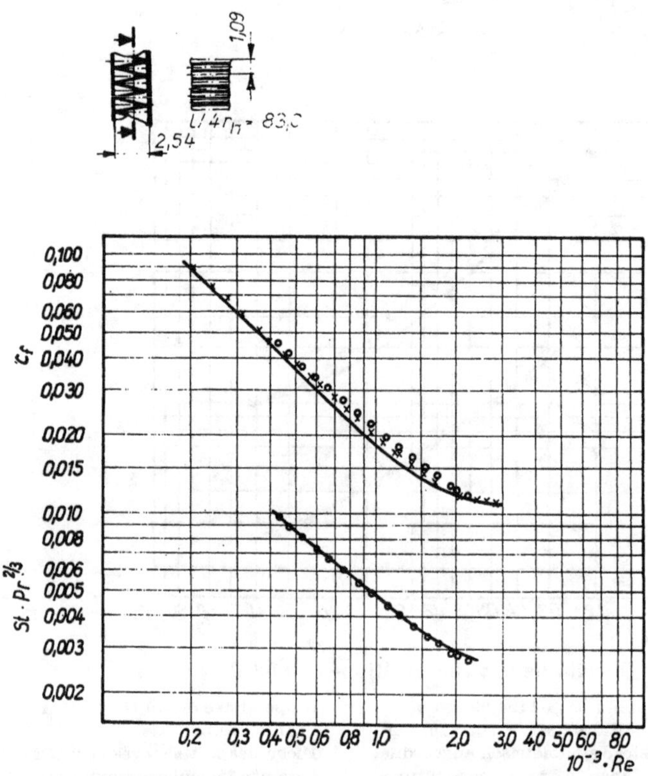

Abb. 10—37*). **Ebene Oberfläche mit ebenen Rippen 46.45 T**

Rippenteilung = 1828,74 pro m
Plattenabstand s = 2,540 · 10^{-3} m
Hippenlänge in Strömungsrichtung
l = 66,802 · 10^{-3} m
Hydraulischer Durchmesser
$4 r_h$ = 0,805 · 10^{-3} m

Rippendicke b = 0,051 · 10^{-3} m, nichtrostender Stahl
Gesamtwärmeübertragungsfläche/Volumen zwischen den Platten
B = 4371,719 m^2/m^3
Rippenfläche/Gesamtfläche = 0,837

*) Siehe Fußnote Abb. 10—31.

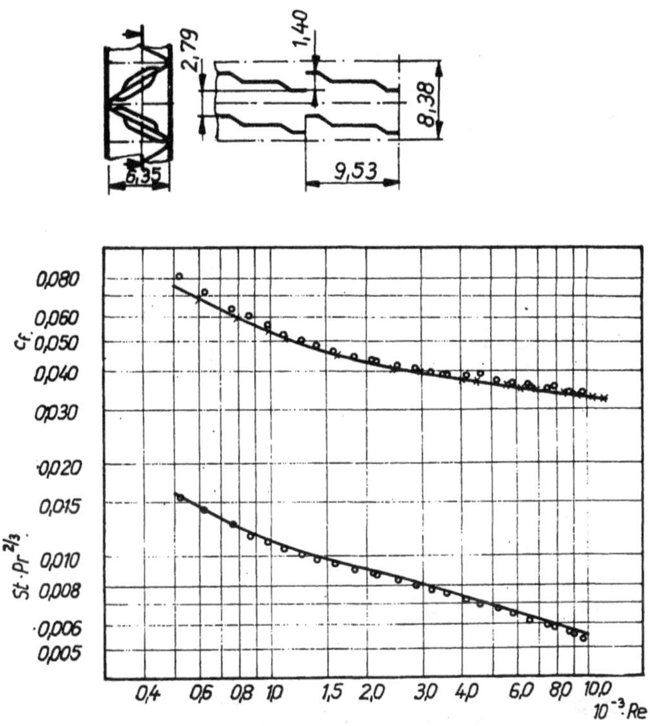

Abb. 10–38. Ebene Oberfläche mit unebenen Rippen **3/8—6.06**

Rippenteilung = 238,58 pro m
Plattenabstand s = 6,350 · 10^{-3} m
Schlitzabstand = 9,525 · 10^{-3} m
Schlitzlücke = 1,397 · 10^{-3} m
Rippenlücke = 2,794 · 10^{-3} m
Hydraulischer Durchmesser
$4\,r_h$ = 4,453 · 10^{-3} m

Rippendicke b = 0,152 · 10^{-3} m,
Aluminium
Gesamtwärmeübertragungsfläche/
Volumen zwischen den Platten
B = 839,895 m^2/m^3
Rippenfläche/Gesamtfläche = 0,640

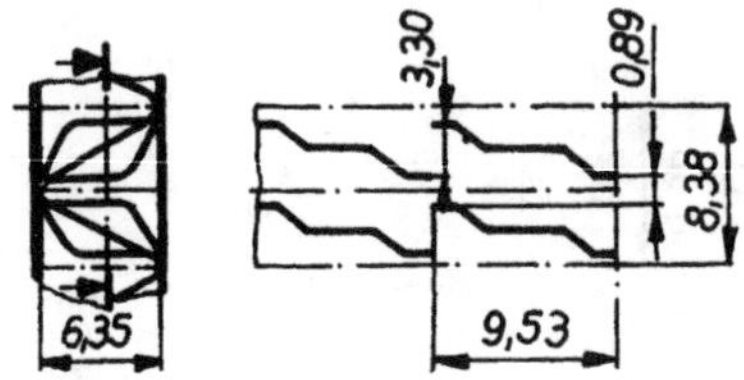

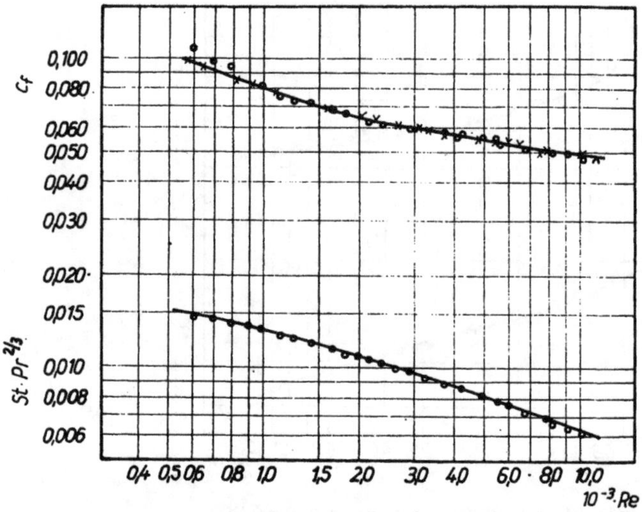

Abb. 10–39. Ebene Oberfläche mit unebenen Rippen **3/8(a)—6.06**

Rippenteilung = 238,58 pro m
Plattenabstand $s = 6{,}350 \cdot 10^{-3}$ m
Schlitzabstand = $9{,}525 \cdot 10^{-3}$ m
Schlitzlücke = $3{,}302 \cdot 10^{-3}$ m
Rippenlücke = $0{,}889 \cdot 10^{-3}$ m
Hydraulischer Durchmesser $4\,r_h = 4{,}453 \cdot 10^{-3}$ m

Rippendicke $b = 0{,}152 \cdot 10^{-3}$ m, Aluminium
Gesamtwärmeübertragungsfläche/Volumen zwischen den Platten $B = 839{,}895\ m^2/m^3$
Rippenfläche/Gesamtfläche = 0,640

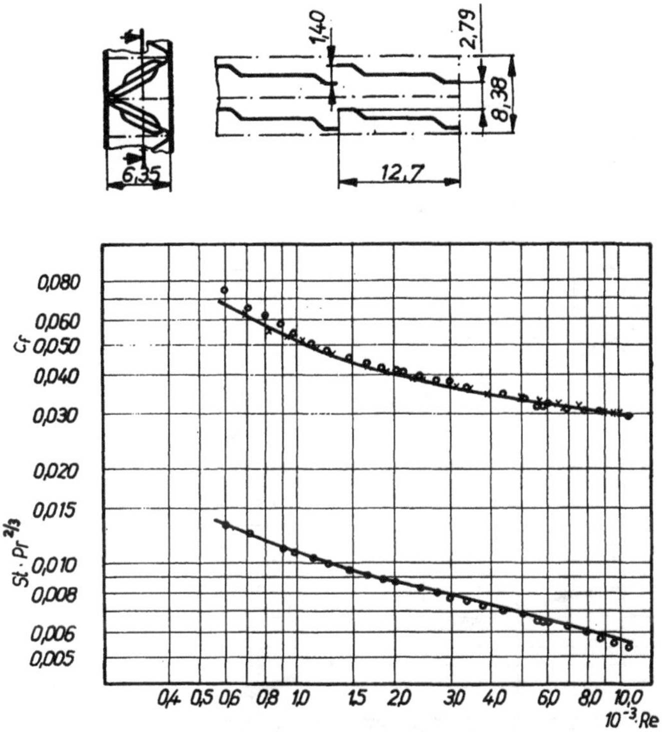

Abb. 10–40. Ebene Oberfläche mit unebenen Rippen 1/2—6.06

Rippenteilung = 238,58 pro m
Plattenabstand s = 6,350 · 10^{-3} m
Schlitzabstand = 12,700 · 10^{-3} m
Schlitzlücke = 1,397 · 10^{-3} m
Rippenlücke = 2,794 · 10^{-3} m
Hydraulischer Durchmesser
$4 r_h$ = 4,453 · 10^{-3} m

Rippendicke b = 0,152 · 10^{-3} m, Aluminium
Gesamtwärmeübertragungsfläche/Volumen zwischen den Platten
B = 839,895 m^2/m^3
Rippenfläche/Gesamtfläche = 0,640

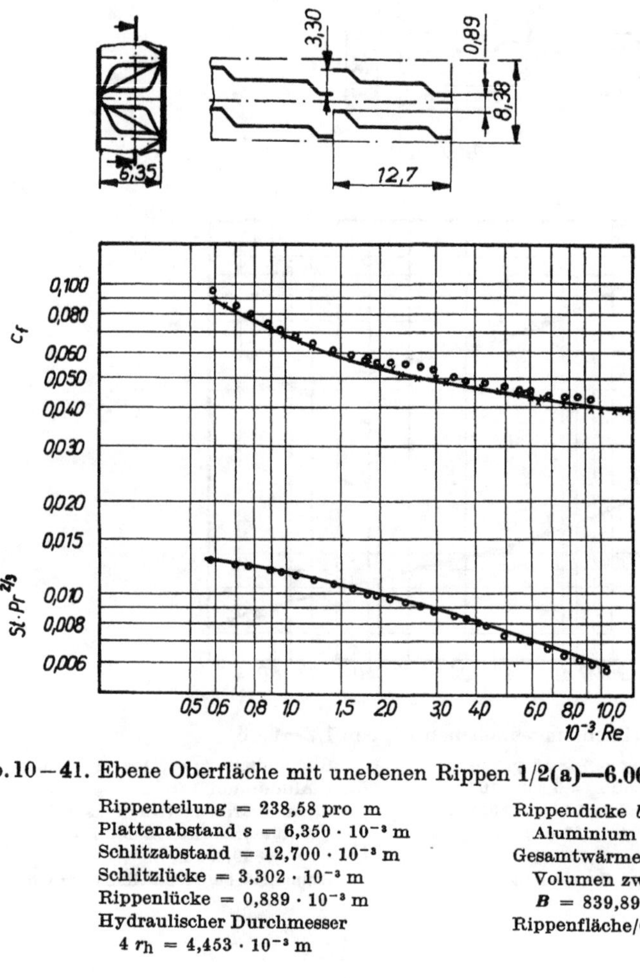

Abb. 10–41. Ebene Oberfläche mit unebenen Rippen **1/2(a)—6.06**

Rippenteilung = 238,58 pro m
Plattenabstand $s = 6{,}350 \cdot 10^{-3}$ m
Schlitzabstand = $12{,}700 \cdot 10^{-3}$ m
Schlitzlücke = $3{,}302 \cdot 10^{-3}$ m
Rippenlücke = $0{,}889 \cdot 10^{-3}$ m
Hydraulischer Durchmesser
$4\,r_h = 4{,}453 \cdot 10^{-3}$ m

Rippendicke $b = 0{,}152 \cdot 10^{-3}$ m, Aluminium
Gesamtwärmeübertragungsfläche/Volumen zwischen den Platten
$B = 839{,}895$ m²/m³
Rippenfläche/Gesamtfläche = 0,640

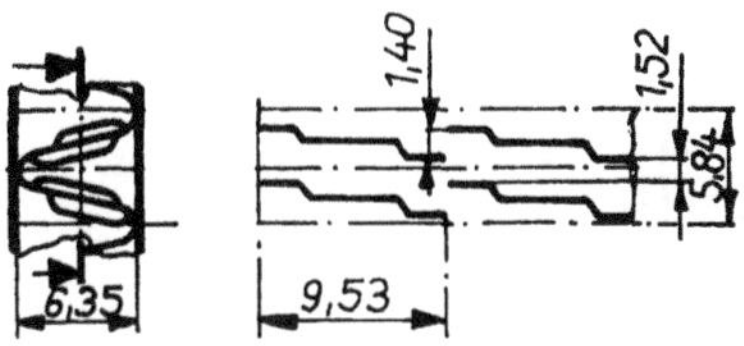

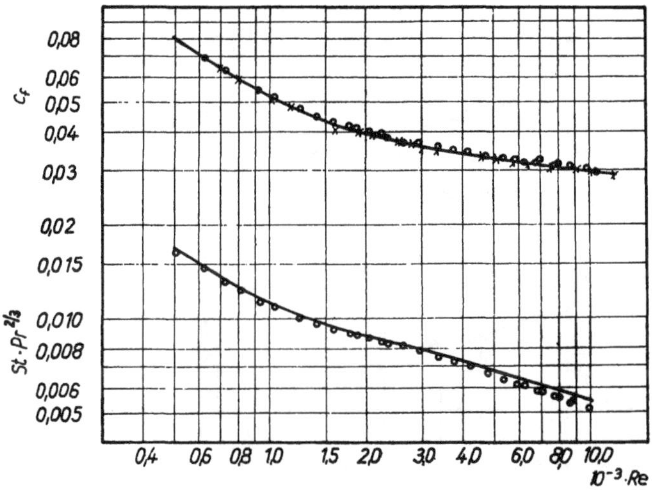

Abb. 10–42. Ebene Oberfläche mit unebenen Rippen 3/8—8.7

Rippenteilung = 342,52 pro m
Plattenabstand s = 6,350 · 10^{-3} m
Schlitzabstand = 9,525 · 10^{-3} m
Schlitzlücke = 1,397 · 10^{-3} m
Rippenlücke = 1,524 · 10^{-3} m
Hydraulischer Durchmesser
$4\,r_h$ = 3,650 · 10^{-3} m

Rippendicke b = 0,152 · 10^{-3} m, Aluminium
Gesamtwärmeübertragungsfläche/Volumen zwischen den Platten
B = 1007,218 m^2/m^3
Rippenfläche/Gesamtfläche = 0,705

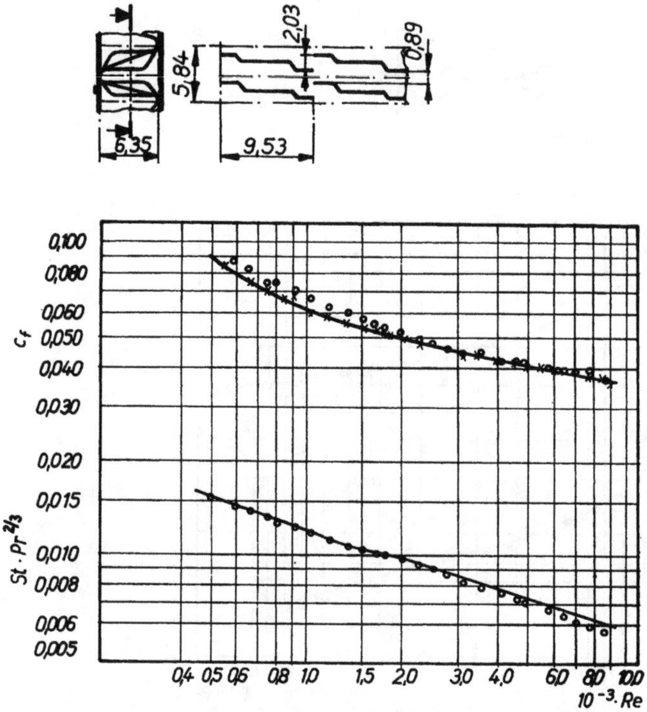

Abb. 10–43. Ebene Oberfläche mit unebenen Rippen 3/8(a)—8.7

Rippenteilung = 342,52 pro m
Plattenabstand s = 6,350 · 10^{-3} m
Schlitzabstand = 9,525 · 10^{-3} m
Schlitzlücke = 2,032 · 10^{-3} m
Rippenlücke = 0,889 · 10^{-3} m
Hydraulischer Durchmesser
$4 r_h$ = 3,650 · 10^{-3} m

Rippendicke b = 0,152 · 10^{-3} m, Aluminium
Gesamtwärmeübertragungsfläche/Volumen zwischen den Platten
B = 1007,218 m^2/m^3
Rippenfläche/Gesamtfläche = 0,705

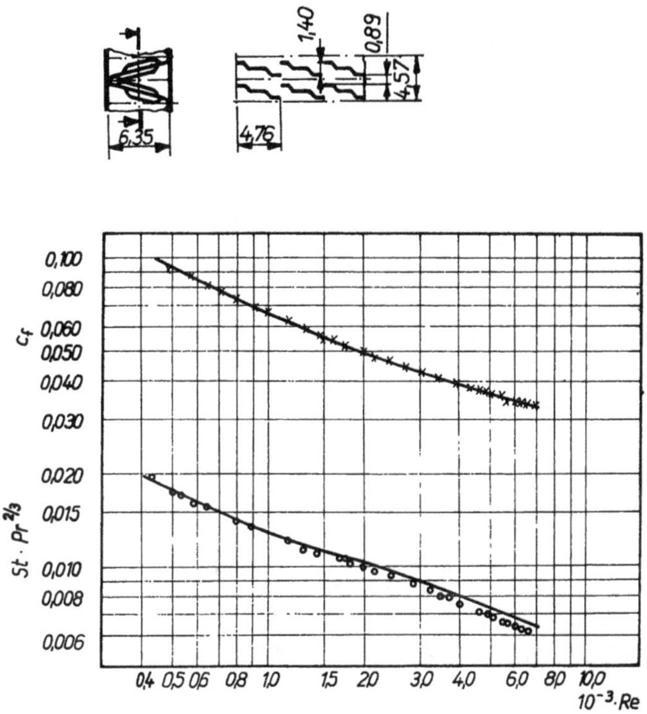

Abb. 10–44. Ebene Oberfläche mit unebenen Rippen 3/16—11.1

Rippenteilung = 437,01 pro m
Plattenabstand s = 6,350 · 10^{-3} m
Schlitzabstand = 4,763 · 10^{-3} m
Schlitzlücke = 1,397 · 10^{-3} m
Rippenlücke = 0,889 · 10^{-3} m
Hydraulischer Durchmesser
$4 r_h$ = 3,084 · 10^{-3} m

Rippendicke b = 0,152 · 10^{-3} m, Aluminium
Gesamtwärmeübertragungsfläche/Volumen zwischen den Platten
B = 1204,068 m^2/m^3
Rippenfläche/Gesamtfläche = 0,756

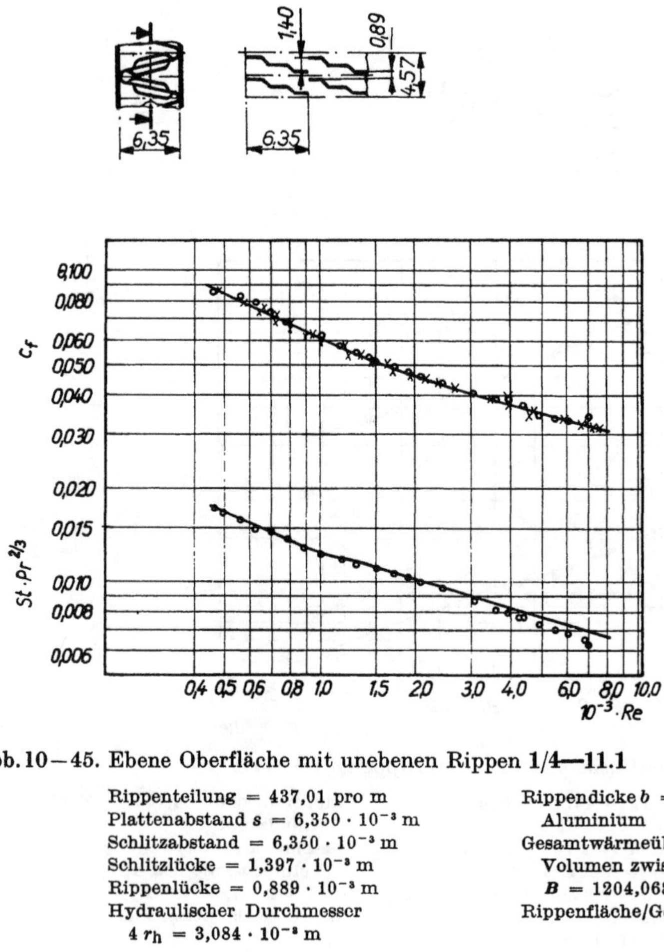

Abb. 10–45. Ebene Oberfläche mit unebenen Rippen 1/4—11.1

Rippenteilung = 437,01 pro m
Plattenabstand $s = 6{,}350 \cdot 10^{-3}$ m
Schlitzabstand $= 6{,}350 \cdot 10^{-3}$ m
Schlitzlücke $= 1{,}397 \cdot 10^{-3}$ m
Rippenlücke $= 0{,}889 \cdot 10^{-3}$ m
Hydraulischer Durchmesser
$4\,r_h = 3{,}084 \cdot 10^{-3}$ m

Rippendicke $b = 0{,}152 \cdot 10^{-3}$ m,
Aluminium
Gesamtwärmeübertragungsfläche/
Volumen zwischen den Platten
$B = 1204{,}068$ m²/m³
Rippenfläche/Gesamtfläche = 0,756

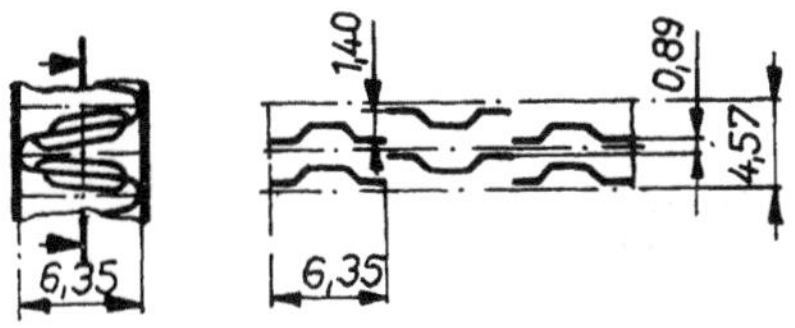

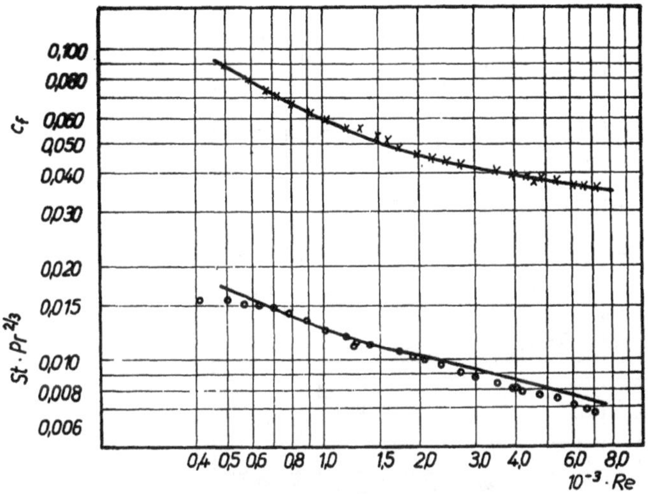

Abb. 10—46. Ebene Oberfläche mit unebenen Rippen **1/4(b)—11.1**

Rippenteilung = 437,01 pro m
Plattenabstand s = 6,350 · 10^{-3} m
Schlitzabstand = 6,350 · 10^{-3} m
Schlitzlücke = 1,397 · 10^{-3} m
Rippenlücke = 0,889 · 10^{-3} m
Hydraulischer Durchmesser
$4 r_h$ = 3,084 · 10^{-3} m

Rippendicke b = 0,152 · 10^{-3} m,
Aluminium
Gesamtwärmeübertragungsfläche/
Volumen zwischen den Platten
B = 1204,068 m^2/m^3
Rippenfläche/Gesamtfläche = 0,756

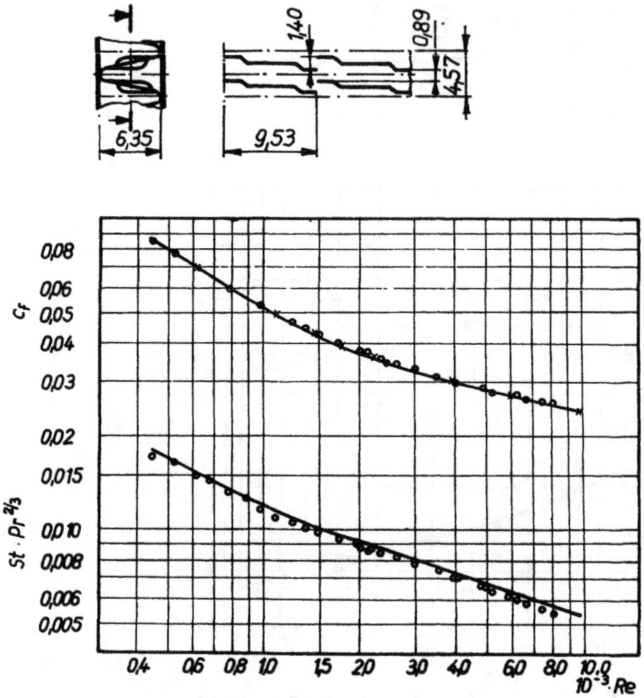

Abb. 10–47. Ebene Oberfläche mit unebenen Rippen **3/8—11.1**

Rippenteilung = 437,01 pro m
Plattenabstand s = 6,350 · 10^{-3} m
Schlitzabstand = 9,525 · 10^{-3} m
Schlitzlücke = 1,397 · 10^{-3} m
Rippenlücke = 0,889 · 10^{-3} m
Hydraulischer Durchmesser
$4 r_h$ = 3,084 · 10^{-3} m

Rippendicke b = 0,152 · 10^{-3} m, Aluminium
Gesamtwärmeübertragungsfläche/Volumen zwischen den Platten
B = 1204,068 m^2/m^3
Rippenfläche/Gesamtfläche = 0,756

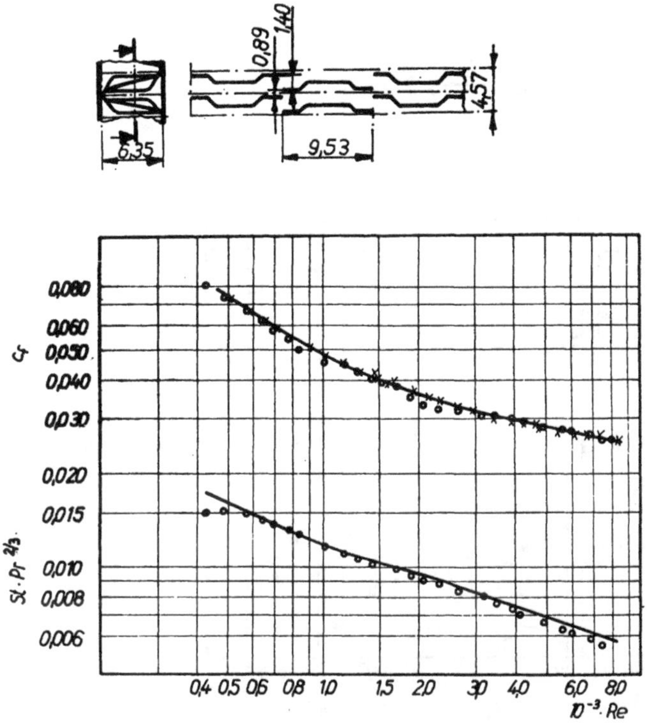

Abb. 10–48. Ebene Oberfläche mit unebenen Rippen 3/8(b)—11.1

Rippenteilung = 437,01 pro m
Plattenabstand s = 6,350 · 10^{-3} m
Schlitzabstand = 9,525 · 10^{-3} m
Schlitzlücke = 1,397 · 10^{-3} m
Rippenlücke = 0,889 · 10^{-3} m
Hydraulischer Durchmesser
$4\,r_h$ = 3,084 · 10^{-3} m

Rippendicke b = 0,152 · 10^{-3} m, Aluminium
Gesamtwärmeübertragungsfläche/Volumen zwischen den Platten
B = 1204,068 m^2/m^3
Rippenfläche/Gesamtfläche = 0,756

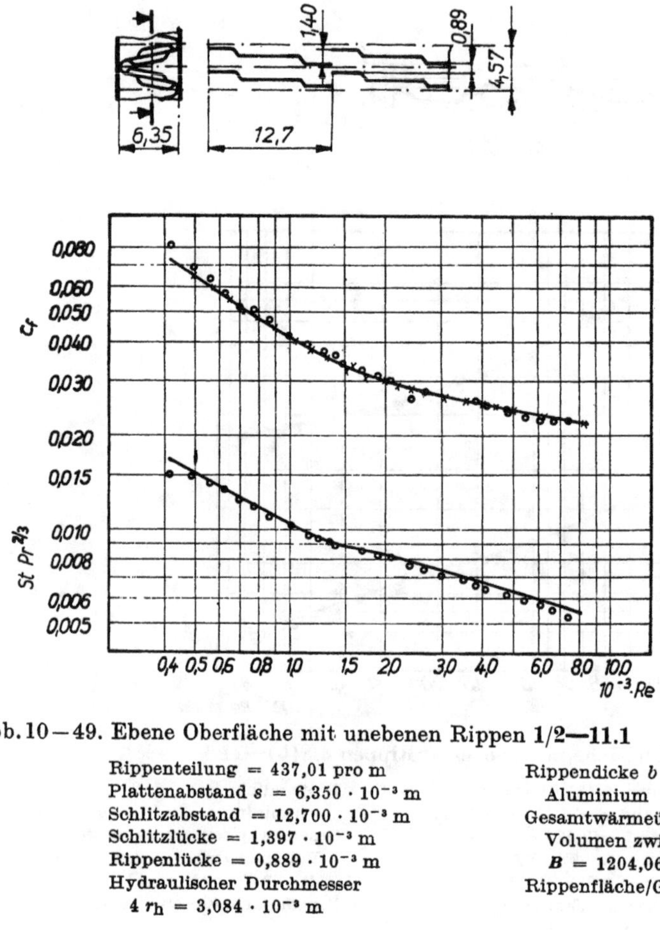

Abb. 10—49. Ebene Oberfläche mit unebenen Rippen **1/2—11.1**

Rippenteilung = 437,01 pro m
Plattenabstand s = 6,350 · 10^{-3} m
Schlitzabstand = 12,700 · 10^{-3} m
Schlitzlücke = 1,397 · 10^{-3} m
Rippenlücke = 0,889 · 10^{-3} m
Hydraulischer Durchmesser
$4\,r_h$ = 3,084 · 10^{-3} m

Rippendicke b = 0,152 · 10^{-3} m, Aluminium
Gesamtwärmeübertragungsfläche/Volumen zwischen den Platten B = 1204,068 m^2/m^3
Rippenfläche/Gesamtfläche = 0,756

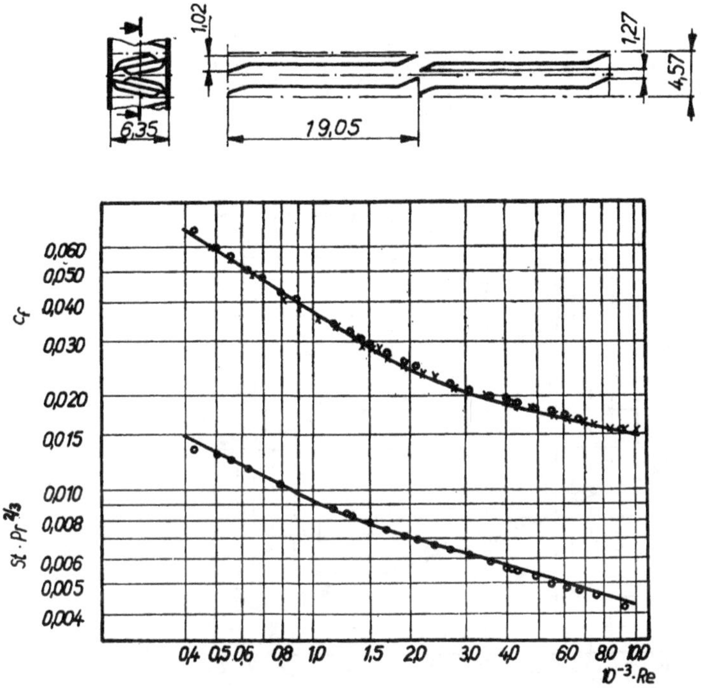

Abb. 10–50. Ebene Oberfläche mit unebenen Rippen 3/4—11.1

Rippenteilung = 437,01 pro m
Plattenabstand s = 6,350 · 10^{-3} m
Schlitzabstand = 19,050 · 10^{-3} m
Schlitzlücke = 1,016 · 10^{-3} m
Rippenlücke = 1,270 · 10^{-3} m
Hydraulischer Durchmesser
$4\,r_h$ = 3,084 · 10^{-3} m

Rippendicke b = 0,152 · 10^{-3} m, Aluminium
Gesamtwärmeübertragungsfläche/Volumen zwischen den Platten
B = 1204,068 m^2/m^3
Rippenfläche/Gesamtfläche = 0,756

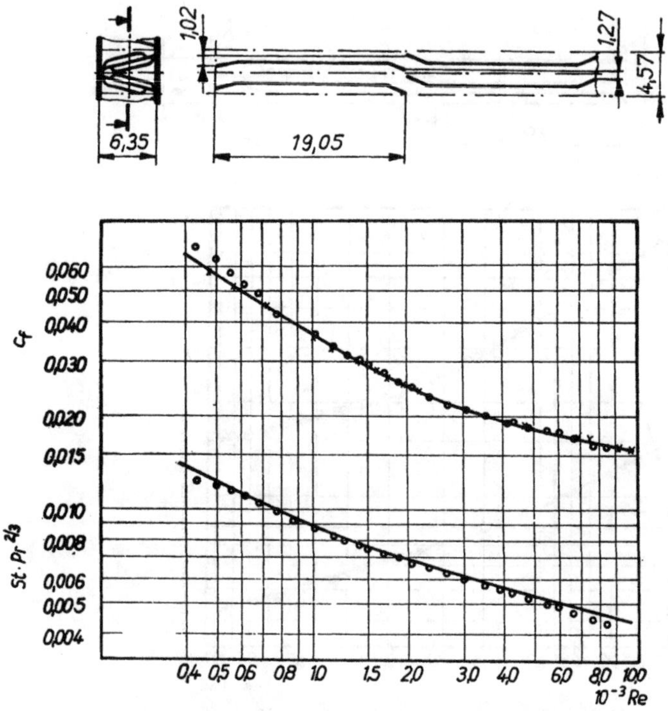

Abb. 10–51. Ebene Oberfläche mit unebenen Rippen **3/4(b)—11.1**

Rippenteilung = 437,01 pro m
Plattenabstand $s = 6{,}350 \cdot 10^{-3}$ m
Schlitzabstand = $19{,}050 \cdot 10^{-3}$ m
Schlitzlücke = $1{,}016 \cdot 10^{-3}$ m
Rippenlücke = $1{,}270 \cdot 10^{-3}$ m
Hydraulischer Durchmesser
$4\,r_h = 3{,}084 \cdot 10^{-3}$ m

Rippendicke $b = 0{,}152 \cdot 10^{-3}$ m,
Aluminium
Gesamtwärmeübertragungsfläche/
Volumen zwischen den Platten
$B = 1204{,}068$ m²/m³
Rippenfläche/Gesamtfläche = 0,756

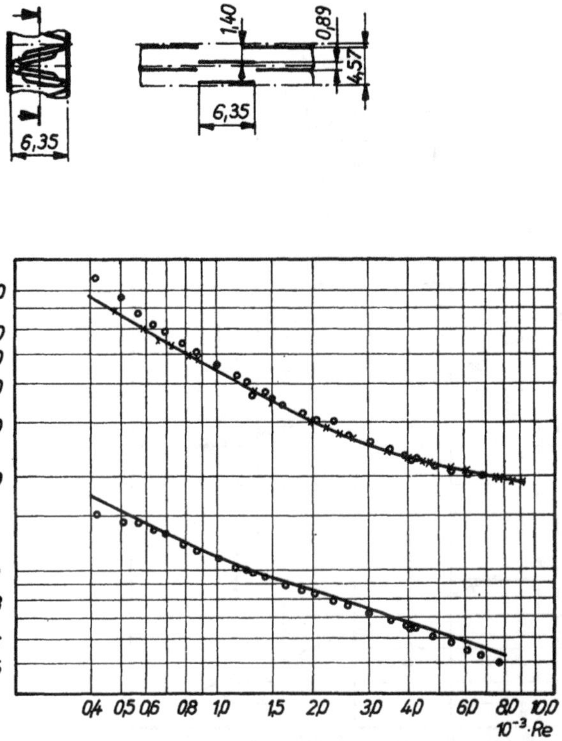

Abb. 10—52. Ebene Oberfläche mit versetzten ebenen Rippen **1/4(s)—11.1**

Rippenteilung = 437,01 pro m
Plattenabstand s = 6,350 · 10^{-3} m
Rippenlänge l = 6,350 · 10^{-3} m
Hydraulischer Durchmesser
$4\,r_h$ = 3,084 · 10^{-3} m

Rippendicke b = 0,152 · 10^{-3} m,
Aluminium
Gesamtwärmeübertragungsfläche/
Volumen zwischen den Platten
B = 1204,068 m²/m³
Rippenfläche/Gesamtfläche = 0,756

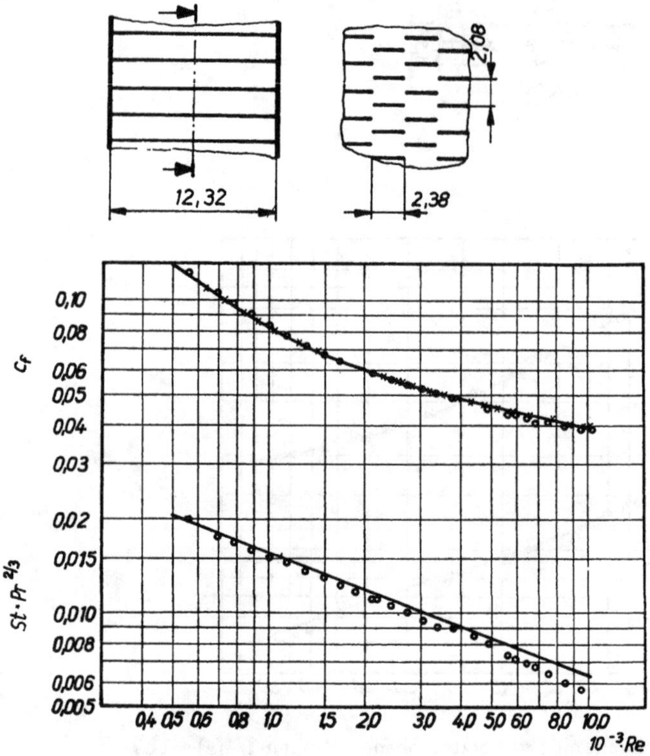

Abb. 10—53. Ebene Oberfläche mit versetzten ebenen Rippen **3/32—12.2**

Rippenteilung = 480,32 pro m
Plattenabstand s = 12,319 · 10^{-3} m
Rippenlänge l = 2,388 · 10^{-3} m
Rippen symmetrisch versetzt
Hydraulischer Durchmesser
$4\,r_h$ = 3,411 · 10^{-3} m
Rippendicke b = 0,102 · 10^{-3} m, Kupfer

Gesamtwärmeübertragungsfläche/
Volumen zwischen den Platten
B = 1115,49 m^2/m^3
Rippenfläche/Gesamtfläche = 0,862
Beachte: Die An- und Abströmkanten der Rippen sind durch den Schneidvorgang leicht angeschärft. Die Strömungsverlustbeiwerte können bei unbeschädigten Rippen niedriger sein.

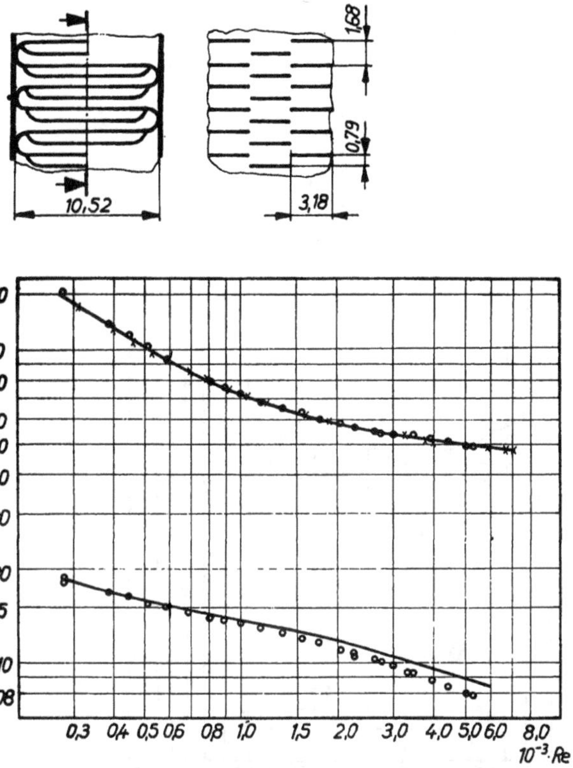

Abb. 10 – 54. Ebene Oberfläche mit versetzten ebenen Rippen **1/8—15.2**

Rippenteilung = 598,43 pro m
Plattenabstand s = 10,516 · 10^{-3} m
Rippenlänge l = 3,175 · 10^{-3} m
Rippen symmetrisch versetzt
Hydraulischer Durchmesser
$4 r_h$ = 2,647 · 10^{-3} m
Rippendicke b = 0,152 · 10^{-3} m, Aluminium

Gesamtwärmeübertragungsfläche/Volumen zwischen den Platten
B = 1368,11 m^2/m^3
Rippenfläche/Gesamtfläche = 0,873
Beachte: Die An- und Abströmkanten der Rippen sind durch den Schneidvorgang leicht angeschärft. Die Strömungsverlustbeiwerte können bei unbeschädigten Rippen niedriger sein.

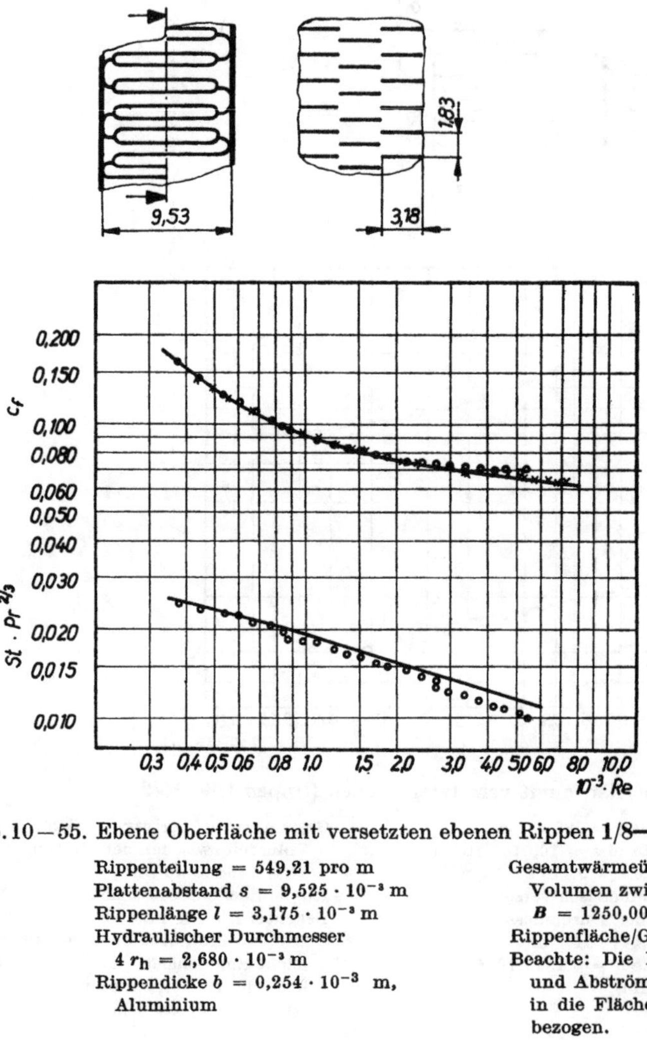

Abb. 10–55. Ebene Oberfläche mit versetzten ebenen Rippen 1/8—13.95

Rippenteilung = 549,21 pro m
Plattenabstand s = 9,525 · 10^{-3} m
Rippenlänge l = 3,175 · 10^{-3} m
Hydraulischer Durchmesser
4 r_h = 2,680 · 10^{-3} m
Rippendicke b = 0,254 · 10^{-3} m, Aluminium

Gesamtwärmeübertragungsfläche/Volumen zwischen den Platten
B = 1250,00 m^2/m^3
Rippenfläche/Gesamtfläche = 0,840
Beachte: Die Rippenfläche an den An- und Abströmkanten der Rippen wurde in die Flächenberechnungen nicht einbezogen.

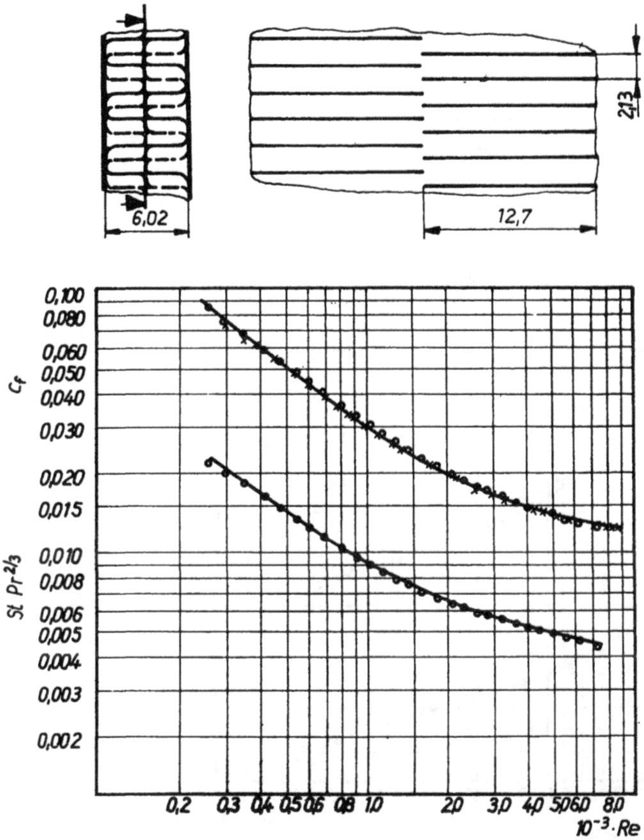

Abb. 10—56. Ebene Oberfläche mit versetzten ebenen Rippen 1/2—11.94(D)

Rippenteilung = 470,08 pro m
Plattenabstand s = 6,020 · 10^{-3} m
Mittelsteg symmetrisch angeordnet
Rippenlänge in Strömungsrichtung
l = 12,700 · 10^{-3} m
Hydraulischer Durchmesser
$4 r_h$ = 2,266 · 10^{-3} m

Rippendicke b = 0,152 · 10^{-3} m,
Aluminium
Mittelstegdicke = 0,152 · 10^{-3} m
Gesamtwärmeübertragungsfläche/
Volumen zwischen den Platten
B = 1512,47 m^2/m^3
Rippenfläche (einschließlich Mittelsteg)/
Gesamtfläche = 0,796

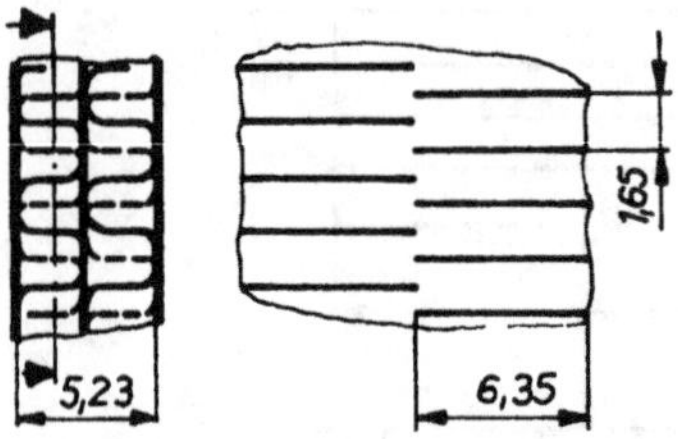

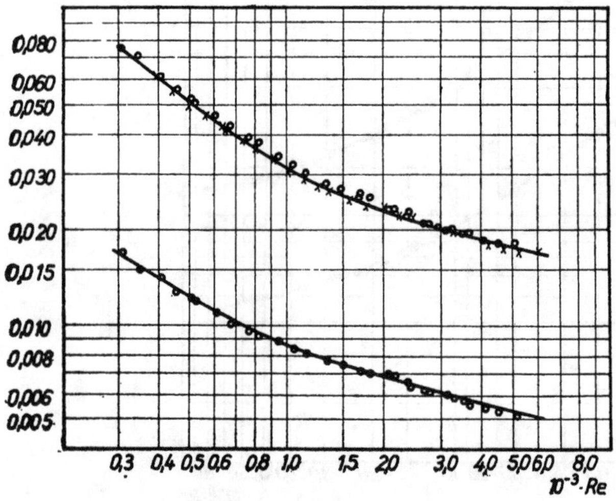

Abb. 10—57. Ebene Oberfläche mit versetzten ebenen Rippen 1/4—15.4(D)

Rippenteilung = 606,30 pro m
Plattenabstand s = $5{,}232 \cdot 10^{-3}$ m
Mittelsteg symmetrisch angeordnet
Rippenlänge l = $6{,}350 \cdot 10^{-3}$ m
Hydraulischer Durchmesser
$4\,r_h$ = $1{,}605 \cdot 10^{-3}$ m
Rippendicke b = $0{,}152 \cdot 10^{-3}$ m, Aluminium

Gesamtwärmeübertragungsfläche/Volumen zwischen den Platten
B = 2106,30 m^2/m^3
Rippenfläche (einschließlich Mittelsteg)/Gesamtfläche = 0,816

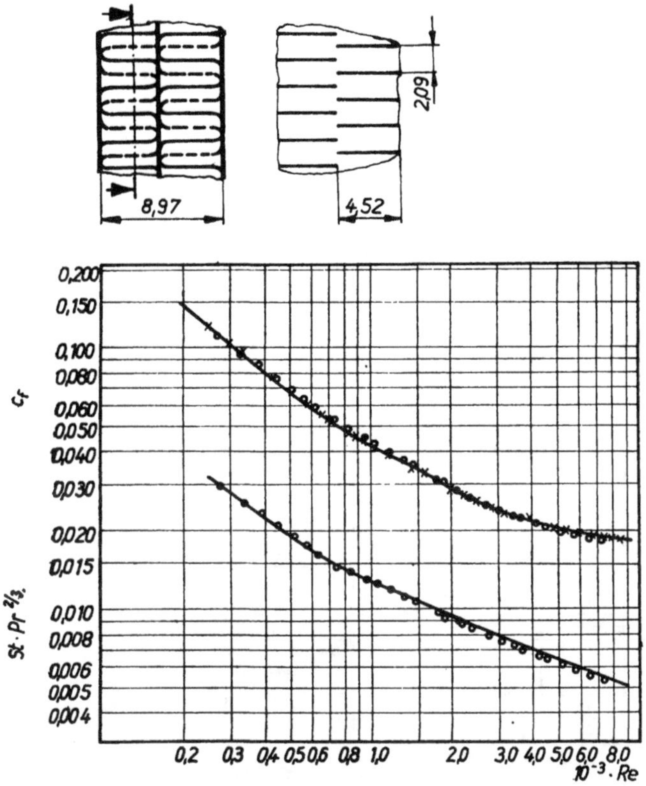

Abb. 10–58. Ebene Oberfläche mit versetzten ebenen Rippen 1/6—12.18(D)

Rippenteilung = 479,53 pro m
Plattenabstand s = 8,966 · 10^{-3} m
Mittelsteg symmetrisch angeordnet
Rippenlänge l = 4,521 · 10^{-3} m
Hydraulischer Durchmesser
$4\,r_h$ = 2,636 · 10^{-3} m
Rippendicke b = 0,102 · 10^{-3} m, Aluminium

Mittelstegdicke = 0,152 · 10^{-3} m
Gesamtwärmeübertragungsfläche/Volumen zwischen den Platten
B = 1384,51 m^2/m^3
Rippenfläche (einschließlich Mittelsteg)/Gesamtfläche = 0,847

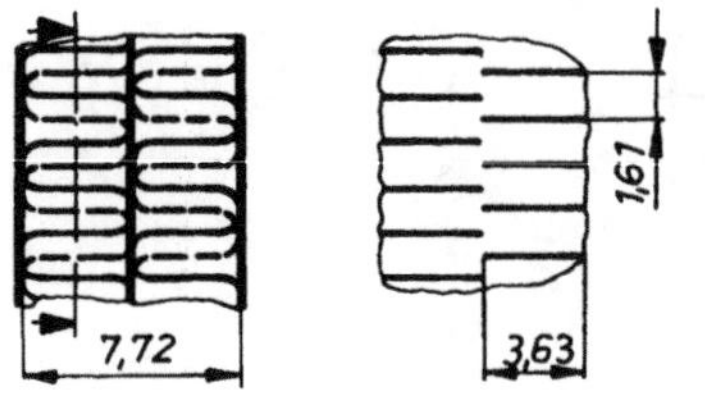

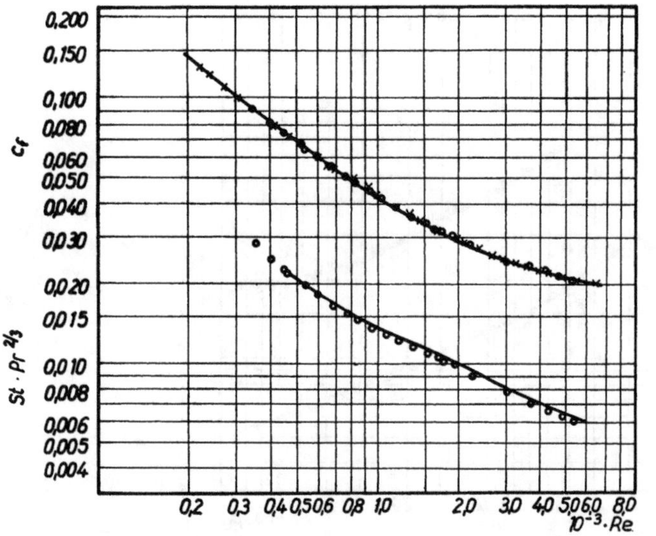

Abb. 10—59. Ebene Oberfläche mit versetzten ebenen Rippen 1/7—15.75(D)

Rippenteilung = 620,08 pro m
Plattenabstand $s = 7{,}722 \cdot 10^{-3}$ m
Mittelsteg symmetrisch angeordnet
Rippenlänge $l = 3{,}632 \cdot 10^{-3}$ m
Hydraulischer Durchmesser
$4\,r_h = 2{,}070 \cdot 10^{-3}$ m
Rippendicke $b = 0{,}102 \cdot 10^{-3}$ m, Aluminium

Mittelstegdicke $= 0{,}152 \cdot 10^{-3}$ m
Gesamtwärmeübertragungsfläche/Volumen zwischen den Platten
$B = 1725{,}72$ m²/m³
Rippenfläche (einschließlich Mittelsteg)/Gesamtfläche = 0,859

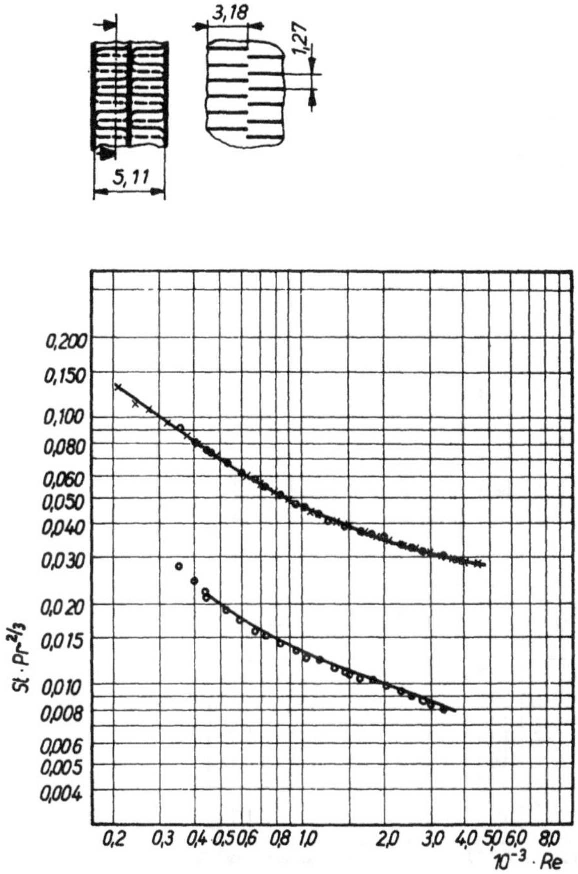

Abb. 10—60. Ebene Oberfläche mit versetzten ebenen Rippen **1/8—20.06(D)**

Rippenteilung = 789,76 pro m
Plattenabstand s = 5,105 · 10^{-3} m
Mittelsteg symmetrisch angeordnet
Rippenlänge l = 3,175 · 10^{-3} m
Hydraulischer Durchmesser
$4\,r_h$ = 1,491 · 10^{-3} m
Rippendicke b = 0,102 · 10^{-3} m, Aluminium

Mittelstegdicke = 0,152 · 10^{-3} m
Gesamtwärmeübertragungsfläche/ Volumen zwischen den Platten
B = 2290,03 m^2/m^3
Rippenfläche (einschließlich Mittelsteg)/ Gesamtfläche = 0,843

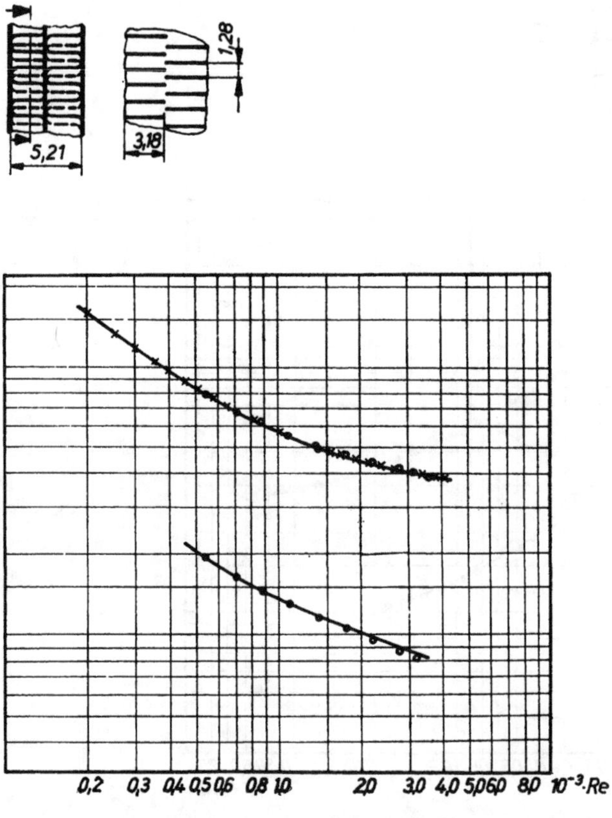

Abb. 10–61. Ebene Oberfläche mit versetzten ebenen Rippen **1/8—19.82(D)**

Rippenteilung = 780,32 pro m
Plattenabstand s = 5,207 · 10^{-3} m
Mittelsteg symmetrisch angeordnet
Rippenlänge l = 3,175 · 10^{-3} m
Hydraulischer Durchmesser
$4\,r_h$ = 1,537 · 10^{-3} m
Rippendicke b = 0,102 · 10^{-3} m, Nickel

Mittelstegdicke = 0,152 · 10^{-3} m
Gesamtwärmeübertragungsfläche/Volumen zwischen den Platten
B = 2230,97 m^2/m^3
Rippenfläche (einschließlich Mittelsteg)/Gesamtfläche = 0,841

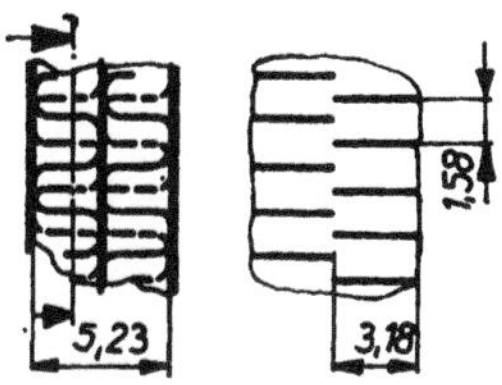

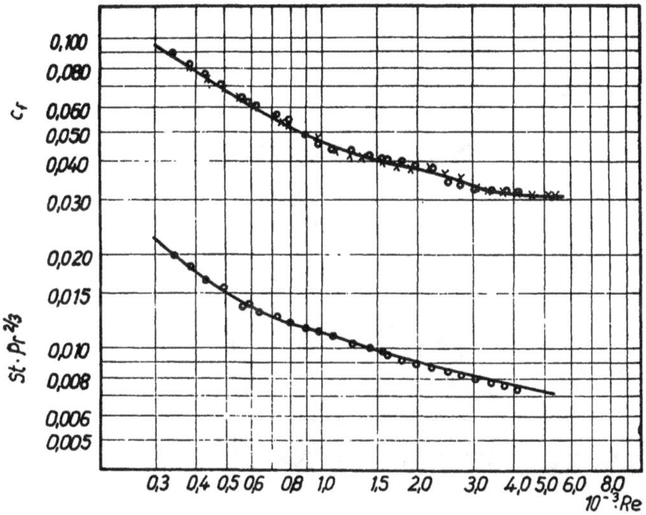

Abb. 10 – 62. Ebene Oberfläche mit versetzten ebenen Rippen **1/8—16.12(D)**

Rippenteilung = 634,65 pro m
Plattenabstand s = 5,232 · 10^{-3} m
Mittelsteg symmetrisch angeordnet
Rippenlänge l = 3,175 · 10^{-3} m
Hydraulischer Durchmesser
$4\,r_h$ = 1,552 · 10^{-3} m
Rippendicke b = 0,152 · 10^{-3} m, Aluminium

Gesamtwärmeübertragungsfläche/Volumen zwischen den Platten
B = 2165,35 m^2/m^3
Rippenfläche (einschließlich Mittelsteg)/Gesamtfläche = 0,823

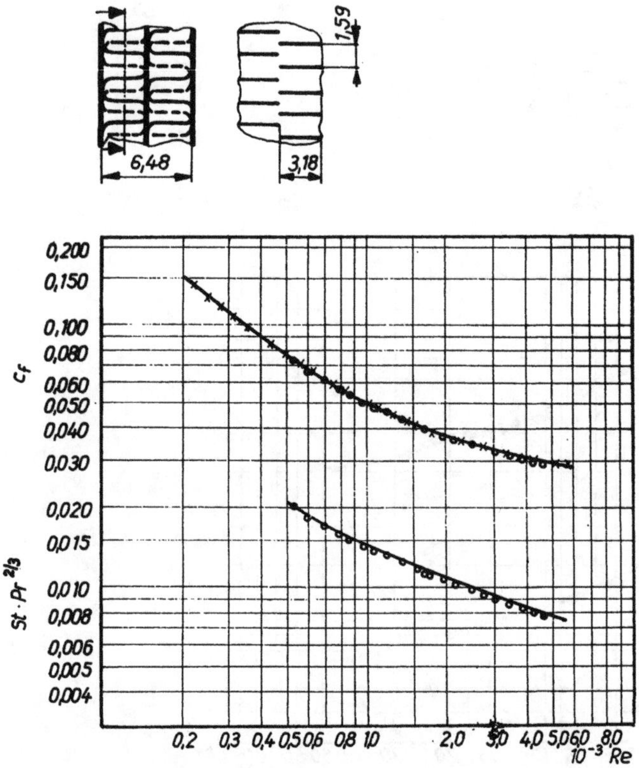

Abb. 10—63. Ebene Oberfläche mit versetzten ebenen Rippen **1/8—16.00(D)**

Rippenteilung = 629,92 pro m
Plattenabstand s = 6,477 · 10^{-3} m
Mittelsteg symmetrisch angeordnet
Rippenlänge l = 3,175 · 10^{-3} m
Hydraulischer Durchmesser $4\,r_h$ = 1,862 · 10^{-3} m
Rippendicke b = 0,152 · 10^{-3} m, Aluminium

Mittelstegdicke = 0,152 · 10^{-3} m
Gesamtwärmeübertragungsfläche/Volumen zwischen den Platten B = 1804,46 m^2/m^3
Rippenfläche (einschließlich Mittelsteg)/Gesamtfläche = 0,845

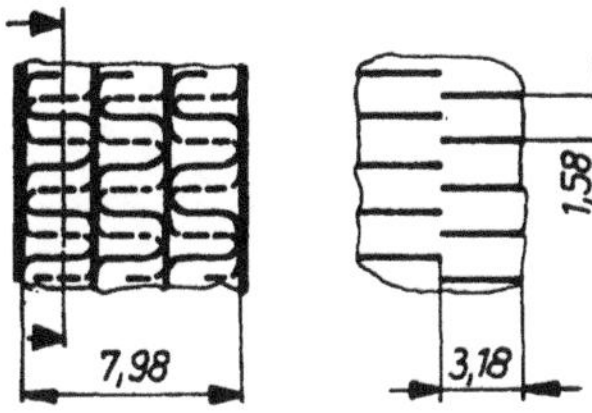

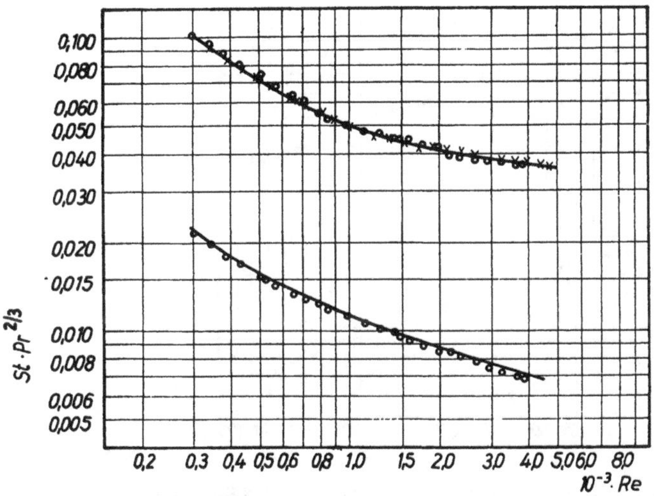

Abb. 10 – 64. Ebene Oberfläche mit versetzten ebenen Rippen **1/8—16.12(T)**

Rippenteilung = 634,65 pro m
Plattenabstand $s = 7{,}976 \cdot 10^{-3}$ m
Mittelstege in gleichen Abständen
Rippenlänge $l = 3{,}175 \cdot 10^{-3}$ m
Hydraulischer Durchmesser
$4\,r_h = 1{,}567 \cdot 10^{-3}$ m
Rippendicke $b = 0{,}152 \cdot 10^{-3}$ m, Aluminium

Gesamtwärmeübertragungsfläche/Volumen zwischen den Platten
$B = 2132{,}55\ m^2/m^3$
Rippenfläche (einschließlich der Mittelstege)/Gesamtfläche = 0,882

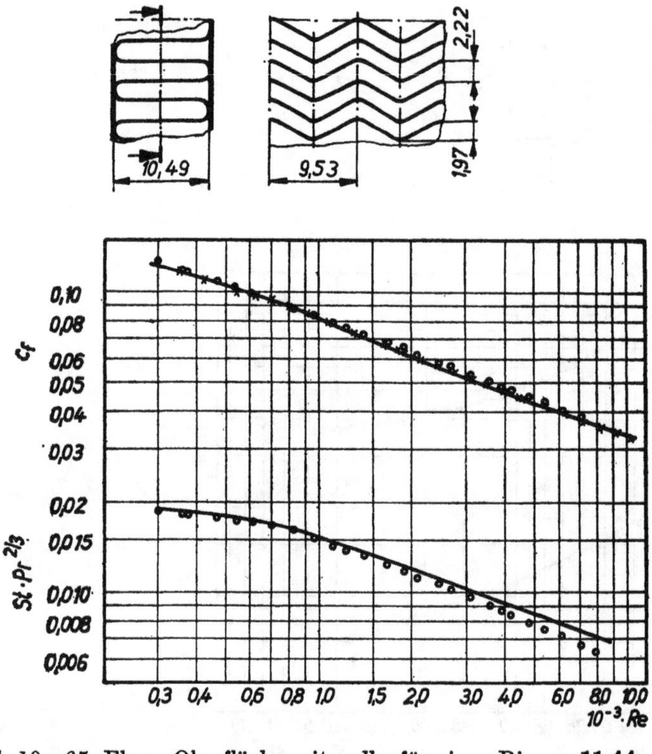

Abb. 10–65. Ebene Oberfläche mit wellenförmigen Rippen **11.44—3/8 W**

Rippenteilung = 450,39 pro m
Plattenabstand $s = 10{,}490 \cdot 10^{-3}$ m
Hydraulischer Durchmesser
$4\,r_h = 3{,}231 \cdot 10^{-3}$ m
Rippendicke $b = 0{,}152 \cdot 10^{-3}$ m, Aluminium
Gesamtwärmeübertragungsfläche/Volumen zwischen den Platten
$B = 1151{,}57$ m²/m³

Rippenfläche/Gesamtfläche = 0,847
Beachte: Der hydraulische Durchmesser ist auf den freien Strömungsquerschnitt quer zur mittleren Strömungsrichtung bezogen.

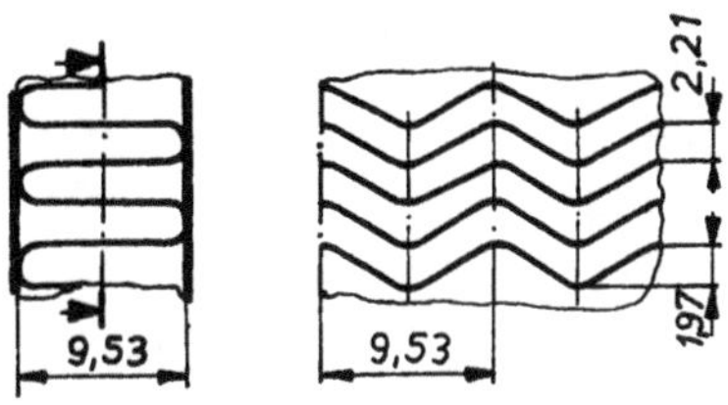

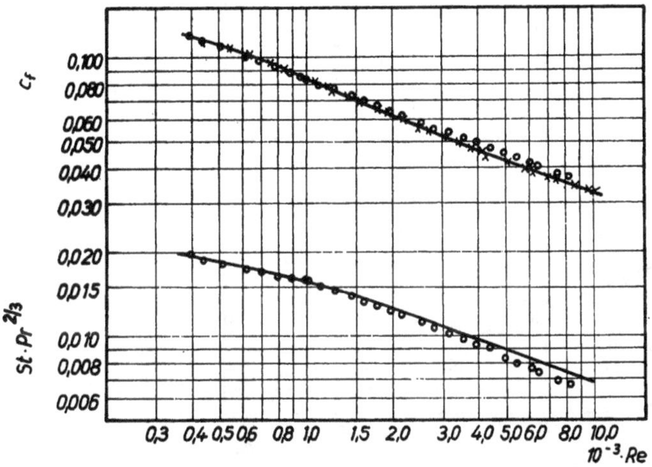

Abb.10–66. Ebene Oberfläche mit wellenförmigen Rippen **11.5—3/8 W**

Rippenteilung = 452,76 pro m
Plattenabstand s = 9,525 · 10^{-3} m
Hydraulischer Durchmesser
$4\,r_h$ = 3,023 · 10^{-3} m
Rippendicke b = 0,254 · 10^{-3} m, Aluminium
Gesamtwärmeübertragungsfläche/Volumen zwischen den Platten
B = 1138,45 m^2/m^3

Rippenfläche/Gesamtfläche = 0,822
Beachte: Der hydraulische Durchmesser ist auf den freien Strömungsquerschnitt quer zur mittleren Strömungsrichtung bezogen.

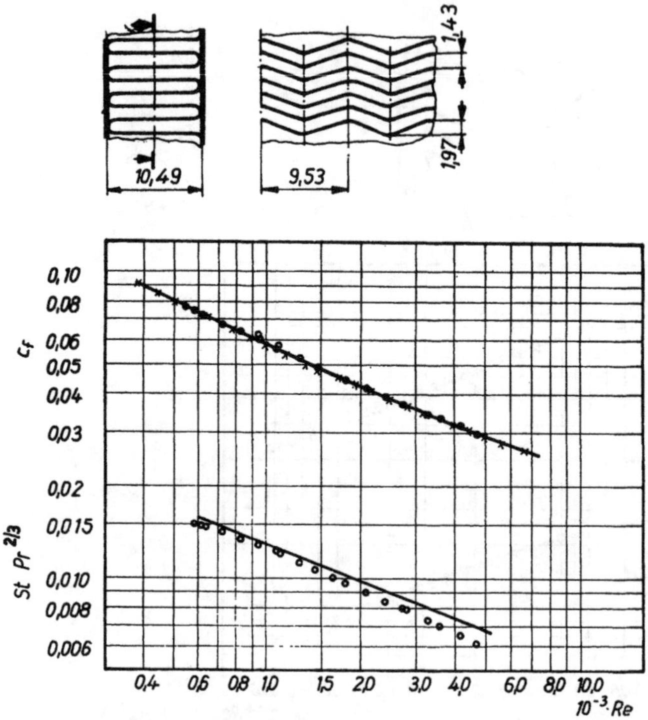

Abb. 10–67. Ebene Oberfläche mit wellenförmigen Rippen **17.8–3/8 W**

Rippenteilung = 700,79 pro m
Plattenabstand s = 10,490 · 10^{-3} m
Hydraulischer Durchmesser
$4\,r_h$ = 2,123 · 10^{-3} m
Rippendicke b = 0,152 · 10^{-3} m, Aluminium
Gesamtwärmeübertragungsfläche/Volumen zwischen den Platten
B = 1686,35 m^2/m^3

Rippenfläche/Gesamtfläche = 0,892
Beachte: Der hydraulische Durchmesser ist auf den freien Strömungsquerschnitt quer zur mittleren Strömungsrichtung bezogen.

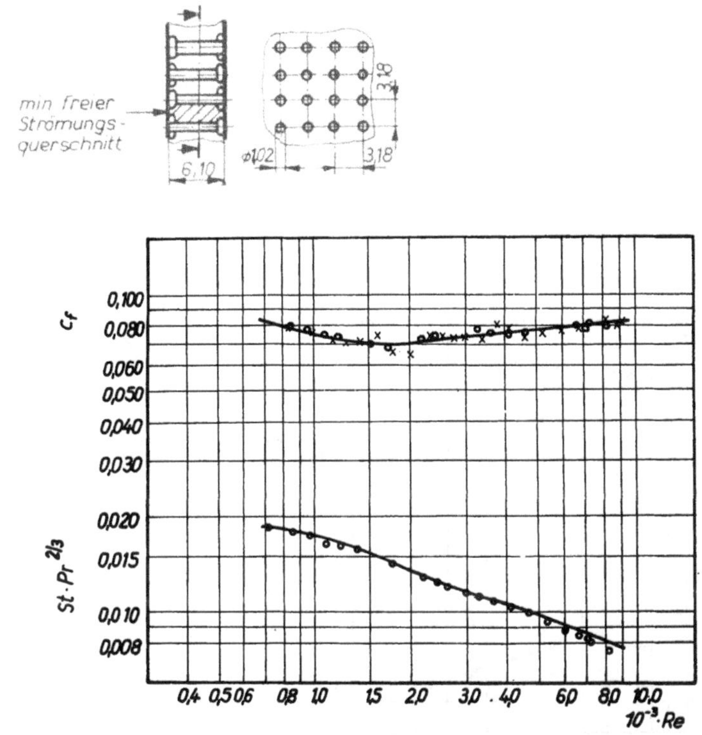

Abb. 10—68. Ebene Oberfläche mit stiftförmigen Rippen **AP—1**

Stiftdurchmesser $d = 1{,}016 \cdot 10^{-3}$ m, Kupfer
Stiftabstand in Strömungsrichtung $= 3{,}175 \cdot 10^{-3}$ m
Stiftabstand quer zur Strömungsrichtung $= 3{,}175 \cdot 10^{-3}$ m
Plattenabstand $s = 6{,}096 \cdot 10^{-3}$ m

Hydraulischer Durchmesser $4\,r_h = 4{,}404 \cdot 10^{-3}$ m
Gesamtwärmeübertragungsfläche/Volumen zwischen den Platten $B = 616{,}80$ m²/m³
Rippenfläche/Gesamtfläche $= 0{,}512$

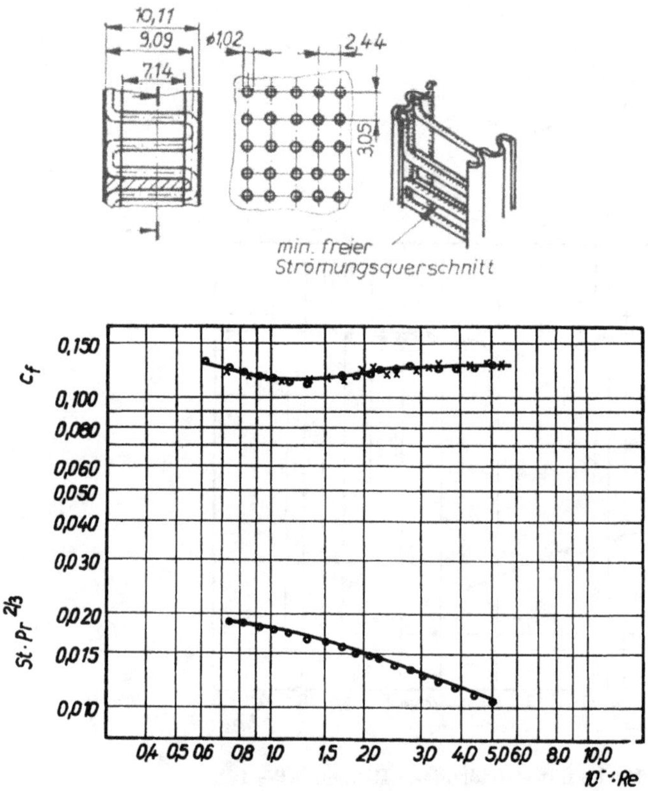

Abb. 10—69. Ebene Oberfläche mit stiftförmigen Rippen **AP—2**

Stiftdurchmesser $d = 1{,}016 \cdot 10^{-3}$ **m, Kupfer**
Stiftabstand in Strömungsrichtung $= 2{,}438 \cdot 10^{-3}$ **m**
Stiftabstand quer zur Strömungsrichtung $= 3{,}048 \cdot 10^{-3}$ **m**
Plattenabstand $s = 10{,}109 \cdot 10^{-3}$ **m**
Hydraulischer Durchmesser $4\,r_h = 3{,}576 \cdot 10^{-3}$ **m**

Gesamtwärmeübertragungsfläche/Volumen zwischen den Platten $B = 669{,}29\ m^2/m^3$
Rippenfläche/Gesamtfläche $= 0{,}686$
Beachte: Die Platten, an denen die Stifte befestigt sind, haben Riffelungen, in die die Stifte eingelötet sind.

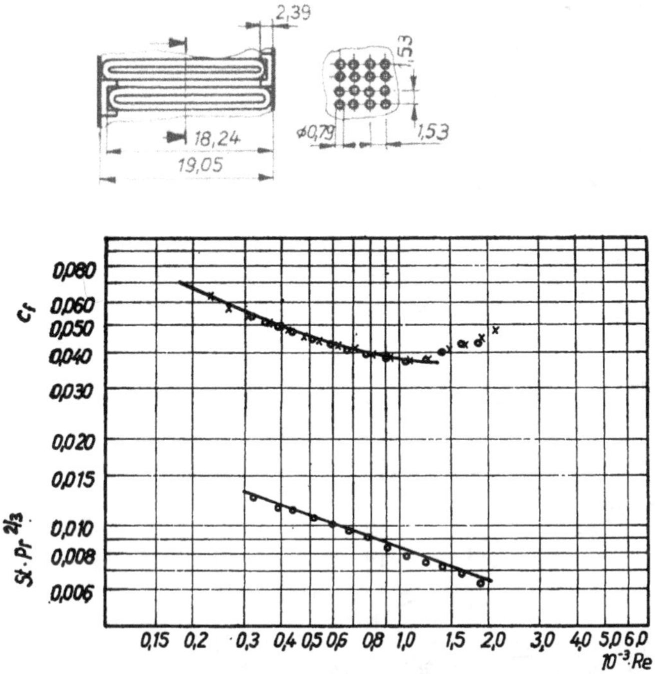

Abb. 10–70. Ebene Oberfläche mit stiftförmigen Rippen **PF—3**

Stiftdurchmesser $d = 0{,}787 \cdot 10^{-3}$ m, Aluminium
Stiftabstand in Strömungsrichtung $= 1{,}529 \cdot 10^{-3}$ m
Stiftabstand quer zur Strömungsrichtung $= 1{,}529 \cdot 10^{-3}$ m
Hydraulischer Durchmesser $4\,r_h = 1{,}636 \cdot 10^{-3}$ m
Plattenabstand $s = 19{,}050 \cdot 10^{-3}$ m
Gesamtwärmeübertragungsfläche/Volumen zwischen den Platten $B = 1112{,}20$ m²/m³
Rippenfläche/Gesamtfläche $= 0{,}834$

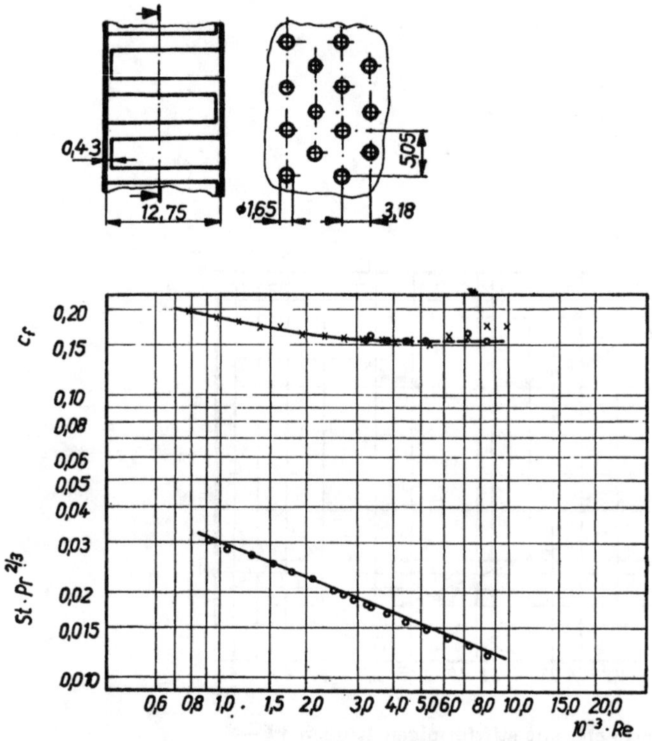

Abb. 10–71. Ebene Oberfläche mit stiftförmigen Rippen **PF—4(F)**

Stiftdurchmesser $d = 1{,}651 \cdot 10^{-3}$ m, Stahl
Stiftabstand in Strömungsrichtung $= 3{,}175 \cdot 10^{-3}$ m
Stiftabstand quer zur Strömungsrichtung $= 5{,}055 \cdot 10^{-3}$ m
Plattenabstand $s = 12{,}751 \cdot 10^{-3}$ m
Hydraulischer Durchmesser $4\,r_h = 5{,}664 \cdot 10^{-3}$ m

Gesamtwärmeübertragungsfläche/Volumen zwischen den Platten $B = 459{,}32$ m²/m³
Rippenfläche/Gesamtfläche $= 0{,}704$
Beachte: Der minimale freie Strömungsquerschnitt ist im Raum quer zur Strömungsrichtung.

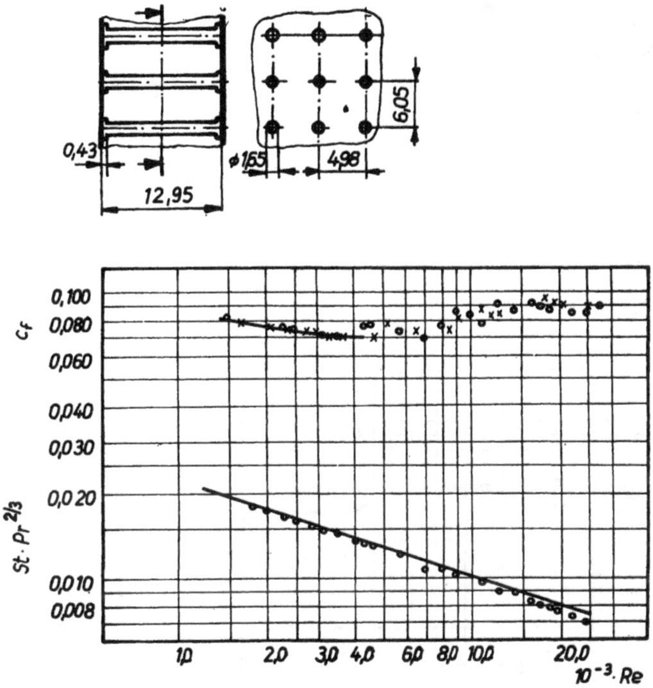

Abb. 10–72. Ebene Oberfläche mit stiftförmigen Rippen **PF—9(F)**

Stiftdurchmesser $d = 1{,}651 \cdot 10^{-3}$ m, Stahl

Stiftabstand in Strömungsrichtung $= 4{,}978 \cdot 10^{-3}$ m

Stiftabstand quer zur Strömungsrichtung $= 6{,}045 \cdot 10^{-3}$ m

Plattenabstand $s = 12{,}954 \cdot 10^{-3}$ m

Hydraulischer Durchmesser $4\,r_h = 9{,}042 \cdot 10^{-3}$ m

Gesamtwärmeübertragungsfläche/Volumen zwischen den Platten $B = 315{,}62$ m²/m³

Rippenfläche/Gesamtfläche $= 0{,}546$

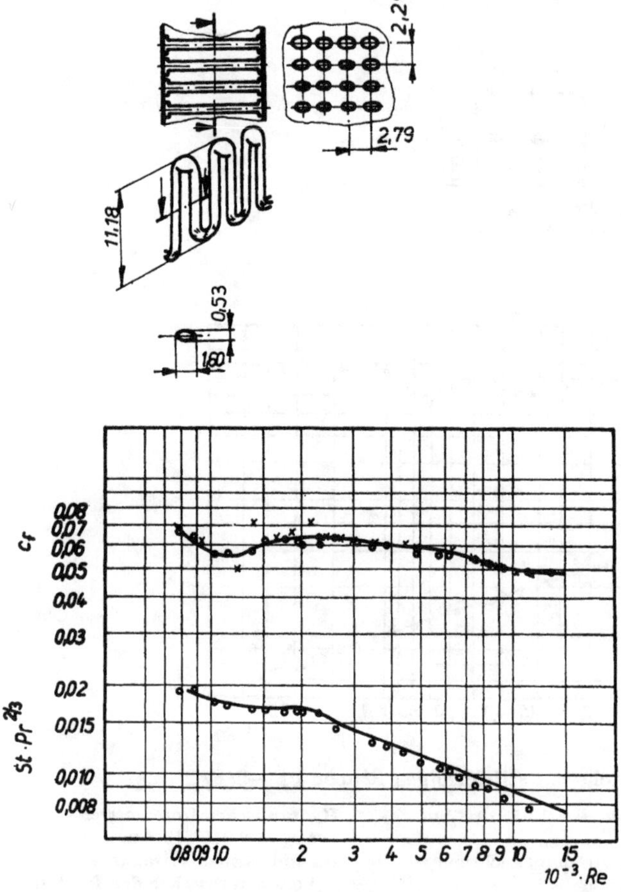

Abb. 10—73. Ebene Oberfläche mit stiftförmigen Rippen **PF—10(F)**

Rippenteilung = 431,10 pro m
Rippenumfang = 3,581 · 10^{-3} m, Stahl
Rippenquerschnitt = 0,671 · 10^{-6} m²
Plattenabstand s = 11,176 · 10^{-3} m
Hydraulischer Durchmesser
$4\,r_h$ = 4,343 · 10^{-3} m

Gesamtwärmeübertragungsfläche/
Volumen zwischen den Platten
B = 702,10 m²/m³
Rippenfläche/Gesamtfläche = 0,693

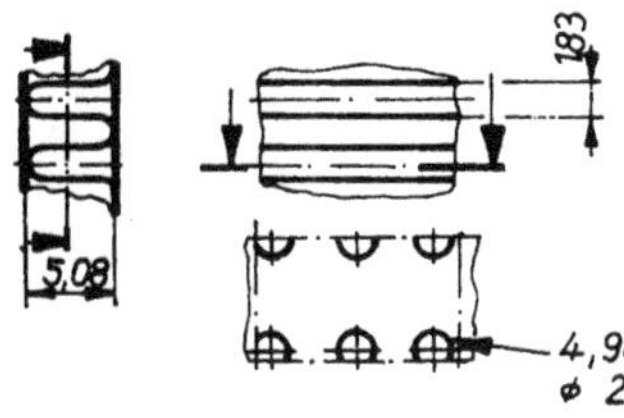

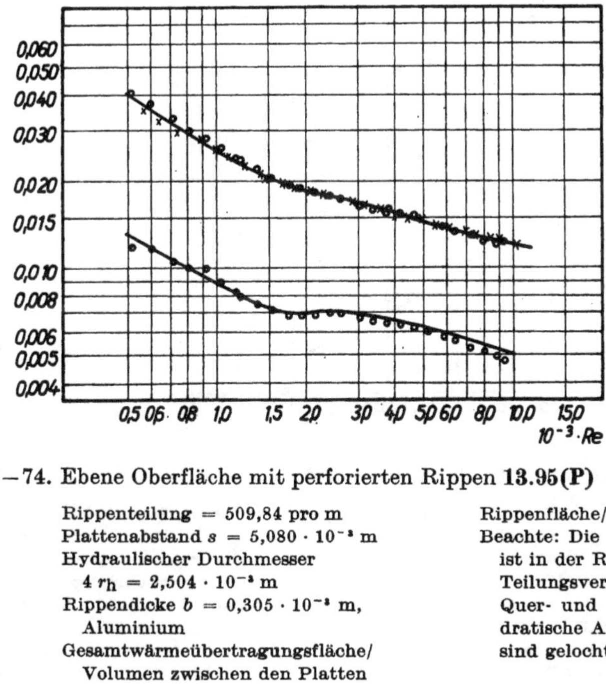

Abb. 10 – 74. Ebene Oberfläche mit perforierten Rippen **13.95(P)**

Rippenteilung = 509,84 pro m
Plattenabstand s = 5,080 · 10^{-3} m
Hydraulischer Durchmesser
$4\,r_h$ = 2,504 · 10^{-3} m
Rippendicke b = 0,305 · 10^{-3} m, Aluminium
Gesamtwärmeübertragungsfläche/Volumen zwischen den Platten
B = 1250,00 m²/m³

Rippenfläche/Gesamtfläche = 0,705
Beachte: Die Fläche in den Lochrändern ist in der Rippenfläche enthalten. Das Teilungsverhältnis der Löcher ist in Quer- und Längsrichtung gleich (quadratische Anordnung), 16% der Fläche sind gelocht.

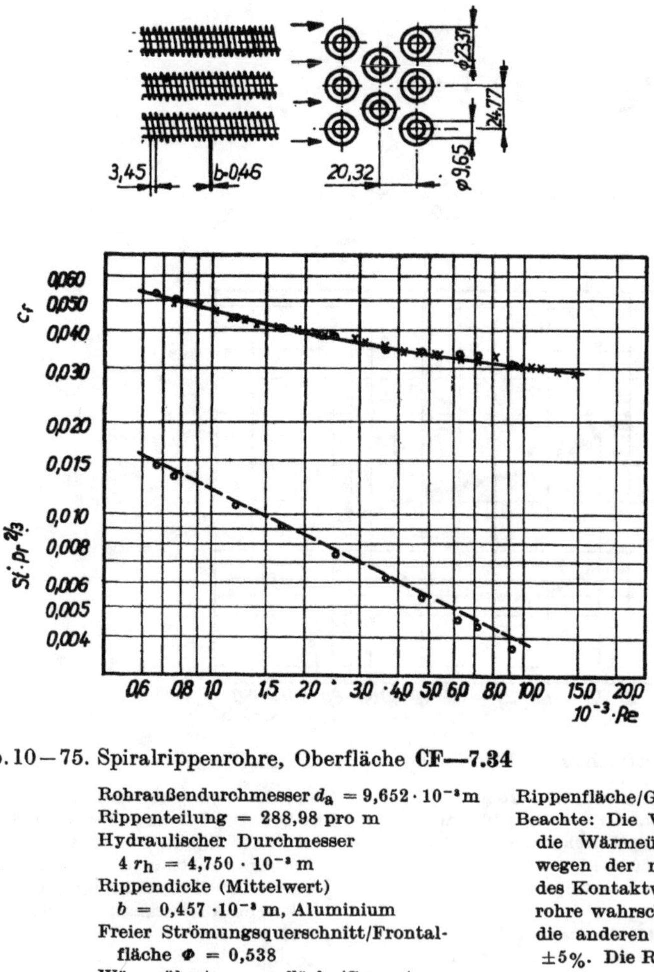

Abb. 10—75. Spiralrippenrohre, Oberfläche **CF—7.34**

Rohraußendurchmesser $d_a = 9{,}652 \cdot 10^{-3}$ m
Rippenteilung = 288,98 pro m
Hydraulischer Durchmesser
$4\,r_h = 4{,}750 \cdot 10^{-3}$ m
Rippendicke (Mittelwert)
$b = 0{,}457 \cdot 10^{-3}$ m, Aluminium
Freier Strömungsquerschnitt/Frontalfläche $\Phi = 0{,}538$
Wärmeübertragungsfläche/Gesamtvolumen $A = 459{,}32$ m²/m³

Rippenfläche/Gesamtfläche = 0,892
Beachte: Die Versuchsungenauigkeit für die Wärmeübertragungsergebnisse ist wegen der notwendigen Abschätzung des Kontaktwiderstandes der Bimetallrohre wahrscheinlich größer als die für die anderen Oberflächen berechneten ±5%. Die Rippen sind leicht verjüngt.

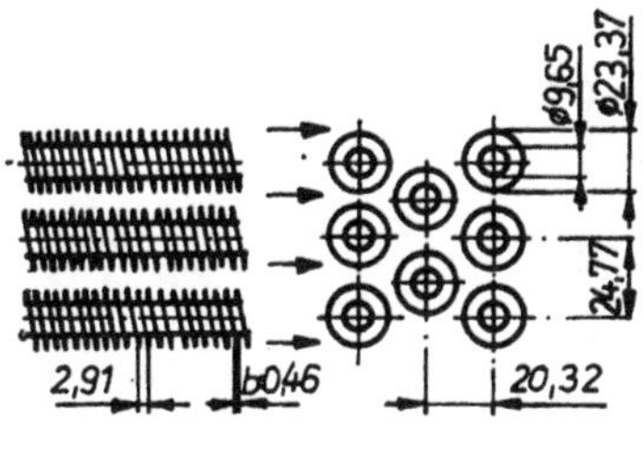

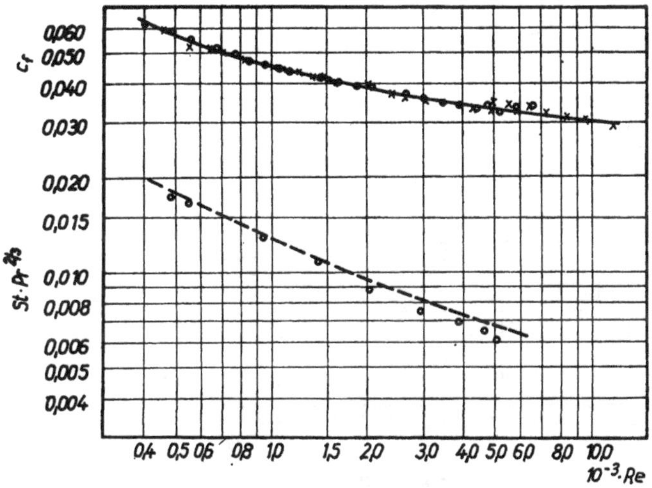

Abb. 10–76. Spiralrippenrohre, Oberfläche CF—8.72

Rohraußendurchmesser $d_a = 9{,}652 \cdot 10^{-3}$ m
Rippenteilung = 343,31 pro m
Hydraulischer Durchmesser
$4\,r_h = 3{,}929 \cdot 10^{-3}$ m
Rippendicke (Mittelwert)
$b = 0{,}457 \cdot 10^{-3}$ m, Aluminium
Freier Strömungsquerschnitt/Frontalfläche $\Phi = 0{,}524$
Wärmeübertragungsfläche/Gesamtvolumen $A = 534{,}78$ m²/m³

Rippenfläche/Gesamtfläche = 0,910
Beachte: Die Versuchsungenauigkeit für die Wärmeübertragungsergebnisse ist wegen der notwendigen Abschätzung des Kontaktwiderstandes der Bimetallrohre wahrscheinlich größer als die für die anderen Oberflächen berechneten ±5%. Die Rippen sind leicht verjüngt.

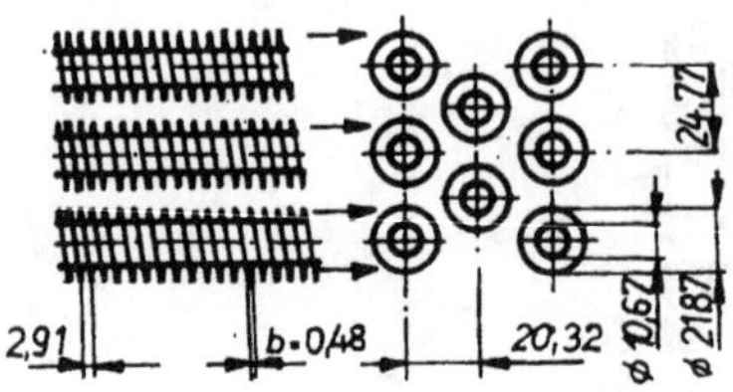

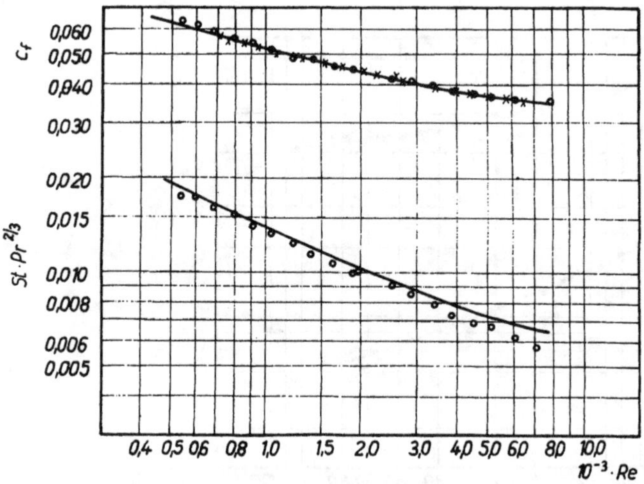

Abb. 10–77. Spiralrippenrohre, Oberfläche **CF—8.72(c)**

Rohraußendurchmesser $d_a = 10{,}668 \cdot 10^{-3}$ m
Rippenteilung = 343,31 pro m
Hydraulischer Durchmesser $4\,r_h = 4{,}425 \cdot 10^{-3}$ m
Rippendicke (Mittelwert) $b = 0{,}483 \cdot 10^{-3}$ m, Kupfer

Freier Strömungsquerschnitt/Frontalfläche $\Phi = 0{,}494$
Wärmeübertragungsfläche/Gesamtvolumen $A = 446{,}19$ m²/m³
Rippenfläche/Gesamtfläche = 0,876
Die Rippen sind leicht verjüngt.

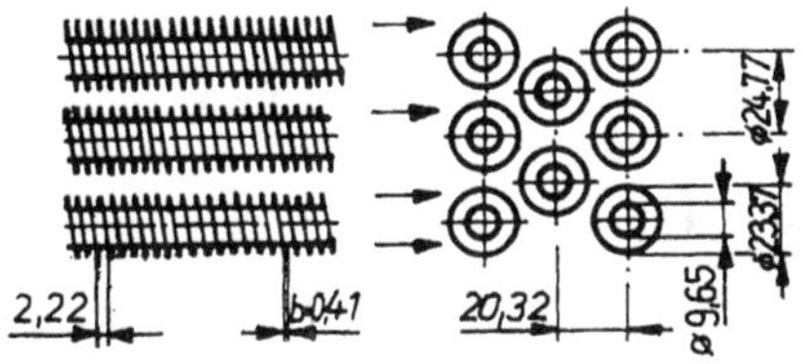

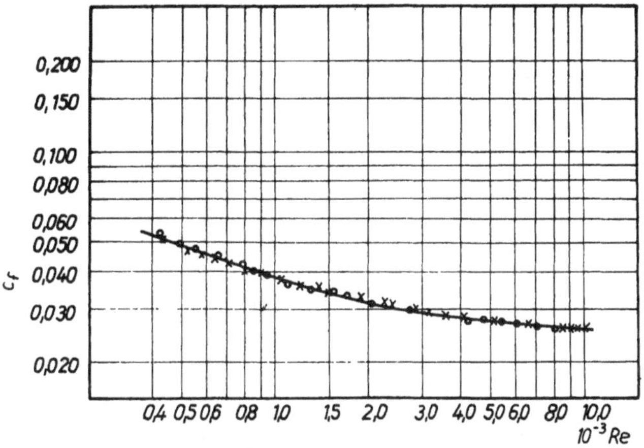

Abb. 10–78. Spiralrippenrohre, Oberfläche **CF—11.46** (Nur Strömungsverlustbeiwerte)

Rohraußendurchmesser $d_a = 9{,}652 \cdot 10^{-3}$ m
Rippenteilung = 451,18 pro m
Hydraulischer Durchmesser
$4\,r_h = 2{,}979 \cdot 10^{-3}$ m
Rippendicke (Mittelwert)
$b = 0{,}406 \cdot 10^{-3}$ m, Aluminium
Freier Strömungsquerschnitt/Frontalfläche $\Phi = 0{,}510$
Wärmeübertragungsfläche/Gesamtvolumen $A = 685{,}70$ m²/m³

Rippenfläche/Gesamtfläche = 0,931
Beachte: Die Wärmeübertragungswerte für diese Oberfläche wurden wegen des großen Anteiles des Kontaktwiderstandes zwischen den Bimetallrohren und der großen Ungenauigkeit der Berechnung dieses Widerstandes nicht eingetragen. Die Rippen sind leicht verjüngt

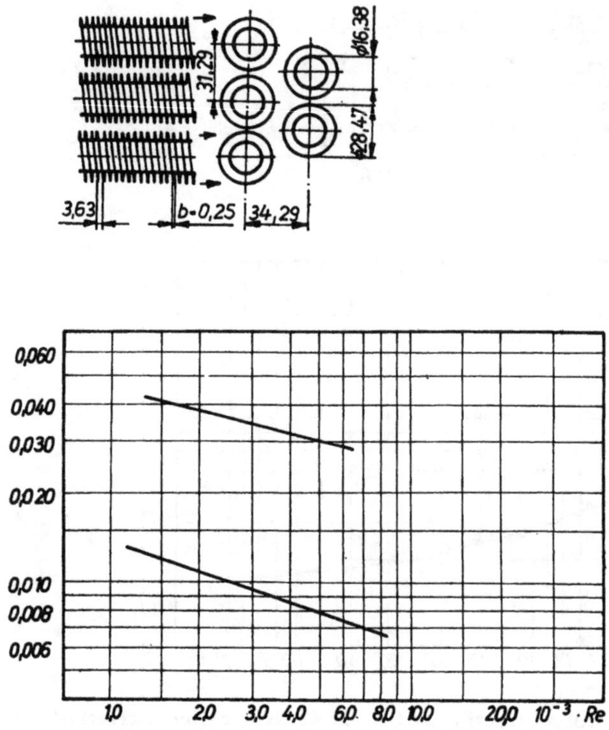

Abb. 10–79. Spiralrippenrohre, Oberfläche CF— 7.0—5/8 J (Werte von JAMESON)

Rohraußendurchmesser
d_a = 16,383 · 10^{-3} m
Rippenteilung = 275,59 pro m
Hydraulischer Durchmesser
4 r_h = 6,680 · 10^{-3} m
Rippendicke b = 0,254 · 10^{-3} m
Freier Strömungsquerschnitt/Frontalfläche Φ = 0,449

Wärmeübertragungsfläche/Gesamtvolumen A = 269,03 m^2/m^3
Rippenfläche/Gesamtfläche = 0,830
Beachte: Der minimale freie Strömungsquerschnitt ist im Raum quer zur Strömung.

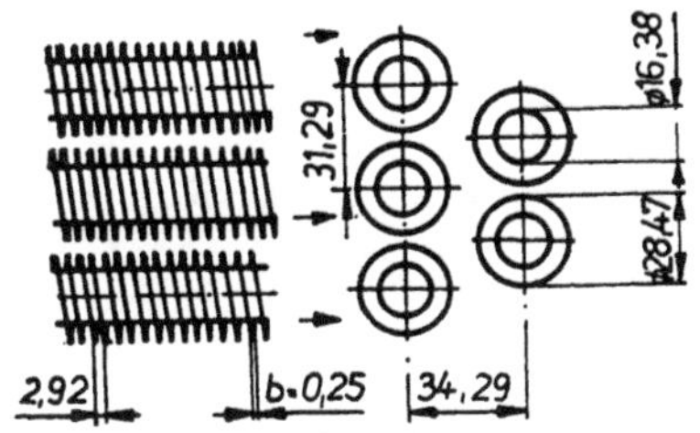

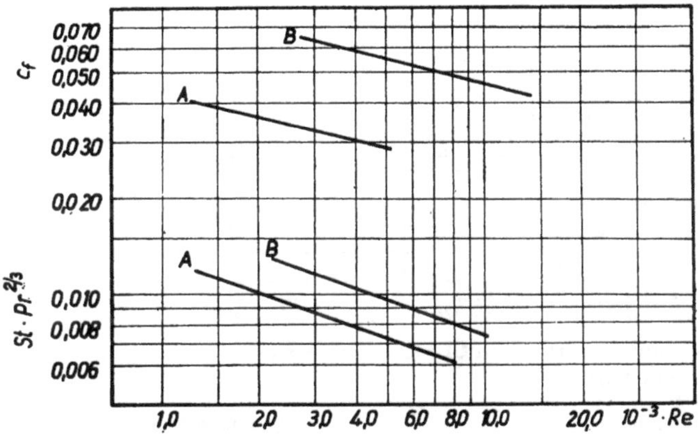

Abb. 10–80. Spiralrippenrohre, Oberflächen **CF—8.7—5/8 J (A und B)** (Werte von JAMESON)

Rohraußendurchmesser
$d_a = 16{,}383 \cdot 10^{-3}$ m
Rippenteilung = 342,52 pro m
Hydraulischer Durchmesser
$4\,r_h = 5{,}486 \cdot 10^{-3}$ m
Rippendicke $b = 0{,}254 \cdot 10^{-3}$ m

Kennlinie	Querteilung
A	$31{,}293 \cdot 10^{-3}$ m
B	$46{,}939 \cdot 10^{-3}$ m

Freier Strömungsquerschnitt/Frontalfläche $\Phi = 0{,}443$
Wärmeübertragungsfläche/Gesamtvolumen $A = 323{,}82$ m²/m³
Rippenfläche/Gesamtfläche = 0,862

Beachte: Die geometrischen Kenngrößen für den Fall B sind in Tab. 9–4 und in Abb. 9–10 enthalten. Der minimale freie Strömungsquerschnitt ist im Raum quer zur Strömung.

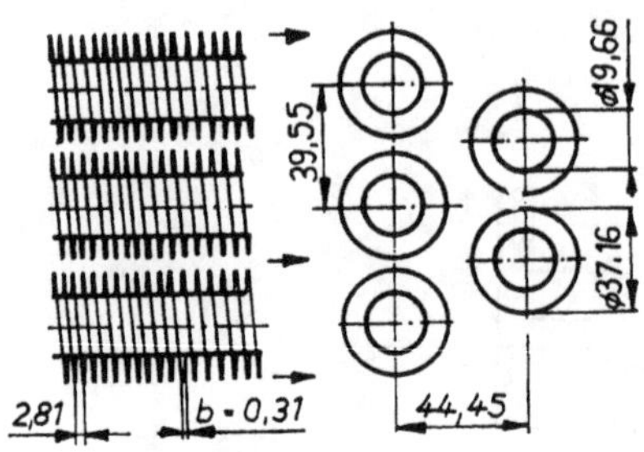

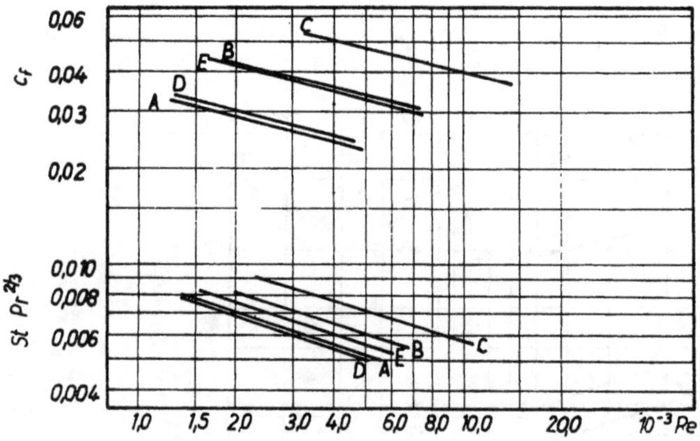

Abb. 10 – 81. Spiralrippenrohre, Oberflächen **CF—9.05—3/4 J (A bis E)** (Werte von JAMESON)

Rohraußendurchmesser $d_a = 19{,}660 \cdot 10^{-3}$ m
Rippenteilung = 356,30 pro m
Hydraulischer Durchmesser $4\,r_h = 5{,}131 \cdot 10^{-3}$ m
Rippendicke $b = 0{,}305 \cdot 10^{-3}$ m

Freier Strömungsquerschnitt/Frontalfläche $\Phi = 0{,}455$
Wärmeübertragungsfläche/Gesamtvolumen $A = 354{,}33$ m²/m³
Rippenfläche/Gesamtfläche = 0,835

Kennlinie	Querteilung	Längsteilung
A	$39{,}548 \cdot 10^{-3}$ m	$44{,}450 \cdot 10^{-3}$ m
B	$50{,}343 \cdot 10^{-3}$ m	$44{,}450 \cdot 10^{-3}$ m
C	$69{,}215 \cdot 10^{-3}$ m	$44{,}450 \cdot 10^{-3}$ m
D	$69{,}215 \cdot 10^{-3}$ m	$20{,}320 \cdot 10^{-3}$ m
E	$50{,}343 \cdot 10^{-3}$ m	$34{,}925 \cdot 10^{-3}$ m

Beachte: Die geometrischen Kenngrößen für die Fälle *B* bis *E* sind in der Tab. 9 – 4 und in den Abb. 9 – 10 und Abb. 9 – 11 enthalten. Der minimale freie Strömungsquerschnitt ist im Raum quer zur Strömung mit Ausnahme des Falles *D*, bei dem der Querschnitt im Raum schräg zur Strömung zur Definition herangezogen wird.

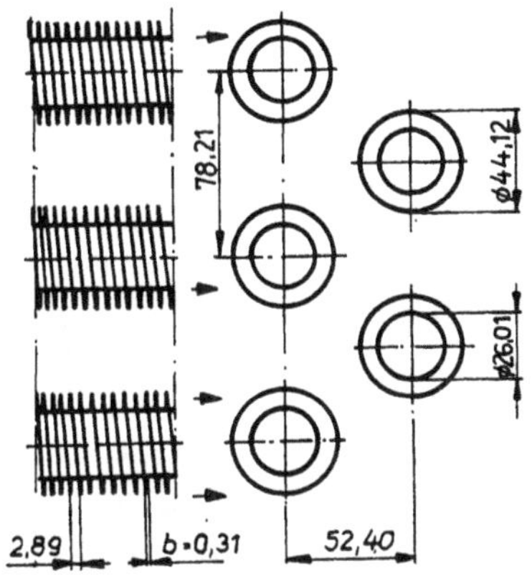

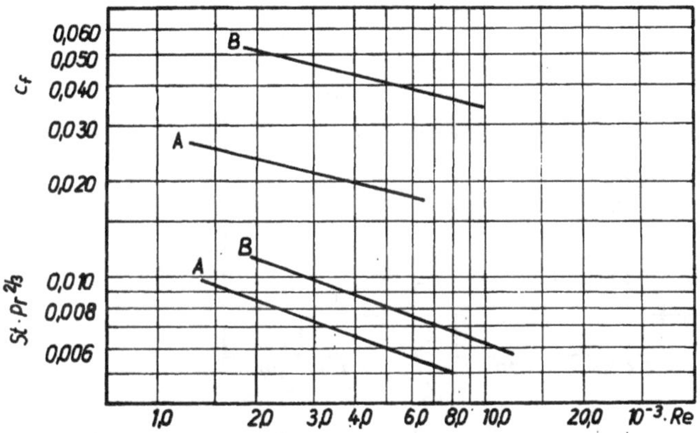

Abb. 10–82. Spiralrippenrohre, Oberflächen **CF—8.8—1.0 J (A und B)** (Werte von JAMESON)

Rohraußendurchmesser $d_a = 26{,}010 \cdot 10^{-3}$ m
Rippenteilung = 346,46 pro m
Hydraulischer Durchmesser $4\,r_h = 5{,}893 \cdot 10^{-3}$ m
Rippendicke $b = 0{,}305 \cdot 10^{-3}$ m

Freier Strömungsquerschnitt/Frontalfläche $\Phi = 0{,}439$
Wärmeübertragungsfläche/Gesamtvolumen $A = 299{,}21$ m²/m³
Rippenfläche/Gesamtfläche = 0,825

Kennlinie	Querteilung
A	$49{,}759 \cdot 10^{-3}$ m
B	$78{,}207 \cdot 10^{-3}$ m

Beachte: Die geometrischen Kenngrößen sind in Tab. 9–4 und in Abb. 9–11 enthalten. Der minimale freie Strömungsquerschnitt ist im Raum quer zur Strömungsrichtung.

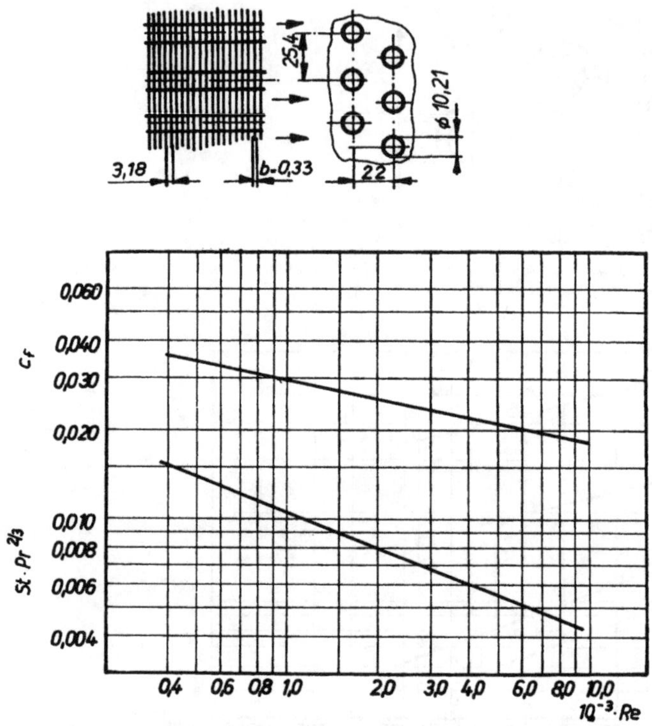

Abb. 10–83. Runde Rohre mit durchgehenden Rippen, Oberfläche 8.0—3/8 T. (Werte der Trane Company)

Rohraußendurchmesser $d_a = 10{,}211 \cdot 10^{-3}$ m
Rippenteilung = 314,96 pro m
Hydraulischer Durchmesser $4\,r_h = 3{,}632 \cdot 10^{-3}$ m
Rippendicke $b = 0{,}330 \cdot 10^{-3}$ m
Freier Strömungsquerschnitt/Frontalfläche $\Phi = 0{,}534$

Wärmeübertragungsfläche/Gesamtvolumen $A = 587{,}27$ m²/m³
Rippenfläche/Gesamtfläche = 0,913
Beachte: Der minimale freie Strömungsquerschnitt ist im Raum quer zur Strömung.

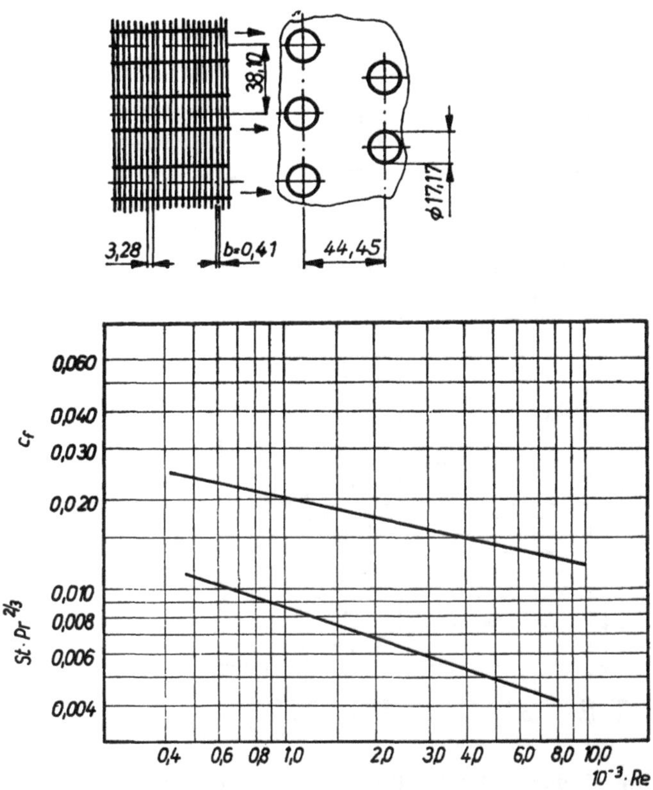

Abb. 10—84. Runde Rohre mit durchgehenden Rippen, Oberfläche 7.75—5/8 T. (Werte der Trane Company)

Rohraußendurchmesser $d_a = 17{,}170 \cdot 10^{-3}$ m
Rippenteilung = 305,12 pro m
Hydraulischer Durchmesser $4\,r_h = 3{,}480 \cdot 10^{-3}$ m
Rippendicke $b = 0{,}406 \cdot 10^{-3}$ m
Freier Strömungsquerschnitt/Frontalfläche $\Phi = 0{,}481$

Wärmeübertragungsfläche/Gesamtvolumen $A = 554{,}46$ m²/m³
Rippenfläche/Gesamtfläche = 0,950
Beachte: Der minimale freie Strömungsquerschnitt ist im Raum quer zur Strömung.

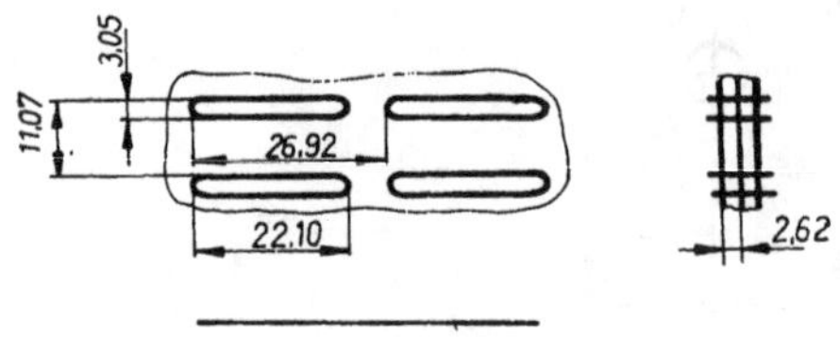

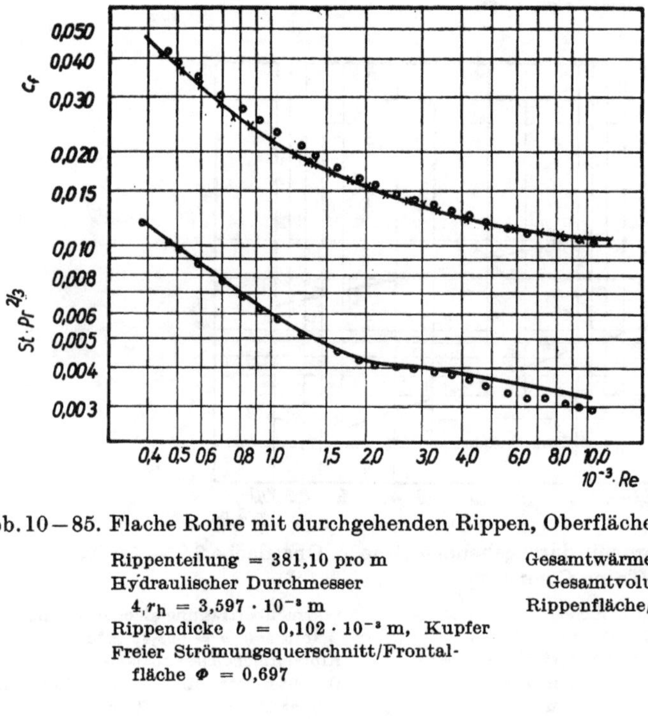

Abb. 10–85. Flache Rohre mit durchgehenden Rippen, Oberfläche 9.68—0.87

Rippenteilung = 381,10 pro m
Hydraulischer Durchmesser
$4 r_h = 3,597 \cdot 10^{-3}$ m
Rippendicke $b = 0,102 \cdot 10^{-3}$ m, Kupfer
Freier Strömungsquerschnitt/Frontalfläche $\Phi = 0,697$

Gesamtwärmeübertragungsfläche/Gesamtvolumen $A = 751,31$ m²/m³
Rippenfläche/Gesamtfläche = 0,795

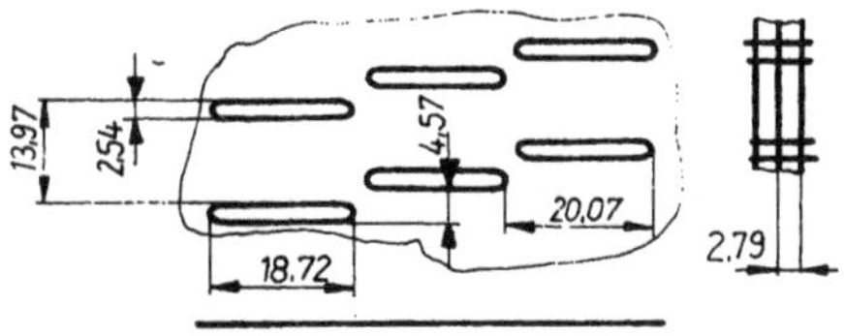

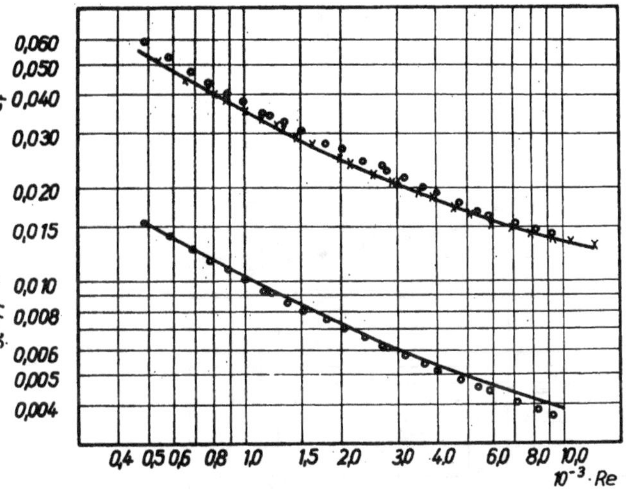

Abb. 10—86. Flache Rohre mit durchgehenden Rippen, Oberfläche 9.1—0.737—S

Rippenteilung = 358,27 pro m
Hydraulischer Durchmesser
$4\, r_h = 4{,}206 \cdot 10^{-3}$ m
Rippendicke $b = 0{,}102 \cdot 10^{-3}$ m, Kupfer
Freier Strömungsquerschnitt/Frontalfläche $\Phi = 0{,}788$

Gesamtwärmeübertragungsfläche/Gesamtvolumen $A = 734{,}91\ m^2/m^3$
Rippenfläche/Gesamtfläche = 0,813

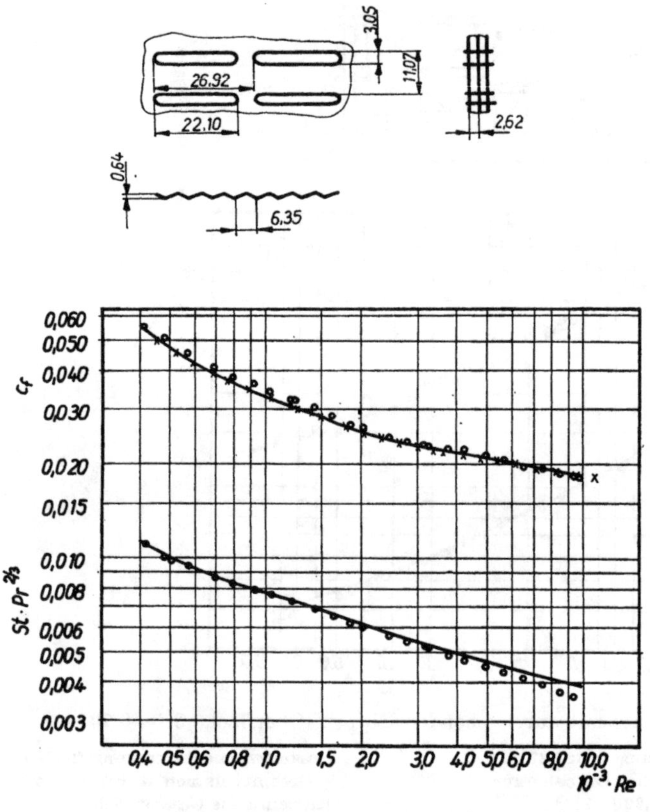

Abb. 10–87. Flache Rohre mit durchgehenden Rippen, Oberfläche 9.68—0.87—R

Rippenteilung = 381,10 pro m
Hydraulischer Durchmesser
$4\,r_h = 3{,}597 \cdot 10^{-3}$ m
Rippendicke $b = 0{,}102 \cdot 10^{-3}$, Kupfer
Freier Strömungsquerschnitt/Frontalfläche $\Phi = 0{,}697$

Gesamtwärmeübertragungsfläche/Gesamtvolumen $A = 751{,}31$ m²/m³
Rippenfläche/Gesamtfläche = 0,795

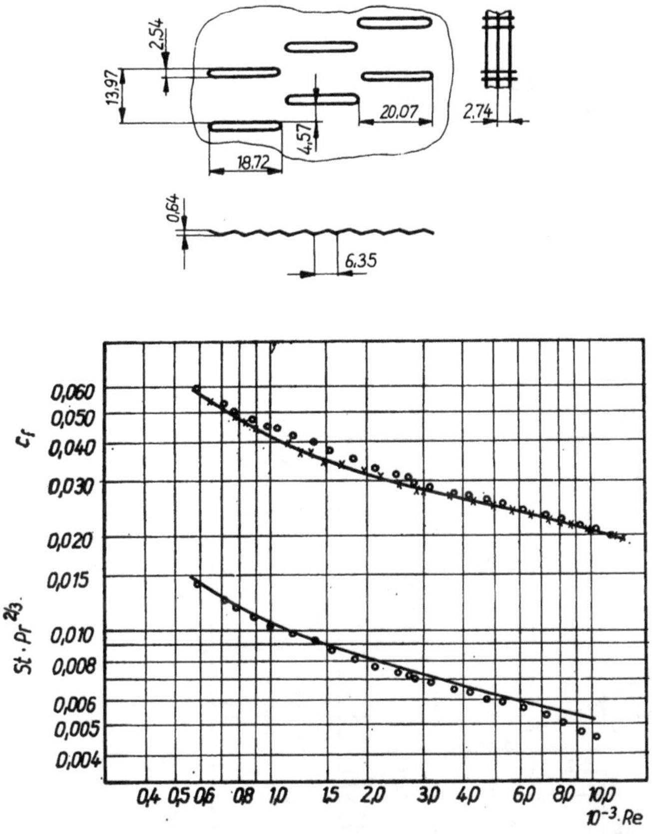

Abb. 10—88. Flache Rohre mit durchgehenden Rippen, Oberfläche **9.29—0.737—SR**

Rippenteilung = 365,75 pro m
Hydraulischer Durchmesser
$4\,r_h = 4{,}120 \cdot 10^{-3}$ m
Rippendicke $b = 0{,}102 \cdot 10^{-3}$ m, Kupfer
Freier Strömungsquerschnitt/Frontalfläche $\Phi = 0{,}788$

Gesamtwärmeübertragungsfläche/Gesamtvolumen $A = 748{,}03$ m²/m³
Rippenfläche/Gesamtfläche = 0,814

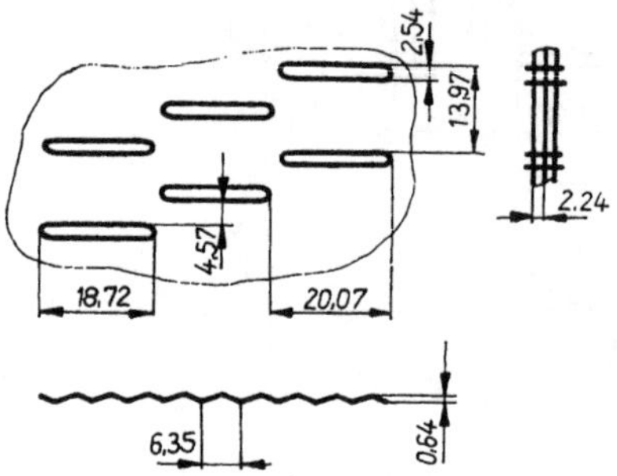

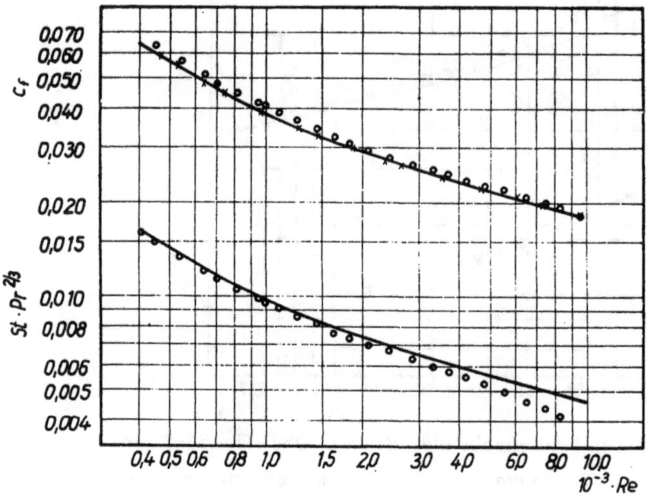

Abb. 10–89. Flache Rohre mit durchgehenden Rippen, Oberfläche **11.32—0.737—SR**

Rippenteilung = 445,67 pro m
Hydraulischer Durchmesser
$4\,r_h = 3{,}510 \cdot 10^{-3}$ m
Rippendicke $b = 0{,}102 \cdot 10^{-3}$ m, Kupfer
Freier Strömungsquerschnitt/Frontalfläche $\Phi = 0{,}780$

Gesamtwärmeübertragungsfläche/Gesamtvolumen $A = 885{,}83$ m²/m³
Rippenfläche/Gesamtfläche = 0,845

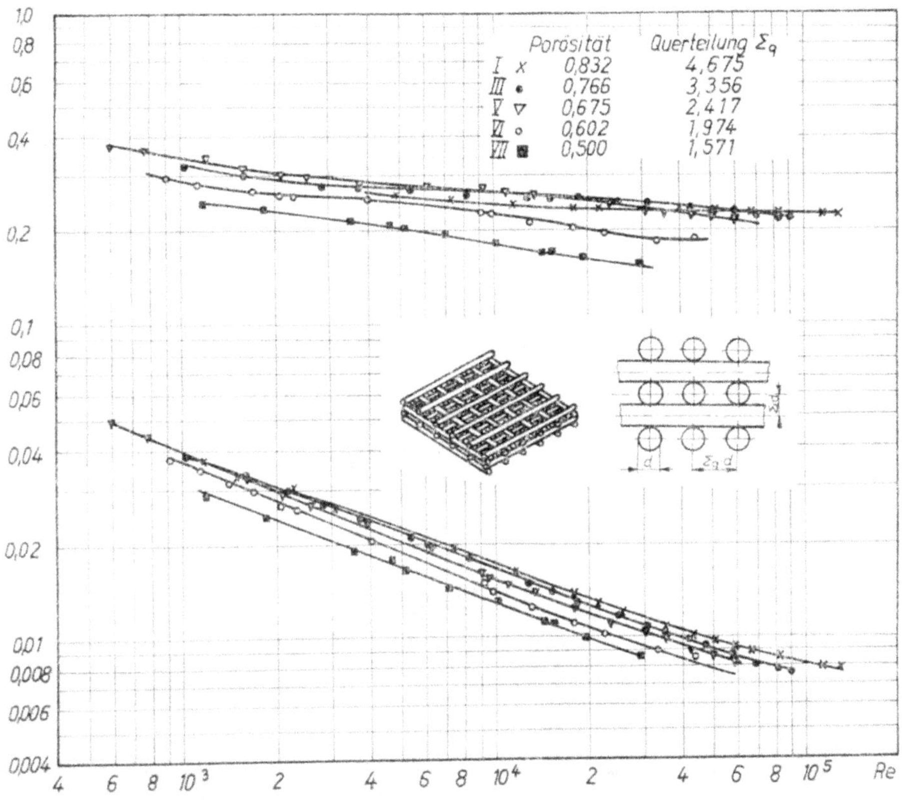

Abb. 10–90. Speicher aus gekreuzten Stäben, fluchtende Schichtung, Stabdurchmesser $d = 9{,}525 \cdot 10^{-3}$ m

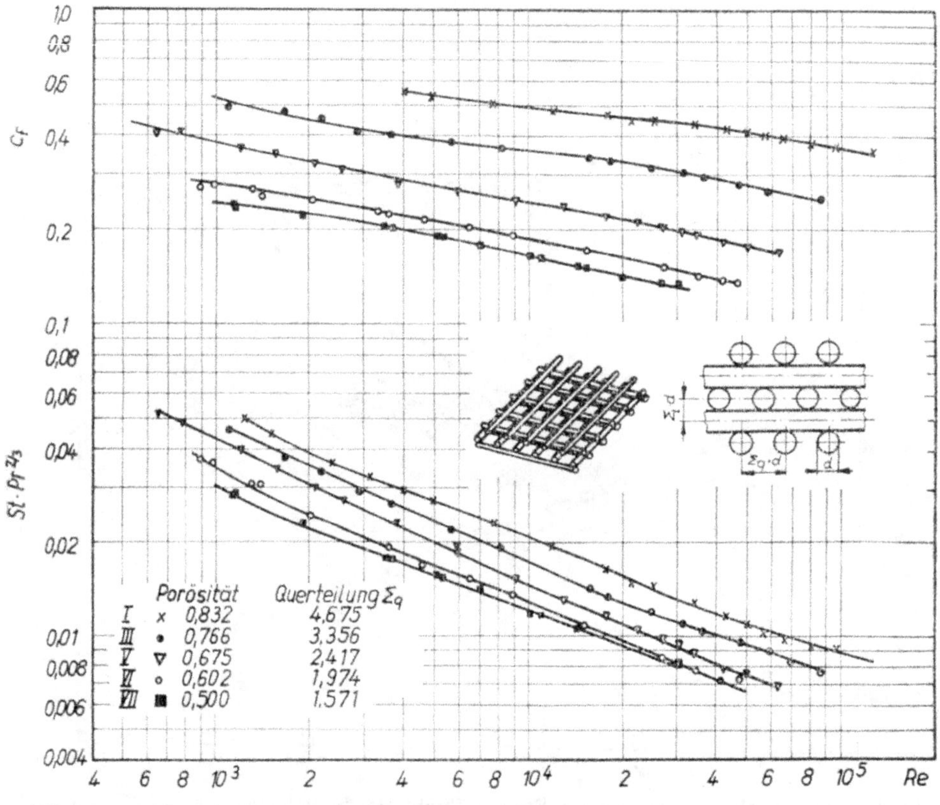

Abb. 10–91. Speicher aus gekreuzten Stäben, versetzte Schichtung, Stabdurchmesser $d = 9{,}525 \cdot 10^{-3}$ m

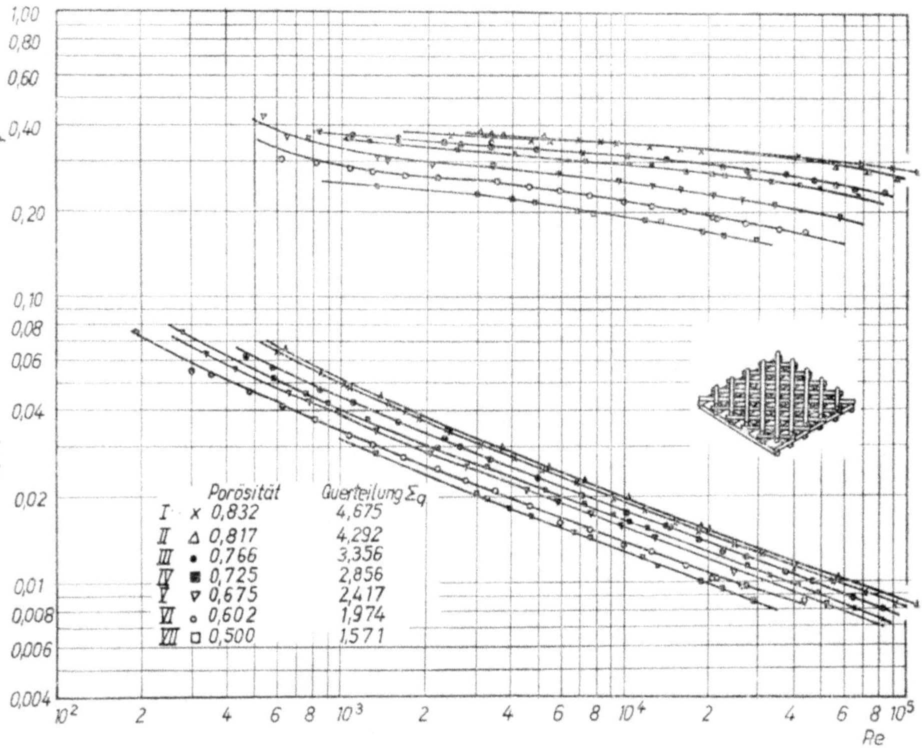

Abb. 10–92. Speicher aus gekreuzten Stäben, beliebige Schichtung, Stabdurchmesser $d = 9{,}525 \cdot 10^{-3}$ m

Anhang A. Materialeigenschaften

In diesem Anhang werden Diagramme der Materialeigenschaften wiedergegeben, um die Anwendung der Entwurfswerte dieses Buches zu erleichtern. Es ist dabei nicht beabsichtigt, eine erschöpfende Zusammenstellung von Eigenschaften zu geben, da derartige Zusammenstellungen leicht erhältlich sind; vielmehr werden die Eigenschaften einer repräsentativen Gruppe von festen Stoffen, Flüssigkeiten und Gasen angegeben, so daß die Wärmeübertragerberechnung ohne Suche nach anderswo vorhandenen Informationen durchgeführt werden kann.

In der Abb. A—1 werden die Wärmeleitfähigkeiten einer großen Gruppe von Metallen, die bei der Wärmeübertragerkonstruktion verwendet werden, dargestellt. Zum größten Teil wurden die Kurven mit den von ECKERT und DRAKE [1] mitgeteilten Werten gezeichnet.

Die Abb. A—2 bis Abb. A—7 zeigen die Eigenschaften einer repräsentativen Gruppe von Gasen bei einem Druck von $p = 1{,}013 \cdot 10^5$ N/m². Sie beruhen in erster Linie auf den Werten des Bureau of Standards Circular 564 [2], wurden jedoch durch andere Quellen ergänzt. Für die meisten Anwendungsfälle können diese Gase als ideale Gase behandelt werden, bei denen die Eigenschaften druckunabhängig sind und die Dichten aus der Zustandsgleichung für ideale Gase

$$\frac{p}{\varrho} = \left(\frac{\mathsf{R}}{M}\right) \cdot T$$

bestimmt werden können, wobei R die allgemeine Gaskonstante mit $\mathsf{R} = 8314{,}7$ J/kmol · K ist und M in kg/kmol die molare Masse angibt.

Die Eigenschaften von Dampf werden für zwei verschiedene Drücke in Abb. A—8 angegeben. Die Werte beruhen auf den von NOWAK und GROSH [3] mitgeteilten sowjetischen Werten.

Die Eigenschaften von gesättigtem Wasser (Abb. A—9) wurden aus [2] entnommen. Die Eigenschaften von flüssigem Sauerstoff und Wasserstoff (Abb. A—10 und Abb. A—11) wurden nach den Werten von SCOTT [4] gezeichnet.

Die Abb. A—12 bis Abb. A—14 enthalten die Eigenschaften einiger charakteristischer Kohlenwasserstoffbrennstoffe und Öle; sie wurden nach Werten von [5] aufgezeichnet. Die Werte für flüssige Metalle (Abb. A—15 bis Abb. A—17) wurden dem Liquid Metals Handbook [6] entnommen.

Die Abb. A—18 bis Abb. A—20 enthalten Korrekturfaktoren, die zur Bestimmung der Dichte und der spezifischen Wärmekapazitäten für feuchte Luft und für die Verbrennungsprodukte von Luft und Kohlenwasserstoffbrennstoffen verwendet werden können. In jedem Falle ist der Faktor mit der Dichte oder der spezifischen Wärmekapazität der trockenen Luft bei Gemischtemperatur und -druck zu multiplizieren.

A.1. Literatur

[1] ECKERT, E. R. G.; DRAKE, R. M.: Heat and Mass Transfer.
McGraw-Hill Book Company, New York, 1959.
[2] HILSENRATH, J.; u. a.: Tables of Thermal Properties of Gases.
Natl. Bur. Standards Circ. 564, November 1955.
[3] NOWAK, E. S.; GROSH, R. J.: An Investigation of Certain Thermodynamic and Transport Properties of Water and Water Vapor in the Critical Region.
Argonne Natl. Lab. ANL 6064, 1959.
[4] SCOTT, R. B.: Cryogenic Engineering.
D. van Nostrand Company, Inc., Princeton, N.J., 1959.
[5] Aero-space Applied Thermodynamics Manual.
Society of Automotive Engineers, Inc., Februar 1960.
[6] Liquid Metals Handbook. Herausg. LYON, R. N.
U.S. Government Printing Office, 2. Ausg., 1952; NAVEXOS P-733 (rev.).

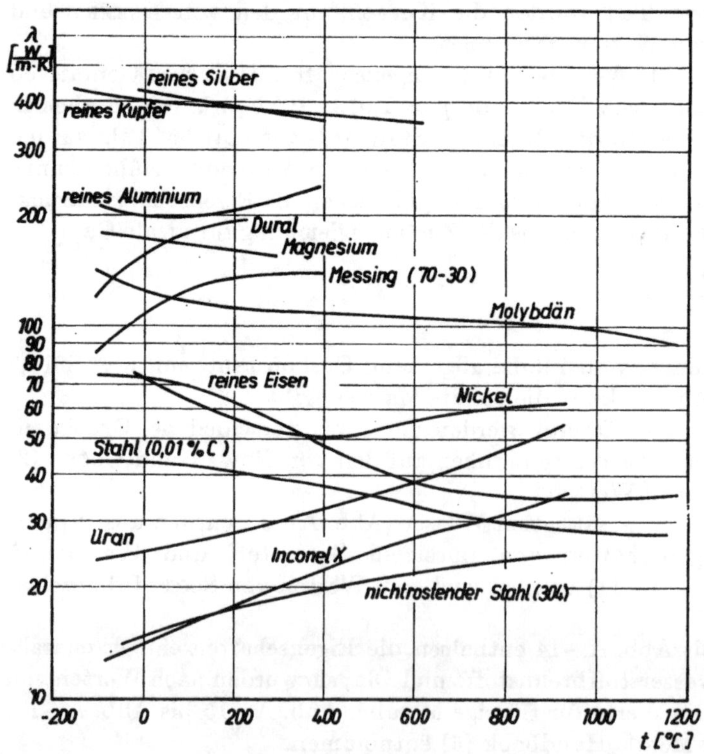

Abb. A—1. Wärmeleitfähigkeit verschiedener Metalle

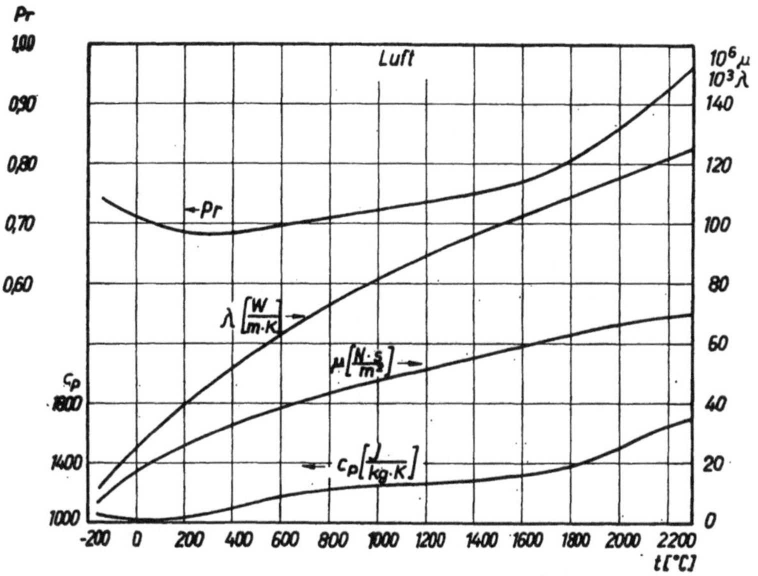

Abb. A—2. Stoffeigenschaften von Luft bei $1{,}01325 \cdot 10^5$ N/m²

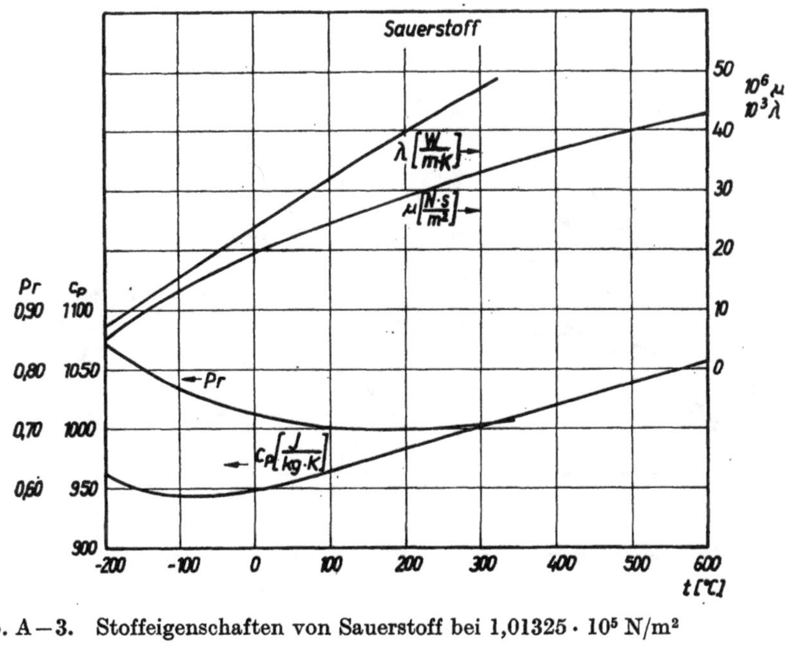

Abb. A—3. Stoffeigenschaften von Sauerstoff bei $1{,}01325 \cdot 10^5$ N/m²

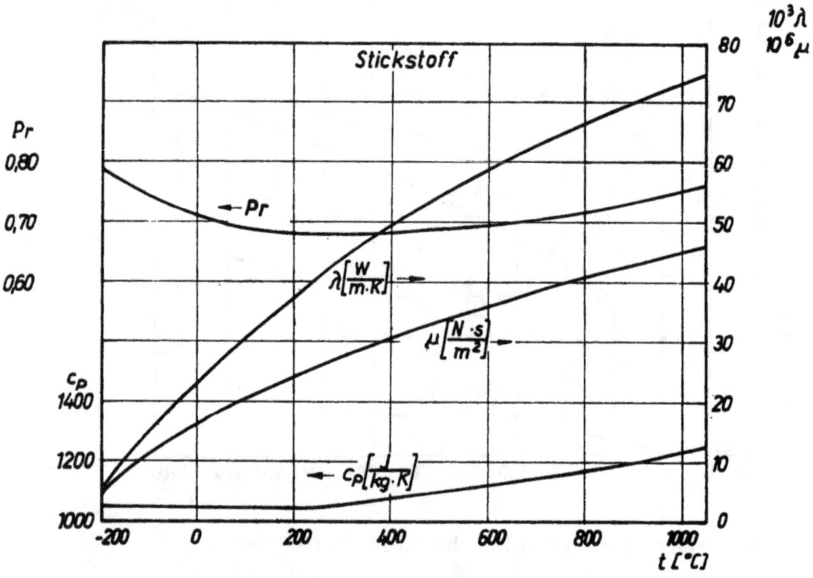

Abb. A—4. Stoffeigenschaften von Stickstoff bei $1{,}01325 \cdot 10^5$ N/m²

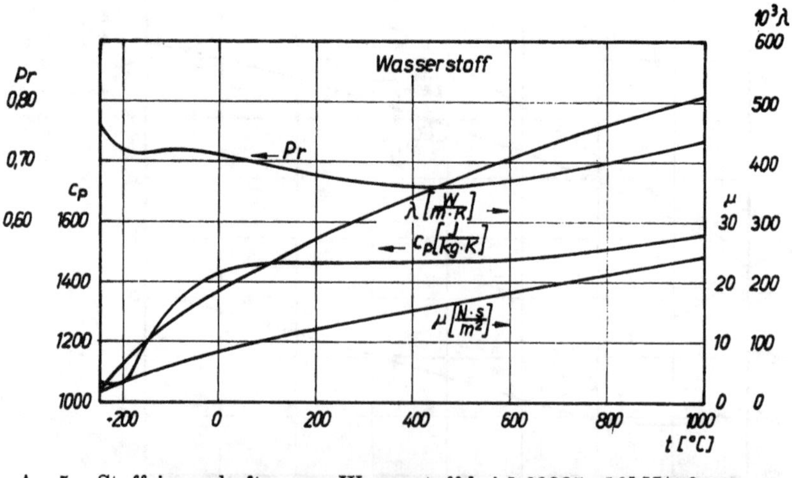

Abb. A—5. Stoffeigenschaften von Wasserstoff bei $1{,}01325 \cdot 10^5$ N/m²

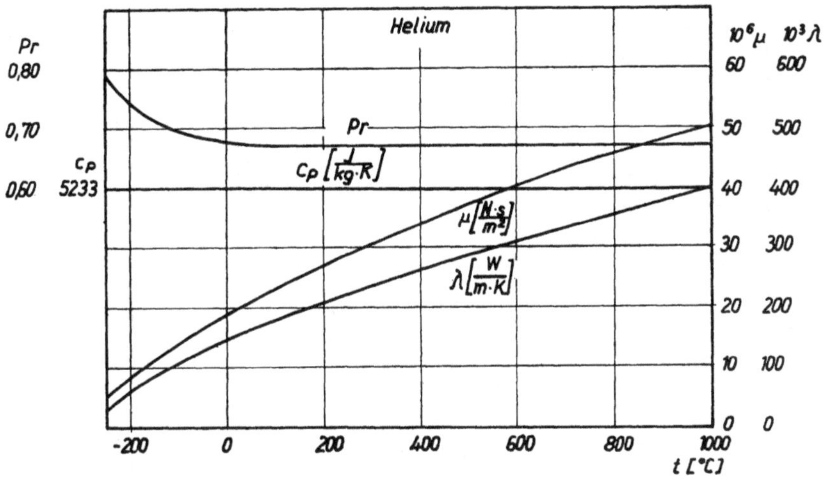

Abb. A–6. Stoffeigenschaften von Helium bei $1{,}01325 \cdot 10^5$ N/m²

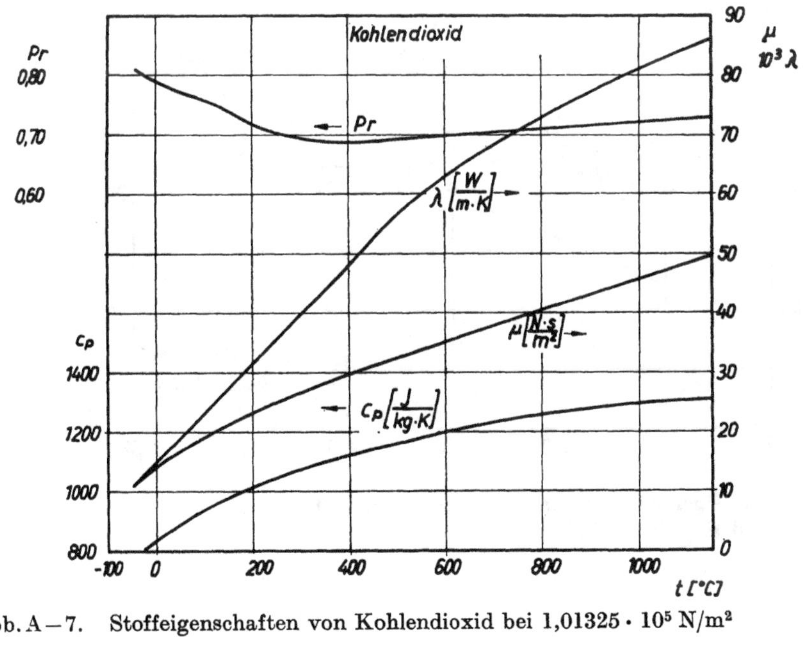

Abb. A–7. Stoffeigenschaften von Kohlendioxid bei $1{,}01325 \cdot 10^5$ N/m²

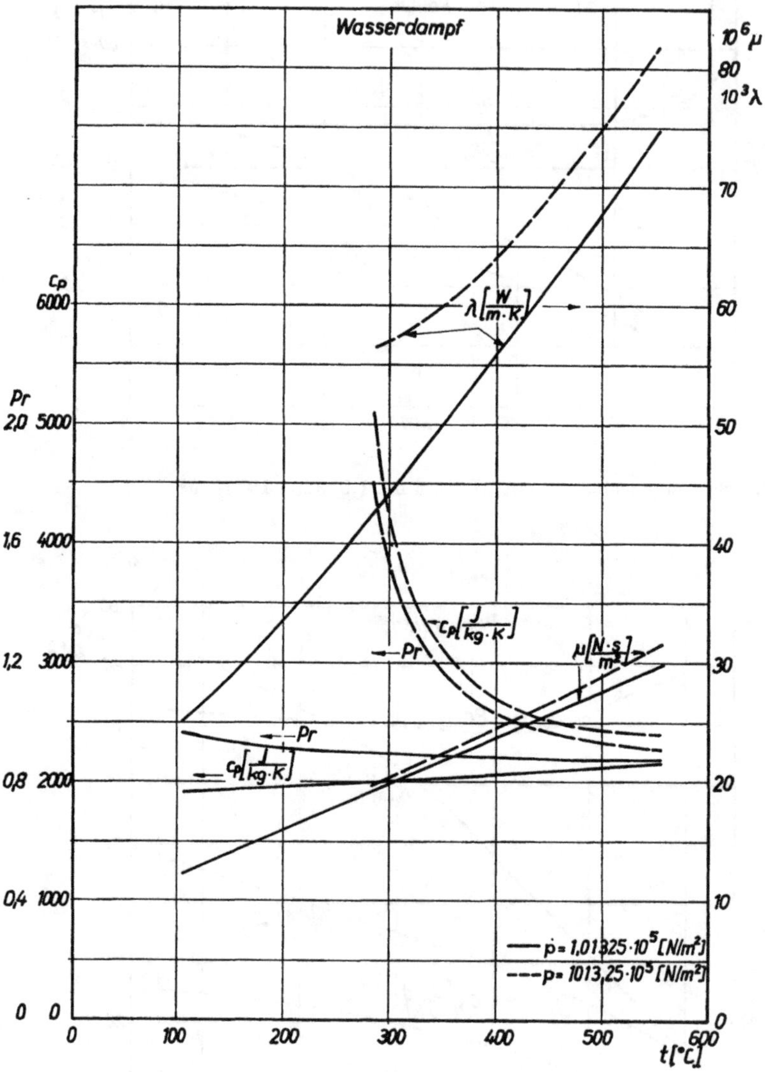

Abb. A—8. Stoffeigenschaften von Wasserdampf bei $1{,}01325 \cdot 10^5$ N/m² und $1013{,}25 \cdot 10^5$ N/m²

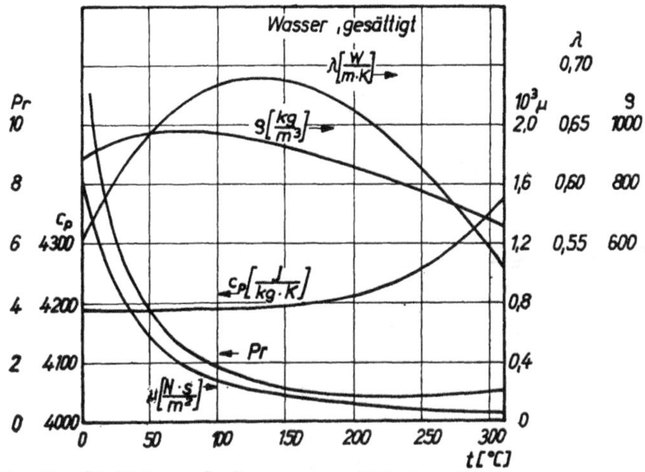

Abb. A—9. Stoffeigenschaften von gesättigtem Wasser

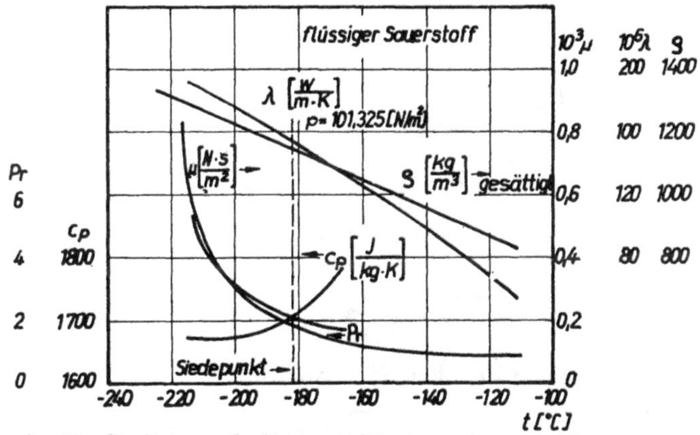

Abb. A—10. Stoffeigenschaften von flüssigem Sauerstoff

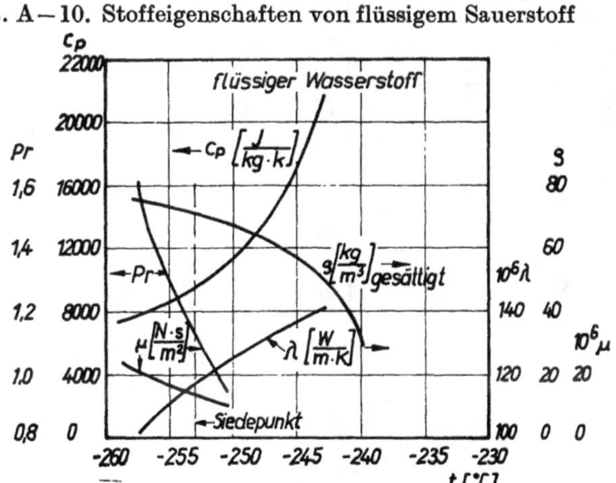

Abb. A—11. Stoffeigenschaften von flüssigem Wasserstoff

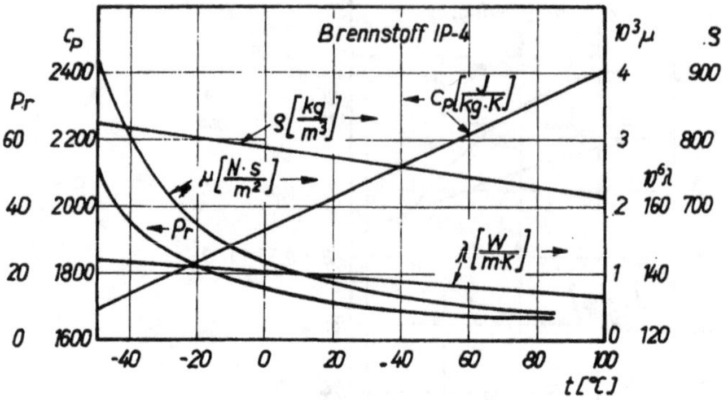

Abb. A—12. Stoffeigenschaften des Treibstoffes JP—4

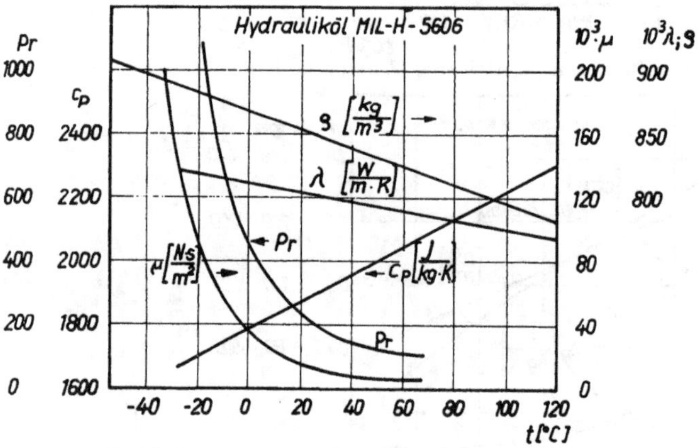

Abb. A—13. Stoffeigenschaften des Hydrauliköls MIL-H-5606

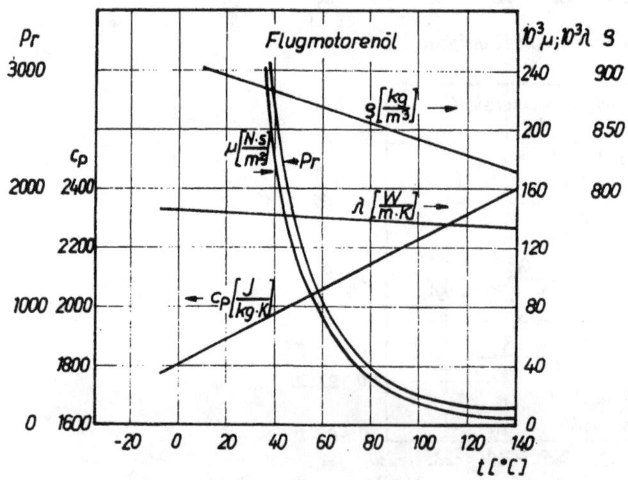

Abb. A—14. Stoffeigenschaften eines typischen Flugmotorenöles

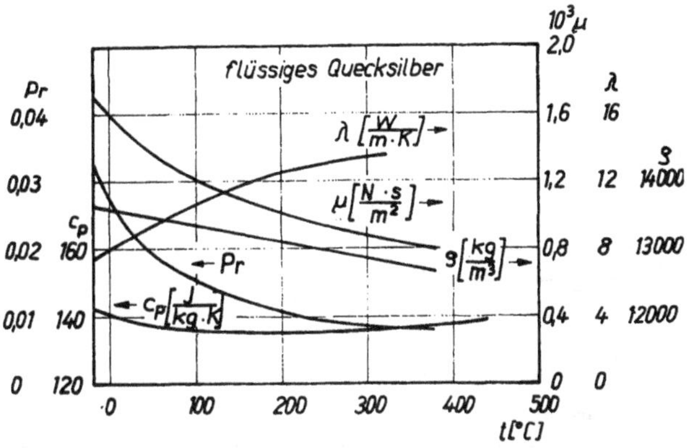

Abb. A – 15. Stoffeigenschaften von flüssigem Quecksilber

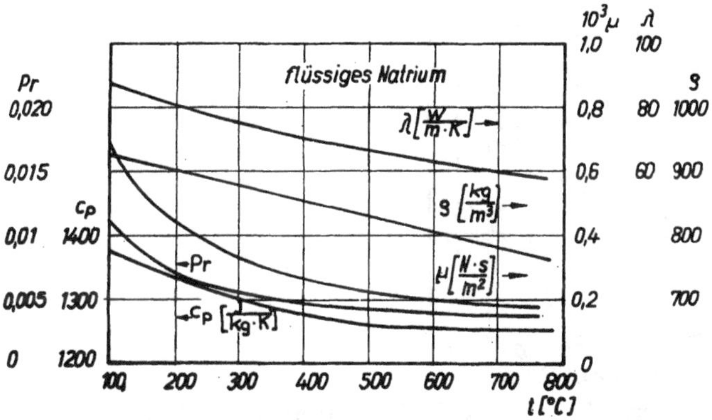

Abb. A – 16. Stoffeigenschaften von flüssigem Natrium

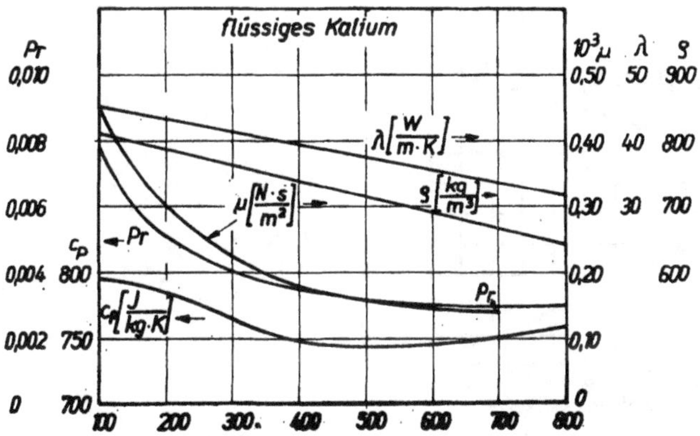

Abb. A – 17. Stoffeigenschaften von flüssigem Kalium

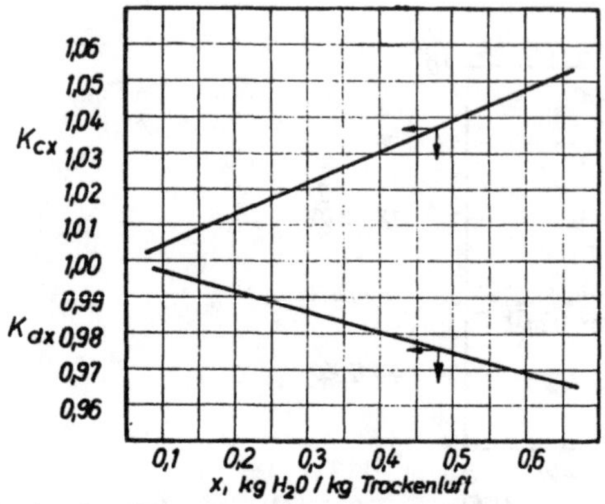

Abb. A—18. Korrekturbeiwerte für Dichte und spezifische Wärmekapazität bei verschiedener Feuchtigkeit.
$\varrho = K_{dx} \cdot \varrho_L$; $c_p = K_{cx} \cdot c_{pL}$

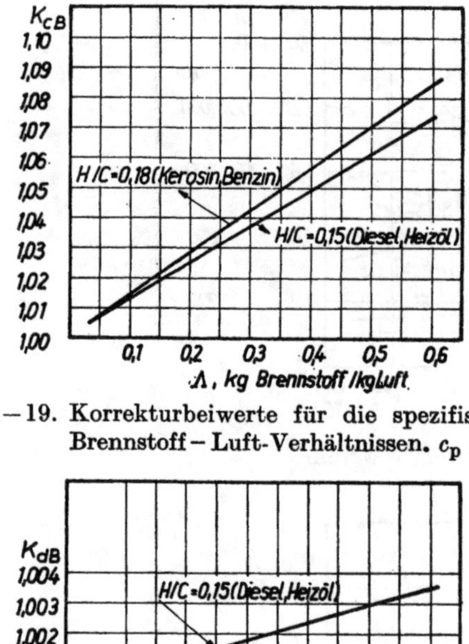

Abb. A—19. Korrekturbeiwerte für die spezifische Wärmekapazität bei verschiedenen Brennstoff—Luft-Verhältnissen. $c_p = K_{cB} \cdot c_{pL}$

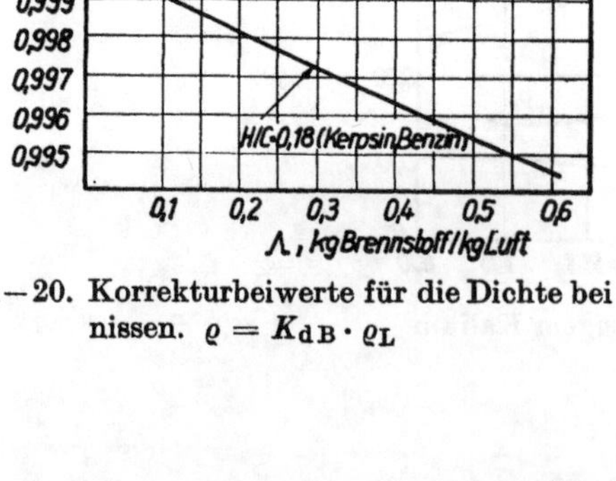

Abb. A—20. Korrekturbeiwerte für die Dichte bei verschiedenen Brennstoff—Luft-Verhältnissen. $\varrho = K_{dB} \cdot \varrho_L$

Anhang B. Beispiele zur Leistungsberechnung von Wärmeübertragern

Dieser Anhang erläutert die Verwendung der in den Kap. 6, 7 und 10 mitgeteilten grundlegenden Wärmeübertragungs- und Strömungsverlustwerte und behandelt sie zusammen mit den im Kap. 2 umrissenen Berechnungsverfahren für Wärmeübertragung und Strömungsverlust. Betrachtet wird die Anwendung der Wärmeübertrager als Zwischenkühler in einer Gasturbinenanlage, als Direktübertrager (2 Beispiele) und als Regenerator.

Zur Erklärung wurden Gasturbinenwärmeübertrager gewählt, da sie gute Beispiele für Gas–Gas- und Gas–Flüssigkeit-Wärmeübertrager sind, bei denen Kompaktheit wichtig ist und bei denen eine Optimierung gute Erfolge bringt, wenn eine detaillierte Analyse der Übertragerleistung vorgenommen wird.

Der Leser muß erkennen, daß die hier analysierten Beispiele nur teilweise das im Kap. 2 beschriebene umfassende Auslegungsverfahren eines Wärmeübertragers behandeln. Diese Vereinfachung ist notwendig, um dem nicht vollständig mit der Berechnung von Wärmeübertragern vertrauten Ingenieur die Anwendung dieses Buches klar zu erläutern. Der erfahrene Entwurfsingenieur wird die Begrenzung der erläuternden Beispiele richtig einschätzen und auch die Vernachlässigung wichtiger Überlegungen bemerken, wie:

1. Thermodynamische Grundlagen für die Wahl der gewünschten Druckänderung
2. Optimale Verteilung des Übergangswiderstandes und der Strömungsverlustleistung auf die beiden Oberflächen
3. Optimaler Entwurf der vergrößerten Oberfläche und der Wärmeleitfähigkeit und Dicke des Materials
4. Unsicherheiten über den richtigen thermischen Kontakt zwischen der vergrößerten Oberfläche und der Grundfläche
5. Ausgleich der Verschmutzung
6. Einfluß schlechter Strömungsverteilung auf die Übertragerleistung
7. Einflüsse der Maschinenanordnung in der Anlage, die teilweise die Abmessungen des Übertragers bestimmen
8. Wärmespannungs- und Konstruktionsprobleme

Einige oder alle Faktoren können einen entscheidenden Einfluß auf die Auswahl der entsprechenden Oberflächenform für den Wärmeübertrager haben. Diese

Faktoren werden in den hier erläuterten Beispielen jedoch durch die willkürliche Auswahl der Oberflächenform umgangen.

Musterlösungen werden für einen Zwischenkühler und einen Rekuperator vollständig, für einen Rekuperator mit indirekter Übertragung in abgekürzter Form (nur Anwendung der ε, $\ddot{u}$-Lösung) und für einen Regenerator mit Drahtsiebspeicher in vollständiger Form angegeben.

B.1. Beispiel 1: Zwischenkühler

Abb. B—1 zeigt einen Zwischenkühler für eine 4 MW-Gasturbinenanlage. Die Betriebsbedingungen und die Wärmeübertragungsflächen werden wie folgt vorgegeben:

Betriebsbedingungen, Luftseite:

Massenstrom der feuchten Luft $\dot{m}_L$	25 kg/s
Luftfeuchtigkeit x	0,015 kg/kg
Eintrittstemperatur $t_{L\alpha}$	127 °C (400 K)
Eintrittsdruck $p_{L\alpha}$	$2{,}75 \cdot 10^5$ N/m²

Betriebsbedingungen, Wasserseite:

Massenstrom $\dot{m}_W$	50 kg/s
Eintrittstemperatur $t_{W\alpha}$	15 °C (288 K)
Zwischenkühleroberfläche (beripptes Flachrohr)	11.32—0.737—SR (Abb. 10—89)

In diesem Beispiel sollen für die vorgegebenen Bedingungen und für die Wärmeübertragungs- und Strömungsverlustkenngrößen der Oberfläche

1. der Übertragerwirkungsgrad des Zwischenkühlers
2. die Druckänderungen für die Wasser- und Luftströmung

berechnet werden. Diese Vorausbestimmung soll auf reine Oberflächen ohne Verschmutzung bezogen sein.

Die einzelnen Rechenschritte erfordern die Bestimmung folgender Faktoren in der angegebenen Reihenfolge:

1. Oberflächenkenngrößen aus Tab. 9—4c
2. Stoffeigenschaften aus den Abb. A—2 und Abb. A—9
3. Reynoldszahlen
4. $St \cdot Pr^{2/3}$ und c_f aus den Grundkenngrößen der Oberfläche
5. Wärmeübergangskoeffizient
6. Rippenwirkungsgrad
7. Oberflächenwirkungsgrad
8. Wärmedurchgangskoeffizient
9. $\ddot{u}$ und Übertragerwirkungsgrad
10. Austrittstemperaturen
11. Druckänderungen

Diese Schritte werden nun im Detail ausgeführt.

B.1.1. Oberflächenkenngrößen aus Tab. 9—4 c

Luftseite:

Hydraulischer Radius des Strömungskanals $r_{hL} = 0{,}8778 \cdot 10^{-3}$ m
Gesamtübertragungsfläche/Gesamtvolumen $A_L = 885{,}8$ m²/m³
Rippenfläche/Gesamtfläche $A_R/A = 0{,}845$
freier Strömungsquerschnitt/Frontalfläche $\Phi_L = 0{,}780$
Rippendicke $b = 0{,}10 \cdot 10^{-3}$ m
Rippenmaterial, Aluminium mit $\lambda = 173$ J/m · s · K
Rippenhöhe $h = 6{,}985 \cdot 10^{-3}$ m
Frontalfläche $A_{fr} = 0{,}96$ m²

Wasserseite:

Die flachen Rohre haben gerade Seiten und halbrunde Enden.
Außenabmessungen des Rohres $= 18{,}72 \cdot 10^{-3}$ m $\times$ $2{,}54 \cdot 10^{-3}$ m
Innenabmessungen des Rohres $= 18{,}22 \cdot 10^{-3}$ m $\times$ $2{,}04 \cdot 10^{-3}$ m
Frontalfläche eines Rohres:
13,97 mm × 20,07 mm = $2{,}804 \cdot 10^{-4}$ m²
Freier Strömungsquerschnitt eines Rohres

$$\frac{(2{,}04 \cdot 10^{-3})^2 \cdot \pi}{4} + (18{,}22 - 2{,}04) \cdot 10^{-3} \cdot 2{,}04 \cdot 10^{-3} = 0{,}3627 \cdot 10^{-4}\ \text{m}^2$$

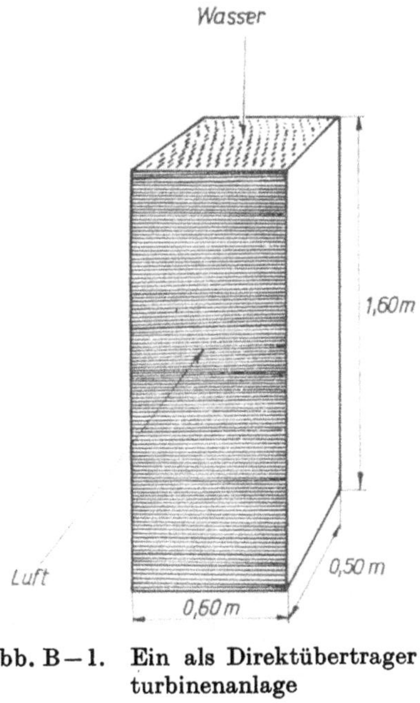

Abb. B–1. Ein als Direktübertrager ausgebildeter Zwischenkühler für eine 4 MW-Gasturbinenanlage

Innenumfang eines Rohres
$2{,}04 \cdot 10^{-3} \cdot \pi + 2 \cdot (18{,}22 - 2{,}04) \cdot 10^{-3} = 38{,}766 \cdot 10^{-3}$ m
Freier Strömungsquerschnitt/Frontalfläche
$0{,}3627 \cdot 10^{-4} : 2{,}804 \cdot 10^{-4}$; $\Phi_W = 0{,}1294$
wasserseitige Frontalfläche $A_{fr\,W} = 0{,}300$ m²
Anzahl der Rohre
$A_{fr\,W}/A_{fr\,W,\,1\,Rohr} = 0{,}300/2{,}804 \cdot 10^{-4} = 1070$
wasserseitige Übertragungsfläche
$38{,}766 \cdot 10^{-3} \cdot 1{,}600 \cdot 1070 = 66{,}367$ m²
Gesamtvolumen $V = 0{,}48$ m³
wasserseitige Übertragungsfläche/Gesamtvolumen
$A_W = 138{,}26$ m²/m³
hydraulischer Radius $r_{h\,W} = \Phi_W/A_W = 0{,}9359 \cdot 10^{-3}$ m

B.1.2. Stoffeigenschaften

Als erste Näherung wird eine Luftaustrittstemperatur von $t_{L\beta} = 25$ °C (298 K) und eine Wasseraustrittstemperatur von $t_{W\beta} = 27$ °C (300 K) angenommen. Diese Näherungen müssen später bestätigt werden.

Um die Viskosität für die Berechnung der Reynoldszahl und die spezifische Wärmekapazität für die Stanton- und Prandtlzahl zu berechnen, muß eine mittlere Lufttemperatur geschätzt werden (siehe Kap. 4). Aus der Skizze der Temperaturzustände (für reinen Gegenstrom gezeichnet, obwohl der tatsächliche Übertrager eine Kreuzstromführung hat), Abb. B–2, ist zu ersehen, daß sich die mittlere Lufttemperatur bei

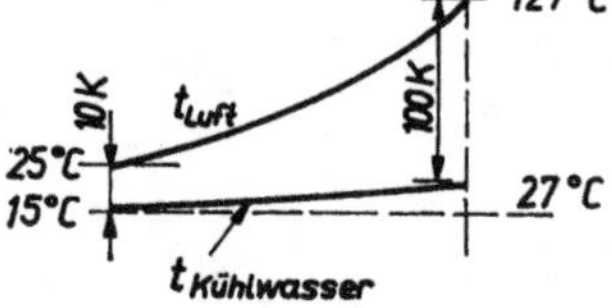

Abb. B – 2. Temperaturverlauf in einem Zwischenkühler

$$t_{W\,m} \approx 20 \text{ °C}$$

zu

$$t_{L\,m} \approx t_{W\,m} + \frac{\Delta T_1 - \Delta T_2}{\ln \dfrac{\Delta T_1}{\Delta T_2}}$$

$$t_{L\,m} \approx 20 + \frac{100 - 10}{\ln \dfrac{100}{10}} = 20 + \frac{90}{2{,}303} = 60 \text{ °C}$$

ergibt.

Aus Abb. A—2 (oder genauer aus Tabellen in der Literatur) folgt für trockene Luft

$$\mu = 19{,}9 \cdot 10^{-6}\ \mathrm{N \cdot s/m^2}$$
$$Pr = 0{,}702$$
$$c_p = 1004{,}8\ \mathrm{J/kg \cdot K}\,.$$

Um c_p für einen Feuchtigkeitsgehalt von $x = 0{,}015$ kg/kg zu korrigieren, ergibt sich aus Abb. A—18

$$K_{cx} = 1{,}0126$$

und

$$c_p = 1{,}0126 \cdot 1004{,}8 = 1017{,}5\ \mathrm{J/kg \cdot K}\,.$$

Nimmt man einen Druckabfall von 1% an, der in der Rechnung später zu bestätigen ist, so ergibt sich ein Austrittsdruck von

$$p_\beta = 2{,}72 \cdot 10^5\ \mathrm{N/m^2}\,.$$

Damit können nun die spezifischen Volumen am Ein- und Austritt berechnet werden, indem das ideale Gasgesetz und die Korrektur für die Feuchtigkeit angewendet werden. Aus Abb. A—18 ergibt sich der Korrekturfaktor für die Feuchtigkeit zu

$$K_{dx} = 0{,}9915\,.$$

Es ist zu beachten, daß dieser Korrekturwert auf die Dichte, dem Reziprokwert des spezifischen Volumens, angewendet wird.

$$v_\alpha = \frac{1}{\varrho_\alpha} = \frac{1}{K_{dx}} \cdot \frac{\mathrm{R} \cdot T_\alpha}{M \cdot p_\alpha} = \frac{8314{,}3 \cdot 400}{0{,}9915 \cdot 28{,}96 \cdot 2{,}75 \cdot 10^5} = 0{,}421\ \mathrm{m^3/kg}\,,$$

$$v_\beta = \frac{1}{\varrho_\beta} = \frac{8314{,}3 \cdot 298}{0{,}9915 \cdot 28{,}96 \cdot 2{,}72 \cdot 10^5} = 0{,}317\ \mathrm{m^3/kg}\,.$$

In diesem Anwendungsfall ändert sich das spezifische Volumen nicht linear mit der Übertragungsfläche und das v_m ist kein guter Näherungswert, wenn es entsprechend Gl. (2—27a) als arithmetisches Mittel aus v_α und v_β berechnet wird. Ein besserer Näherungswert ergibt sich aus der Verwendung einer mittleren logarithmischen Temperatur [Gl. (2—29)], wie sie in der vorangegangenen Rechnung schon zu $t_{Lm} = 60$ °C berechnet wurde. Somit gilt

$$T_{Lm} = 60 + 273 = 333\ \mathrm{K}\,.$$

Damit ergibt sich aus Gl. (2—27b)

$$\frac{v_m}{v_\alpha} = \frac{p_\alpha}{p_m} \cdot \frac{T_{Lm}}{T_\alpha} = \frac{2{,}75 \cdot 10^5 \cdot 333}{2{,}735 \cdot 10^5 \cdot 400} = 0{,}837\,.$$

Dieser Wert ist um 6% kleiner als der arithmetische Mittelwert aus v_α und v_β. Die Eigenschaften des Wassers sind nach Abb. A—9 für die Mittelwerte

$$\lambda = 0{,}600\ \mathrm{J/m \cdot s \cdot K}$$
$$\mu = 1{,}002 \cdot 10^{-3}\ \mathrm{N \cdot s/m^2}$$
$$c = 4181{,}8\ \mathrm{J/kg \cdot K}$$
$$Pr = 7{,}01$$
$$v = 0{,}001\ \mathrm{m^3/kg}\ (\varrho = 998{,}2\ \mathrm{kg/m^3})\ .$$

B.1.3. Reynoldszahlen

Luftseite:

$$\dot{\mathrm{m}} = \frac{\dot{m}}{A_\mathrm{F}} = \frac{\dot{m}}{A_\mathrm{fr} \cdot \Phi_\mathrm{L}} = \frac{25{,}0}{0{,}96 \cdot 0{,}780} = 33{,}39\ \mathrm{kg/s \cdot m^2}$$

$$Re_\mathrm{L} = \frac{4 \cdot r_\mathrm{hL} \cdot \dot{\mathrm{m}}}{\mu} = \frac{4 \cdot 0{,}8778 \cdot 10^{-3} \cdot 33{,}39}{19{,}9 \cdot 10^{-6}} = 5891$$

Wasserseite:

$$\dot{\mathrm{m}} = \frac{50{,}0}{0{,}300 \cdot 0{,}129} = 1288\ \mathrm{kg/s \cdot m^2} \qquad \left(w = \frac{\dot{\mathrm{m}}}{\varrho} \approx 1{,}29\ \mathrm{m/s}\right)$$

$$Re_\mathrm{W} = \frac{4 \cdot 0{,}9359 \cdot 10^{-3} \cdot 1288}{1{,}002 \cdot 10^{-3}} = 4812$$

B.1.4. Stantonzahl und Strömungsverlustbeiwert

Luftseite: Aus Abb. 10—89 ergibt sich für die Oberfläche **11.32—0.737—SR** mit $Re_\mathrm{L} = 5891$

$$St \cdot Pr^{2/3} = 0{,}0054$$
$$c_\mathrm{f} = 0{,}021$$
$$St = \frac{0{,}0054}{0{,}789} = 0{,}006844\ .$$

Wasserseite: Aus Abb. 6—7 folgt für turbulente Strömung in runden Rohren mit $Re_\mathrm{W} = 4812$ und $Pr = 7{,}01$

$$Nu \approx 55\ .$$

Da $\mu_\mathrm{Wand}/\mu_\mathrm{m} \approx 1$ ist, braucht für die Viskositätsänderung aufgrund der Temperaturunterschiede keine Korrektur angebracht zu werden. Aus Abb. 6—6 ergibt sich

$$c_\mathrm{f} = 0{,}0090\ .$$

Man beachte, daß das runde Rohr als Näherung für die hier betrachteten flachen Rohre benutzt wurde. Bei der Bestimmung von c_f und α ist für die Wasserseite eine hohe Genauigkeit nicht erforderlich.

B.1.5. Wärmeübergangskoeffizient

Luftseite:

$$\alpha = St \cdot \dot{m} \cdot c_p = 0{,}006844 \cdot 33{,}39 \cdot 1017{,}5$$
$$= 232{,}5 \text{ J/m}^2 \cdot \text{s} \cdot \text{K}$$

Wasserseite:

$$\alpha = \frac{Nu \cdot \lambda}{4\, r_h} = \frac{55 \cdot 0{,}600}{4 \cdot 0{,}9359 \cdot 10^{-3}}$$
$$= 8815 \text{ J/m}^2 \cdot \text{s} \cdot \text{K}$$

B.1.6. Rippenwirkungsgrad (nur Luftseite)

Aus Abb. 2—11 folgt für

$$m = \sqrt{\frac{2 \cdot \alpha}{\lambda \cdot b}} = \sqrt{\frac{2 \cdot 232{,}5}{173 \cdot 0{,}1 \cdot 10^{-3}}} = \sqrt{268{,}8 \cdot 10^2} = 163{,}9 \text{ m}^{-1};$$
$$m \cdot h = 163{,}9 \cdot 6{,}985 \cdot 10^{-3} = 1{,}145;$$
$$\eta_R = 0{,}72 \,.$$

B.1.7. Oberflächenwirkungsgrad (nur Luftseite)

Aus Gl. (2—3) ergibt sich

$$\eta_0 = 1 - \frac{A_R}{A}(1 - \eta_R)$$
$$= 1 - (0{,}845)\,(1 - 0{,}72) = 0{,}763 \,.$$

B.1.8. Wärmedurchgangskoeffizient

Aus Gl. (2—2) ergibt sich bei Vernachlässigung des sehr kleinen Wandwiderstandes

$$\frac{1}{k_L} = \frac{1}{\eta_0 \cdot \alpha_L} + \frac{1}{(A_{Wand}/A_L) \cdot \alpha_W}$$
$$= \frac{1}{0{,}763 \cdot 232{,}5} + \frac{1}{\frac{138{,}26}{885{,}83} \cdot 8815} = 0{,}006363$$
$$k_L = 157{,}2 \text{ J/m}^2 \cdot \text{s} \cdot \text{K} \,.$$

Diese Berechnung bezieht sich auf eine reine Oberfläche. Eine mäßige Toleranz für die Verschmutzung könnte bei diesem Punkt berücksichtigt werden, wodurch ein etwas kleinerer Wert von k_L erscheint. Diese Betrachtung wird wegen der Klarheit dieses Beispieles und wegen der fehlenden Kenntnisse über Verschmutzungsfaktoren jedoch nicht durchgeführt.

B.1.9. Wärmeübertragungsgröße und Übertragerwirkungsgrad

Wärmekapazitätsstrom Luftseite:

$$\dot{C}_L = \dot{m}_L \cdot c_{pL} = 25{,}0 \cdot 1017{,}5 = 25438 \text{ J/s} \cdot \text{K}$$

Wärmekapazitätsstrom Wasserseite:

$$\dot{C}_W = \dot{m}_W \cdot c_{pW} = 50{,}0 \cdot 4181{,}8 = 209090 \text{ J/s} \cdot \text{K}$$

Aus Gl. (2—7) folgt die Wärmeübertragungsgröße zu

$$\ddot{u}_{max} = \frac{A_L \cdot k_L}{\dot{C}_{min}} = \frac{A_L \cdot V \cdot k_L}{\dot{C}_{min}} = \frac{885{,}83 \cdot 0{,}48 \cdot 157{,}2}{25\,438} = 2{,}63\,.$$

Aus Abb. 2—14 ergibt sich für einen Kreuzstromwärmeübertrager mit zwei unvermischten Stoffen und einem

$$\frac{\dot{C}_{min}}{\dot{C}_{max}} = \frac{25\,438}{209\,090} = 0{,}122$$

der Zwischenkühler-Übertragerwirkungsgrad zu

$$\varepsilon = 89\%\,.$$

B.1.10. Austrittstemperaturen

Aus Gl. (2—6) ergibt sich

$$\varepsilon = \frac{\dot{C}_L\,(t_{1\alpha} - t_{1\beta})}{\dot{C}_L\,(t_{1\alpha} - t_{2\alpha})} \quad ; \quad t_1 = t_L\,.$$

$$0{,}89 = \frac{127 - t_{1\beta}}{127 - 15}\,;$$

$$t_{1\beta} = 27\ °\text{C}\,.$$

Aus der Energiebilanz kann die Wasseraustrittstemperatur dann berechnet werden aus

$$t_{W\beta} - t_{W\alpha} = \frac{\dot{C}_L}{\dot{C}_W}(t_{L\alpha} - t_{L\beta}) = 0{,}122 \cdot 100\,;$$

$$t_{W\beta} = 27{,}2\ °\text{C}\,.$$

Die angenommene Austrittstemperatur für die Berechnung der Lufteigenschaften war 25 °C. Es ist damit nicht notwendig, den gesamten Rechengang zu wiederholen, da die Lufteigenschaften sich dabei nur unbedeutend verändern werden.

B.1.11. Druckänderungen

Die Druckänderung berechnet sich nach Gl. (2—6), wobei die Eintritts- und Austrittsdruckänderungen, die bei dieser Oberflächenart und der Übertragerform sehr klein sein werden, vernachlässigt werden.

$$\frac{\Delta p}{p_\alpha} = \frac{\dot{m}^2 \cdot v_\alpha}{2 \cdot p_\alpha}\left[(1+\Phi^2)\left(\frac{v_\beta}{v_\alpha} - 1\right) + c_f \cdot \frac{A}{A_F}\left(\frac{v_m}{v_\alpha}\right)\right].$$

Luftseite:

$$\frac{A}{A_F} = \frac{l}{r_h} = \frac{0{,}500}{0{,}8778 \cdot 10^{-3}} = 569{,}6$$

$$1 + \Phi^2 = 1{,}61$$

$$\frac{\Delta p}{p_\alpha} = \frac{(33{,}39)^2 \cdot 0{,}421}{2 \cdot 2{,}75 \cdot 10^5}\left[1{,}61\left(\frac{0{,}317}{0{,}421} - 1\right) + 0{,}021 \cdot 569{,}6 \cdot 0{,}837\right]$$

$$= 85{,}34 \cdot 10^{-5}(-0{,}40 + 10{,}01)$$

$$= 0{,}00888$$

$$= 0{,}9\%.$$

Wasserseite:

$$\frac{A}{A_F} = \frac{l}{r_h} = \frac{1{,}60}{0{,}9359 \cdot 10^{-3}} = 1710$$

$$v = \text{const.}$$

und damit

$$\Delta p = \frac{\dot{m}^2}{2} \cdot v \cdot c_f \cdot \frac{l}{r_h}$$

$$= \frac{(1288)^2}{2} \cdot 0{,}001 \cdot 0{,}0090 \cdot 1710$$

$$= 12766\ \text{N/m}^2.$$

Diese Berechnungen erläutern die Verwendung der grundlegenden Werte zur Bestimmung der Kenngrößen eines gegebenen Zwischenkühlers. Die vollständige Auslegung enthält darüber hinaus Betrachtungen zur optimalen Wahl von Oberfläche, Kühlmitteldurchflußmenge, Abmessungen, Übertragerwirkungsgrade und Druckänderungen: diese Optimierungen liegen außerhalb des Bereiches dieser Abhandlung.

B.2. Beispiel 2: Direktübertrager

Abb. B—3 beschreibt die Form eines Gasturbinenwärmeübertragers für eine 4 MW-Gasturbinenanlage mit offenem Kreisprozeß. Die Betriebsbedingungen und die Wärmeübertragungsflächen werden wie folgt vorgegeben:

Betriebsbedingungen:

Massenstrom der feuchten Luft $\dot{m}_L$	**24,3 kg/s**
Luftfeuchtigkeit x	**0,015 kg/kg**
Brennstoff–Luft-Verhältnis Λ	**0,015 kg/kg**
Brennstoff, H/C	**0,15 kg/kg**

Luftseite:

Oberfläche mit unebenen Rippen	3/8—6.06
Eintrittsdruck $p_{L\alpha}$	$9{,}10 \cdot 10^5$ N/m²
Eintrittstemperatur $t_{L\alpha}$	177 °C (450 K)

Gasseite:

Oberfläche mit ebenen Rippen	11.1
Eintrittsdruck $p_{G\alpha}$	$1{,}03 \cdot 10^5$ N/m²
Eintrittstemperatur $t_{G\alpha}$	427 °C (700 K)

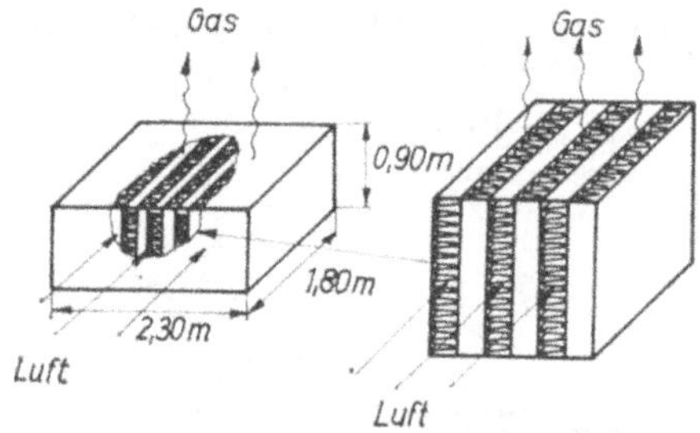

Abb. B—3. Ein Gasturbinenrekuperator für eine 4 MW-Anlage mit offenem Kreislauf

In dem Beispiel sollen für die vorgegebenen Bedingungen und für die grundlegenden Wärmeübertragungs- und Strömungsverlustkenngrößen der Oberfläche

1. der Übertragerwirkungsgrad
2. die Druckänderungen für die Luft- und Gasseite

berechnet werden.

Die Rechenschritte der Analyse erfordern die Bestimmung folgender Kenngrößen:

1. Oberflächenkenngrößen aus Tab. 9—3b
2. Wärmeübertragungsflächen und freie Strömungsquerschnitte
3. Stoffeigenschaften aus Abb. A—2
4. Reynoldszahlen
5. $St \cdot Pr^{2/3}$ und c_f aus den Grundkenngrößen der Oberfläche
6. Wärmeübergangskoeffizient
7. Rippenwirkungsgrad
8. Oberflächenwirkungsgrad
9. Wärmedurchgangskoeffizient
10. Wärmeübertragungsgröße und Übertragerwirkungsgrad
11. Druckänderungen

Diese Schritte werden nun im Detail erläutert.

B.2.1. Oberflächenkenngrößen nach Tab. 9—3a und Tab. 9—3b

	Luftseite	Gasseite
Oberfläche	**3/8—6.06**	**11.1**
Plattenabstand s in m	$6{,}35 \cdot 10^{-3}$	$6{,}35 \cdot 10^{-3}$
Hydraulischer Radius r_h in m	$1{,}113 \cdot 10^{-3}$	$0{,}7711 \cdot 10^{-3}$
Rippendicke b in m	$0{,}152 \cdot 10^{-3}$	$0{,}152 \cdot 10^{-3}$
Übertragungsfläche/Volumen zwischen den Platten $\boldsymbol{B}$ in m^2/m^3	839,9	1204,1
Rippenfläche/Gesamtfläche A_R/A	0,640	0,756

Die Gesamtabmessungen ergeben sich nach Abb. B—3 zu

$$A_{\text{fr L}} = 2{,}07 \text{ m}^2; \qquad A_{\text{fr G}} = 4{,}14 \text{ m}^2; \qquad V = 3{,}726 \text{ m}^3 .$$

Die Plattendicke zwischen Luft- und Gasseite wird zu

$$a = 0{,}305 \cdot 10^{-3} \text{ m}$$

angenommen; das Rippenmaterial soll legierter Stahl für hohe Temperaturen mit einer Wärmeleitfähigkeit von

$$\lambda = 20{,}8 \text{ J/m} \cdot \text{s} \cdot \text{K}$$

sein, wie aus Abb. A—1 abzulesen ist.

B.2.2. Wärmeübertragungsflächen und freier Strömungsquerschnitt nach Kap. 2, Gl. (2—31)

$$\boldsymbol{A}_1 = \frac{A_1}{V_{\text{ges}}} = \frac{b_1 \cdot \boldsymbol{B}_1}{b_1 + b_2 + 2\,a}$$

Luftseite:

$$\boldsymbol{A}_L = \frac{839{,}9 \cdot 6{,}35 \cdot 10^{-3}}{6{,}35 \cdot 10^{-3} + 6{,}35 \cdot 10^{-3} + 0{,}305 \cdot 10^{-3}} = \frac{5333{,}4 \cdot 10^{-3}}{13{,}31 \cdot 10^{-3}}$$
$$= 400{,}7 \text{ m}^2/\text{m}^3$$

Gasseite:

$$\boldsymbol{A}_G = \frac{6{,}35 \cdot 10^{-3} \cdot 1204{,}1}{13{,}31 \cdot 10^{-3}} = 574{,}5 \text{ m}^2/\text{m}^3$$

Die gesamte Wärmeübertragungsfläche einer Seite wird berechnet nach

$$A = \boldsymbol{A} \cdot V .$$

Folglich

$$A_L = 400{,}7 \cdot 3{,}726 = 1493{,}0 \text{ m}^2$$
$$A_G = 574{,}5 \cdot 3{,}726 = 2140{,}6 \text{ m}^2 .$$

Das Verhältnis des freien Strömungsquerschnittes zur Frontalfläche ist gegeben durch

$$\boldsymbol{\Phi} = \frac{A_F}{A_{fr}} = A \cdot r_h$$

$$\boldsymbol{\Phi}_L = 400{,}7 \cdot 1{,}113 \cdot 10^{-3} = 0{,}446$$
$$\boldsymbol{\Phi}_G = 574{,}5 \cdot 0{,}71 \cdot 10^{-3} = 0{,}443\,.$$

Die freien Strömungsquerschnitte ergeben sich damit zu

$$A_F = \boldsymbol{\Phi} \cdot A_{fr}$$
$$A_{F\,L} = 0{,}446 \cdot 2{,}07 = 0{,}923 \text{ m}^2$$
$$A_{F\,G} = 0{,}443 \cdot 4{,}14 = 1{,}834 \text{ m}^2\,.$$

B.2.3. Stoffeigenschaften

Als erste Näherung wird ein Übertragerwirkungsgrad von 75% angenommen; dieser Wert ist später zu bestätigen. Die Näherung braucht nicht sehr genau zu sein, da der Wert nur zur Abschätzung der mittleren Temperatur benutzt wird, mit der die Stoffeigenschaften berechnet werden.

Aus der Definition des Wirkungsgrades [Gl. (2—6)] folgt für $\dot{C}_2 \leqq \dot{C}_1$ und $\varepsilon \approx 75\%$

$$t_{L\beta} = \varepsilon \cdot (t_{G\alpha} - t_{L\alpha}) + t_{L\alpha}$$
$$= 0{,}75 \cdot (427 - 177) + 177 = 364{,}5\ ^\circ\text{C}$$
$$t_{L\beta} \approx 365\ ^\circ\text{C}\ (638\ \text{K})$$
$$t_{G\beta} = \varepsilon \cdot (t_{L\alpha} - t_{G\alpha}) + t_{G\alpha}$$
$$= 0{,}75 \cdot (177 - 427) + 427 = 239{,}5\ ^\circ\text{C}$$
$$t_{G\beta} \approx 240\ ^\circ\text{C}\ (513\ \text{K})\,.$$

Damit sind die mittleren Temperaturen

$$t_{L\,m} = \frac{365 + 177}{2} = 271{,}0\ ^\circ\text{C}\ (544\ \text{K})$$

$$t_{G\,m} = \frac{427 + 240}{2} = 333{,}5\ ^\circ\text{C}\ (606{,}5\ \text{K})\,.$$

Die arithmetischen Mittelwerte sind wegen der annähernd linearen Änderung der Stofftemperaturen mit der Strömungslänge hier zufriedenstellend. Für Luft ergibt sich bei diesen Mittelwerten aus der Abb. A—2 oder genauer aus entsprechenden Tabellen:

	Luftseite	Gasseite
μ, N · s/m²	$28{,}5 \cdot 10^{-6}$	$30{,}1 \cdot 10^{-6}$
Pr	0,67	0,67
$Pr^{2/3}$	0,766	0,766
c_p, J/kg · K, für trockene Luft	1038,3	1050,9

Die gegebenen spezifischen Wärmekapazitäten auf der Luft- und Gasseite müssen wegen des Einflusses der Feuchtigkeit, und die spezifische Wärmekapazität auf der Gasseite zusätzlich wegen des Einflusses der Verbrennungsprodukte korrigiert werden. Aus den Abb. A—18 und Abb. A—19 folgt für eine absolute Feuchtigkeit von 0,015 kg/kg und ein Brennstoff–Luft-Verhältnis von 0,015 kg/kg

$$K_{c\,x} = 1{,}013; \qquad K_{c\,B} = 1{,}019\,.$$

Dann sind

$$c_{p\,L} = K_{c\,x} \cdot c_{p\,L} = 1{,}013 \cdot 1038{,}3 = 1051{,}8 \text{ J/kg} \cdot \text{K}$$

$$c_{p\,G} = K_{c\,x} \cdot K_{c\,B} \cdot c_{p\,G} = 1084{,}8 \text{ J/kg} \cdot \text{K}\,.$$

Als erste Näherung wird ein Druckabfall von 2% auf der Luft- und Gasseite angenommen. Der Luftaustrittsdruck ist dann

$$p_{L\beta} = 0{,}98 \cdot 9{,}10 \cdot 10^5 = 8{,}92 \cdot 10^5 \text{ N/m}^2,$$

und der Gasaustrittsdruck wird

$$p_{G\beta} = 0{,}98 \cdot 1{,}03 \cdot 10^5 = 1{,}01 \cdot 10^5 \text{ N/m}^2.$$

Die spezifischen Volumen der ein- und austretenden Luft und des Gases können dann aus der Zustandsgleichung für die idealen Gase berechnet werden, wobei die Korrekturfaktoren für die Feuchtigkeit und die Verbrennungsprodukte angewendet werden. Aus den Abb. A—18 und Abb. A—19 ergibt sich

$$K_{d\,x} = 0{,}992; \quad K_{d\,B} = 1{,}001.$$

Es ist zu beachten, daß diese Korrekturfaktoren auf die Dichte ϱ, dem Reziprokwert des spezifischen Volumens, bezogen sind.

Die spezifischen Volumen werden wie folgt berechnet:

Luftseite:

$$v_{L\alpha} = \frac{1}{\varrho_{L\alpha}} = \frac{\left(\frac{R}{M}\right) T_{L\alpha}}{K_{d\,x} \cdot p_{L\alpha}} = \frac{\frac{8314{,}3}{28{,}96} \cdot 450}{0{,}992 \cdot 9{,}10 \cdot 10^5} = 0{,}1431 \text{ m}^3\text{/kg}$$

$$v_{L\beta} = \frac{1}{\varrho_{L\beta}} = \frac{\frac{8314{,}3}{28{,}96} \cdot 638}{0{,}992 \cdot 8{,}92 \cdot 10^5} = 0{,}2070 \text{ m}^3\text{/kg}.$$

Als gute Näherung werden die mittleren spezifischen Volumen als arithmetische Mittelwerte der spezifischen Volumen am Ein- und Austritt berechnet.

$$v_{L\,m} \approx \frac{v_{L\alpha} + v_{L\beta}}{2} = \frac{0{,}1431 + 0{,}207}{2} = 0{,}175 \text{ m}^3\text{/kg}$$

Gasseite:

$$v_{G\alpha} = \frac{1}{\varrho_{G\alpha}} = \frac{\left(\frac{R}{M}\right) \cdot T_{G\alpha}}{K_{dx} \cdot K_{dB} \cdot p_{G\alpha}} = \frac{\frac{8314,3}{28,96} \cdot 700}{0,992 \cdot 1,001 \cdot 1,03 \cdot 10^5} = 1,965 \text{ m}^3/\text{kg}$$

$$v_{G\beta} = \frac{1}{\varrho_{G\beta}} = \frac{\frac{8314,3}{28,96} \cdot 513}{0,992 \cdot 1,001 \cdot 1,01 \cdot 10^5} = 1,469 \text{ m}^3/\text{kg}$$

$$v_{Gm} = \frac{v_{G\alpha} + v_{G\beta}}{2} = \frac{1,965 + 1,469}{2} = 1,717 \text{ m}^3/\text{kg}.$$

B.2.4. Reynoldszahlen

Luftseite:

$$\dot{\mathfrak{m}}_L = \frac{\dot{m}_L}{A_{FL}} = \frac{24,3}{0,923} = 26,3 \text{ kg/s} \cdot \text{m}^2$$

$$Re_L = \frac{4 \cdot r_{hL} \cdot \dot{\mathfrak{m}}_L}{\mu_L} = \frac{4 \cdot 1,113 \cdot 10^{-3} \cdot 26,3}{28,5 \cdot 10^{-6}} = 4108$$

Gasseite:

$$\dot{m}_G = (1 + \Lambda) \cdot \dot{m}_L = 1,015 \cdot 24,3 = 24,66 \text{ kg/s}$$

$$\dot{\mathfrak{m}}_G = \frac{\dot{m}_G}{A_{FG}} = \frac{24,66}{1,834} = 13,45 \text{ kg/s} \cdot \text{m}^2$$

$$Re_G = \frac{4 \cdot r_{hG} \cdot \dot{\mathfrak{m}}_G}{\mu_G} = \frac{4 \cdot 0,7711 \cdot 10^{-3} \cdot 13,45}{30,1 \cdot 10^{-6}} = 1378$$

B.2.5. Stantonzahl und Strömungsverlustbeiwert

Luftseite (aus Abb. 10—38):

$$St \cdot Pr^{2/3} = 0,0073; \qquad c_f = 0,0375$$
$$St = 0,00953$$

Gasseite (aus Abb. 10—26):

$$St \cdot Pr^{2/3} = 0,0045; \qquad c_f = 0,0155$$
$$St = 0,00588$$

B.2.6. Wärmeübergangskoeffizienten

Luftseite:

$$\alpha_L = St \cdot \dot{\mathfrak{m}}_L \cdot c_{pL} = 0,00953 \cdot 26,3 \cdot 1051,8 = 263,6 \text{ J/m}^2 \cdot \text{s} \cdot \text{K}$$

Gasseite:

$$\alpha_G = 0,00588 \cdot 13,45 \cdot 1084,8 = 85,8 \text{ J/m}^2 \cdot \text{s} \cdot \text{K}$$

B.2.7. Rippenwirkungsgrad (Abb. 2—11)

Luftseite:

$$m = \sqrt{\frac{2 \cdot 263{,}6}{20{,}8 \cdot 0{,}152 \cdot 10^{-3}}} = 408{,}4\ \mathrm{m}^{-1}$$

$$h \approx \frac{s}{2} = \frac{6{,}35 \cdot 10^{-3}}{2} = 3{,}175 \cdot 10^{-3}\ \mathrm{m}$$

$$m \cdot h = 408{,}4 \cdot 3{,}175 \cdot 10^{-3} = 1{,}297$$

$$\eta_{\mathrm{R\,L}} = 0{,}670$$

Gasseite:

$$m = \sqrt{\frac{2 \cdot 85{,}8}{20{,}8 \cdot 0{,}152 \cdot 10^{-3}}} = 233{,}0\ \mathrm{m}^{-1}$$

$$m \cdot h = 233{,}0 \cdot 3{,}175 \cdot 10^{-3} = 0{,}740$$

$$\eta_{\mathrm{R\,G}} = 0{,}850$$

B.2.8. Oberflächenwirkungsgrad, [Gl. (2—3)]

$$\eta_0 = 1 - \frac{A_{\mathrm{R}}}{A}(1 - \eta_{\mathrm{R}})$$

Luftseite:

$$\eta_{0\,\mathrm{L}} = 1 - (0{,}640)\,(1 - 0{,}670) = 0{,}789$$

Gasseite:

$$\eta_{0\,\mathrm{G}} = 1 - (0{,}756)\,(1 - 0{,}850) = 0{,}887$$

B.2.9. Wärmedurchgangskoeffizient

Aus Gl. (2—2) ergibt sich bei Vernachlässigung des sehr kleinen Wandwiderstandes

$$\frac{1}{k_{\mathrm{L}}} = \frac{1}{\eta_{0\,\mathrm{L}} \cdot \alpha_{\mathrm{L}}} + \frac{1}{(A_{\mathrm{G}}/A_{\mathrm{L}}) \cdot \eta_{0\,\mathrm{G}} \cdot \alpha_{\mathrm{G}}}$$

$$= \frac{1}{0{,}789 \cdot 263{,}6} + \frac{1}{\frac{2140{,}6}{1493{,}0} \cdot 0{,}887 \cdot 85{,}3}$$

$$= 0{,}004808 + 0{,}009165 = 0{,}01397\,,$$

$$34{,}4\% \qquad 65{,}6\%$$

$$k_{\mathrm{L}} = 71{,}58\ \mathrm{J/m^2 \cdot s \cdot K}\,.$$

B.2.10. Wärmeübertragungsgröße und Übertragerwirkungsgrad

Wärmekapazitätsstrom Luftseite:

$$\dot{C}_L = \dot{m}_L \cdot c_{pL} = 24{,}3 \cdot 1051{,}8 = 25\,559 \text{ J/s} \cdot \text{K}$$

Wärmekapazitätsstrom Gasseite:

$$\dot{C}_G = 24{,}66 \cdot 1084{,}8 = 26\,751 \text{ J/s} \cdot \text{K}$$

Verhältnis der Wärmekapazitätsströme:

$$\frac{\dot{C}_{min}}{\dot{C}_{max}} = \frac{25\,559}{26\,751} = 0{,}9554$$

Aus Gl. (2—7) folgt die Übertragungsgröße zu

$$\ddot{u}_{max} = \frac{A_L \cdot k_L}{\dot{C}_{min}} = \frac{1493 \cdot 71{,}58}{25\,559} = 4{,}181.$$

Aus Abb. 2—14 ergibt sich für einen Kreuzstromwärmeübertrager mit zwei unvermischten Stoffen der Wirkungsgrad zu $\varepsilon = 0{,}75$. Die Austrittstemperaturen des Gases und der Luft können dann aus der Definition des Wirkungsgrades berechnet werden zu

$$t_{L\beta} = 364{,}5\ °\text{C}; \qquad t_{G\beta} = 239{,}5\ °\text{C},$$

B.2.11. Druckänderungen

Die vollständige Gleichung für die Druckänderung [Gl. (2—26)] ist:

$$\frac{\Delta p}{p_\alpha} = \frac{\dot{m}^2 \cdot v_\alpha}{2 \cdot p_\alpha}\left[(K_k + 1 - \Phi^2) + 2 \cdot \left(\frac{v_\beta}{v_\alpha} - 1\right) + c_f \cdot \frac{A}{A_F} \cdot \frac{v_m}{v_\alpha} - \right.$$
$$\left. - (1 - \Phi^2 - K_e) \cdot \left(\frac{v_\beta}{v_\alpha}\right)\right].$$

Die näherungsweisen Korrekturbeiwerte für die Eintritts- und Austrittsdruckänderungen werden in Abb. 5—4 zu

	K_k	K_e
Luftseite	0,48	0,24
Gasseite	0,54	0,18

gegeben. Aus den vorhergehenden Berechnungen folgt

$$\left(\frac{A}{A_F}\right)_L = \left(\frac{l}{r_h}\right)_L = \frac{1493{,}0}{0{,}923} = 1617{,}6$$

$$\left(\frac{A}{A_F}\right)_G = \left(\frac{l}{r_h}\right)_G = \frac{2140{,}6}{1{,}834} = 1167{,}2\,.$$

Luftseite:

$$\frac{\Delta p}{p_\alpha} = \frac{(26{,}3)^2 \cdot 0{,}1431}{2 \cdot 9{,}10 \cdot 10^5} \left[(0{,}48 + 1 - 0{,}446^2) + 2\left(\frac{0{,}207}{0{,}1431} - 1\right) + \right.$$

$$\left. + \left(0{,}0375 \cdot 1617{,}6 \cdot \frac{0{,}175}{0{,}1431}\right) - (1 - 0{,}446^2 - 0{,}24)\frac{0{,}207}{0{,}1431} \right]$$

$$= 5{,}439 \cdot 10^{-5} \cdot (1{,}281 + 0{,}893 + 74{,}2 - 0{,}812)$$

$$= 4{,}11 \cdot 10^{-3}\,,$$

$$\frac{\Delta p}{p_\alpha} = 0{,}41\,\%.$$

Gasseite:

$$\frac{\Delta p}{p_\alpha} = \frac{13{,}45^2 \cdot 1{,}965}{2 \cdot 1{,}03 \cdot 10^5} \left[(0{,}54 + 1 - 0{,}443^2) + 2\left(\frac{1{,}469}{1{,}965} - 1\right) \right.$$

$$\left. + \left(0{,}0155 \cdot 1167{,}2 \cdot \frac{1{,}717}{1{,}965}\right) - (1 - 0{,}443^2 - 0{,}28)\frac{1{,}469}{1{,}965} \right]$$

$$= 1{,}726 \cdot 10^{-3} \cdot (1{,}344 - 0{,}504 + 15{,}81 - 0{,}392)$$

$$= 0{,}0282\,,$$

$$\frac{\Delta p}{p_\alpha} = 2{,}81\,\%.$$

Diese Berechnungen erläutern ein Verfahren zur Vorausbestimmung der Leistung eines vorgegebenen Wärmeübertragers. Zusätzliche Wärmeübergangswiderstände durch Verschmutzung oder durch eine ansteigende Druckänderung, der durch die Außenkammerkonstruktion und schlechte Strömungsverteilung bedingt ist, wurden nicht berücksichtigt. Die Wahl der Oberflächen und der Übertragerabmessungen ist nicht unbedingt ein Optimum. Ein optimal entworfener Übertrager würde kleinere Druckänderungen haben, aber derartige Betrachtungen liegen außerhalb des Bereiches dieser Abhandlung. Es sollte auch beachtet werden, daß der kleine Rippenwirkungsgrad auf der Luftseite (0,670) einige Fehler in die Berechnungen hineinbringen kann, da nach der Genauigkeit der Anwendung der entsprechenden Rechnungen für die Rippen bei Rippenwirkungsgraden kleiner als 0,80 für die Strömung in langen berippten Kanälen gefragt werden muß.

B.3. Beispiel 3: Flüssigkeitsgekoppelter Übertrager mit indirekter Übertragung

In diesem Beispiel wird für die Übertrager der Luft- und Gasseite keine detaillierte Berechnung gegeben, da diese Berechnungen die gleichen wie für die vorher betrachteten Direktübertrager sind. Beachtung wird in diesem Abschnitt der Anwendung der Beziehungen [Gl. (2—20)]

$$\varepsilon = \mathrm{f}\left[\varepsilon_\mathrm{L}; \varepsilon_\mathrm{G}; \frac{\dot{C}_\mathrm{L}}{\dot{C}_\mathrm{G}}; \frac{\dot{C}_\mathrm{L}}{\dot{C}_\mathrm{fl}}\right]$$

geschenkt.

Die Grundlage der Berechnung ist das in Abb. B—4 dargestellte System des flüssigkeitsgekoppelten Übertragers mit indirekter Übertragung. Die Bedingungen des Kreisprozesses sind die gleichen wie bei dem vorher betrachteten Direktübertrager und ergeben sich zu:

Wellenleistung	4 MW
Massenstrom der Luft $\dot{m}_L$	24,3 kg/s
Brennstoff - Luft-Verhältnis Λ	0,015 kg/kg
Luftseitiger Eintritt:	
Druck $p_{L\alpha}$	$9{,}10 \cdot 10^5$ N/m²
Temperatur $t'_{L\alpha}$	175 °C (448 K)
Gasseitiger Eintritt:	
Druck $p_{G\alpha}$	$1{,}03 \cdot 10^5$ N/m²
Temperatur $t_{G\alpha}$	430 °C (703 K)

Die angewendeten Oberflächen in jedem der beiden Übertrager und ihre Kenngrößen ergeben sich aus Tab. 9—4c zu:

	luftseitige Einheit	gasseitige Einheit
Oberfläche	**11.32—0.737—SR** (Abb. 10—89)	**9.1—0.737—S** (Abb. 10—86)
Art	beripptes Flachrohr	beripptes Flachrohr
Rippen pro m	446	358
r_h*) in m	$0{,}817 \cdot 10^{-3}$	$0{,}991 \cdot 10^{-3}$
Φ*) in m²/m²	0,727	0,745
A in m²/m³	885,8	734,9
$A_{\text{Flüssigkeitsseite}}$ in m²/m³	137,8	137,8
Rippen-/Gesamtfläche in m²/m²	0,845	0,813
Rippendicke b in m	$0{,}102 \cdot 10^{-3}$	$0{,}102 \cdot 10^{-3}$
Wanddicke a in m	$0{,}254 \cdot 10^{-3}$	$0{,}254 \cdot 10^{-3}$
Dichte (Stahl) ϱ in kg/m³	1023,6	1023,6
Wärmeleitfähigkeit λ in J/m · s · K	20,8	20,8

*) Korrigierte Werte aus der Tab. 9—4c, da die Rippendicke größer ist.

Die für die Bestimmung der Teilwirkungsgrade der Luft- und Gasseite, ε_L und ε_G, benötigten Rechenergebnisse werden in der folgenden Tabelle zusammengefaßt:

	Luftseite	Gasseite
$\dot{m}$ in kg/s · m²	29,1	9,9
Re	3000	1300
St	0,0085	0,0117
c_f	0,026	0,031
α in J/s · m² · K	258,5	121,6
η_0	0,60	0,745
k in J/s · m² · K	144,9	87,6
$\ddot{u}$	7,60	7,60
$\Delta p/p_\alpha$ in %	0,40	2,4

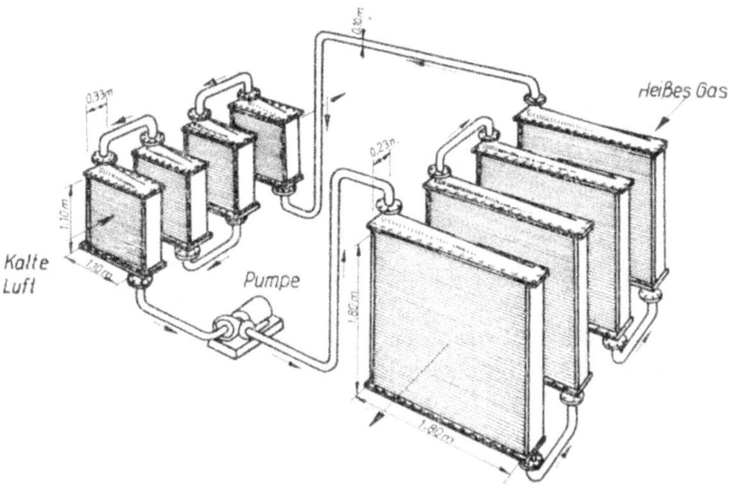

Abb. B—4. **Ein flüssigkeitsgekoppelter Wärmeübertrager mit indirekter Übertragung für eine 4 MW-Gasturbinenanlage**

Für die in Abb. B—4 gezeigte Anordnung mit 4 Durchgängen ergibt sich auf beiden Seiten für einen Durchgang ein $\ddot{u}$ von

$$7{,}60:4 = 1{,}90.$$

Nach Abb. 2—14 folgt für unvermischten Kreuzstrom

$$\varepsilon_{\mathrm{DL}} = \varepsilon_{\mathrm{DG}} = 0{,}60$$

Mit der Gl. (2—18) ist nun der Teilwirkungsgrad für $\dot{C}_{\mathrm{fl}} \approx \dot{C}_{\mathrm{L}}$, $\dot{C}_{\mathrm{fl}} \approx \dot{C}_{\mathrm{G}}$ zu berechnen.

$$\varepsilon_{\mathrm{L}};\ \varepsilon_{\mathrm{G}} = \frac{n \cdot \varepsilon_{\mathrm{D}}}{1 + (n-1) \cdot \varepsilon_{\mathrm{D}}} = \frac{4 \cdot 0{,}60}{1 + 3 \cdot 0{,}60} = 0{,}8578$$

Dann ergibt sich aus Gl. (2—20) der Gesamtwirkungsgrad zu

$$\varepsilon = \frac{1}{\dfrac{1}{\varepsilon_{\mathrm{L}}} + \dfrac{1}{\varepsilon_{\mathrm{G}}} - \dfrac{\dot{C}_{\mathrm{L}}}{\dot{C}_{\mathrm{fl}}}} = \frac{1}{1{,}165 + 1{,}165 - 1} = 0{,}751.$$

B.4. Beispiel 4: Regenerator

Die Leistungsberechnung ist für diesen Übertragertyp in gewisser Weise einfacher als für den Direktübertrager oder für den flüssigkeitsgekoppelten Übertrager mit indirekter Übertragung. Den Luft- und Gasströmen wird die gleiche Oberflächenform ausgesetzt, und es sind keine Betrachtungen zum Wirkungsgrad der vergrößerten Oberflächen notwendig. Die entstehenden Vereinfachungen werden in dem folgenden Beispiel sichtbar werden.

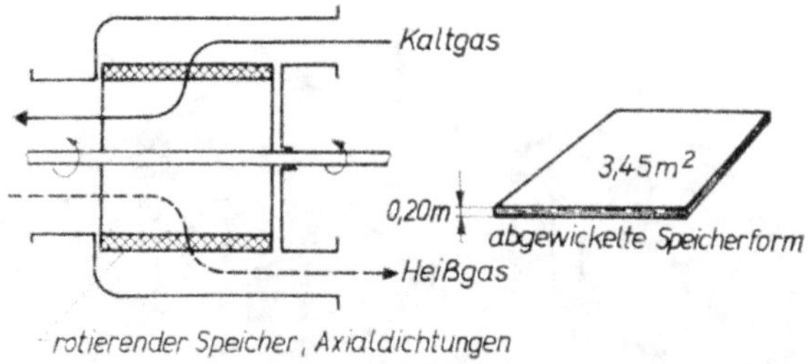

Abb. B—5. Ein Regenerator für eine 0,75 MW-Gasturbinenanlage

Abb. B—5 beschreibt die Form eines Regenerators mit einem Drahtgewebe aus nichtrostendem Stahl als Speicher für eine 0,75 MW-Gasturbinenanlage mit offenem Kreislauf. Die Kreisprozeßbedingungen sind:

Massenstrom der trockenen Luft $\dot{m}_L$	9,50 kg/s
Luftfeuchtigkeit x	nahe null
Brennstoff—Luft-Verhältnis A	0,015
Brennstoff, H/C	0,15
Luftseite:	
Eintrittsdruck $p_{L\alpha}$	$3{,}28 \cdot 10^5$ N/m²
Eintrittstemperatur $t_{L\alpha}$	167 °C (440 K)
spezifisches Volumen $v_{L\alpha}$	0,384 m³/kg
Gasseite:	
Eintrittsdruck $p_{G\alpha}$	$1{,}05 \cdot 10^5$ N/m²
Eintrittstemperatur $t_{G\alpha}$	675 °C (948 K)
spezifisches Volumen $v_{G\alpha}$	2,59 m³/kg
Rotordrehzahl n	0,442 s^{-1}

Die einzelnen Berechnungsschritte erfordern die Bestimmung folgender Kenngrößen:

1. Oberflächenkenngrößen und daraus die Wärmeübertragungsflächen und freien Strömungsquerschnitte aus der gegebenen Speicherform
2. Stoffeigenschaften
3. Reynoldszahlen
4. Stantonzahl und Strömungsverlustbeiwert
5. Wärmeübergangskoeffizienten und Wärmeübertragungsgröße
6. Übertragerwirkungsgrad
7. Druckänderungen

B.4.1. Oberflächenkenngrößen und Übertragerform

Die einzelnen Größen der Wärmeübertragungsfläche des Drahtgewebespeichers sind:

Maschen pro m	945 · 955
Drahtdurchmesser in m	$0{,}343 \cdot 10^{-3}$
Dicke eines Siebes b in m	$0{,}648 \cdot 10^{-3}$
Porösität P	0,725

nichtrostender Stahl:

spezifische Wärmekapazität c in J/kg · K	502,4
Dichte ϱ in kg/m³	7817,0

Daraus berechnen sich folgende Werte:
Aus dem Drahtdurchmesser und der Maschenzahl das Verhältnis der Wärmeübertragungsfläche zum Gesamtvolumen A in m²/m³ durch:
Siebe pro m:

$$\frac{1,000}{0,648 \cdot 10^{-3}} = 1543 \text{ Siebe} .$$

Drahtumfang:

$$\pi \cdot d = 3,14 \cdot 0,343 \cdot 10^{-3} = 1,077 \cdot 10^{-3} \text{ m} .$$

Fläche pro 1 m Länge in beiden Richtungen:

$$945 \cdot 1,077 \cdot 10^{-3} = 1,0178 \text{ m}^2 ,$$
$$955 \cdot 1,077 \cdot 10^{-3} = 1,0285 \text{ m}^2 .$$

Gesamtfläche pro 1 m³ damit:

$$1543 \cdot 2,0463 = 3157,4 \text{ m}^2/\text{m}^3 .$$

Also

$$A = 3157,4 \text{ m}^2/\text{m}^3 .$$

Der hydraulische Radius r_h ergibt sich aus Gl. (2—31 h) zu

$$r_h = 0,2296 \cdot 10^{-3} \text{ m} .$$

Die Frontalflächen sind dann

$$A_{fr\,G} = 2,50 \text{ m}^2; \quad A_{fr\,L} = 1,00 \text{ m}^2; \quad \frac{A_{fr\,G}}{A_{fr\,L}} = 2,50 .$$

Die Wärmeübertragungsflächen sind

$$A_G + A_L = A \cdot V = 3157,4 \cdot 3,50 \cdot 20,0 \cdot 10^{-3} = 221,0 \text{ m}^2 ,$$
$$\frac{A_G}{A_L} = \frac{A_{fr\,G}}{A_{fr\,L}} = 2,50 ,$$
$$A_G = 157,9 \text{ m}^2; \quad A_L = 63,1 \text{ m}^2 .$$

Die „effektiven" freien Strömungsquerschnitte sind

$$A_F = P \cdot A_{fr} ,$$
$$A_{F\,G} = 1,813 \text{ m}^2; \quad A_{F\,L} = 0,725 \text{ m}^2 .$$

Damit wird

$$\frac{A_G}{A_{F\,G}} = \frac{A_L}{A_{F\,L}} = \frac{l}{r_h} = 87,03 .$$

Für runden Draht ist das Verhältnis des festen Volumens zur Oberfläche = $d/4$. Damit ist das feste Volumen

$$221{,}0 \cdot \frac{0{,}343 \cdot 10^{-3}}{4} = 0{,}01895 \text{ m}^3 .$$

Die Speichermasse ist dann

$$0{,}01895 \cdot 7817 = 148{,}1 \text{ kg} .$$

Das gleiche Ergebnis kann mit dem Volumen (0,070 m³) und der Speichervölligkeit ($1 - P = 0{,}275$) und der Materialdichte ($\varrho = 7817$ kg/m³) erhalten werden.

B.4.2. Stoffeigenschaften

Für diese Berechnungen werden die mittleren Temperaturen der Strömungen benötigt, und das erfordert wiederum eine vorläufige Schätzung des Übertragerwirkungsgrades. Als Näherungswert wird $\varepsilon = 85\%$ benutzt.

Luftseite	*Gasseite*
$t_{L\alpha} = 167$ °C (440 K)	$t_{G\alpha} = 675$ °C (948 K)
$t_{L\beta} = 600$ °C (873 K)	$t_{G\beta} = 243$ °C (516 K)
$t_{Lm} = 384$ °C (675 K)	$t_{Gm} = 459$ °C (732 K)
$p_\alpha = 3{,}29 \cdot 10^5$ N/m²	$p_\alpha = 1{,}05 \cdot 10^5$ N/m²
$p_\beta = 3{,}22 \cdot 10^5$ N/m²	$p_\alpha = 1{,}01 \cdot 10^5$ N/m²
(angen. $\Delta p = 0{,}07 \cdot 10^5$ N/m²)	(angen. $\Delta p = 0{,}04 \cdot 10^5$ N/m²)
$v_\alpha = 0{,}384$ m³/kg	$v_\alpha = 2{,}59$ m³/kg
$v_\beta = 0{,}778$ m³/kg	$v_\beta = 1{,}465$ m³/kg
$v_m = 0{,}581$ m³/kg	$v_m = 2{,}03$ m³/kg
$\mu = 0{,}0321 \cdot 10^{-3}$ N · s/m² *)	$\mu = 0{,}03468 \cdot$ N $\cdot 10^{-3}$ s/m² *)
$Pr = 0{,}68$*)	$Pr = 0{,}686$*)
$c_p = 1063{,}4$ J/kg · K*)	$c_p = 1106{,}1$ J/kg · K**)

*) Für trockene Luft aus Abb. A–2 oder genauer aus entsprechenden Tabellen.
**) Enthält einen Brennstoffkorrekturbeiwert von 1,02 aus Abb. A–19.

B.4.3. Reynoldszahlen

Diese Berechnung erfordert zunächst die Bestimmung der Massenstromdichten aus

$$\dot{\mathsf{m}} = \frac{\dot{m}}{A_F} ,$$

$$\dot{\mathsf{m}}_L = \frac{9{,}50}{0{,}725} = 13{,}10 \text{ kg/s} \cdot \text{m}^2 ,$$

$$\dot{\mathsf{m}}_G = \frac{9{,}50 \cdot 1{,}015}{1{,}813} = 5{,}32 \text{ kg/s} \cdot \text{m}^2 .$$

Es ist zu beachten, daß

$$\frac{\dot{\mathsf{m}}_L}{\dot{\mathsf{m}}_G} = \frac{A_{fr\,G}/A_{fr\,L}}{1 + \text{Brennstoff–Luft-Verhältnis}} .$$

Dann folgt aus

$$Re = \frac{4 \cdot r_h \cdot \dot{m}}{\mu} ,$$

$$Re_L = \frac{4 \cdot 0{,}2296 \cdot 10^{-3} \cdot 13{,}10}{0{,}0321 \cdot 10^{-3}} = 374{,}8 ,$$

$$Re_G = \frac{4 \cdot 0{,}2296 \cdot 10^{-3} \cdot 5{,}32}{0{,}03468 \cdot 10^{-3}} = 140{,}9 .$$

B.4.4. Stantonzahl und Strömungsverlustbeiwert

Aus den Abb. 7—8 und Abb. 7—9 folgt

	Luftseite	Gasseite
Re	375	141
$St \cdot Pr^{2/3}$	0,057	0,088
St	0,0744	0,116
c_f	0,46	0,64

B.4.5. Übertragergrößen und Wärmeübergangskoeffizienten

Für diesen Übertragertyp gilt

$$\ddot{u} = St \cdot \frac{A}{A_F} \quad \text{und} \quad \alpha = St \cdot \dot{m} \cdot c_p .$$

	Luftseite	Gasseite
St	0,0744	0,116
A/A_F	87,03	87,03
$\ddot{u}$	6,48	10,1
$\dot{m}$ in kg/s · m²	13,10	5,32
c_p in J/kg · K	1063,4	1106,1
α in J/s · m² · K*)	1036,4	682,6

*) Man beachte den im Vergleich zu konventionellen Oberflächen bemerkenswert großen Koeffizienten.

B.4.6. Übertragerwirkungsgrad

Hier werden die im Kap. 2 mitgeteilten Berechnungsverfahren angewendet. In den Abb. 2—28 bis Abb. 2—35 ist

$$\varepsilon = f\left(\ddot{u}_0 ; \frac{\dot{C}_L}{\dot{C}_G} ; \frac{\dot{C}_r}{\dot{C}_L}\right) .$$

Aus den Kreisprozeßbedingungen folgt

$$\frac{\dot{C}_L}{\dot{C}_G} = \frac{9{,}50 \cdot 1036{,}4}{9{,}50 \cdot 1{,}015 \cdot 1106{,}1} = 0{,}923 .$$

Der Wärmekapazitätsstrom des Speichers kann berechnet werden aus

$$\dot{C}_r = n \cdot m_S \cdot c_S$$
$$= 0{,}442 \cdot 148{,}1 \cdot 502{,}4 = 32\,887{,}2 \text{ J/s} \cdot \text{K} .$$

Dann ist

$$\frac{\dot{C}_r}{\dot{C}_L} = \frac{32\,887{,}2}{9\,845{,}8} = 3{,}34 .$$

Die Wärmeübertragungsgröße folgt aus Gl. (2—23) zu

$$\ddot{u} = \frac{1}{\dot{C}_L}\left[\frac{1}{\left(\frac{1}{\alpha \cdot A}\right)_L + \left(\frac{1}{\alpha \cdot A}\right)_G}\right] = \frac{1}{\frac{1}{\ddot{u}_L} + \frac{\dot{C}_L/\dot{C}_G}{\ddot{u}_G}}$$
$$= \frac{1}{\frac{1}{6{,}48} + \frac{0{,}923}{10{,}1}} = 4{,}07 .$$

Der Wirkungsgrad kann aus Abb. 2—29 bestimmt werden zu

$$\varepsilon = 0{,}80.$$

B.4.7. Druckänderungen

Diese Rechnung beruht auf der Gl. (2—26), wobei anstelle des Verhältnisses des freien Strömungsquerschnittes zur Frontalfläche die Porösität eingesetzt wird

$$\frac{\Delta p}{p_\alpha} = \frac{\dot{m}^2 \cdot v_\alpha}{2 \cdot p_\alpha}\left[(1 + P^2)\left(\frac{v_\beta}{v_\alpha} - 1\right) + c_f \cdot \frac{A}{A_F} \cdot \frac{v_m}{v_\alpha}\right].$$

	Luftseite	Gasseite
p_α in N/m²	$3{,}28 \cdot 10^5$	$1{,}05 \cdot 10^5$
v_α in m³/kg	0,348	2,59
v_β in m³/kg	0,778	1,465
v_m in m³/kg	0,581	2,03
v_β/v_α	2,026	0,566
v_m/v_α	1,51	0,784
P in m²/m³	0,725	0,725
$A/A_F\ (= l/r_h)$	87,03	87,03
c_f	0,46	0,64
$\dot{m}$ in kg/s · m²	13,10	5,32
$(1 + P^2)\left(\frac{v_\beta}{v_\alpha} - 1\right)$	1,565	−0,662
$c_f\left(\frac{A}{A_F}\right)\left(\frac{v_m}{v_\alpha}\right)$	60,45	43,67
$\frac{\dot{m}^2 \cdot v_\alpha}{2 \cdot p_\alpha}$	$1{,}005 \cdot 10^{-4}$	$3{,}491 \cdot 10^{-4}$
$\Delta p/p_\alpha$	$0{,}623 \cdot 10^{-2}$	$1{,}501 \cdot 10^{-2}$
$(\Delta p/p_\alpha)$ in %	2,12	

Der Übertragerwirkungsgrad ist also 80%, und die Gesamtdruckänderung beträgt 2,1%. Man muß sich jedoch vergegenwärtigen, daß solch wichtige Kenngrößen wie Rohrleitungsverluste, Mitnahmeverluste und Undichtheiten in der Rechnung nicht enthalten sind. Sie werden offensichtlich von den Einzelheiten der endgültigen Gestaltung abhängen.

Anhang C. Ableitung der ε, $\ddot{u}$-Beziehungen

Der Entwurf der Wärmeübertrager wurde im Kap. 2 zusammengefaßt. In diesem Anhang werden einige Ableitungen für die ε, $\ddot{u}$-Beziehungen mitgeteilt, um das allgemeine Lösungsverfahren zu erläutern. Die Ableitungen sind auf den Direktübertrager mit Gegenstrom, Gegenstrom mit mehreren Durchgängen und Kreuzstrom mit einem unvermischten Stoff, entsprechend Gl. (2—13), Gl. (2—18), Gl. (2—15) und Gl. (2—16), beschränkt. Auf die Ableitung der ε, $\ddot{u}$-Beziehungen der anderen im Kap. 2 angegebenen Stromführungen wird dort Bezug genommen.

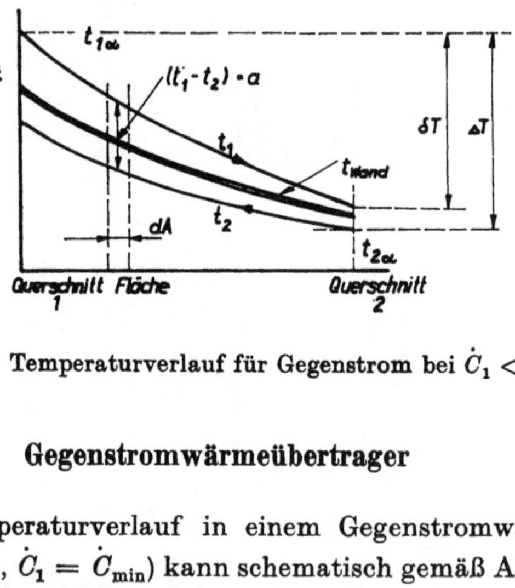

Abb. C—1. Temperaturverlauf für Gegenstrom bei $\dot{C}_1 < \dot{C}_2$

C.1. Gegenstromwärmeübertrager

Der Temperaturverlauf in einem Gegenstromwärmeübertrager mit $\dot{C}_1 < \dot{C}_2$ (das heißt, $\dot{C}_1 = \dot{C}_{\min}$) kann schematisch gemäß Abb. C—1 beschrieben werden. Aus der Energiebilanz folgt

$$d\dot{Q} = -\dot{C}_1 \cdot dt_1 = -\dot{C}_2 \cdot dt_2 \,. \tag{C—1}$$

Es ist somit offensichtlich, daß die „Arbeitslinie“, t_1 als Funktion von t_2, für den Fall $\dot{C}_1 = \text{const.}$ und $\dot{C}_2 = \text{const.}$ einen Anstieg von

$$m_0 = \frac{dt_1}{dt_2} = \frac{\dot{C}_2}{\dot{C}_1} = \text{const.}$$

haben wird. Weiterhin ist der Anstieg m_0 für die betrachtete Bedingung $\dot{C}_1 < \dot{C}_2$ größer als eins. Diese Arbeitslinie ist in Abb. C—2 eingetragen. Es ist auch eine Linie eingezeichnet, die die Bedingungen für thermisches Gleichgewicht zwischen den zwei Stoffströmen angibt:

$$t_1 = t_2 \quad \text{für Gleichgewicht} .$$

Aus der Abbildung ist zu ersehen, daß der vertikale oder horizontale Abstand zwischen diesen zwei Linien von einem gegebenen Betriebspunkt (t_1; t_2) aus gleich ($t_1 - t_2$) sein muß, wie es die vorhergehende Abbildung des Temperaturverlaufes über der Fläche zeigt.

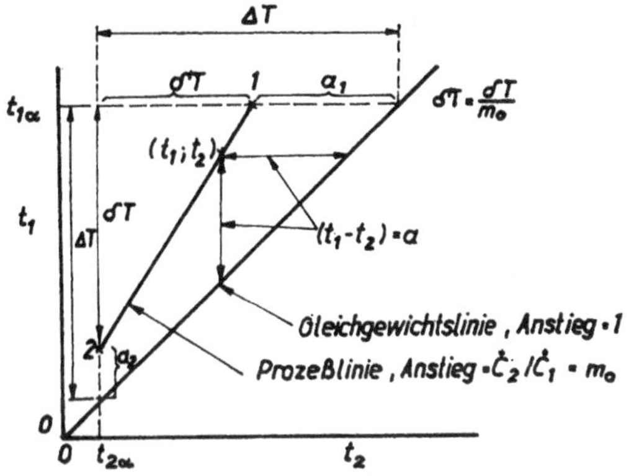

Abb. C—2. Gleichgewichtsdiagramm für Gegenstrom und $\dot{C}_1 < \dot{C}_2$

Aus der Definition von ε [Gl. (2—6)] folgt

$$\varepsilon = \frac{t_{1\alpha} - t_{1\beta}}{t_{1\alpha} - t_{2\alpha}} = \frac{\delta T}{\Delta T} , \tag{C—2}$$

wobei δT und ΔT in der Abb. C—2 definiert werden.

Die Energiebilanz kann durch eine Wärmestromgleichung für den Wärmestrom $\mathrm{d}\dot{Q}$ durch die Fläche $\mathrm{d}A$ [siehe Gl. (2—1)] ergänzt werden:

$$\mathrm{d}\dot{Q} = k \cdot (t_1 - t_2) \cdot \mathrm{d}A . \tag{C—3}$$

Aus Gl. (C—1) ergibt sich

$$\mathrm{d}(t_1 - t_2) = \left(\frac{1}{\dot{C}_2} - \frac{1}{\dot{C}_1}\right) \cdot \mathrm{d}\dot{Q} ,$$

und daraus folgt durch Kombination mit Gl. (C—3)

$$\frac{\mathrm{d}(t_1 - t_2)}{t_1 - t_2} = -\left(1 - \frac{\dot{C}_1}{\dot{C}_2}\right) \cdot \frac{k}{\dot{C}_1} \cdot \mathrm{d}A . \tag{C—4}$$

Dieser Ausdruck kann leicht vom Eintrittsquerschnitt bis zum Austrittsquerschnitt des warmen Stoffes integriert werden, und es folgt

$$\frac{t_{1\beta} - t_{2\alpha}}{t_{1\alpha} - t_{2\beta}} = e^{-\ddot{u}\cdot\left(1 - \frac{\dot{C}_1}{\dot{C}_2}\right)}. \qquad \text{(C—4a)}$$

Die Verhältnisse der Abb. C—2 zeigen folgende Beziehungen:

$$t_{1\beta} - t_{2\alpha} = a_2 = \Delta T - \delta T$$

$$t_{1\alpha} - t_{2\beta} = a_1 = \Delta T - \delta' T = \Delta T - \frac{\delta T}{m_0}.$$

Somit gilt

$$\frac{t_{1\beta} - t_{2\alpha}}{t_{1\alpha} - t_{2\beta}} = \frac{a_2}{a_1} = \frac{1 - \frac{\delta T}{\Delta T}}{1 - \frac{\delta T}{\Delta T \cdot m_0}},$$

wobei

$$m_0 = \frac{\dot{C}_2}{\dot{C}_1}.$$

Dann ergibt sich durch Einführen der Gl. (C—2)

$$\frac{a_2}{a_1} = \frac{1 - \varepsilon}{1 - \left(\frac{\dot{C}_1}{\dot{C}_2}\right) \cdot \varepsilon}.$$

Dieses Ergebnis kann mit Gl. (C—4a) kombiniert und dann umgestellt werden zu

$$\varepsilon = \frac{1 - e^{-\ddot{u}\left(1 - \frac{\dot{C}_{min}}{\dot{C}_{max}}\right)}}{1 - \left(\frac{\dot{C}_{min}}{\dot{C}_{max}}\right) \cdot e^{-\ddot{u}\left(1 - \frac{\dot{C}_{min}}{\dot{C}_{max}}\right)}}, \qquad \text{(C—5)}$$

wobei in dieser Ableitung

$$\dot{C}_{min} = \dot{C}_1 \text{ und } \dot{C}_{max} = \dot{C}_2$$

sind. Es kann gezeigt werden, daß für $\dot{C}_2 = \dot{C}_{min}$ die Endgleichung für ε mit der Gl. (C—5) identisch ist, wenn die Definitionsgleichung für ε [Gl. (2—6)] richtig angewendet wird. Somit ist Gl. (2—13) abgeleitet.

C.2. Gegenstromwärmeübertrager mit mehreren Durchgängen

In der vorhergehenden Ableitung war die Darstellung in einem Gleichgewichtsdiagramm gut verwendbar, um die benötigten algebraischen Beziehungen aufzuzeigen. Die Gl. (C—5) hätte jedoch mit gleicher Leichtigkeit auch ohne diese Darstellung entwickelt werden können. Bei der Ableitung der Gl. (2—18) hat die Lösung mit Hilfe des Gleichgewichtsdiagrammes aber tatsächlich ihren Wert. Es wird der Gegenstromwärmeübertrager mit 3 Durchgängen ($n = 3$) und $\dot{C}_1 = \dot{C}_{min}$ betrachtet, wie er in Abb. C—3 gezeigt wird. Die einzelnen

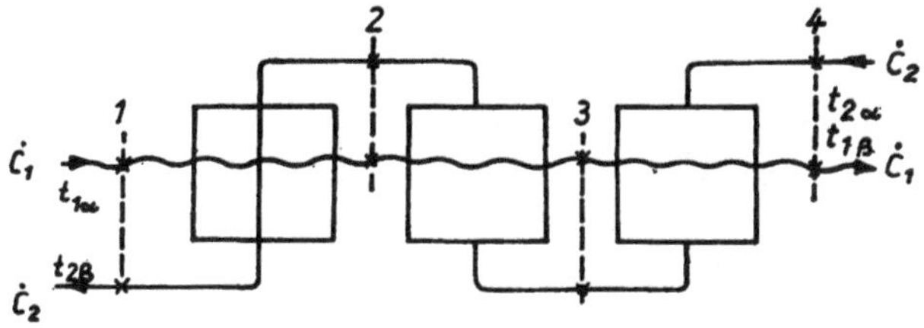

Abb. C—3. Gegenstromwärmeübertrager mit drei Durchgängen

Querschnitte werden, vom bisherigen Gebrauch abweichend, ausnahmsweise mit 1, 2, 3 und 4 gekennzeichnet. In jedem Durchgang kann jede beliebige Stromführung angewendet werden, wenn gewährleistet ist, daß jeder Durchgang den gleichen Übertragerwirkungsgrad ε_D hat:

$$\varepsilon_{1-2} = \varepsilon_{2-3} = \varepsilon_{3-4} = \varepsilon_D \,. \tag{C—6}$$

Das Gleichgewichtsdiagramm wird in Abb. C—4 dargestellt. Die gestrichelte Linie wird verwendet, um die Gesamtarbeitslinie anzugeben, da die Bedingungen innerhalb eines Durchganges nicht unbedingt die für wahren Gegenstrom sind. Es wird nur angenommen, daß die Zustände am Eintritt, Austritt und zwischen den Durchgängen den Gegenstrombedingungen entsprechen.

Es ist aus dieser Darstellung zu ersehen, daß

$$\varepsilon = \frac{\delta T_0}{\Delta T_0} \,. \tag{C—7}$$

Nun gilt

$$\frac{a_4}{a_1} = \frac{\Delta T_0 - \delta T_0}{\Delta T_0 - \dfrac{\delta T_0}{m_0}} = \frac{1 - \varepsilon}{1 - \dfrac{\varepsilon}{m_0}} \,,$$

$$\varepsilon = \frac{1 - \dfrac{a_4}{a_1}}{1 - \left(\dfrac{1}{m_0}\right) \cdot \left(\dfrac{a_4}{a_1}\right)} \,. \tag{C—8}$$

Es verbleibt, a_4/a_1 als Funktion von $(\varepsilon_D; m_0)$ anzugeben und das kann folgendermaßen geschehen: Es ist ersichtlich, daß ε_{1-2} zu δT_2 und $\delta T_2 + a_2$ die gleiche Beziehung hat wie ε zu δT_0 und $\Delta T_0 = \delta T_0 + a_4$. Folglich kann Gl. (C—8) sofort umgeformt werden zu

$$\varepsilon_{1-2} = \frac{1 - \frac{a_2}{a_1}}{1 - \left(\frac{1}{m_0}\right) \cdot \left(\frac{a_2}{a_1}\right)}.$$

In gleicher Weise folgt für ε_{2-3} und ε_{3-4}

$$\varepsilon_{2-3} = \frac{1 - \frac{a_3}{a_2}}{1 - \left(\frac{1}{m_0}\right) \cdot \left(\frac{a_3}{a_2}\right)},$$

$$\varepsilon_{3-4} = \frac{1 - \frac{a_4}{a_3}}{1 - \left(\frac{1}{m_0}\right) \cdot \left(\frac{a_4}{a_3}\right)}.$$

Aus Gl. (C—6) und den vorhergehenden Ableitungen geht hervor, daß

$$\frac{a_2}{a_1} = \frac{a_3}{a_2} = \frac{a_4}{a_3} = \frac{1 - \varepsilon_D}{1 - \frac{\varepsilon_D}{m_0}}. \tag{C—9}$$

Es folgt dann

$$\frac{a_4}{a_1} = \frac{a_4}{a_3} \cdot \frac{a_3}{a_2} \cdot \frac{a_2}{a_1} = \left(\frac{1 - \varepsilon_D}{1 - \frac{\varepsilon_D}{m_0}}\right)^3. \tag{C—10}$$

Dieses Ergebnis in die Gl. (C—8) eingesetzt, ergibt mit einigen Umformungen

$$\varepsilon = \frac{\left(\frac{1 - \frac{\varepsilon_D}{m_0}}{1 - \varepsilon_D}\right)^3 - 1}{\left(\frac{1 - \frac{\varepsilon_D}{m_0}}{1 - \varepsilon_D}\right)^3 - \frac{1}{m_0}}. \tag{C—11}$$

Eine Verallgemeinerung dieser Anordnung mit 3 Durchgängen auf n Durchgänge und für $\dot{C}_1 = \dot{C}_{\min}$ oder $\dot{C}_2 = \dot{C}_{\min}$ führt zur Gl. (2—18).

Es ist zu beachten, daß diese Gleichung für den Fall $\dot{C}_{\min}/\dot{C}_{\max} = 1$ unbestimmt wird. Die Anwendung der Regel von L'Hospital wird jedoch zur Gl. (2—18a) führen; es kann auch eine direkte Ableitung mit einem passenden Gleichgewichtsdiagramm durchgeführt werden.

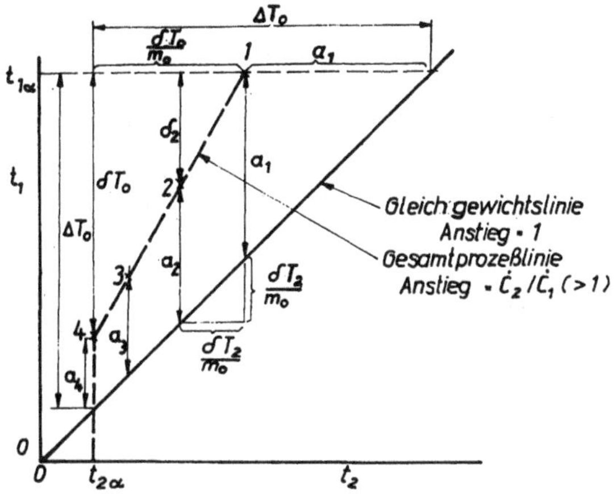

Abb. C—4. Gleichgewichtsdiagramm für einen Gegenstromwärmeübertrager mit mehreren Durchgängen, $\dot{C}_1 = \dot{C}_{\min}$; $\dot{C}_2 = \dot{C}_{\max}$

C.3. Kreuzstromwärmeübertrager, ein Stoff vermischt

Diese Stromführung und der idealisierte Temperaturverlauf werden schematisch in Abb C—5 dargestellt.

Die gleichmäßige Strömungsverteilung für den kalten Strom soll vorgegeben sein, so daß mit Bezug auf die Frontalfläche A_{fr} angesetzt werden kann

$$\frac{\mathrm{d}\dot{C}_2}{\mathrm{d}A_{\text{fr}}} = \frac{\dot{C}_2}{A_{\text{fr}}} = \text{const.} \tag{C—12}$$

Weiterhin wird eine gleichmäßige Anordnung der Wärmeübertragungsfläche A angenommen, so daß

$$\frac{\mathrm{d}A}{\mathrm{d}\dot{C}_2} = \frac{A}{\dot{C}_2}. \tag{C—13}$$

In beiden Fällen ist $\mathrm{d}\dot{C}_2$ der differentielle Wärmekapazitätsstrom des kalten Stoffes, der mit der Frontalfläche $\mathrm{d}A_{\text{fr}}$ und der Wärmeübertragungsfläche $\mathrm{d}A$ des kalten Stoffes verbunden ist.

Die Betrachtung der Abb C—5 (Temperaturverlauf als Funktion der Strömungslänge des kalten Stoffes) läßt erkennen, daß für die Bestimmung des Übertragerwirkungsgrades ein als *Kondensator* arbeitender Wärmeübertrager herangezogen werden kann [siehe Gl. (2—13a) oder Gl. (2—14a)].

Dann kann mit der Definition des $\boldsymbol{\Psi}$

$$\boldsymbol{\Psi} = \frac{\delta T_{2^\cdot}}{t_1 - t_2}$$

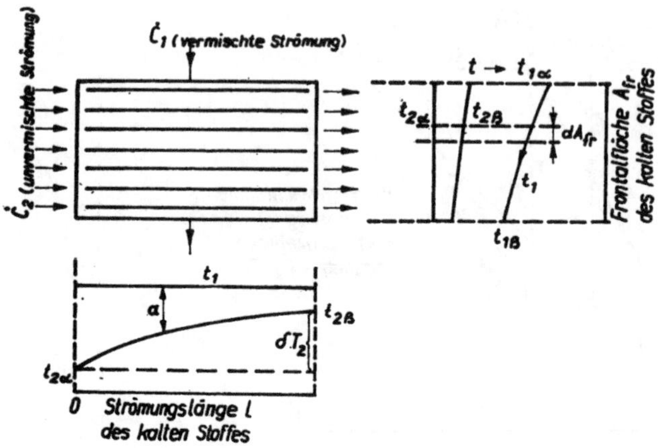

Abb. C—5. Temperaturverlauf für Kreuzstrom, ein Stoff vermischt, der andere unvermischt; $\dot{C}_{\text{vermischt}}\ (= \dot{C}_1) < \dot{C}_{\text{unvermischt}}\ (= \dot{C}_2)$

geschrieben werden

$$\Psi = 1 - e^{-\frac{k \cdot dA}{d\dot{C}_2}}$$

und mit Gl. (C—13)

$$\Psi = 1 - e^{-\frac{A \cdot k}{\dot{C}_2}} = \text{const.} \tag{C—14}$$

Die Energiebilanz für den warmen Stoff, der über die mit dA_{fr} verbundene Wärmeübertragungsfläche strömt, ergibt

$$d\dot{Q} = -\dot{C}_1 \cdot dt_1 \,.$$

Die Gl. (C—14) kann benutzt werden, um einen anderen Ausdruck für $d\dot{Q}$ zu bekommen:

$$d\dot{Q} = \Psi\,(t_1 - t_{2\alpha}) \cdot d\dot{C}_2 \,.$$

Die Kombination der zwei Gleichungen für $d\dot{Q}$ und die Trennung der Variablen führt zu

$$\frac{dt_1}{t_1 - t_{2\alpha}} = -\Psi \cdot \frac{d\dot{C}_2}{\dot{C}_1} = -\Psi \cdot \frac{\dot{C}_2}{\dot{C}_1} \cdot \frac{dA_{fr}}{A_{fr}} \,,$$

wobei $\dot{C}_2$, $\dot{C}_1$ und A_{fr} die Gesamtgrößen und keine Variablen sind. Die Integration ergibt dann

$$\frac{t_{1\beta} - t_{2\alpha}}{t_{1\alpha} - t_{2\alpha}} = e^{-\Psi \cdot \left(\frac{\dot{C}_2}{\dot{C}_1}\right)} \,. \tag{C—15}$$

Da für den vorliegenden Fall $\dot{C}_1 = \dot{C}_{\min}$ ist, folgt aus der Definitionsgleichung für ε [Gl. (2—6)]

$$\varepsilon = \frac{t_{1\alpha} - t_{1\beta}}{t_{1\alpha} - t_{2\alpha}}.$$

Dann ergibt sich aus Gl. (C—15)

$$\varepsilon = 1 - e^{-\Psi \cdot \left(\frac{\dot{C}_2}{\dot{C}_1}\right)}. \tag{C—16}$$

Dieser Ausdruck entspricht der Gl. (2—15) mit

$$\dot{C}_2 = \dot{C}_{\max} = \dot{C}_{\text{unvermischt}} \text{ und } \dot{C}_1 = \dot{C}_{\min} = \dot{C}_{\text{vermischt}},$$

und das Ψ aus Gl. (C—14) wird

$$\Psi = 1 - e^{-\ddot{u} \cdot \left(\frac{\dot{C}_{\min}}{\dot{C}_{\max}}\right)}$$

Bei der Vorgabe $\dot{C}_1 = \dot{C}_{\max} = \dot{C}_{\text{vermischt}}$ kann mit Gl. (C—15) und der entsprechenden Definition von ε

$$\varepsilon = \frac{\dot{C}_1 \cdot (t_{1\alpha} - t_{1\beta})}{\dot{C}_2 \cdot (t_{1\alpha} - t_{2\alpha})}$$

begonnen werden und als Endergebnis erscheint Gl. (2—16).

Anhang D. Vergleich verschiedener Oberflächenformen von Wärmeübertragern und weitere Unterlagen über Wirbelzellen[1])

D.1. Einleitung

Jeder Projektant von Wärmeübertragern steht infolge der Vielzahl der möglichen Formen der wärmeübertragenden Oberflächen vor der Frage, welche Oberflächenformen für seinen zu projektierenden Wärmeübertrager zu wählen sind.

Der Projektant hat also die Aufgabe, einen Vergleich der in Frage kommenden Oberflächenformen durchzuführen. Dabei ist eine Vielzahl von Gesichtspunkten zu berücksichtigen. Die letztlich entscheidenden Aspekte werden die ökonomischen sein.

Im allgemeinen ist beim Vergleich von Oberflächenformen vom gesamten Wärmeübertrager und seiner Einordnung in einen Prozeß auszugehen. In vielen Fällen wird es aber möglich sein, eine Vorauswahl der in Frage kommenden Oberflächenformen zu treffen, ohne die Auslegung oder sogar die Optimierung des gesamten Wärmeübertragers vorzunehmen. Zur Vorauswahl kann dann ein einfaches, systematisches Vergleichsverfahren benutzt werden, bei dem nur eine Strömungsseite betrachtet und nur das Gebiet der wärmeübertragenden Oberfläche erfaßt wird.

Das Vergleichsverfahren wird anschließend beschrieben und auf die in diesem Buch angegebenen Oberflächenformen angewendet. Dabei werden die enormen Vorteile der Kompaktbauweise von Wärmeübertragern deutlich.

Eine thermodynamisch, technologisch und ökonomisch sehr interessante Oberflächenform stellt die Wirbelzelle[2]) dar. Die Wirbelzelle nutzt die besonders günstigen Wärmeübergangsbedingungen in kurzen Anlaufstrecken aus.

Ergänzend zu den Ergebnissen der von Kays und London vermessenen Wirbelzellen werden weitere Meßergebnisse an anderen Wirbelzellenformen mitgeteilt.

Die vorliegenden Meßergebnisse über Wirbelzellen gestatten eine Verallgemeinerung, so daß in gewissen Grenzen das Wärmeübergangs- und Druckänderungsverhalten noch nicht untersuchter Wirbelzellenformen vorausgesagt werden kann. Damit ist auch die Möglichkeit gegeben, gezielt besonders günstige Wirbelzellenformen zu entwickeln.

[1]) Diesen Anhang verfaßte Professor Dr.-Ing. habil. K. Stieper.

[2]) Platten mit versetzten, ebenen Rippen kurzer Lauflänge (siehe Abb. 1–e, Abb. D–6 sowie Kap. 9).

D.2. Zum Vergleich verschiedener Oberflächenformen von Wärmeübertragern

Die Leistung eines Wärmeübertragers wird durch den Übertragerwirkungsgrad

$$\varepsilon = \frac{\dot{Q}}{\dot{C}_{\min} \Delta T_0}$$

charakterisiert, der eine Funktion der Wärmeübertragungsgröße $\ddot{u}$, des Verhältnisses der Wärmekapazitätsströme $\dot{C}_{\min}/\dot{C}_{\max}$ und der Führung der Ströme im Wärmeübertrager ist.

Die Wärmeübertragungsgröße

$$\ddot{u} = \frac{A \cdot k_{\mathrm{m}}}{\dot{C}_{\min}}$$

kennzeichnet die Wärmeübertragungsbedingungen und die Größe des Wärmeübertragers.

Der Zusammenhang mit den Wärmeübergangsgrößen der Strömungsseiten 1 und 2 ist durch

$$\frac{1}{\ddot{u}} = \frac{\dot{C}_{\min}}{\dot{C}_1} \cdot \frac{1}{\ddot{u}_1} + \Sigma \frac{1}{\ddot{u}_\lambda} + \frac{\dot{C}_{\min}}{\dot{C}_2} \cdot \frac{1}{\ddot{u}_2} \tag{D-1}$$

gegeben.

Dabei ist $\dot{C}_{\min}$ der als Bezugsgröße verwendete Wärmekapazitätsstrom, $\ddot{u}_{\mathrm{j}}$ ($\mathrm{j} = 1, 2$) die Wärmeübergangsgröße für die Strömungsseite j und $\ddot{u}_\lambda = \dot{C}_{\min} \cdot \delta/(\lambda \cdot A_{\mathrm{m}})$ die Wärmeleitungsgröße für die einzelnen Leitungswiderstände.

Die charakteristische Größe für den Beitrag einer Strömungsseite j zur Leistung eines Wärmeübertragers ist damit die Wärmeübergangsgröße

$$\ddot{u}_{\mathrm{j}} = \eta_{0\,\mathrm{j}} \cdot St_{\mathrm{j}} \cdot \frac{A_{\mathrm{j}}}{A_{\mathrm{F\,j}}}. \tag{D-2}$$

In $\ddot{u}_{\mathrm{j}}$ tritt der Oberflächenwirkungsgrad $\eta_{0\,\mathrm{j}}$, die Stantonzahl

$$St_{\mathrm{j}} = \frac{\alpha_{\mathrm{j}}}{\dot{C}_{\mathrm{j}}} \cdot A_{\mathrm{F\,j}}\,, \tag{D-3}$$

die wärmeübertragende Oberfläche A_{j} und der freie Strömungsquerschnitt $A_{\mathrm{F\,j}}$ auf.

Wird nur eine Strömungsseite betrachtet, läuft ein Vergleich verschiedener Oberflächenformen auf den Vergleich ihrer $\ddot{u}$-Werte[1]) in Abhängigkeit von den Strömungsverlustleistungen und den Flächen bzw. den Kosten hinaus.

[1]) Folgend wird auf den die Strömungsseite kennzeichnenden Index j verzichtet.

Die Strömungsverlustleistung $\dot{W}$ ist besonders einfach über der Gesamtdruckänderung Δp_{ges} darstellbar[1])

$$\dot{W} = \dot{m} \cdot v \cdot \Delta p_{\text{ges}} . \tag{D—4}$$

Mit dem Strömungsverlustbeiwert

$$c_{\mathrm{f}} = \frac{2 \cdot \Delta p_{\text{ges}} \cdot A_{\mathrm{F}}^{3}}{v \cdot \dot{m}^{2} \cdot A} \tag{D—5}$$

und der Re-Zahl

$$Re = \frac{\dot{m} \cdot l}{A_{\mathrm{F}} \cdot \mu} \tag{D—6}$$

erhält man die Strömungsverlustleistung pro Fläche zu

$$\dot{w} = \frac{\dot{W}}{A} = c_{\mathrm{f}} \cdot \frac{v^{2} \cdot \dot{m}^{3}}{2 A_{\mathrm{F}}^{3}} = c_{\mathrm{f}} \cdot Re^{3} \cdot \frac{v^{2} \cdot \mu^{3}}{2 l^{3}} \tag{D—7}$$

bzw. einen mit einer konstanten Bezugslänge l_0 gebildeten dimensionslosen Ausdruck für die Strömungsverlustleistung pro Fläche zu

$$\frac{2 \cdot l_0^{3} \cdot \dot{W}}{v^{2} \cdot \mu^{3} \cdot A} = c_{\mathrm{f}} \cdot Re^{3} \cdot \frac{l_0^{3}}{l^{3}} . \tag{D—7a}$$

Für einen Vergleich auf Kostenbasis werden die laufenden Gesamtkosten $\dot{K}$ in einen durch die Strömungsverlustleistung bedingten Teil $\dot{K}_{\dot{W}}$ und den übrigen Teil $\dot{K}_{\mathrm{A}}$ zerlegt.

$$\dot{K} = \dot{K}_{\dot{W}} + \dot{K}_{\mathrm{A}} . \tag{D—8}$$

Die spezifischen Kosten $\varkappa$ sind die laufenden Kosten $\dot{K}_{\dot{W}}$ bzw. $\dot{K}_{\mathrm{A}}$ bezogen auf die charakteristischen Größen Strömungsverlustleistung bzw. wärmeübertragende Oberfläche

$$\varkappa_{\dot{W}} = \frac{\dot{K}_{\dot{W}}}{\dot{W}} \text{ [2])} \tag{D—9}$$

$$\varkappa_{\mathrm{A}} = \frac{\dot{K}_{\mathrm{A}}}{A} . \tag{D—10}$$

Mit Gl. (D—7a), Gl. (D—9) und Gl. (D—10) ergibt sich das dimensionslose Kostenverhältnis

$$\frac{2\, l_0^{3} \cdot \varkappa_{\mathrm{A}0} \cdot \dot{K}_{\dot{W}}/\dot{K}}{v^{2} \cdot \mu^{3} \cdot \varkappa_{\dot{W}} \cdot \dot{K}_{\mathrm{A}}/\dot{K}} = c_{\mathrm{f}} \cdot Re^{3} \cdot \frac{l_0^{3}}{l^{3}} \cdot \frac{\varkappa_{\mathrm{A}0}}{\varkappa_{\mathrm{A}}} ; \tag{D—11}$$

[1]) Der Gesamtzustand „ges" wird im Enthalpie h — Entropie s — Diagramm durch den Punkt $[h + 1/2 \cdot (\dot{m}\, v/A_{\mathrm{F}})^{2};\ s]$ festgelegt. Er kann sehr einfach durch Staugeräte gemessen werden. Die Beziehung (D—4) lautet vollständig

$$\dot{W} = \dot{m} \cdot T/T_{\text{ges}} \cdot v_{\text{ges}} \cdot \Delta p_{\text{ges}} .$$

Für die in Wärmeübertragern auftretenden Geschwindigkeiten kann jedoch $T/T_{\text{ges}} = 1$ und $v_{\text{ges}} = v$ gesetzt werden.

[2]) $\varkappa_{\dot{W}}$ wird vereinfachend als konstant betrachtet.

l_0 und $\varkappa_{A0}$ sind als konstante Größen für eine als Bezugsvariante dienende Oberflächenform aufzufassen.

Aus Gl. (D—2), Gl. (D—6), Gl. (D—7a), Gl. (D—9) und Gl. (D—10) erhält man die Abhängigkeit der Wärmeübergangsgröße $\ddot{u}$ von den Flächen und Verlustleistungen

$$\ddot{u} = \text{const.} \cdot \eta_0 \cdot St \cdot c_f^{-1/3} \cdot A^{2/3} \cdot \dot{W}^{1/3} \tag{D—12}$$

bzw. von den Kosten zu

$$\ddot{u} = \text{const} \cdot \eta_0 \cdot St \cdot c_f^{-1/3} \cdot \left(\frac{\varkappa_{A0}}{\varkappa_A}\right)^{2/3} \cdot \left(\frac{\dot{K}_A}{\dot{K}}\right)^{2/3} \cdot \left(\frac{\dot{K}_{\dot{W}}}{\dot{K}}\right)^{1/3} \cdot \dot{K} \cdot \tag{D—13}$$

Wird ein energetischer Vergleich durchgeführt, d. h. sind die $\ddot{u}$-Werte bei gleichen Flächen und gleichen Verlustleistungen gegenüberzustellen, ist nach Gl. (D—12) und Gl. (D—7a)

$$\eta_0 \cdot St \cdot c_f^{-1/3} \quad \text{bei gleichem} \quad c_f \cdot Re^3 \cdot \frac{l_0^3}{l^3}$$

zu bestimmen.

Sind die $\ddot{u}$-Werte bei gleichen Gesamtkosten und gleichen Kostenverhältnissen $\dot{K}_A/\dot{K}$ und $\dot{K}_{\dot{W}}/\dot{K}$ zu ermitteln, ist nach Gl. (D—13) und Gl. (D—11)

$$\eta_0 \cdot St \cdot c_f^{-1/3} \left(\frac{\varkappa_{A0}}{\varkappa_A}\right)^{2/3} \quad \text{bei gleichem} \quad c_f \cdot Re^3 \cdot \frac{l_0^3}{l^3} \cdot \frac{\varkappa_{A0}}{\varkappa_A}$$

darzustellen.

Für den Vergleich benutzt man zweckmäßigerweise ein doppeltlogarithmisches $\eta_0 \cdot St \cdot c_f^{-1/3}$; $c_f \cdot Re^3\ (l_0^3/l^3)$-Diagramm. Darin ist der energetische Vergleich für Oberflächengeometrien mit festgelegten Abmessungen direkt durchzuführen (Abb. D—1).

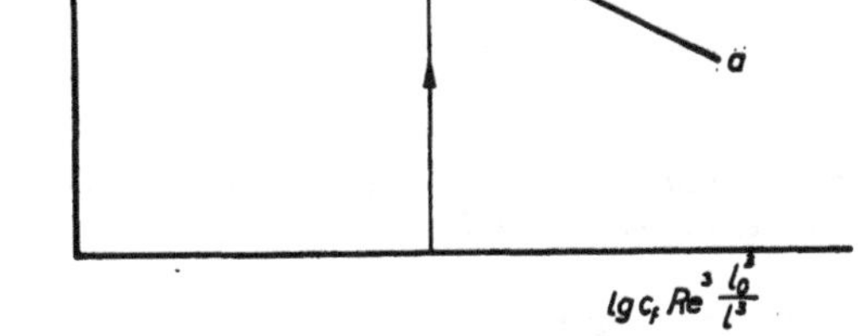

Abb. D—1. Vergleich zweier Oberflächenformen *a* und *b* auf der Basis der Verlustleistungen und Flächen

Die Kurven für den Kostenvergleich entstehen für konstantes $\varkappa_A$ durch einfache Parallelverschiebung der Kurven.

Es können aber auch $\varkappa$-Werte betrachtet werden, die in den einzelnen Punkten verschieden sind (Abb. D—2).

Der Einfluß geänderter Abmessungen (geänderte Bezugslängen l_0) wird durch eine Parallelverschiebung der Kurven in Abszissenrichtung erfaßt (Abb. D—3 und Abb. D—4).

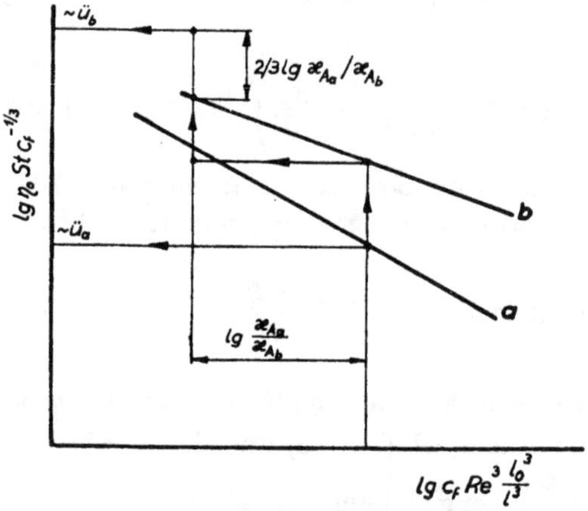

Abb. D—2. Vergleich zweier Oberflächenformen a und b auf der Basis der Kosten

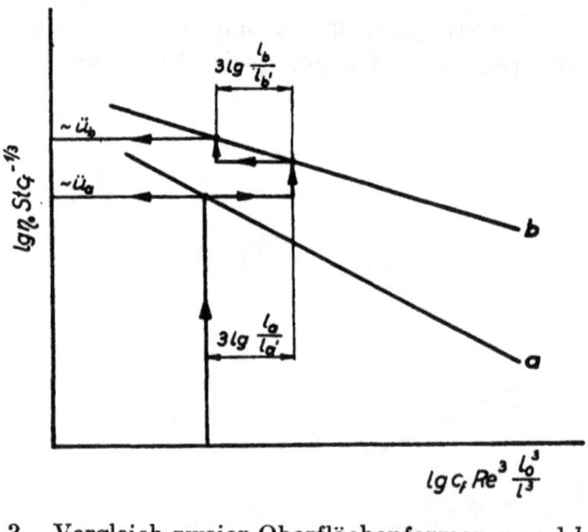

Abb. D—3. Vergleich zweier Oberflächenformen a und b auf der Basis der Verlustleistungen und Flächen bei Änderung von l_a auf $l_{a'}$ und l_b auf $l_{b'}$

Für den Vergleich auf Kostenbasis ist zu beachten, daß im Grunde genommen nur die Forderung nach gleichen Gesamtkosten $\dot{K} = \dot{K}_A + \dot{K}_{\dot{W}}$ besteht. Darüber hinaus werden bei dem beschriebenen Verfahren gleiche Kostenverhältnisse $\dot{K}_A/\dot{K}$ und $\dot{K}_{\dot{W}}/\dot{K}$ vorausgesetzt. Läßt man diese Bedingung fallen, muß auf Gl. (D—13) zurückgegangen werden. Dabei läßt sich eine Optimierung

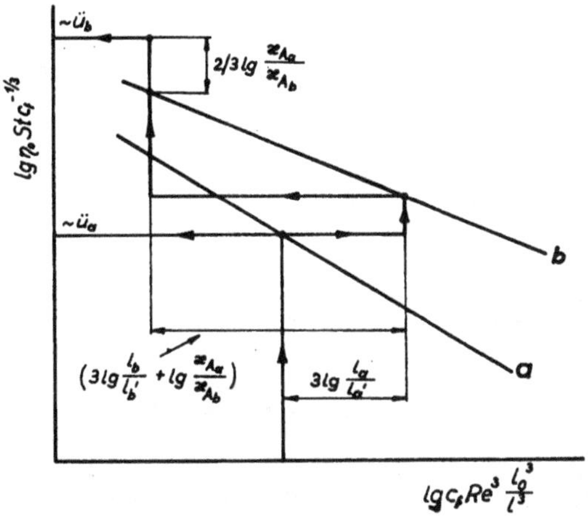

Abb. D—4. Vergleich zweier Oberflächenformen *a* und *b* auf der Basis der Kosten bei Änderung von l_a auf $l_{a'}$ und l_b auf $l_{b'}$

des Verhältnisses $\dot{K}_W/\dot{K}_A$ vornehmen. Für unterschiedliche Oberflächenformen ergeben sich jedoch Optimalwerte, die sich im allgemeinen nicht wesentlich voneinander unterscheiden. Das vereinfachte Verfahren ist somit gerechtfertigt.

Das energetische Vergleichsverfahren wurde auf die von KAYS und LONDON mitgeteilten Versuchsergebnisse angewendet. Als Bezugsgrößen l_0 wurden die hydraulischen Durchmesser der untersuchten Oberflächenformen benutzt.

Um zu zeigen, welche Auswirkung die in der Kompaktbauweise auftretenden kleinen hydraulischen Durchmesser haben, wurde als Bezugsvariante das Normalrohr mit $d_i = 25$ mm verwendet.

Daraus folgt für

— durchströmte Rohre und Plattenwärmeübertrager $l_0 = 25\,\text{mm}$

— umströmte Rohre $l_0 = \dfrac{d_h}{d_a} \cdot 25\,\text{mm}$

Die Ergebnisse sind in Abb. D—5 dargestellt; zur näheren Erläuterung sind die verschiedenen Oberflächenformen in Tab. D—1 zusammengefaßt (laufende Nummern der Tabelle sind gleichzeitig Kurvenbezeichnung). Der Oberflächenwirkungsgrad η_0 wurde 1 gesetzt und anstelle von *St* aus Zweckmäßigkeitsgründen $St \cdot Pr^{2/3}$ verwendet. Aus den Kurven geht hervor, daß besonders günstige Verhältnisse bei Umströmungen mit kurzen Lauflängen (Wirbelzellen, bestiftete Platten) auftreten.

Es ist noch einmal darauf hinzuweisen, daß bei dem Vergleich nicht die Druckänderungen in den Zu- und Abstromführungen mit erfaßt werden. Die Druckänderungen in den Zu- und Abstromführungen können jedoch näherungsweise durch das Verhältnis (Δp_{ges} einschließlich Zu- und Abstromführung)/(Δp_{ges} über Oberfläche) mit berücksichtigt werden. Die Kurven sind wie bei der Untersuchung des Einflusses geänderter Bezugslängen in Abszissenrichtung zu verschieben.

Tab. D—1. Erläuterung zu Abb. D—5

Nr.	Oberflächenform	Bezeichnung nach KAYS/LONDON
1	durchströmtes Rohr, $d_i = 25$ mm, $l/d_i = \infty$	
2	durchströmtes Rohr, $d_i = 5{,}9$ mm, $l/d_i = 79{,}2$	ST−1
3	durchströmtes Rohr, abgeflacht, $d_i = 5{,}9$ mm	FT−1
4	durchströmtes Rohr, abgeflacht, eingedrückt, $d_i = 5{,}9$ mm	FTD−1
5	querumströmte Rohre, $d_a = 9{,}5$ mm, 1,5/1,25, versetzt	S 1.50−1.25
6	querumströmte Rohre, $d_a = 9{,}5$ mm, 1,25/1,25, versetzt	S 1.25−1.25
7	querumströmte Rohre, $d_a = 9{,}5$ mm, 1,50/1,00, versetzt	S 1.50−1.00
8	querumströmte Rohre, $d_a = 9{,}5$ mm, 1,50/1,50, versetzt	S 1.50−1.50
9	querumströmte Rohre, $d_a = 9{,}5$ mm, 2,00/1,00, versetzt	S 2.00−1.00
10	querumströmte Rohre, $d_a = 9{,}5$ mm, 2,50/0,75, versetzt	S 2.50−0.75
11	querumströmte Rohre, $d_a = 6{,}3$ mm, 1,50/1,25, fluchtend	I 1.50−1.25 (s)
12	querumströmte Rohre, $d_a = 9{,}5$ mm, 1,50/1,25, fluchtend	I 1.50−1.25
13	querumströmte Rohre, $d_a = 9{,}5$ mm, 1,25/1,25, fluchtend	I 1.25−1.25
14	querumströmte Rohre, abgeflacht $d_a = 6{,}3$ mm	FT−2
15	querumströmte Rohre, abgeflacht, eingedrückt, $d_a = 6{,}3$ mm	FTD−2
16	Platten mit ebenen Rippen, $d_h = 14{,}5$ mm, $l/d_h = 21{,}1$	2.0
17	Platten mit ebenen Rippen, $d_h = 10{,}8$ mm, $l/d_h = 28{,}2$	3.01
18	Platten mit ebenen Rippen, $d_h = 8{,}6$ mm, $l/d_h = 35{,}5$	3.97
19	Platten mit ebenen Rippen, $d_h = 6{,}1$ mm, $l/d_h = 10{,}3$	5.3
20	Platten mit ebenen Rippen, $d_h = 5{,}5$ mm, $l/d_h = 55$	6.2
21	Platten mit ebenen Rippen, $d_h = 4{,}6$ mm, $l/d_h = 65$	9.03
22	Platten mit ebenen Rippen, $d_h = 3{,}1$ mm, $l/d_h = 20{,}6$	11.1
23	Platten mit ebenen Rippen, $d_h = 3{,}5$ mm, $l/d_h = 57{,}8$	11.11 (a)
24	Platten mit ebenen Rippen, $d_h = 2{,}6$ mm, $l/d_h = 24{,}7$	14.77
25	Platten mit ebenen Rippen, $d_h = 2{,}7$ mm, $l/d_h = 65$	15.08
26	Platten mit ebenen Rippen, $d_h = 1{,}9$ mm, $l/d_h = 35$	19.86
27	Platten mit ebenen Rippen, $d_h = 3{,}8$ mm, $l/d_h = 16{,}6$	10.27 T
28	Platten mit ebenen Rippen, $d_h = 2{,}9$ mm, $l/d_h = 44{,}4$	11.94 T
29	Platten mit ebenen Rippen, $d_h = 1{,}7$ mm, $l/d_h = 73{,}8$	16.96 T
30	Platten mit ebenen Rippen, $d_h = 1{,}1$ mm, $l/d_h = 55{,}3$	25.79 T
31	Platten mit ebenen Rippen, $d_h = 1{,}2$ mm, $l/d_h = 52$	30.33 T
32	Platten mit ebenen Rippen, $d_h = 0{,}8$ mm, $l/d_h = 83$	46.45 T
33	Platten mit unebenen Rippen, $d_h = 4{,}5$ mm, $l/d_h = 2{,}1$	3/8−6.06
34	Platten mit unebenen Rippen, $d_h = 4{,}5$ mm, $l/d_h = 2{,}1$	3/8 (a)−6.06
35	Platten mit unebenen Rippen, $d_h = 4{,}5$ mm, $l/d_h = 2{,}8$	1/2−6.06
36	Platten mit unebenen Rippen, $d_h = 4{,}5$ mm, $l/d_h = 2{,}1$	1/2 (a)−6.06
37	Platten mit unebenen Rippen, $d_h = 3{,}6$ mm, $l/d_h = 2{,}6$	3/8−8.7
38	Platten mit unebenen Rippen, $d_h = 3{,}6$ mm, $l/d_h = 2{,}6$	3/8(a)−8.7
39	Platten mit unebenen Rippen, $d_h = 3{,}1$ mm, $l/d_h = 1{,}5$	3/16−11.1
40	Platten mit unebenen Rippen, $d_h = 3{,}1$ mm, $l/d_h = 2{,}1$	1/4−11.1
41	Platten mit unebenen Rippen, $d_h = 3{,}1$ mm, $l/d_h = 2{,}1$	1/4(b)−11.1
42	Platten mit unebenen Rippen, $d_h = 3{,}1$ mm, $l/d_h = 3{,}1$	3/8−11.1
43	Platten mit unebenen Rippen, $d_h = 3{,}1$ mm, $l/d_h = 3{,}1$	3/8(b)−11.1
44	Platten mit unebenen Rippen, $d_h = 3{,}1$ mm, $l/d_h = 4{,}1$	1/2−11.1
45	Platten mit unebenen Rippen, $d_h = 3{,}1$ mm, $l/d_h = 6{,}2$	3/4−11.1
46	Platten mit unebenen Rippen, $d_h = 3{,}1$ mm, $l/d_h = 6{,}2$	3/4(b)−11.1
47	Wirbelzelle, $d_h = 3{,}1$ mm, $l = 6{,}4$ mm	1/4(s)−11.1
48	Wirbelzelle, $d_h = 2{,}8$ mm, $l = 2{,}6$ mm	3/32−12.2

Tab. D—1 (Fortsetzung):

Nr.	Oberflächenform	Bezeichnung nach KAYS/LONDON
49	Wirbelzelle, $d_h = 2{,}6$ mm, $l = 3{,}2$ mm	1/8—15.2
50	Wirbelzelle, $d_h = 2{,}7$ mm, $l = 3{,}2$ mm	1/8—13.95
51	Wirbelzelle, $d_h = 2{,}3$ mm, $l = 12{,}7$ mm	1/2—11.34(D)
52	Wirbelzelle, $d_h = 1{,}6$ mm, $l = 6{,}4$ mm	1/4—15.4(D)
53	Wirbelzelle, $d_h = 2{,}6$ mm, $l = 4{,}5$ mm	1/6—12.18(D)
54	Wirbelzelle, $d_h = 2{,}1$ mm, $l = 3{,}6$ mm	1/7—15.75(D)
55	Wirbelzelle, $d_h = 1{,}5$ mm, $l = 3{,}2$ mm	1/8—20.06(D)
56	Wirbelzelle, $d_h = 1{,}5$ mm, $l = 3{,}2$ mm	1/8—19.82(D)
57	Wirbelzelle, $d_h = 1{,}6$ mm, $l = 3{,}2$ mm	1/8—16.12(D)
58	Wirbelzelle, $d_h = 1{,}9$ mm, $l = 3{,}2$ mm	1/8—16.00(D)
59	Wirbelzelle, $d_h = 1{,}6$ mm, $l = 3{,}2$ mm	1/8—16.12(T)
60	Platten mit wellenförmigen Rippen, $d_h = 3{,}2$ mm	11.44—3/8 W
61	Platten mit wellenförmigen Rippen, $d_h = 3{,}0$ mm	11.5—3/8 W
62	Platten mit wellenförmigen Rippen, $d_h = 2{,}1$ mm	17.8—3/8 W
63	Platten mit stiftförmigen Rippen, $d_h = 4{,}4$ mm, $d_{st} = 1$ mm	AP—1
64	Platten mit stiftförmigen Rippen, $d_h = 3{,}6$ mm, $d_{st} = 1$ mm	AP—2
65	Platten mit stiftförmigen Rippen, $d_h = 1{,}8$ mm, $d_{st} = 0{,}8$ mm	FP—3
66	Platten mit stiftförmigen Rippen, $d_h = 5{,}7$ mm, $d_{st} = 1{,}7$ mm	PF—4(F)
67	Platten mit stiftförmigen Rippen, $d_h = 9{,}1$ mm, $d_{st} = 1{,}7$ mm	PF—9(F)
68	Platten mit stiftförmigen Rippen, $d_h = 4{,}3$ mm	PF—10(F)
69	Platten mit perforierten Rippen, $d_h = 2{,}5$ mm	13.95(P)
70	querumströmte Spiralrippenrohre, $d_h = 9{,}7$ mm	CF—7.34
71	querumströmte Spiralrippenrohre, $d_h = 9{,}7$ mm	CF—8.72
72	querumströmte Spiralrippenrohre, $d_h = 10{,}7$ mm	CF—8.72(c)
73	querumströmte abgeflachte Rohre mit durchgehenden Rippen, $d_h = 3{,}6$ mm	9.68—0.87
74	querumströmte abgeflachte Rohre mit durchgehenden Rippen, $d_h = 4{,}2$ mm	9.1—0.737—S
75	querumströmte abgeflachte Rohre mit durchgehenden Rippen, $d_h = 3{,}6$ mm	9.68—0.87—R
76	querumströmte abgeflachte Rohre mit durchgehenden Rippen, $d_h = 4{,}1$ mm	9.29—0.737—SR
77	querumströmte abgeflachte Rohre mit durchgehenden Rippen, $d_h = 3{,}5$ mm	11.32—0.737—SR

D.3. Weitere Versuchsergebnisse von Wirbelzellen

Der prinzipielle Aufbau einer Wirbelzelle geht aus Abb. D—6 hervor. Eine Wirbelzelle kann als berippte Platte aufgefaßt werden. Die Rippen besitzen nur kurze Lauflängen und sind in Strömungsrichtung gegeneinander versetzt. Wie aus Abb. D—5 hervorgeht, ist das Wärmeübergangs- und Druckänderungsver-

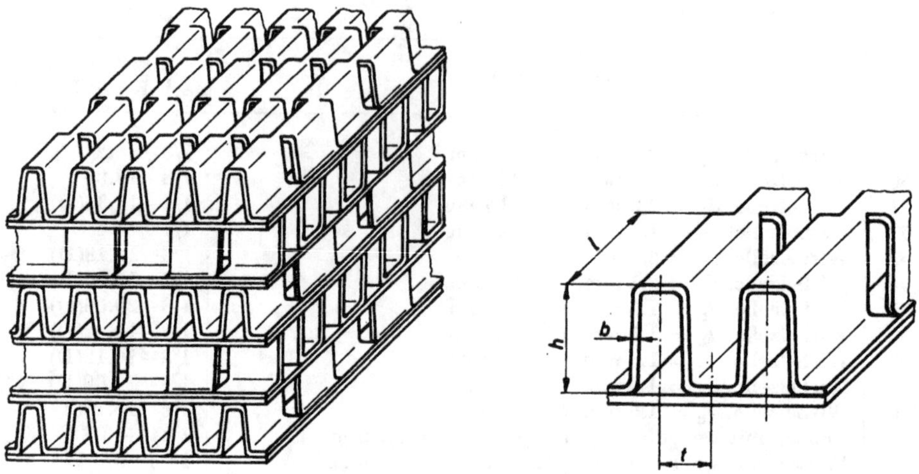

Abb. D—6. Aufbau von Wirbelzellenwärmeübertragern

halten von Wirbelzellen, bedingt durch die kurzen Anlaufstrecken, sehr günstig. Da die Wirbelzellenbauweise auch für die Fertigung, insbesondere für eine automatisierte Fertigung große Vorteile bietet, wurden in der DDR weitere Wirbelzellenvarianten gefertigt und untersucht.

Folgend werden nur die Versuchsergebnisse in den Abb. D—7 bis Abb. D—11 dargestellt. Einzelheiten der Versuchs- und Auswertungsmethodik können aus der angegebenen Literatur [1, 2] entnommen werden.

In den Kurven wurde der Einfluß des Oberflächenwirkungsgrades zur bequemeren Anwendung mit erfaßt.

Der Oberflächenwirkungsgrad ist eine Funktion des Temperaturfeldes in den Oberflächenvergrößerungen und damit eine Funktion der Biotzahl Bi.

Mit

$$Bi = Nu \cdot \frac{\lambda}{\lambda_{\mathrm{Wand}}} = St \cdot Pr^{2/3}\,(Re) \cdot Re \cdot \frac{\lambda}{\lambda_{\mathrm{Wand}}} \cdot Pr^{1/3} \qquad \text{(D—14)}$$

folgt für eine Oberflächenform allgemein

$$\eta_0 = \eta_0\left(Re, \frac{\lambda}{\lambda_{\mathrm{Wand}}} \cdot Pr^{1/3}\right). \qquad \text{(D—15)}$$

Speziell für die Wirbelzelle ist der Rippenwirkungsgrad

$$\eta_{\mathrm{R}} = \frac{\tanh \sqrt{\dfrac{\alpha \cdot h^2}{2\,b \cdot \lambda_{\mathrm{Wand}}}}}{\sqrt{\dfrac{\alpha \cdot h^2}{2\,b \cdot \lambda_{\mathrm{Wand}}}}} \qquad \text{(D—16)}$$

mit

$$\sqrt{\frac{\alpha \cdot h^2}{2\,b \cdot \lambda_{\mathrm{Wand}}}} = \sqrt{St \cdot Pr^{2/3} \cdot Re \cdot \frac{\lambda}{\lambda_{\mathrm{Wand}}} \cdot Pr^{1/3} \cdot \frac{h^2}{2\,b \cdot d_{\mathrm{h}}}}, \quad \text{(D}-16\text{a)}$$

das Verhältnis der Rippenoberfläche zur Gesamtoberfläche

$$\frac{A_{\mathrm{R}}}{A} = \frac{h - b}{t + h - 2\,b}. \quad \text{(D}-17\text{)}$$

Damit kann der Oberflächenwirkungsgrad [vergl. Gl. (2—3)]

$$\eta_0 = 1 - \frac{A_{\mathrm{R}}}{A}(1 - \eta_{\mathrm{R}})$$

für eine gegebene Wirbelzelle als Funktion von Re und $(\lambda/\lambda_{\mathrm{Wand}}) \cdot Pr^{1/3}$ bestimmt werden.

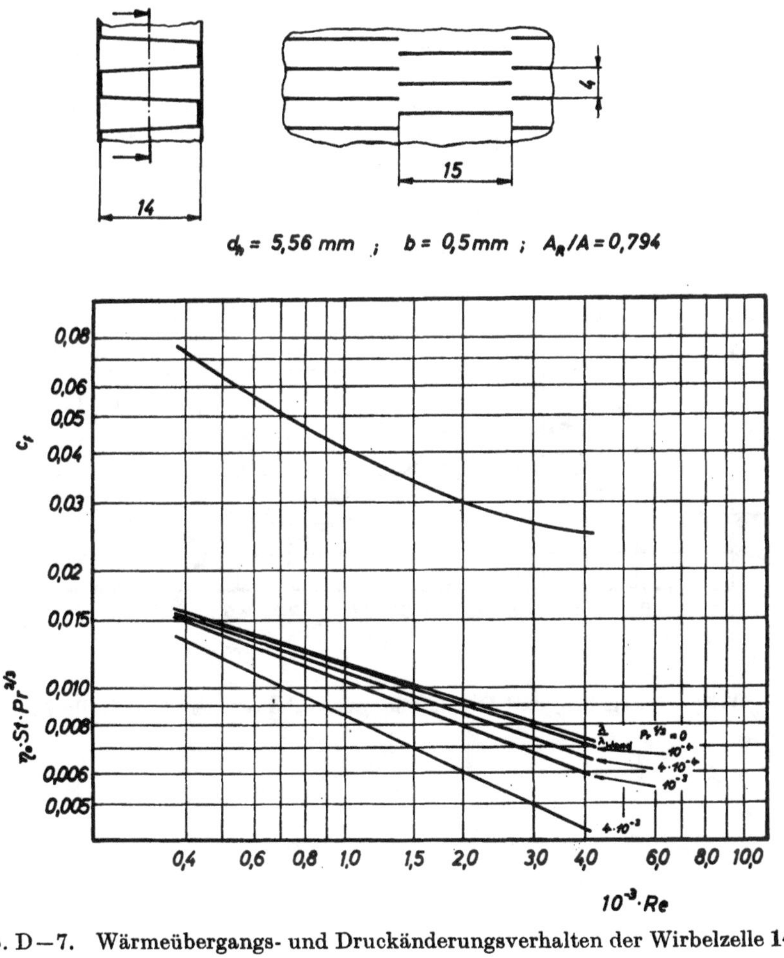

Abb. D—7. Wärmeübergangs- und Druckänderungsverhalten der Wirbelzelle **14** mm

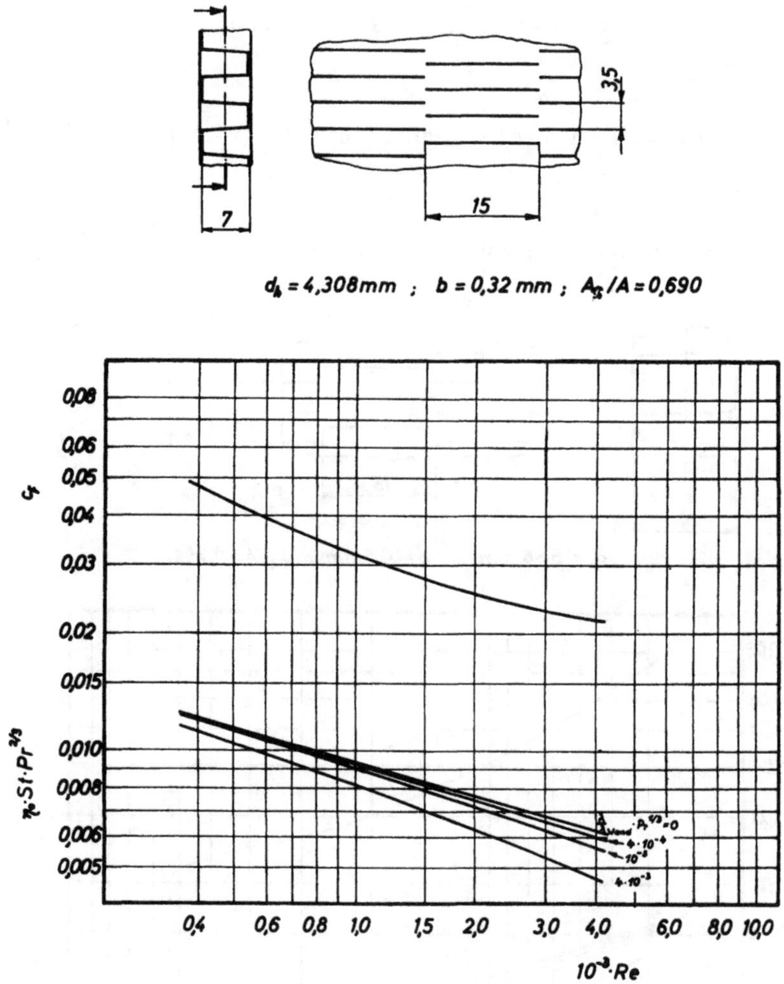

Abb. D–8. Wärmeübergangs- und Druckänderungsverhalten der Wirbelzelle 7 mm

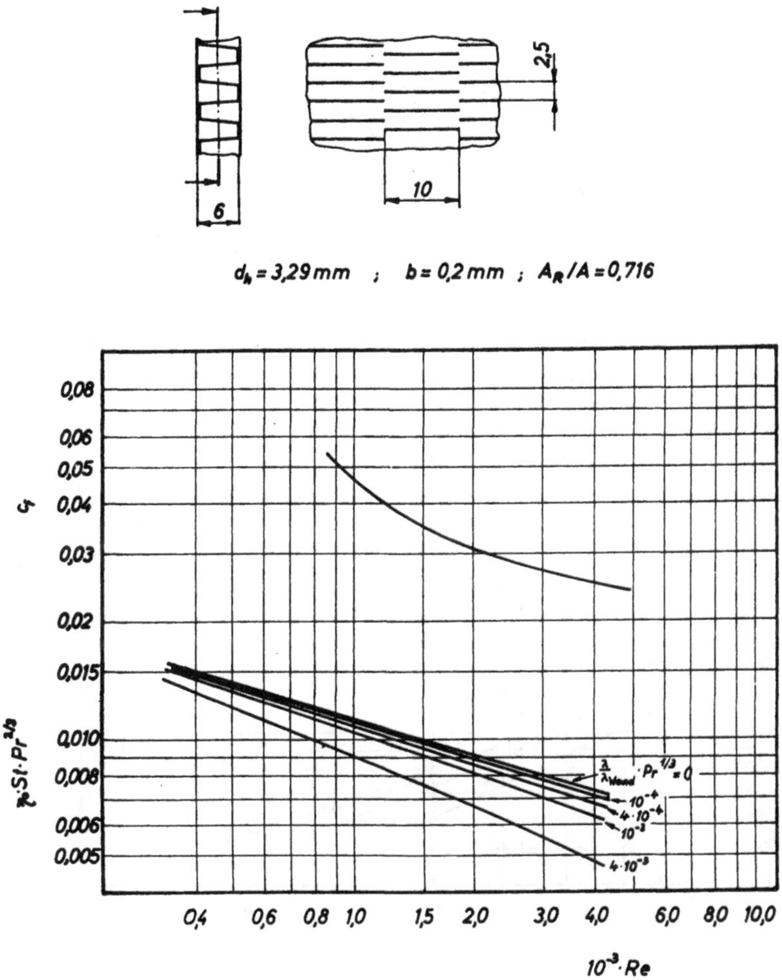

Abb. D—9. Wärmeübergangs- und Druckänderungsverhalten der Wirbelzelle 10/2,5

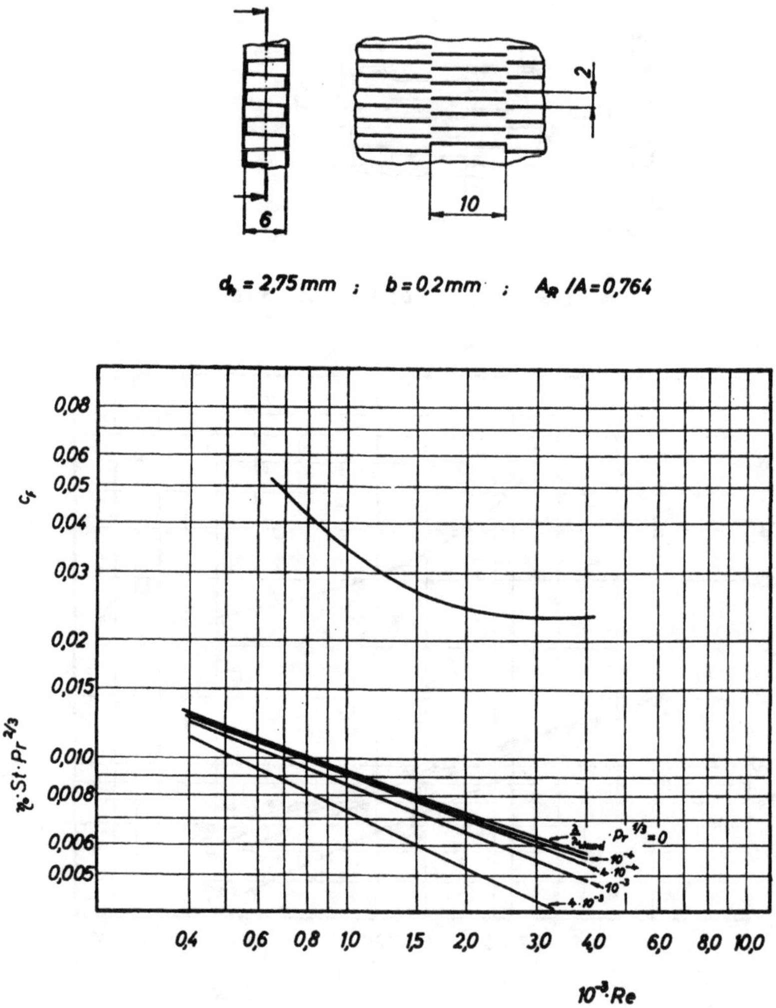

Abb. D – 10. Wärmeübergangs- und Druckänderungsverhalten der Wirbelzelle 10/2

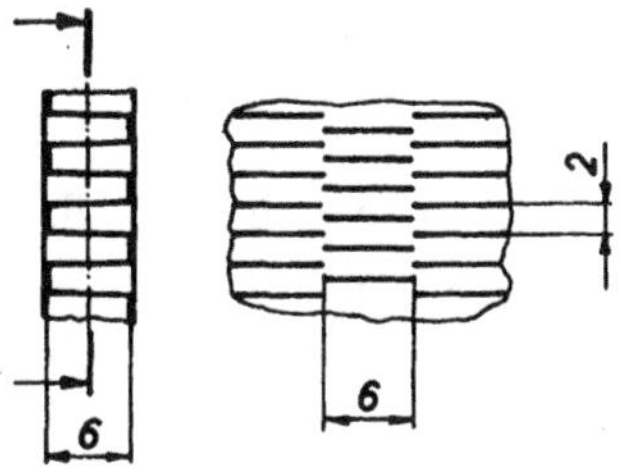

$d_h = 2{,}75$ mm ; $b = 0{,}2$ mm ; $A_R/A = 0{,}764$

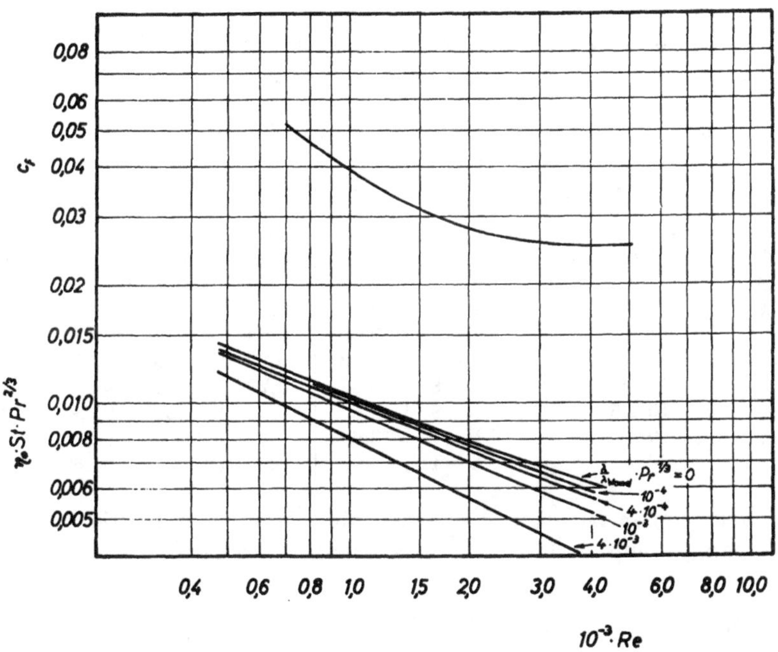

Abb. D – 11. Wärmeübergangs- und Druckänderungsverhalten der Wirbelzelle 6/2

D.4. Eine Verallgemeinerung der Versuchsergebnisse von Wirbelzellen

Zur gezielten Entwicklung günstiger Wirbelzellen bzw. zur Optimierung wird zumindest näherungsweise der Zusammenhang zwischen dem Wärmeübergangs- und Druckänderungsverhalten und den geometrischen Parametern benötigt.

Eine Wirbelzelle wird durch die Steghöhe h, die Steglänge l, die Querteilung t und die Stegdicke b beschrieben (Abb. D—6). Damit ist auch der hydraulische Durchmesser

$$d_h = \frac{2(h-b)(t-b)}{h+t-2b} \tag{D—18}$$

festgelegt.

Für die Oberflächenform sind die Verhältnisse h/l, t/l, b/l bestimmend. Die Werte für die untersuchten Wirbelzellen gehen aus Tab. D—2 hervor. Es wurden nur Wirbelzellen ohne zusätzliche Mittelplatten berücksichtigt. Die Mittelplatten bringen, wie aus Abb. D—5 zu ersehen, keine Verbesserung.

Tab. D—2. Charakteristische Werte untersuchter Wirbelzellen

lfd. Nr.	Symbol	Bezeichnung	Abb.	h/l	t/l	b/l	d_h/l	l mm
1	○	1/4(s)—11.1	9—6	1,00	0,36	0,024	0,486	6,35
2	◑	3/32—12.22	9—6	5,16	0,87	0,043	1,43	2,38
3	●	1/8—15.2	9—6	3,32	0,52	0,048	0,834	3,18
4	△	1/8—13.95	9—6	3,00	0,58	0,080	0,843	3,18
5	▲	14 mm	D—7	0,93	0,27	0,033	0,371	15
6	×	7 mm	D—8	0,47	0,23	0,021	0,287	15
7	+	10/2.5	D—9	0,60	0,25	0,020	0,333	10
8	✳	10/2	D—10	0,60	0,20	0,020	0,275	10
9	□	6/2	D—11	1,00	0,33	0,033	0,458	6

Die möglichen geometrischen Varianten sind offenbar sehr vielfältig. Das Wärmeübergangs- und Druckänderungsverhalten weist prinzipiell die Abhängigkeiten

$$St \cdot Pr^{2/3} = St \cdot Pr^{2/3}(Re, h/l, t/l, b/l)\,,$$

$$c_f = c_f(Re, h/l, t/l, b/l)$$

auf.

Da diese allgemeinen Abhängigkeiten mit vertretbarem Aufwand nicht zu ermitteln sind, muß versucht werden, durch eine sinnvolle Versuchsauswertung geometrische Parameter für bestimmte Bereiche als unwesentlich auszuscheiden. Aus dem Vergleich der Meßwerte, abhängig von der Re-Zahl, gebildet mit dem hydraulischen Durchmesser, lassen sich keine Verallgemeinerungen gewinnen.

Es liegt jedoch die Annahme nahe, daß in erster Näherung das Wärmeübergangs- und Druckänderungsverhalten von Wirbelzellen nur durch die Stege bedingt wird, unabhängig von der Steganordnung und der Entfernung der Grundbleche.

Dann müssen die Versuchsergebnisse abhängig von der Reynoldszahl, gebildet mit der Steglänge, und dem Verhältnis b/l sein. Diese Annahme wird durch Abb. D—12 bestätigt.

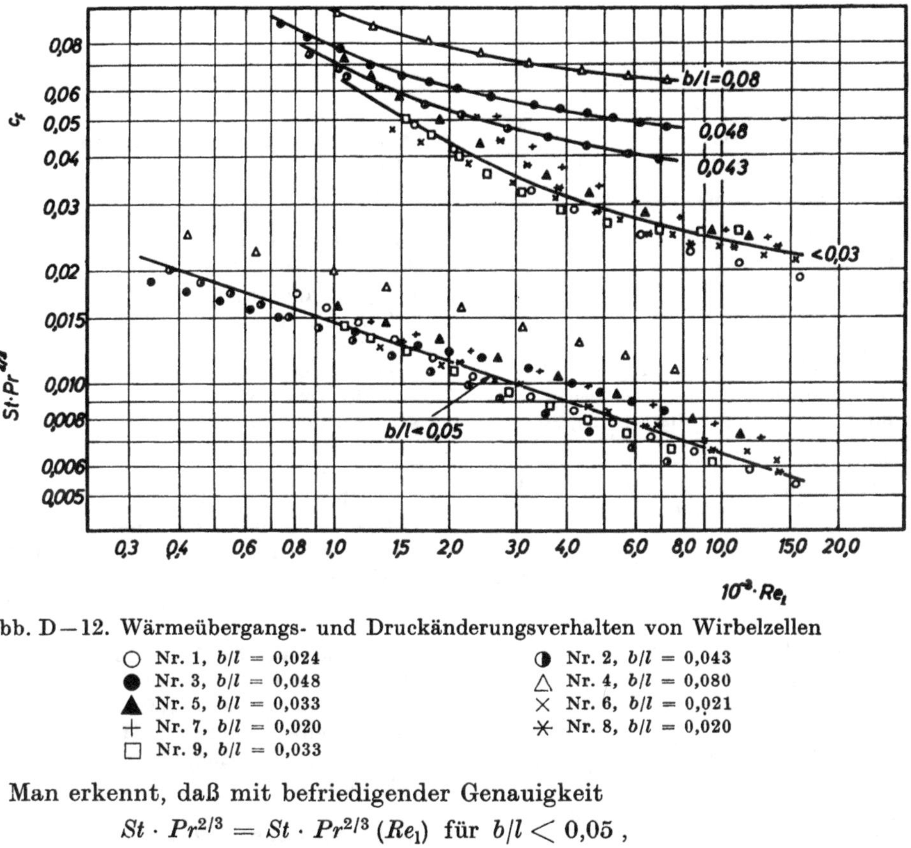

Abb. D—12. Wärmeübergangs- und Druckänderungsverhalten von Wirbelzellen

○ Nr. 1, $b/l = 0{,}024$	◑ Nr. 2, $b/l = 0{,}043$
● Nr. 3, $b/l = 0{,}048$	△ Nr. 4, $b/l = 0{,}080$
▲ Nr. 5, $b/l = 0{,}033$	× Nr. 6, $b/l = 0{,}021$
+ Nr. 7, $b/l = 0{,}020$	✳ Nr. 8, $b/l = 0{,}020$
□ Nr. 9, $b/l = 0{,}033$	

Man erkennt, daß mit befriedigender Genauigkeit

$$St \cdot Pr^{2/3} = St \cdot Pr^{2/3}\,(Re_l) \quad \text{für } b/l < 0{,}05\,,$$

$$c_f = c_f\,(Re_l,\, b/l)$$

gesetzt werden kann.

Abb. D—12 kann benutzt werden, um das Wärmeübergangs- und Druckänderungsverhalten von noch nicht untersuchten Wirbelzellen näherungsweise vorauszusagen.

D.5. Literatur

[1] Drechsel, H.: Wärmeübertrager hoher spezifischer Leistung. *Maschinenbautechnik* **11** (1962) H. 2, S. 60—67.

[2] Stieper, K.; Jacob, M.; Schäfer, W.: Zur Auslegung von Wirbelzellenwärmeübertragern. *Wiss. Zeitschrift TU Dresden* **13** (1964) H. 4, S. 1162—1165.

Sachverzeichnis

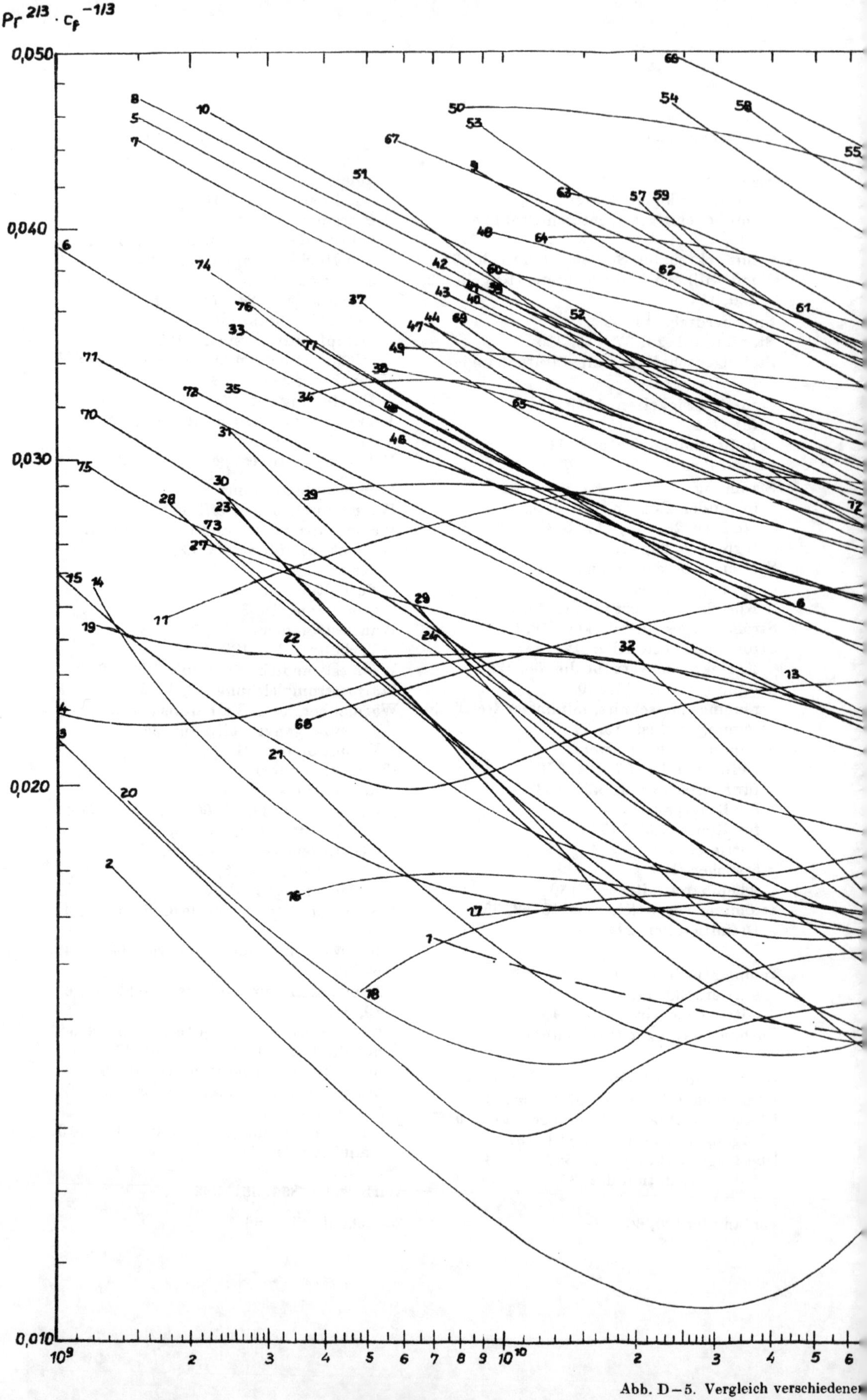

Abb. D – 5. Vergleich verschiedener

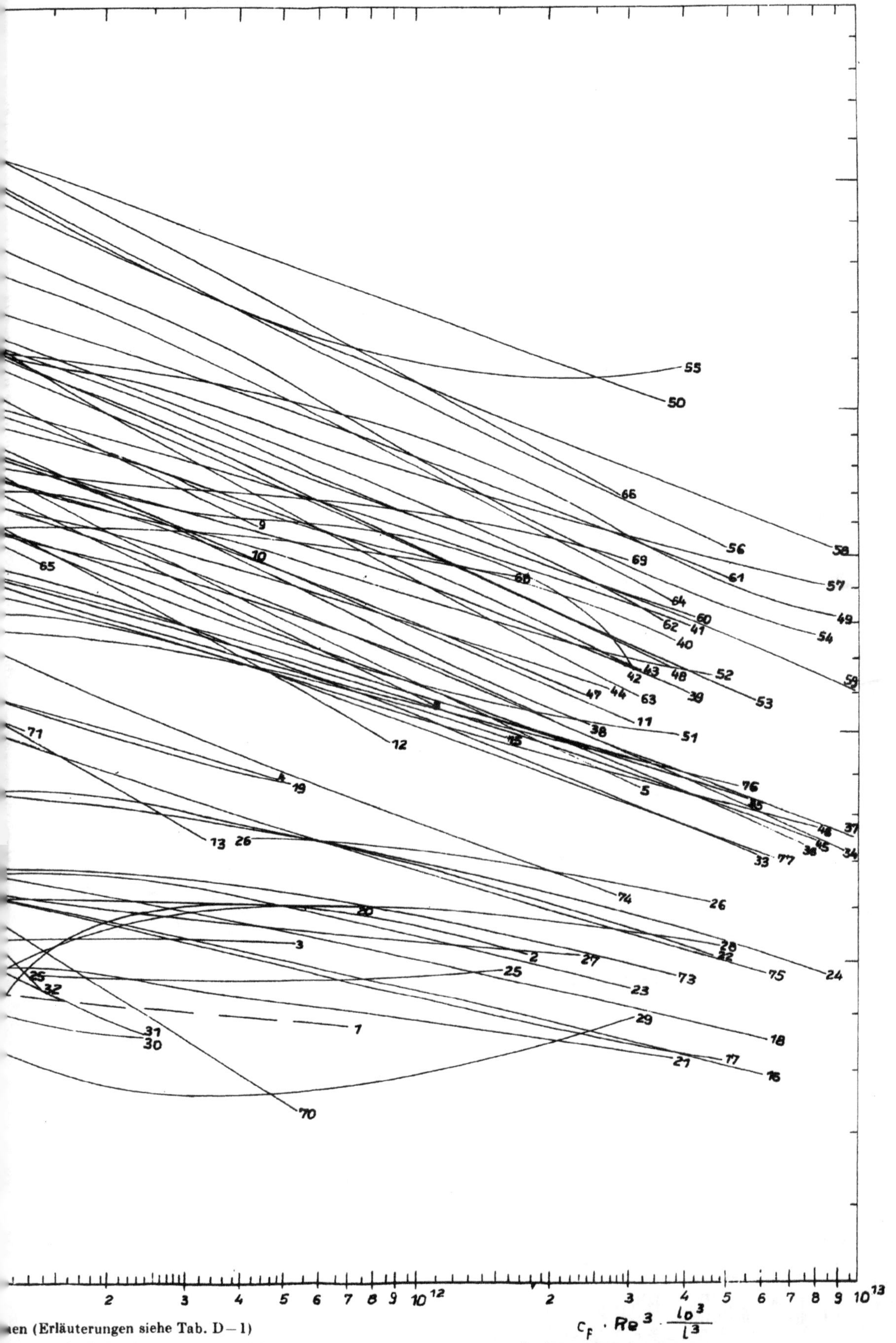

…en (Erläuterungen siehe Tab. D – 1)

www.ingramcontent.com/pod-product-compliance
Lightning Source LLC
LaVergne TN
LVHW060628300926
849162LV00008B/1739